普通高等教育“十二五”规划教材

电力系统自动化

丁坚勇　胡志坚　编
张保会　主审

中国电力出版社
CHINA ELECTRIC POWER PRESS

内 容 提 要

本书为普通高等教育“十二五”规划教材。

全书共分为七章，分别论述了同步发电机自动并列与励磁自动控制、电力系统电压无功控制、电力系统频率和有功功率自动调节、电网调度自动化、配电自动化技术、电力系统安全自动装置等内容。本书紧密结合当前电力发展动向，并介绍了相关的新技术、新概念。本书文字简练、通俗易懂，每章配以思考题，便于自学。

本书可作为高等院校电气工程及相关专业的本科教材，也可作为相关专业专升本学生使用，同时可作为从事电力自动化系统的设计、开发、运行、维护工作的技术人员的参考书。

图书在版编目（CIP）数据

电力系统自动化/丁坚勇，胡志坚编．—北京：中国电力出版社，2015.3（2017.11重印）

普通高等教育“十二五”规划教材

ISBN 978-7-5123-7272-6

Ⅰ.①电… Ⅱ.①丁…②胡… Ⅲ.①电力系统－自动化－高等学校－教材 Ⅳ.①TM76

中国版本图书馆 CIP 数据核字（2015）第 038375 号

中国电力出版社出版、发行

（北京市东城区北京站西街 19 号　100005　http：//www.cepp.sgcc.com.cn）

航远印刷有限公司印刷

各地新华书店经售

*

2015 年 3 月第一版　　2017 年 11 月北京第二次印刷

787 毫米×1092 毫米　16 开本　16.75 印张　410 千字

定价 **34.00** 元

前　言

"电力系统自动化"是高校本科电气工程及自动化的专业主干课程之一。作者在多年讲授"电力系统自动化"课程的实践中积累了一定的教学经验和资料，自编了授课教案和课件，这是本教材的基础。本书力求能密切结合电力系统实际及其发展，较全面展现电力系统自动化的内容。着重描述电力系统自动化的基本概念、基本原理和实现技术，也注意反映电力系统自动化技术的新进展，如电网调度能量管理系统、分布式发电与微电网控制、智能变电站等。

本书对电力系统自动化的主要内容作了较全面的介绍，对各类自动化系统、设备的基本结构、基本工作原理和自动化控制过程进行分析与讨论，以使读者对电力系统自动化主要内容、基本原理、结构以及发展有较系统、清晰的了解和认识。本书所涉及的电气设备和电力系统方面的基础知识，应已在"电路"、"电气工程基础"等课程中学习；有关电机和控制设备的基本原理和结构的知识，应已在"电机学"、"模拟及数字电子电路"等课程中学习；所涉及的控制理论方面的基础知识，则应已在"自动控制理论"课程中学习。

全书共分为七章，分别论述了同步发电机自动并列和励磁自动控制、电力系统频率和有功功率自动调节、电力系统调度自动化和 EMS、配电自动化技术、电力系统安全自动装置等内容。第一、二、三、五章、第四章第一节、第六章第八节和各章思考题由武汉大学丁坚勇教授编写，第七章、第六章第一至七节和第四章第二至四节由武汉大学胡志坚教授编写；研究生王小鑫、李珺参与了书稿校对整理工作。全书由丁坚勇教授统稿。教材内容较多，当计划学时安排较少时，难以在规定的学时内讲授完全部内容，建议第五至七章可以只选讲部分小节。

本书承蒙西安交通大学张保会教授主审，提出了许多宝贵的意见和建议，谨此致以衷心的感谢。另外，还特别感谢本书参考文献中的各位作者。

限于编者水平，书中难免存在缺点与疏漏，还望读者见谅并批评指正。

编　者

2015 年 1 月

目　录

第一章　电力系统自动化概述

电力系统是由进行电能生产、变换、输送、分配、消费的各种设备按照一定的技术要求有机联系，组成的统一的系统。电力系统为现代社会提供强大、便捷的能源，其重要性比以往更加突出并为人们所认识。电力系统自动化是以电力系统（一次系统）及其电气主设备为控制对象的自动化，是自动化的一种具体形式。

一、电力系统概念

电力系统是一个非常复杂的大系统。电力系统中的各类发电厂，主要有火力发电厂、水力发电厂、核电厂等，将燃料、水力、核能等一次能源转变为电能，再通过高压变电站、输电线路、低压变电站、配电线路变换、传输并分配到各个用电设备，完成由一次能源生产电能、输送电能、再使用电能的过程。这些生产、变换、输送、分配、消费电能的发电机、变压器、电力线路和用电设备联系在一起的整体就是电力系统，又称为一次系统。为了保证电力系统安全、经济、可靠运行和保证电能质量，在电力系统中还必须有信号监测、继电保护、调度控制、自动装置等设备，它们也是电力系统中不可缺少的部分，通常称为二次系统。若再计及电力系统中发电机的原动力设施，如水电厂的水轮机和水库，火电厂的锅炉、汽轮机和热力管道等，与电力系统共同组成动力系统。而电力系统中输送和分配电能的变压器和电力线路构成电力网。动力系统、电力系统、电力网示意图如图 1-1 所示。

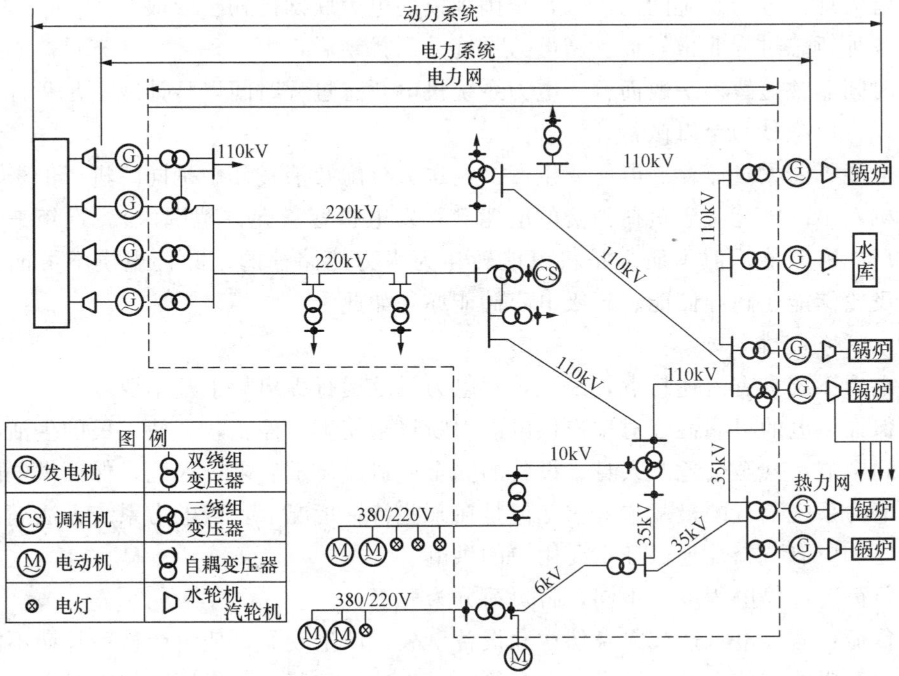

图 1-1　动力系统、电力系统、电力网示意图

二、电力系统特点和基本要求

1. 电力系统特点

电力系统与其他工业系统相比较，有以下特点：

（1）与国民经济、人民日常生活联系紧密。现代工业、农业、交通、商贸、市政等各个部门、人民物质文化生活都离不开电能。供电不充足和故障中断往往会给国民经济造成巨大损失，给人民生活带来很大影响。例如，震惊世界的2003年“8.14美加大停电”事故使美国中西部到东北部的8个州和加拿大安大略省的电力中断，5000万人无电可用，给美国造成100～350亿美元的经济损失，加拿大2003年8月份国内生产总值也因停电下降了0.7%。而2012年7月30日和31日印度北部和东部地区连续发生两次大面积停电事故，覆盖了印度国土的一半以上，导致交通系统陷入混乱，全国超过300列火车停运，首都新德里的地铁也全部停运，造成旅客大量滞留，公路交通出现大面积拥堵，大批矿工被困井下，银行系统陷入瘫痪，直接影响6亿多人的生活。世界各国普遍都将电力系统放在国民经济中优先发展的地位，以确保国民经济正常、健康地发展和社会的稳定。

（2）系统结构庞大复杂。现代电力系统规模庞大，总装机容量达到数千万至上亿千瓦，覆盖地区达到数百万平方公里，电压等级达到数百至上千千伏。有人说，电力系统是现代社会最庞大最复杂的工业生产系统，这一说法并不过分。就中国大陆而言，电力工业经过多年的发展建设，截至2013年底，全国发电装机容量已突破12亿kW，达到12.57亿kW，超过美国，跃居世界第一位。形成了若干个以500kV电压等级为主干网、装机容量达数千万千瓦的跨省大地区电力系统，已经建成和正在建设长治—荆门、浙北—福州等若干条交流1000kV特高压输电线路，向家坝—上海、锦屏—苏南等若干条直流±800kV特高压输电工程，实现跨大地区电力系统间的互联，全国规模的电力联网已初步形成。

（3）各种暂态过程非常短促。当电力系统受到扰动后，由一种运行状态过渡到另一种运行状态的时间非常短暂。一般而言，电力系统机电暂态过程时间以秒计或不足秒计，电磁暂态过程更仅仅以毫秒乃至以微秒计。

（4）电能不能大量储存。电能的生产、输送、分配及消费几乎是同时进行的，在任一时刻，发电机发出的电能等于负荷消费的电能（在发电机容量允许范围内）。近年来出现的抽水蓄能电厂能够储能，但本质上是将电能转化为水力能储存的，并且规模不可能很大。其他，诸如飞轮储能、超导储能、超级电容储能亦是如此。

2. 电力系统基本要求

由于电力系统具有上述特点，因此，对电力系统运行提出如下基本要求：

（1）保证供电的可靠性。对用户供电的中断将会使生产停止，会使人民的生活秩序、生活质量受到影响，甚至会危及人身、设备的安全，造成严重后果。因此，保证供电的可靠性一直都是电力系统运行的最基本要求。但是在某些特殊情况下，当电力系统无法满足全部负荷的需要时，应有选择性地保证重要用户的供电。

根据负荷允许停电程度的不同，将负荷分为三级：

一级负荷：若停电将造成人身伤亡和设备事故，产生废品，使生产秩序长期不能恢复或产生严重政治影响，使人民生活发生混乱等。对于一级负荷，要保证不间断供电。

二级负荷：停电将造成大量减产，使人民生活受到影响。

三级负荷：不属于一、二级的负荷，如工厂的附属车间、小城镇等。

对二、三级负荷，在电能不足时，应优先保证二级负荷的供电。

从电力系统角度来看，目前保证可靠供电的措施主要有：提高系统运行的稳定性及可靠性指标，建设坚强的电网架构，采取强有力的运行监视和控制技术措施，应用微机保护等。

(2) 保证良好的电能质量。电压和频率是衡量电能质量的两个主要指标，我国规定，用户供电电压的允许偏移量是额定值的－7%～＋5%；额定频率是50Hz，允许的偏移量为－0.2～＋0.2Hz。近年来，由于电力电子装置的大量应用，交流电的波形也为人们所关注，成为电能质量的指标之一。

电压和频率偏离额定值过大或波动较大、交流电的波形畸变（谐波含量大）都会对电力用户和电力系统自身造成不良影响，甚至危害电力系统运行和电力用户。

(3) 保证系统运行的经济性。电能的用途广、耗量大，因此生产电能耗费的一次能源占国民经济能源总耗费的比重大。电力系统在保证安全、优质供电的前提下，通过将单一电力系统联合组成联合电力系统，合理安排各类发电厂所承担的负荷，降低机组发电量单位能源消耗，组织电力系统经济运行，对无功功率进行就地补偿，进行负荷侧优化管理等措施，这样可以有效地降低电力生产和运行成本，获得最大的经济效益。

三、电力系统自动化主要内容

自动化是指用特定的仪器、设备对生产过程、工作流程等进行调节和控制，以代替人工直接操作控制。自动化可以有效地提高生产过程、工作流程的效率和改善生产工作人员的劳动条件，在许多情况下可以完成人力难以直接胜任的工作。典型的自动化控制系统应该包括控制对象、自动控制装置以及它们之间的监测和控制信息通道，如图1-2所示。

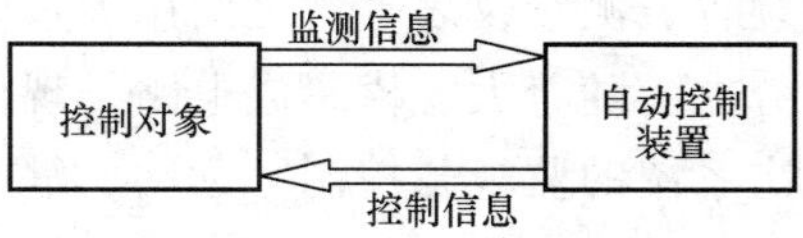

图1-2　自动化系统逻辑框图

电力系统自动化是保证电力系统安全、优质、经济运行的综合性技术，是自动控制技术、信息技术在电力系统中的应用。为适应电力系统的特点和满足其基本要求，对电力系统自动化提出了很高的要求，即在电力系统中，应用各种具有自动检测、信息处理和传输、自动操作和控制功能的装置对电力系统设备、子系统或全系统进行就地或远方的自动监测、调节和控制，从而保证电力系统正常运行，安全、经济、稳定地向所有用户提供质量良好的电能；在电力系统发生偶然事故时，迅速切除故障防止事故扩大，尽快恢复系统正常运行，保证供电可靠性。电力系统自动化是随着电力系统的发展而逐步发展进步的。现代电力系统自动化是信息技术、计算机技术及自动控制技术在电力系统中的应用，针对电力系发电、输电、变电、配电、用电等五个有机联系的环节分别有相对应的自动化系统和自动装置进行监视和控制。结合电力系统运行的特点，按照其他复杂系统控制的一般规律，电力系统自动化也是分层实现的。在现阶段，电力系统自动化的主要内容大致可以划分为以下几方面：

1. 电力系统调度自动化

电力系统中的各发电厂、变电站及输电线路将反映电力系统运行状态的实时信息经由装设在各厂站的远动装置传送至调度控制中心，由调度控制中心计算机系统和运行人员对电力系统当前运行状态进行计算分析，根据计算分析结果判断系统状态、做出调节控制决策命令，通过远动信息通道传送至各个发电厂和变电站，从而实现对电力系统运行的自动化调度控制。调度控制的目的是保证系统优质、安全、经济地向用户供电。电力系统调度自动化可概述为遥测、遥信、遥控、遥调、遥视“五遥”功能，即称为SCADA系统。

2. 发电厂动力机械自动控制

对各类发电厂的动力机械运行实现自动控制是现代电力系统的必然要求。电厂的动力机械随发电厂的类型不同而大不相同，其控制要求和控制规律也很不相同。火力发电厂的动力机械主要是为锅炉汽轮机等热力设备的热工过程服务的，其自动控制系统主要包括锅炉自动控制系统、汽轮机自动控制系统、机炉协调主控系统、辅助设备自动控制系统、计算机监视系统等。水电厂需要控制的主要是水轮机、调速器、闸门启闭及水轮发电机励磁等。

大型火电厂的监视和控制系统经过了对动力机械自动控制模拟控制、功能设备分散方式的数字控制、分层分散方式的数字控制三个阶段，其特征是各发电机组所用的计算机系统彼此孤立，目前已发展到采用分层开放式工业自动化系统构成火电厂综合自动化系统。水电厂自动化的控制对象分散，包括水轮发电机组、开关站、公用设备、闸门及船闸等。按控制对象为单元设置多套相应的装置，构成水电厂现场控制单元，完成控制对象的数据采集和处理、机组等主要设备的控制和调节及装置的数据通信等。水电厂采用分布式处理，一般与电厂分层控制相结合，形成水电厂分层、分布式控制系统。

3. 变电站综合自动化

变电站综合自动化是在原来变电站常规二次系统基础上发展起来的。常规变电站将大量现场一次设备，如变压器、开关、母线、电压互感器（TV）、电流互感器（TA）等，同安装在控制室内的单项自动化装置（如继电保护、重合闸、故障录波和测距、各种变送器、远动装置、测量仪表等）之间用大量电缆一一对应地连接起来。其设备复杂，占地面积大，功能分立。随着大规模集成电路、现代信号处理技术和计算机监控技术的发展，将原来变电站二次系统的监视与控制、远动、继电保护、故障记录等功能进行功能的综合和优化设计，形成两级单元，即间隔级单元和中央单元，完全取消了传统的集中控制屏，二次回路极为简洁，控制电缆大量减少，构成一个统一的计算机系统来完成变电站综合自动化功能，包括变电站远方监视与控制、电压无功控制、远动和继电保护、测量和运行参数自动打印、故障信息处理及“五防”操作闭锁等，可以实现无人值班运行，具有功能综合化、结构微机化、操作监视屏幕化的特征。

4. 电力系统自动装置

电力系统自动装置可以分为正常运行自动装置、异常状态下的安全控制装置及继电保护装置三类，也可分为自动调节装置和自动操作装置两类。自动调节装置主要有同步发电机自动励磁控制、电力系统自动调频、电压无功自动控制装置等；自动操作装置主要有同步发电机自动并列装置、自动解列装置、电力系统继电保护装置、自动低频减载装置、自动重合闸、水轮发电机低频自启动、事故切机、备用电源自动投入装置等。电力系统自动装置对保证电力系统的安全稳定运行、保证电能质量以及防反事故都具有重要的作用。随着自动控制理论、电子元器件、计算机技术和通信技术的不断发展，电力系统自动装置已经由传统的就地控制、单一功能型向就地与网络协调控制、多功能综合型发展，技术不断更新，性能更加优化完善。

四、电力系统自动化的发展

电力系统自动化是一个发展着的概念，其涵盖内容在深度和广度上不断拓延、更新和相互融合，电力系统发展对其自动化的要求也不断提高。电力系统自动化正在发展成为一个

CCCPE的统一体，即计算机（Computer）、控制（Control）、通信（Communication）和电力电子（Power Electronics）装置构成的电力自动化系统。下面介绍已经出现或正在发展的电力系统自动化新技术。

1. 灵活交流输电系统

灵活交流输电系统（Flexible Alternative Current Transmission System，FACTS）是近年来发展迅速的一项电力系统自动化新技术，受到世界各国电力系统和电气设备厂家的高度重视。FACTS是在输电系统的重要部位采用具有单独或综合能力的大功率电力电子装置，应用先进的控制策略，对输电系统的主要参数（如电压、相位差、电抗等）进行调整和控制，在现有电力一次系统设备不做大变化的条件下，充分发挥现有电网的潜力，有效地提高输电的可靠性、可控性、输电能力和电能质量。属于FACTS的装置有新型静止无功发生器（Statcom）、静止无功补偿器（SVC）、可控串联补偿器（TCSC）、综合潮流控制器（UPFC）、可控移相器（TCPR）、固态断路器（SSCB）、新能源发电并网装置等。这些新型的电力电子装置的研究方兴未艾，有的已经实用化运行，有的已通过工业试验，更多的仍在研究探讨之中，可以预见FACTS技术在不久的未来将得到长足发展，成为电力系统技术进步的一大亮点。

2. 电网调度SCADA-EMS智能综合

电网调度自动化系统的规模、层次、功能在不断发展，在传统的数据采集和监控功能（SCADA）基础之上又引入了智能控制技术（IC）、数字信号处理技术（DSP）、全球卫星定位系统（GPS）技术等，逐步发展和丰富了自动发电控制（AGC）功能、经济调度控制（EMC）功能、系统状态估计（SE）功能、调度员在线潮流（DFF）分析、安全分析（SA）功能、调度员模拟培训（DTS）功能等，称之为电网高级应用软件（PAS）。PAS投运后，电网运行方式的改变以及当前运行方式下遇到大扰动时的后果就可以通过PAS自动预计出来。网络数据库的建立，为各种电力系统的优化软件，如线损修正、无功优化、最优潮流等的开发提供了条件。自从将PAS综合到电网调度自动化系统，形成了SCADA/AGC—EDC/PAS系统后，一般就认为电网调度自动化系统已经从SCADA系统升级为电力系统的能量管理系统EMS（Energy Management System），EMS被认为是现代电力系统发展的最显著成就之一。

EMS是以计算机和现代网络技术为基础的现代电力调度自动化系统，主要针对发电和输电，用于大区级电网和省级电网。EMS由计算机、操作系统、支持系统、数据收集、能量管理、电力网络分析、调度员培训模拟系统七个部分组成。

3. 电网广域监测系统

电网广域监测系统（Wide Area Measurement System，WAMS）采用同步相角测量技术，是新一代EMS的子系统功能之一。WAMS通过逐步布局全网关键测点的同步相角测量单元（Phase Measurement Unit，PMU），实现对全网功率、相位、同步相角及电网主要数据的实时高速率采集。采集数据通过电力调度数据网络实时传送到广域监测主站系统，并通过全球定位系统GPS精确对时，能够保证全网数据的同步性，从而提供对电网正常运行与事故扰动情况下的实时监测与分析计算，并及时获得和掌握电网运行的动态过程。

4. 智能配电网自动化

配电网自动化又称配电自动化，是电力系统自动化的必然趋势。它利用计算机、电子和通信技术对配电网和用户的设备及用电负荷进行远方自动监视、控制和管理。其分为配电调度自动化、配电变电站自动化、配电线路自动化和用户自动化等。其主要功能有：配电网数据采集及运行控制、优化配电网运行、负荷管理、电压/无功综合控制、配电网可靠性管理、信息管理、配电网地理图示、安全与节能管理。近年来配电网自动化发展迅速，建立在支持含并网分布式电源（光伏发电、微型燃气轮机、热电冷联产发电、小型水力发电、风力发电、燃料电池、超级电容等）和满足电动汽车充放电、定制电力、用户参与权要求的智能配电网，深化了配电自动化的内涵，提升了配电自动化的功能要求，并因此形成了微电网及其控制的概念和智能配电网自动化的概念。

5. 智能（数字化）变电站

变电站综合自动化结构、功能的发展正在走向智能化。智能变电站（Smart Substation）是采用先进、可靠、集成、低碳、环保的智能设备，遵循国际统一的标准 IEC 61850，以全站信息数字化、通信平台网络化、信息共享标准化为基本要求，自动完成全站信息采集、测量、控制、保护、计量和监测等基本功能，并可根据需要支持全电网实时自动控制、智能调节、在线分析决策、协同互动等高级功能的变电站。智能（数字化）变电站技术正处在发展和建设阶段中。

思考题

1. 现代电力系统有哪些主要特点？
2. 对电力系统运行应有哪些基本要求？
3. 试简述电力系统自动化概念及其主要内容。
4. 智能（数字化）变电站与传统的变电站综合自动化概念有哪些不同？
5. 怎样理解“电力系统自动化是一个发展着的概念”？您了解电力系统自动化发展的相关动态和内容吗？

第二章　同步发电机自动并列

正常情况下电力系统中运行着的所有同步发电机转子都以相同的电角速度旋转，转子间的电角度保持相对稳定，称为发电机的同步运行。由于电力系统运行的需要，电力系统中运行着的发电机的台数是变动的，即经常有同步发电机退出或重新投入电网运行，将同步发电机投入电网并列运行的操作称为并列操作。

第一节　电力系统并列概述

一、并列的基本要求与操作

（一）并列的基本要求

电力系统中，并列分为发电机并列和系统并列两种。发电机并列是将发电机与系统连接的断路器闭合，使发电机投入电力系统运行的操作。系统并列是将两个原本不相联的系统的联络线上的断路器闭合，使两系统并联在一起运行的操作。两种并列的原理大同小异，对并列的基本要求是：

（1）并列时冲击电流应尽可能小，瞬时最大值不超过待并发电机额定电流的1～2倍。

（2）并列后应能迅速进入同步运行状态。

所谓冲击电流是指并列断路器合闸时通过断路器主触头的电流。一般情况下冲击电流幅值较高而持续时间较短。发电机并列时冲击电流会在定子绕组中产生电动力，其值与冲击电流的平方成正比。冲击电流太大时，过大的电动力可能造成定子绕组损坏，如造成定子绕组端部松脱、开断等，还可能造成电力系统中其他设备损坏或电力系统振荡。这里所谓"进入同步运行"是指刚并入电力系统的发电机组与系统内的发电机组以相同的电角速度旋转，或两个刚并列的系统内的发电机组以相同的电角速度旋转。

并不是每一次并列都是成功的。如果并列时冲击电流超过允许值或不能被拉入同步，就会对机组的安全造成危害。当机组容量与系统容量相比足够大时还会对系统产生大的扰动，造成系统振荡。出现上述情况时，必须立即将刚刚并列的两部分解列。

（二）并列操作

实现同步发电机并列的操作，有准同期并列操作（也称准同步并列操作）和自同期并列操作（也称自同步并列操作）两种方式。

（1）准同期并列，是在同步发电机已投入调速器和励磁装置，当发电机电压的幅值、频率和相位分别与并列点系统侧电压的幅值、频率和相位接近相等时，通过并列点断路器合闸将发电机并入系统。其优点是并列时的冲击电流小，对发电机和系统不会带来明显的冲击。缺点是在并列操作过程中需要对发电机电压和频率进行调整，捕捉合适的合闸相位点，所需并列时间较长。这种操作可以由自动准同期装置来完成，某些情况下也可由有经验的运行人员手动来完成。

（2）自同期并列，是将未加励磁电流但接近同步转速且机组加速度小于允许值的发电机，通过断路器合闸并入系统，随之投入发电机励磁，在原动机转矩、同步力矩的作用下将发电机拉入同步，完成并列操作。这种并列方式具有操作简单和并列时间短的优点，但在并列时产生较大的冲击电流，同时会从系统吸收无功而造成系统的电压下降。

随着自动控制技术的进步，现在一般都采用自动准同期并列方法将发电机组投入运行。由于并列操作不当可能造成设备损坏或系统振荡，所以并列操作是电力系统自动化中最重要的操作之一，只有经验丰富的运行人员才被允许进行手动并列操作。

二、准同期并列

准同期并列时先将待并列双方（系统或发电机）的电压加到并列断路器主触头两侧，然后调整两侧电压，在电压幅值、频率和相角分别相等时闭合断路器主触头，使并列双方并联在一起运行。

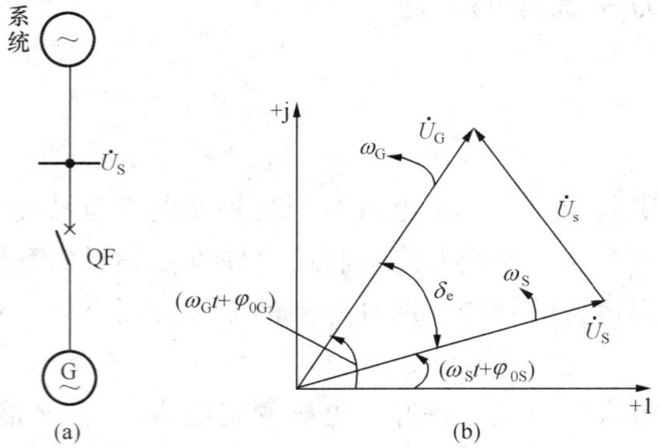

图 2 - 1　发电机同期并列示意图
（a）电路图；（b）相量图

（一）准同期并列的理想条件

图 2 - 1（a）是发电机同期并列电路图。设并列前发电机电压的瞬时值为

$$u_G = U_G\sin(\omega_G t+\varphi_{0G}) \quad (2-1)$$

式中：U_G 为发电机电压的幅值；ω_G 为发电机电压的角频率；φ_{0G} 为发电机电压的初相角。

系统电压的瞬时值

$$u_S = U_S\sin(\omega_S t+\varphi_{0S}) \quad (2-2)$$

式中：U_S 为系统电压的幅值；ω_S 为系统电压的角频率；φ_{0S} 为系统电压的初相角。

发电机电压和系统电压的相量图见图 2 - 1（b）。图中$\dot{U}_G$、$\dot{U}_S$ 和$\dot{U}_s$ 分别为发电机电压、系统电压和断路器 QF 主触头两侧电压之差的相量。由此可以得出：如果调节断路器两侧电压，使其幅值相等（即$U_G=U_S$）、频率相同（即 $\omega_G=\omega_S$）、相角一致（即 $\Delta\delta=\delta_G-\delta_S=0$）时，断路器两端的电压差 $\Delta\dot{U}$ 就会等于零。显然，在这种情况下闭合断路器主触头时冲击电流为零，且并列之后双方会立即同步运行。这无疑是同期并列的理想条件。

（二）准同期并列误差对并列的影响

实际上，准同期并列合闸时很难完全满足理想条件，而会存在一定误差。可以从原理上分析，当分别存在电压幅值差、频率差和相角差时对并列产生的影响。

1. 合闸电压幅值差对并列的影响

分析条件是$U_G\neq U_S$，$\omega_G=\omega_S$，$\delta_e=\delta_G-\delta_S=0$。

当 $U_G>U_S$ 时，此时的相量关系如图 2 - 2（a）所示。在这种情况下并列时产生的冲击电流的有效值

$$I''_{im}=\frac{|U_G-U_S|}{X''_d+X_S}=\frac{\Delta U}{X''_d+X_S} \quad (2-3)$$

式中：X''_d为发电机直轴次暂态电抗；X_S 为电力系统等值电抗。

在忽略待并列发电机定子电阻和系统等值电阻的情况下，冲击电流 $\dot{I}''_{im}$滞后电压差

$\dot{U}_s$90°，如图 2-2（a）所示。由图可知，冲击电流 $\dot{I}''_{im}$也滞后发电机电压$\dot{U}_G$90°。所以，在只存在电压差的情况下并列机组会产生无功冲击电流。冲击电流的最大瞬时值

$$i''_{imM} = 1.8 \times \sqrt{2} I''_{im} \tag{2-4}$$

冲击电流 I''_{im}与电压差 U_s 成正比，滞后同步发电机电压 90°，为无功性质，发电机并入系统时立即向系统输出无功功率。当 $U_G < U_S$ 时，冲击电流超前同步发电机电压 90°，发电机从系统吸收无功功率。冲击电流产生的电动力对发电机定子绕组特别在其端部可能造成危害。因此，应控制在并列时发电机与系统电压的差值，保证不致因冲击电流过大产生的电动力损坏发电机和对系统带来大的无功冲击。

2. 合闸相角差对并列的影响

分析条件是 $U_G = U_S$，$\omega_G = \omega_S$，$\delta_e = \delta_G - \delta_S \neq 0$。此时的相量关系如图 2-2（b）所示。这种情况下并列发电机产生的冲击电流有效值 I''_{im}

$$I''_{im} = \frac{\Delta U}{X''_q + X_S} \tag{2-5}$$

$$\Delta U = 2U_G \sin\frac{\delta_e}{2} \tag{2-6}$$

考虑到并列前发电机空载运行，定子电压和电动势相等，并列时冲击电流有效值计算式为

$$I''_{im} = \frac{2U_G}{X''_q + X_S}\sin\frac{\delta_e}{2} = \frac{2E''_q}{X''_q + X_S}\sin\frac{\delta_e}{2} \tag{2-7}$$

式中：X''_q为发电机交轴次暂态电抗；E''_q为发电机交轴次暂态电动势。

最大冲击电流也为

$$i''_{imM} = 1.8 \times \sqrt{2} I''_{im}$$

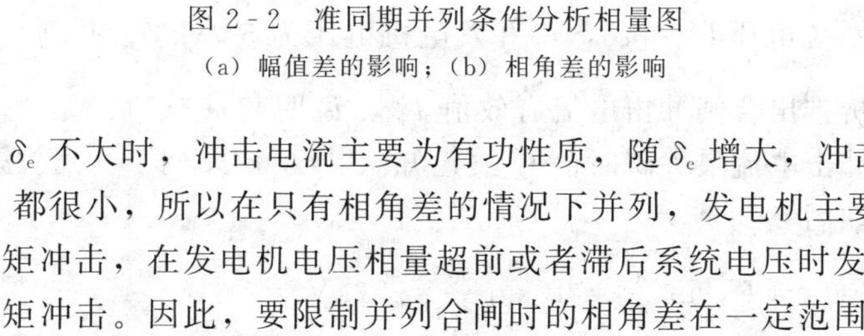

图 2-2　准同期并列条件分析相量图

（a）幅值差的影响；（b）相角差的影响

当合闸相角差 δ_e 不大时，冲击电流主要为有功性质，随 δ_e 增大，冲击电流无功性增强。由于并列时一般 δ_e 都很小，所以在只有相角差的情况下并列，发电机主要承受有功的冲击，这使机组受到轴扭矩冲击，在发电机电压相量超前或者滞后系统电压时发电机主轴受到制动或者是驱动的轴力矩冲击。因此，要限制并列合闸时的相角差在一定范围内。

3. 合闸频率差对并列的影响

分析条件是 $U_G = U_S$，$\delta_e = 0$，$\omega_G \neq \omega_S$。发电机与系统并列之前，电动势 $\dot{E}_q$ 和机端电压是相同的。在并列之后，发电机电压$\dot{U}_G$ 与系统电压$\dot{U}_S$ 为同一电压（即 $\Delta U = 0$），使并列之前$\dot{U}_G$ 与$\dot{U}_S$ 的相角差 δ_e 成为 $\dot{E}_q$ 与$\dot{U}_S$ 之间的夹角，即功率角 δ。因此，可以利用同步发电机的功角特性进行分析。为了使分析简化且突出主要问题，设系统为无穷大。这样机组并入系

统后不会牵动系统频率发生变化，在机组被拉入同步的过程中机组调速器也不动作，输入原动机的功率不变。

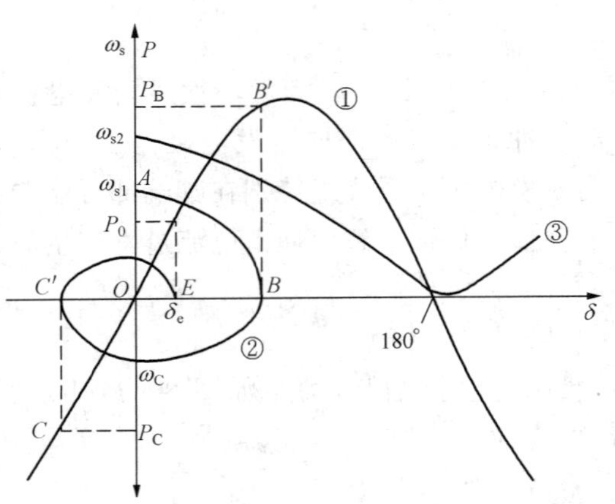

图 2-3 机组并列时同步过程分析图

设机组转子角速度 $\omega_G>\omega_S$。并列合闸的瞬时，$\delta_e=\Delta\delta=0$，在图 2-3 中 A 点。由于 $\omega_s=\omega_G-\omega_S>0$，并列之后，发电机随即向系统输出有功功率，沿功角特性曲线①从 0 点向 B' 点移动。发电机组受到制动而减速，功率角 δ 增大，ω_s 与 δ 沿曲线②从 A 点向 B 点变化。设这期间机组原动机功率不变，未提供发电功率，发电机输出电功率由机组动能的减少来提供，因此 ω_G 不断减少。当发电机功角特性移动到 B 点时 $\omega_G=\omega_S$，这时发电机仍然输出功率，ω_G 继续减小，ω_s 开始变负，功率角 δ 开始减小，发电机功角特性从 B' 点向原点移动，到达原点时，ω_s 为最大负值且 $\delta=0$。机组输出功率曲线开始进入负值区，功率角 δ 变负，这时机组就变成电动机运行，从系统汲取的有功功率将使机组加速，沿曲线移动直到 $\omega_G=\omega_S$ 的 C 点，功率角 δ 为负的最大值。此后，$\omega_G>\omega_S$，功率角 δ 又往反方向运行。由于系统和机组的阻尼等功率损耗因数，机组运行来回摆动的摆幅会逐渐减小，直到机组进入同步运行为止。由此进一步分析可见，机组进入同步运行的暂态过程与并列时滑差角频率 ω_s 的大小有关，ω_s 较小时，可以很快进入同步运行。若 ω_s 很大，且正使机组加速的机组原动力 P_0 也较大时，将使机组经历较长时间的振荡之后才能进入同步运行，甚至有可能使功率角 $\delta\geqslant180°$，发电机将沿图 2-3 中曲线③运行而失步，最终由保护装置将机组解列。因此，准同期并列时应该限制频率差不超过允许值。

理解了上述分析，读者应该能分析当机组转子角速度 $\omega_G<\omega_S$ 情形下并列合闸过程了。发电厂实际准同期操作时应该在 ω_G 略大于 ω_S 时合闸更有利。

在实际的准同期并列过程中，三个并列条件的偏差往往是同时存在的，对发电机和系统的影响是这几种情况的综合。

【例 2-1】 当系统电压 $U_S=10$，待并发电机电压为 $5\sqrt{3}$kV，并列合闸初相角为 $\frac{\pi}{6}$ 时，请通过画相量图分析推出合闸冲击电流有效值 I''_{im}，说明其（有功、无功）性质及对发电机的影响，并计算出冲击电流最大瞬时值 i''_{imM}（已知 $X''_d=0.2\Omega$，$X''_q=0.25\Omega$，$X_\Sigma=0.15\Omega$）。

解 画相量图如图 2-4 所示。

$$\text{电压差}\ U_s=U_S\sin\frac{\pi}{6}=10\sin\frac{\pi}{6}=5(\text{kV})$$

图 2-4 例 2-1 解图

$\dot{U}_s$ 垂直于 $\dot{U}_G$，则合闸冲击电流 $\dot{I}''_{im}$ 与 $\dot{U}_G$ 平行，$\dot{I}''_{im}$ 为有功电流，发电机并列后立即与系统交换有功功率，这会使机组联轴受到冲击扭矩危害。因为 $\dot{I}''_{im}$ 与 $\dot{U}_G$ 平行，且沿 q 轴方向，所以在 I''_{im} 计算中发电机次暂态电抗应取 X''_q 而不是 X''_d，则

$$I''_{im}=\frac{U_s}{X''_q+X_S}=\frac{5}{0.25+0.15}=12.5(\text{kA})$$

$$i''_{imM}=1.8\times\sqrt{2}I''_{im}=1.8\times\sqrt{2}\times 12.5=31.82(\text{kA})$$

三、自同期并列

自同期并列可以结合图 2-5 说明。开机前将发电机断路器 QF 和灭磁开关 K 断开，K 的动断辅助触点 K′闭合将发电机转子绕组通过自同期电阻 R_z 短路。开启机组，将机组驱动到接近额定转速（转速差一般控制在额定转速的 5%以内）时自动闭合发电机断路器 QF，由 QF 的辅助触点联动将 K 闭合、K′断开，给发电机转子绕组加励磁电流。这样，发电机组将在电动势增加、冲击电流减小的过程中被系统拉入同步。

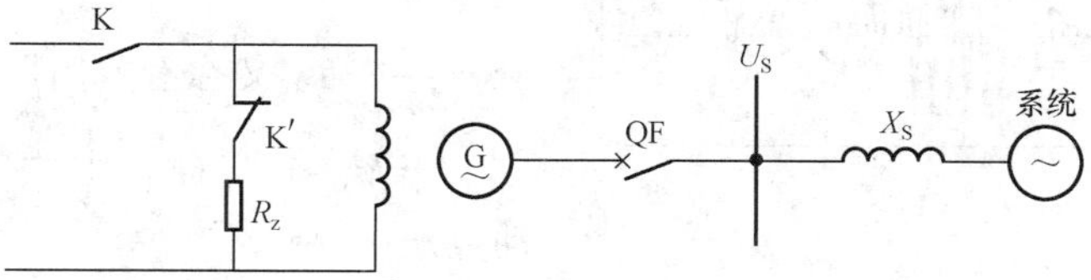

图 2-5　自同期并列简图

自同期并列的优点是操作简单，并列迅速，易于实现自动化。

由于自同期并列合闸时发电机尚无励磁，所以在断路器闭合的瞬间相当于电力系统通过发电机定子绕组金属性三相短路，冲击电流的周期分量计算式为

$$I''_{im}=\frac{U_S}{X''_d+X_S} \tag{2-8}$$

式中：U_S 为系统电压；X_S 为系统等值电抗；X''_d 为发电机纵轴次暂态电抗。

自同期时发电机端电压为

$$U_G=\frac{U_S}{X''_d+X_S}X''_d \tag{2-9}$$

上两式表明，同步发电机自同期并列的缺点是冲击电流大、对电力系统扰动大，不仅会引起电力系统频率振荡，而且会在自同期并列的机组附近造成电压瞬时下降。

综合考虑自同期并列的优点和缺点，它更适合在电力系统事故时作为事故备用的水轮发电机组低压自起动后，以自同期方式将机组快速并入电网。自同期并列不能用于两个系统之间的并列，也不用于汽轮发电机组。现代电力系统多采用大容量机组，而大容量机组自同期并列对系统扰动大；同时，自同期并列也容易造成机组损坏。现在我国大型水轮发电机组已不采用自同期方式并列，中小型水电机组也比较少用了。

第二节　准同期并列检测基本原理

发电机并列之前，并列断路器两侧间的电压差 u_s 为脉动电压波，脉动电压波的表述为

$$u_s=U_G\sin(\omega_G t+\delta_G)-U_S\sin(\omega_S t+\delta_S) \tag{2-10}$$

不失一般性可设初相角 $\delta_G=\delta_S=0$，则当 $U_G=U_S$ 时

$$u_s=2U_G\sin\left(\frac{\omega_G-\omega_S}{2}t\right)\cos\left(\frac{\omega_G+\omega_S}{2}t\right)=U_s\cos\left(\frac{\omega_G+\omega_S}{2}t\right) \tag{2-11}$$

其中

$$U_s = 2U_G\sin\left(\frac{\omega_G-\omega_S}{2}t\right)$$

一、脉动电压

当 $U_G=U_S$ 时，由式（2-11）可知 u_s 的波形为幅值为 U_s、频率接近工频的变幅交流波形，U_s 为脉动电压波的幅值，又称脉动电压。定义 $\omega_s=\omega_G-\omega_S$ 为滑差角频率，于是有

$$U_s = 2U_G\sin\left(\frac{\omega_G-\omega_S}{2}t\right)=2U_G\sin\frac{\omega_s t}{2}=2U_G\sin\frac{\delta_e}{2} \tag{2-12}$$

脉动电压 U_s 也是一缓变交流量，其幅值变化如图 2-6（a）虚线所示。U_s 的脉动周期 $T_s=\frac{2\pi}{\omega_s}$，$T_s$ 又称滑差周期。

当 $U_G\neq U_S$ 时，由式（2-10）可推出脉动电压

$$U_s = \sqrt{U_S^2+U_G^2-2U_SU_G\cos\omega_s t} \tag{2-13}$$

此时 U_s 幅值变化如图 2-6（b）包络线（虚线）所示。

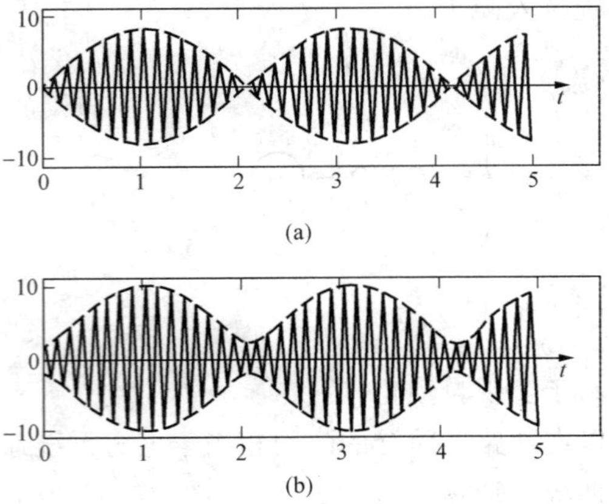

图 2-6　脉动电压幅值变化波形

（a）电压幅值相等时；（b）电压幅值不相等时

由上可见，脉动电压变化波形中载有准同期并列所需检测的信息，即电压幅值差、频率差以及相角差随时间变化的规律。因此，可以利用它为自动准同期装置提供并列条件的全部信息。对于实际自动准同期装置是要在电压幅值差 ΔU 小于某一允许电压偏差、发电机与系统频率差（简称滑差）ω_s 小于某一允许频率偏差的前提下，准确"捕捉"相角差 $\delta_e=0$ 的时刻 t_h 合闸。考虑到断路器操动机构和合闸回路控制电器的固有动作延时 t_{YJ}，应该在 t_{YJ}时刻之前发出合闸信号，即取一提前量。

二、自动准同期装置

（一）构成

自动准同期装置一般由均频控制单元、均压控制单元、合闸信号控制单元电路和电源部分构成，如图 2-7 所示。系统电压 U_S 和发电机电压 U_G 分别经过电压互感器 TV1 和 TV2 降压后送入自动准同期装置。图中 u_{sa}、u_{sb}分别与系统 A 相电压 U_{SA}、B 相电压 U_{SB}同相角；u_{ga}和 u_{gb}分别与发电机电压 U_{GA}、U_{GB}同相角。因为准同期并列要比较发电机电压和系统电压的幅值、相角和频率，为此要有一个公共参考点。在准同期并列系统没有特殊要求时，一般均将 b 相电位作为参考电位，即在两电压互感器二次侧 b 相短接接地。

1. 均频控制单元

其任务是自动检测发电机电压与系统电压之间的滑差角频率 ω_s，且自动调节发电机转速，使发电机频率接近于（一般应略高于）系统频率，滑差角频率 ω_s 充分小。

2. 均压控制单元

其任务是自动检测发电机电压与系统电压值之差，且自动调节发电机电压 U_G，使它与系统电压差值小于规定的允许值。

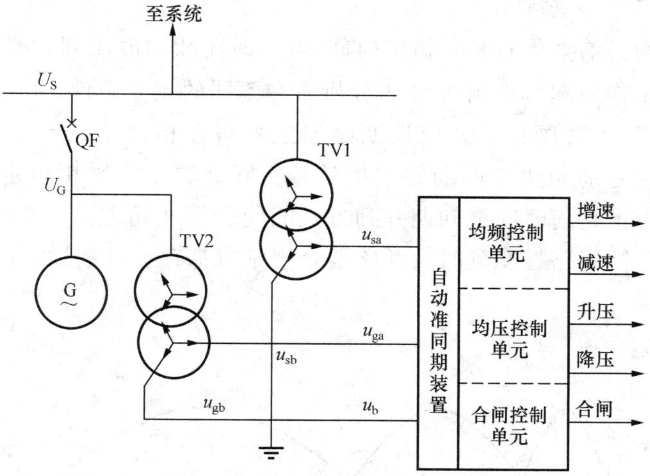

图 2-7　典型自动准同期装置构成原理

3. 合闸信号控制单元

其任务是自动检测并列条件，当待并机组的电压和频率都满足并列条件时，选择合适的时刻发出合闸信号，使并列断路器主触头接通时，相角差 $\delta_e=0$ 或控制在允许范围以内。

（二）分类

合闸信号控制单元是自动准同期装置的核心部件。其控制原则是在当频率差和电压差都满足并列条件的情况下，在发电机电压相量 $\dot{U}_G$ 与系统电压相量 $\dot{U}_S$ 重合（即 $\delta_e=0$）之前提前发出合闸信号。按提前量的不同，准同期并列装置分为恒定越前相角和恒定越前时间两种原理。

1. 恒定越前相角准同期并列

并列装置所取的提前量信号是一恒定相角 δ_{YJ}，即在脉动电压 $\dot{U}_s$ 到达 $\delta_e=0$ 之前的 δ_{YJ} 相角差时发出合闸信号。其工作原理可由图 2-8 来分析，设有三个不同的频差条件 $\omega_{s1}>\omega_{sy0}>\omega_{s3}$，由式（2-12）可见，相角差 δ_e 与脉动电压 U_s 存在一定对应关系。若越前相角为 δ_{YJ}，它所对应的脉动电压值为 U_A，设断路器的合闸动作延时为 t_{QF}，则当 $\omega_s=\omega_{s0}=\dfrac{\delta_{YJ}}{t_{QF}}$ 时，装置在越前相角 δ_{YJ} 时刻发出合闸信号即可使断路器主触头在相角差 $\delta_e=0$ 时准确闭合，ω_{s0} 称为最佳滑差角频率。当 $\omega_s<\omega_{s0}$ 时，断路器主触头将在相角差 $\delta_e=0$ 之前闭合，而当 $\omega_s>\omega_{s0}$ 时，断路器主触头将在相角差 $\delta_e=0$ 之后闭合。可见，恒定越前相角准同期并列要求滑差角频率必须限制在 ω_{s0} 上下某一定范围内。

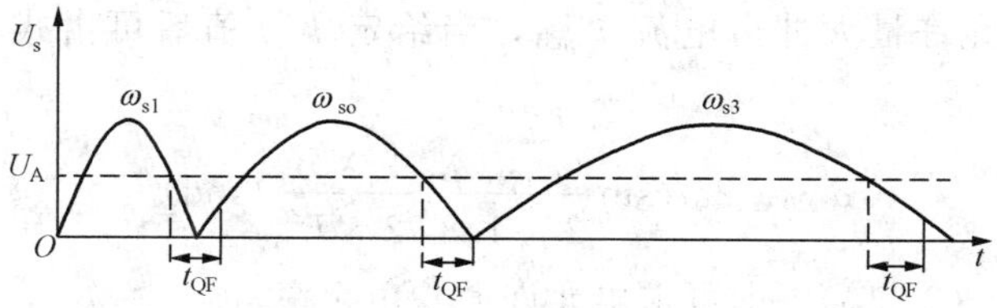

图 2-8　恒定越前相角原理

2. 恒定越前时间准同期并列

并列装置所取的提前量信号是一恒定时间 t_{YJ}，即在脉动电压到达 $\delta_e=0$ 之前的 t_{YJ} 时刻发出合闸信号。其工作原理可由图 2-9 来分析，在不同的频差条件 $\omega_{s1}>\omega_{s2}>\omega_{s3}$ 下，装置都在越前时间 $t_{YJ}=t_{QF}$ 发出合闸信号，保证断路器主触头在相角差 $\delta_e=0$ 时准确闭合。显然，这种并列方式比恒定越前相角准同期并列优越，实际装置广泛采用恒定越前时间准同期并列。从原理上说，恒定越前时间准同期并列方式能使合闸相角差 $\delta_e=0$，但实际上由于并列装置的越前时间、合闸回路控制延时及断路器合闸延时都存在分散性，因而难免仍然有合闸相角差。

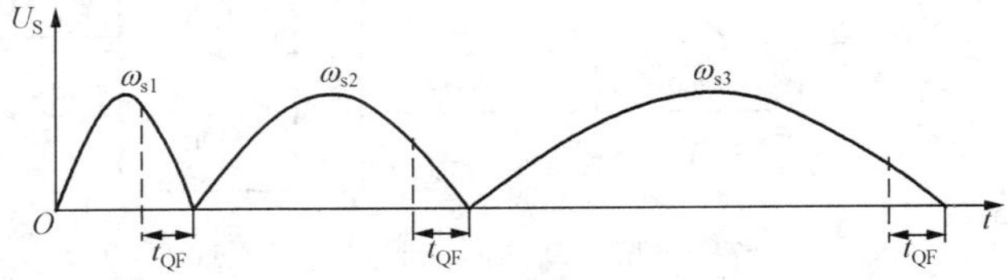

图 2-9 恒定越前时间原理

三、恒定越前时间并列装置的整定计算

大多数工控装置在运行前都需要整定调试好其各工作参数，恒定越前时间并列装置也不例外，其要求整定参数如下。

1. 越前时间

越前时间的大小由并列断路器的合闸动作时间 t_{QF} 和装置合闸回路控制延时 t_c 决定，即

$$t_{YJ}=t_{QF}+t_c \tag{2-14}$$

t_{YJ} 主要取决于 t_{QF} 的大小，t_{QF} 随断路器的类型而不同，一般可在 0.1s 左右。

2. 允许电压偏差

并列时允许电压偏差与待并发电机及系统承受冲击的能力有关。允许电压偏差一般定为并列点额定电压的 2%～5%。水轮发电机承受电压冲击的能力强于汽轮发电机。

3. 允许滑差角频率

如前所述，由于并列装置的越前时间、合闸回路控制延时及断路器合闸时间都存在分散性，造成并列合闸相角差 δ_e。在时间误差一定的条件下，δ_e 与滑差频率 ω_s 成正比。设已知发电机组允许合闸相角 δ_{ey}，则可由式（2-15）求允许滑差角频率 ω_{sy} 为

$$\omega_{sy}=\frac{\delta_{ey}}{|\Delta t_{QF}|+|\Delta t_c|} \tag{2-15}$$

式中：$|\Delta t_{QF}|$、$|\Delta t_c|$ 分别为断路器合闸时间、并列装置合闸控制时间的误差。

δ_{ey} 取决于发电机允许最大冲击电流 $\dot{i}''_{imM}$，当给定 $\dot{i}''_{imM}$ 值后可由式（2-4）、式（2-7）计算

$$\delta_{ey}=2\arcsin\frac{i''_{imM}(X''_q+X_S)}{2\times1.8\sqrt{2}\times U_G}\text{(rad)} \tag{2-16}$$

求出 δ_{ey} 值代入式（2-15），即可求出允许滑差角频率 ω_{sy}。

从系统侧看，还应该以保证系统稳定性来校验发电机并列的最大允许滑差角频率。在通常情况下，按发电机允许冲击电流分析所得的允许滑差角频率远小于按系统稳定分析所得的

允许滑差角频率，二者应取其小，所以一般不必按系统稳定性校验。若待并发电机与系统联系较弱，则还是应对 ω_{sy} 进行系统稳定性校验以确定待并发电机允许滑差角频率。

【例 2 - 2】 某发电机采用自动准同期并列方式与系统进行并列，系统的参数已归算到以发电机额定容量为基准的标幺值。一次系统的参数为：待并发电机交轴次暂态电抗 X''_q 为 0.125；系统等值机组的交轴次暂态电抗与线路电抗之和为 0.25；断路器合闸时间 $t_{QF}=0.5s$，它的最大可能误差时间为±20%；自动并列装置最大动作误差时间为±0.05s。待并发电机允许的冲击电流值为 $i''_{imM}=\sqrt{2}I_{GN}$。试计算允许合闸误差角 δ_{ey}，允许滑差角频率 ω_{sy}，相应的脉动电压周期。

解　(1) 允许合闸误差角

$$\delta_{ey}=2\arcsin\frac{\sqrt{2}\times1\times(0.125+0.25)}{\sqrt{2}\times1.8\times2\times1.05}=2\arcsin(0.0992)=0.199(\text{rad})$$

即为 11.4°。

(2) 求允许滑差角频率 ω_{sy}：

断路器合闸动作误差时间

$$\Delta t_{QF}=0.5\times20\%=0.1(\text{s})$$

自动并列装置的误差时间

$$\Delta t_c=0.05\text{s}$$

所以

$$\omega_{sy}=\frac{\delta_{ey}}{|\Delta t_{QF}+\Delta t_c|}=\frac{0.199}{0.15}=0.133(\text{rad/s})$$

(3) 脉动电压周期

$$T_s=\frac{2\pi}{\omega_{sy}}=\frac{2\pi}{1.33}=4.7(\text{s})$$

第三节　模拟式自动准同期装置

模拟式自动准同期装置由模拟电子线路构成，主要由频率差检测和控制、电压差检测和控制、越前控制信号形成等环节组成。通过对脉动电压的检测分析实现准同期控制。

一、整步电压

脉动电压 U_s 又称为整步电压，它含有同步并列条件信息。自动准同期装置都是利用整步电压来分析准同期并列的条件。整步电压可分为正弦整步电压和线性整步电压两种。

(一) 正弦整步电压

由第二节所述，脉动电压 U_s 含有频率差、电压差、相角差三个准同期条件信息，由并列断路器 QF 两侧的电压互感器二次侧电压差测得，再通过整流和滤波后得到 U_{sz}，如图 2 - 10 所示。U_{sz} 与 U_s 一样能反映三个准同期条件信息。U_{sz} 能反映电压差幅值大小，一方面便于检测电压幅值差条

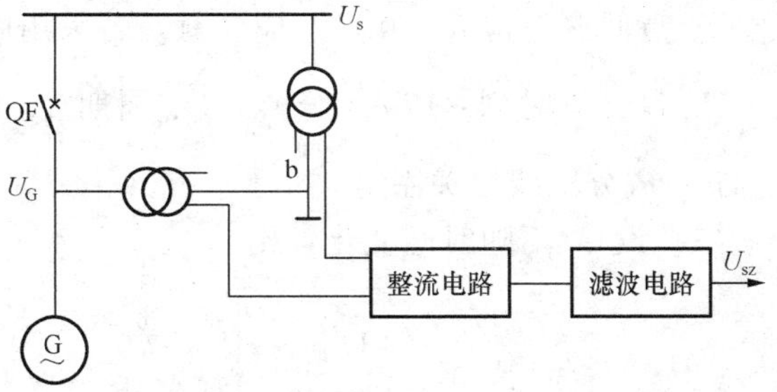

图 2 - 10　正弦整步电压形成电路

件，另一方面又使利用 U_{sz} 检测频率差和越前时间信号时受到发电机或系统电压变化的影响，造成频率差检测和越前时间信号时间误差，成为并列合闸误差的原因之一。因此，现在普遍利用线性整步电压来检测准同期并列条件。

（二）线性整步电压

线性整步电压只包含发电机电压和系统电压的频率差和相角差特性，而与它们的电压差大小无关，从而使频率差检测和越前时间信号不受电压变化的影响，提高了准同期并列的控制性能，因而被广泛采用。其电压幅值差检测则另设电路实现。

线性整步电压形成电路原理框图如图 2 - 11 所示。它由电压变换、方波整形、相敏电路、积分和低通滤波电路组成。发电机电压 u_G 和系统电压 u_S 分别经电压变换和整形，获得在交流电压过零点翻转的方波电压 U_G^* 和 U_S^*，再将它们进行信号的逻辑运算，如异或运算 $U_A^* = U_G^* \cdot \overline{U}_S^* + \overline{U}_G^* \cdot U_S^*$，可获得在一个频差周期 T_s 之内，其宽度代表对应时刻两输入电

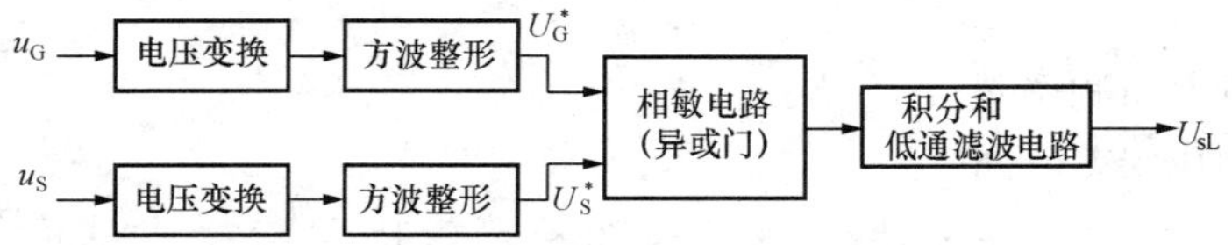

图 2 - 11　线性整步电压形成电路原理框图

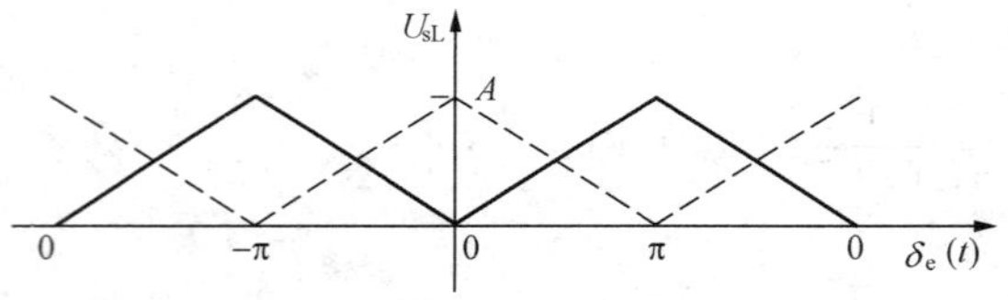

图 2 - 12　线性整步电压波形图

压相角差 δ_e 的系列脉冲波。经积分滤波及信号放大之后，获得三角形的线性整步电压 U_{sL}，其波形如图 2 - 12 中实线所示。图 2 - 11 中的相敏逻辑运算也可采用采用同或逻辑电路（$U_A^* = U_G^* \cdot U_S^* + \overline{U}_G^* \cdot \overline{U}_S^*$）等，后者形成的线性整步电压形状不变，只是相位角比前者平移了 180°（图 2 - 11 中虚线）。

线性整步电压的特点有：

（1）线性整步电压的最大值为 A，A 与被测电压大小无关，则 U_{sL} 为

$$U_{sL} = \begin{cases} -\dfrac{A}{\pi}\omega_s t = -\dfrac{A}{\pi}\delta_e & (t \leqslant 0, -\pi \leqslant \delta_e \leqslant 0) \\ \dfrac{A}{\pi}\omega_s t = \dfrac{A}{\pi}\delta_e & (t \geqslant 0, 0 \leqslant \delta_e \leqslant \pi) \end{cases} \tag{2-17}$$

因 U_{sL} 不受发电机电压和系统电压幅值的影响，不能用于检测两输入电压的幅值差。

（2）U_{sL} 的最大值 A 由线性整步电压形成电路参数决定。其最大值时刻对应 $\delta_e = \pi$ 时，U_{sL} 过 0 点时刻对应 $\delta_e = 0$ 点。应注意，若采用同或逻辑，对应关系为最大值时刻对应 $\delta_e = 0$ 时，U_{sL} 过 0 点时刻对应 $\delta_e = \pi$ 点。U_{sL} 周期 T_s 的大小与 f_s 或 ω_s 的大小有关，$T_s = \dfrac{1}{f_s} = \dfrac{2\pi}{\omega_s}$。$U_{sL}$ 与 δ_e 成分段线性关系。

（3）设 ω_s 不随时间变化，则

$$\frac{dU_{sL}}{dt} = \begin{cases} \dfrac{-A}{\pi}\omega_s = -K\omega_s & (-\pi \leqslant \delta_e \leqslant 0) \\ \dfrac{A}{\pi}\omega_s = K\omega_s & (0 \leqslant \delta_e \leqslant \pi) \end{cases} \tag{2-18}$$

式中：K 为系数，$K=A/\pi$。

二、恒定越前时间信号形成

对线性整步电压信号进行比例和微分运算，再经电平检测电路，可以实现恒定越前时间信号。图 2-13 所示为由运算放大器构成的恒定越前时间信号电路。以 U_{sL} 在 $-\pi\leqslant\delta_e\leqslant 0$ 区间为例分析，U_{sL} 在电阻 R_1 和电容 C 上形成电流信号分别为

$$i_{R1}=\frac{U_{sL}}{R_1}=\frac{-K\omega_s t}{R_1}$$

$$i_C=C\frac{dU_{sL}}{dt}=-KC\omega_s \tag{2-19}$$

则 m 点电压信号为

$$U_m=-R_2(i_{R1}+i_C)=\frac{KR_2}{R_1}\omega_s t+KR_2C\omega_s \tag{2-20}$$

令

$$U_m=0$$

即

$$\frac{KR_2}{R_1}\omega_s t+KR_2C\omega_s=0$$

可解得

$$t=t_y=-R_1C \tag{2-21}$$

由图 2-13 和图 2-14 进一步分析可见，当 $t_y<-R_1C$ 时，$U_m>0$；而当 $t_y\geqslant -R_1C$ 时，$U_m\leqslant 0$。U_m 信号经由运放和 R_4、R_5 构成的电平检测电路，输出 U_n。U_n 总是在每一整步周期的 $\delta_e=0$ 之前 t_y 时刻出现正方波信号，t_y 设定后是恒定的，与滑差频率变化及电压波动都无关。调节 R_1 电阻值即可整定 t_y。

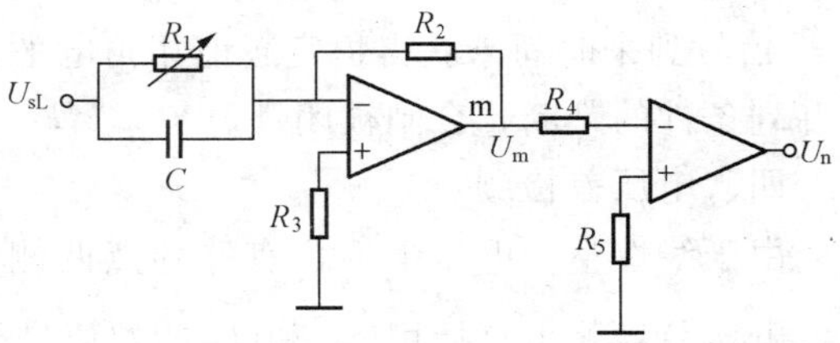

图 2-13　恒定越前时间信号电路

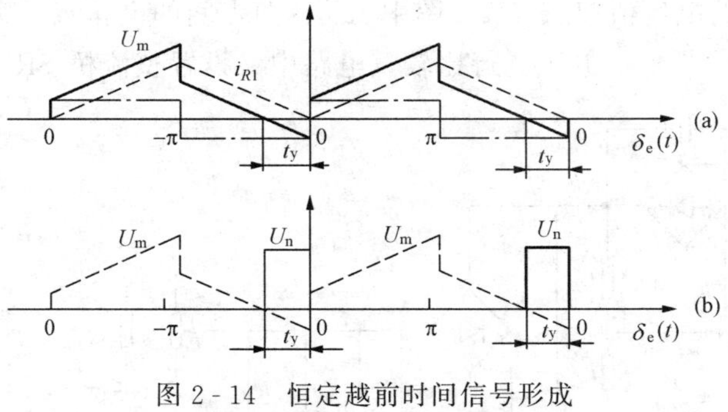

图 2-14　恒定越前时间信号形成

(a) 越前时间形成；(b) 输出控制脉冲

三、频率差检测

频率差检测原理是，利用比较恒定越前时间电平检测器和恒定越前相角电平检测器的动作次序来实现频率差（滑差）检测。

根据恒定越前时间信号的形成和特点，可以由电平比较电路构成一恒定越前相角电平检

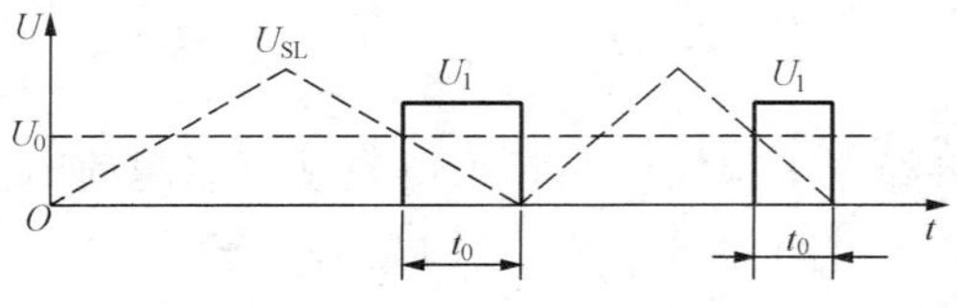

图 2-15 恒定越前相角电平检测器工作原理

测器，其负、正两输入端分别输入线性整步电压 U_{sL} 和某一可整定恒稳电平 U_0，如图 2-15 所示。当整步电压 U_{sL} 大于等于整定电平 U_0 时，电平检测器输出低电平，当 U_{sL} 小于整定电平 U_0 时，电平检测器动作输出正电平 U_1。当整定电平 U_0 一定时，输出电平总是在 $\delta_e=0$ 之前的某一恒定的越前相角 $\delta_0=\omega_s t_0$ 正跳变，而正跳变动作时间 t_0 则随滑差减小而不断加大。如果将恒稳电平 U_0 按滑差等于允许滑差 ω_{sy} 下电平 U_1 正跳变动作时间 t_0 恰等于恒定越前时间 t_y 进行整定，则有如下关系

$$\omega_s t_0 = \omega_{sy} t_y$$

即

$$t_0 = \frac{\omega_{sy}}{\omega_s} t_y \tag{2-22}$$

由此可见 t_0 与 t_y 绝对值关系为：

（1）当 $\omega_s > \omega_{sy}$ 时，$|t_0| < |t_y|$；

（2）当 $\omega_s = \omega_{sy}$ 时，$|t_0| = |t_y|$；

（3）当 $\omega_s < \omega_{sy}$ 时，$|t_0| > |t_y|$。

只有当 $|t_0| > |t_y|$，即恒定越前相角电平检测器先于恒定越前时间电平检测器动作时，才说明这时的 ω_s 小于允许滑差的频率 ω_{sy}，从而作出频率差符合并列条件的判断。反之，如果 t_y 信号到来时尚未获得恒定越前相角电平检测器的正跳变信号 U_1，就可作出频率差不符合并列条件的判断，合闸被闭锁。

四、电压差检测

由于线性整步电压中不含有并列点两侧电压幅值的信息，所以无法用于对电压差的检测。电压差检测可直接用 $\dot{U}_G$ 和 $\dot{U}_S$ 的幅值进行比较，典型原理电路如图 2-16 所示。待并发电机电压 $\dot{U}_G$ 和电网电压 $\dot{U}_S$ 分别经变压器和整流桥 SR1、SR2 后，在电阻 R_1、R_2 上得到与 $\dot{U}_G$、$\dot{U}_S$ 幅值成比例的电压值 U'_G、U'_S。图中 A、B 两点间的电压 U_{AB} 等于 $U'_S-U'_G$。为了使电压差始终以固定极性与整定电压进行比较，电路中又设置整流桥 SR3；用来检测电压差的

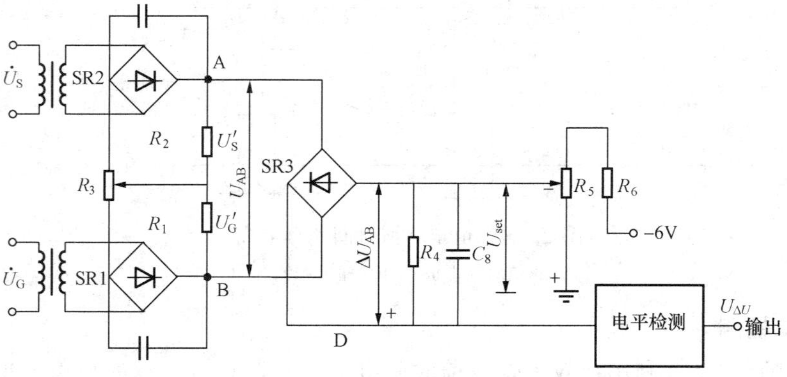

图 2-16 电压差检测原理电路

绝对值$|\Delta U_{AB}|$，再通过电位器R_5、R_6和负电位参考电源形成U_{set}，图中电压差测量输出端D点的电位为

$$V_D = |\Delta U_{AB}| - U_{set} \tag{2-23}$$

式中：U_{set}为允许电压差的整定电压值。

当电压差$|\Delta U_{AB}|$大于整定值U_{set}时，D点电位为正，表明电压差超出并列条件的允许值，将发出闭锁信号不允许并列。当电压差$|\Delta U_{AB}|$小于整定值U_{set}时，D点电位为负，说明电压差符合并列条件，允许发出并列合闸信号。

五、频率差控制

频率差控制单元的任务是将待并发电机的频率调整到接近于电网频率，使频率差趋向并列条件允许的范围，以促成并列的实现。如果待并发电机的频率低于电网频率，则频率差控制单元发升速脉冲使发电机升速；反之，频率差控制单元应发减速脉冲。根据上述要求，频率差控制单元可由频率差方向检测环节和频率调整执行环节两部分组成。前者判别$\dot{U}_G$与$\dot{U}_S$间频率的高低，作为发升速脉冲或减速脉冲的依据。后者按照比例调节的要求，调整发电机组的转速。为保证并列前瞬间发电机频率波动不大，同期操作时调速控制通常应只限于在$\delta_e \in [0, \pi)$区间进行。

频率差方向检测常用相位差鉴别和逻辑判别两种方法。

（一）相角差鉴别法

频差方向检测的相角差鉴别法原理如图2-17所示。

如图2-17（a）所示，如果待并发电机的频率高于电网频率，则$\dot{U}_G$相对$\dot{U}_S$作逆时钟方向旋转；反之，如果发电机频率低于电网频率，则$\dot{U}_G$相对$\dot{U}_S$作顺时钟方向旋转。如果用$\dot{U}_G$分别与电网电压$\dot{U}_{S1}$和$\dot{U}_{S2}$形成整步电压，$\dot{U}_{S1}$和$\dot{U}_{S2}$间具有恒定相位差θ，见图2-17（b）。这时，$\dot{U}_G$与$\dot{U}_{S1}$、$\dot{U}_{S2}$两电压重合的先后顺序与$\dot{U}_G$对$\dot{U}_S$的旋转方向有关。当发电机频率低于电网频率时，$\dot{U}_G$作顺时钟方向旋转，$\dot{U}_G$先与$\dot{U}_{S1}$重合，经θ角后再与$\dot{U}_{S2}$重合。反之，当发电机频率高于电网频率时，$\dot{U}_G$先与$\dot{U}_{S2}$重合，经θ角后再与$\dot{U}_{S1}$重合。即，频差方向可以由两个整步电压U_{s1}、U_{s2}间先后的顺序反映。U_{s1}和U_{s2}前后位置与频率差方向间的关系如图2-17（c）所示。

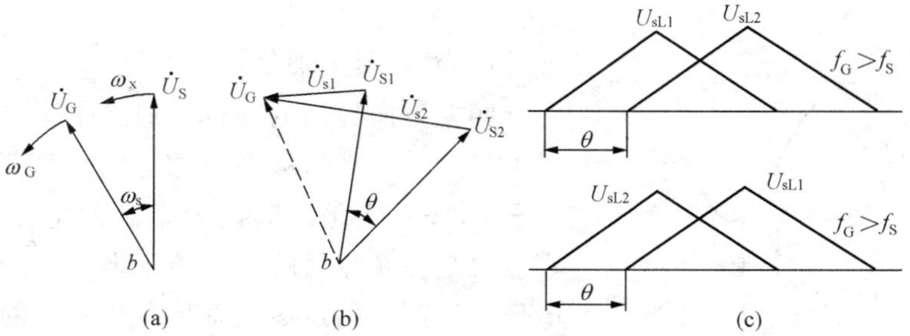

图2-17 相角差鉴别法原理

（a）$\dot{U}_G$和$\dot{U}_S$相量图；（b）频率偏差判别相量图；（c）波形图

利用U_{sL1}和相位差检测频率方向的原理电路如图2-18（a）所示。图中S1、S2为电平检测器，D1、D2为微分电路，A1、A2为与门。设待并发电机的频率低于系统频率，则线

性整步电压 U_{sL1} 超前 $U_{sL2}\theta$ 角。将它们分别接于电平检测器 S1 和 S2 之后，可以得到两个相角差为 θ 的矩形波 S_{G1} 和 S_{G2}，经微分后得到 D_{G1} 和 D_{G2} 两个脉冲波，如图 2-18（b）所示。D_{G2} 与 S_{G1} 能够在共同时段内出现正信号，送至与门 A2 后即在 D_{G2} 脉冲到达时形成升速脉冲，而 D_{G1} 与 S_{G2} 不能在共同时段内出现正信号，经与门 A1 后无脉冲输出。可见，当 $f_G<f_S$ 时只有与门 A2 发出升速脉冲，与门 A1 被闭锁。反之，当 $f_G>f_S$ 时只会有与门 A1 发出减速脉冲，而与门 A2 被闭锁。其后的频差控制执行环节在接收频差方向测量环节送来的升速或减速信号后，通过脉冲展宽、隔离和放大电路去控制调速电动机自动进行频率的调整工作。一般调速脉冲在每个滑差周期发一次，滑差越大，调速脉冲频率就越高，单位时间内的调节量也就越大；反之，当滑差较小时，调速脉冲频率减低，单位时间内的调节量减小，达到了比例调节的目的。只要 θ 角选择适当（例如 $\theta=30°$）就可以保证调速脉冲只在 $\delta_e\in[0,\pi)$ 区间出现。

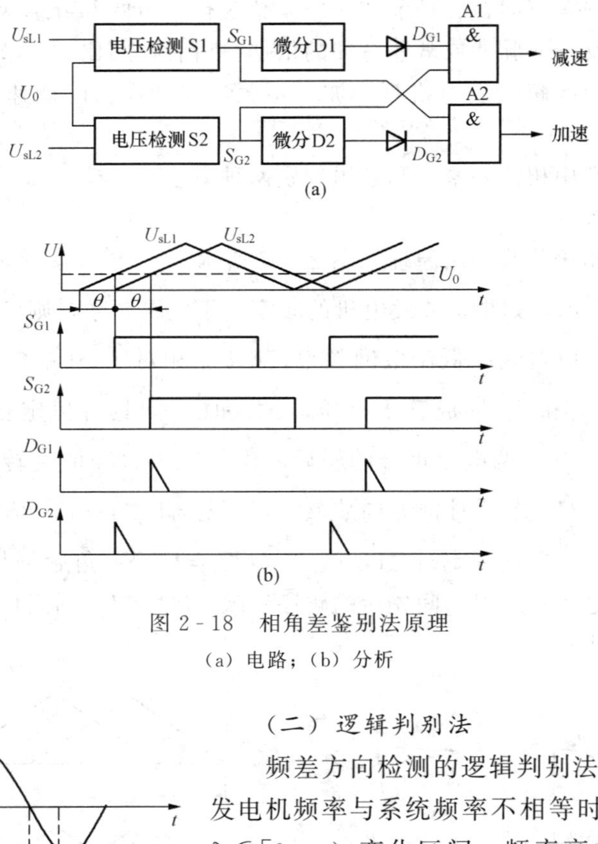

图 2-18　相角差鉴别法原理

（a）电路；（b）分析

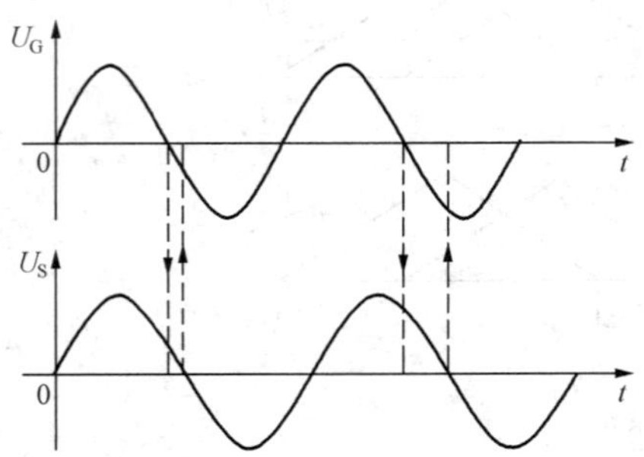

图 2-19　逻辑判别法原理示意图

（二）逻辑判别法

频差方向检测的逻辑判别法原理如图 2-19 所示。发电机频率与系统频率不相等时，从 $\delta_e=0$ 点起，在 $\delta_e\in[0,\pi)$ 变化区间，频率高的电压由正到负的过零点总是在频率低的电压的正半周区间内，频率低的电压由正到负的过零点总是在频率低的电压的负半周区间内。而在 $\delta_e\in[\pi,0)$ 变化区间则正好相反，频率高的电压由正到负过零点在频率低的电压的负半周区间内，频率低的电压由正到负过零点在频率低的电压的正半周区间内。

利用这种逻辑规律设计判别频率差方向的电路，其典型原理电路如图 2-20 所示。

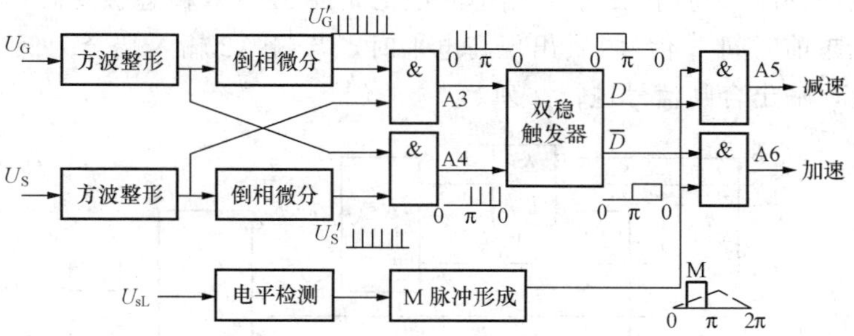

图 2-20　频差方向判别逻辑法原理电路（当 $f_G>f_S$ 时）

首先，把$\dot{U}_G$和$\dot{U}_S$正弦波整形成方波，经倒相微分后就得到交流波由正到负过零点的正脉冲U_G'、U_S'。U_G'加到与门 A3 的一个输入端，U_S'加到与门 A4 的一个输入端。根据前述频差判断的逻辑分析，若 $f_G>f_S$，在 $\delta_e\in[0,\ \pi)$ 变化区间，与门 A3 的输入脉冲U_G'和$\dot{U}_S$的正半周作用使 A3 输出一系列正脉冲，使双稳态触发器 D 置位，向与门 A5 输出高电平信号，而与门 A4 的输入脉冲U_S'和$\dot{U}_G$的负半周作用闭锁与门 A4。而到 $\delta_e\in[\pi,\ 0)$ 变化区间后，与门 A3 的输入脉冲U_G'和$\dot{U}_S$的负半周作用闭锁与门 A3，与门 A4 的输入脉冲U_S'和$\dot{U}_G$的正半周作用使 A4 输出高电平，使双稳态触发器反向端 $\overline{D}$ 置位，向与门 A6 输出高电平信号。

前已述及，调速控制通常只限于在 $\delta_e\in[0,\ \pi)$ 区间进行，为此另设区间判别环节，由线性整步电压 U_{sL}经电平检测电路和脉冲形成电路（单稳态触发器）可以在 $\delta_e\in(0,\ \pi)$ 区间形成一个有一定宽度的触发脉冲 M，M 脉冲控制与门 A5、A6，只能在 $\delta_e\in(0,\ \pi)$ 内的某一段开放，允许发出调速脉冲。在上述 $f_G>f_S$ 情形下，与门 A5 将在 $\delta_e\in(0,\ \pi)$ 区间输出调速信号，与门 A6 始终闭锁无输出信号。

同理，若在 $f_G<f_S$ 情形下，与门 A6 将在 $\delta_e\in(0,\ \pi)$ 区间输出调速信号，而与门 A5 将始终闭锁无输出。显然，与门 A5 的输出应规定为减速控制，而与门 A6 的输出则规定为加速控制。

六、电压差控制

电压差控制单元的任务是在并列操作过程中自动调节待并发电机电压，使电压差符合并列要求，其构成环节与频率差控制的相似，即是由电压差方向测量环节、脉冲展宽、隔离和放大电路等构成。

七、准同期装置的并列控制

恒定越前时间并列装置的并列控制逻辑如图 2-21 所示。它的工作是当并列条件检测元件测得的信号均符合允许并列条件时，即频率差、电压差都在允许范围内，当越前时间 t_y 信号 U_n 正跳变的瞬间，就发出合闸控制信号；当不符合并列条件时，即频率差或电压差两个条件中任一条件超出允许值，它就发出闭锁信号，即不允许并列合闸。

图 2-21 中频率差检测采用相位比较法，图中与门 A2 是四端输入的负逻辑与门，是合闸控制信号的输出电路。可见，合闸控制信号是否输出，决定于 A2 与门条件是否满足。前已述及，如果频率差 U_{sLk}或电压差 $U_{\Delta U}$任一条件不符合，相角差 δ_e 在 $-\pi\sim0$ 区间，与门 A2 相应的输入端（$\Delta\omega_s$ 或 ΔU 输入端）即出现高电平，闭锁合闸控制信号输出。当频率差、电

压差均满足并列条件时，与门 A2 输入端中的记忆元件 SZ（双稳态触发器）的输出和 ΔU 均为低电平，一旦越前时间 t_y 信号 U_n 出现高电平时，与门 A2 输入端全为低电平，即允许越前时间信号通过，输出合闸信号进行并列。

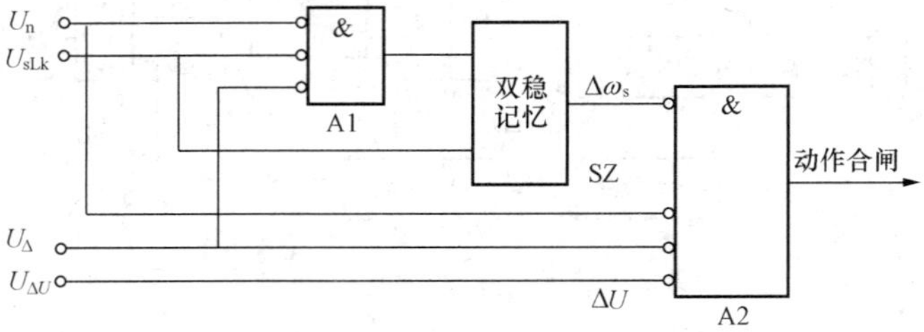

图 2-21　合闸控制逻辑框图

为了防止并列装置投入瞬间与门 A1、A2 输入端电平的随机性可能误发合闸信号，从可靠性考虑，加一初始化高电平 U_Δ 闭锁与门 A2，待并列装置投入一定时间后，检测元件进入正常工作状态，即解除 U_Δ 的闭锁作用，也就是正常工作时，U_Δ 恒为低电平，不影响并列装置的工作。

第四节　微机型自动准同期装置原理

一、概述

大容量发电机组造价高、安全系数较低、耐冲击能力较差。因此，要求大容量机组准同期并列时冲击要更小。例如，国外 600MW 以上的机组要求并列合闸相角差在 2°～4°，电压差小于额定电压的 1‰。同时，由于大容量机组在电力系统中占有举足轻重的地位，要求在系统事故时能够快速地并入电力系统。另外，由于同期并列不当有可能造成机组损坏，中小机组也希望能够平稳而快速并入电力系统。

冲击小且速度快，一直是发电机组并列所追求的目标。随着微型计算机技术的发展，微机型自动同期装置得到应用。微型计算机存储量大、运算速度快，各种功能可通过编程实现，既方便又灵活。特别是近年来高速数据处理芯片 DSP 和其他各种性能专用芯片得到广泛应用，微型计算机的高可靠性和高性能价格比又为微机自动同期装置在工程中实际应用提供了良好的信誉保证。

由微机构成的数字式同期装置，由于硬件简单，编程方便，运行可靠，人机界面友好，且技术上已日趋成熟，因此其成为自动并列装置发展的方向。微机型自动准同期装置的特点：

（1）整步电压不以模拟量出现，因此不存在纹波影响元件参数变化引起合闸相角差误差。

（2）便于考虑滑差 ω_s 不同的变化规律，实现快速捕捉准同期并列条件。

（3）以最优控制策略，对待并发电机频率（转速）和电压进行调节，加速并列过程。

（4）能提供本次并列断路器实时合闸时间为实现准确导前时间提供可靠依据。

（5）保证并列的角度可靠性，采用校验与诊断软件。

（6）现代微机运算处理速度很高，可以同时对若干台发电机进行准同期并列。

（7）通过软件升级，便于实现装置的功能扩充和更新。

二、微机同期基本原理

微机同期并列装置由硬件和软件组成，以下分别进行介绍。

（一）硬件电路

以微处理器（CPU）为核心的同期并列装置，就是一台专用的计算机控制系统。因此按照计算机控制系统组成原则，硬件的基本配置由主机，输入、输出接口和输入、输出过程通道等部件组成。其典型框图如图 2-22 所示。

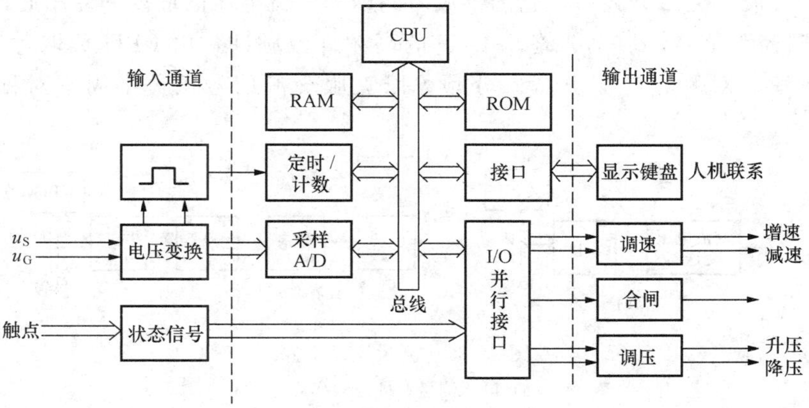

图 2-22　典型微机同期装置硬件原理图

1. 主机

微处理器（CPU）是控制装置的核心，它和存储器（RAM、ROM）一起构成主机。控制对象运行变量的采样输入存放在可读写的随机存储器 RAM 内，运算控制程序以及固定的参数和设定值则固化存放在只读存储器 ROM 内。自动并列装置的软件和一些重要参数，如断路器合闸时间、频率差和电压差允许并列的阈值、滑差角加速计算系数、频率和电压控制调节的脉冲宽度等，为了既能固定存储，又便于设置和整定值的修改，可存放在 EEPROM 中。

2. 输入、输出接口电路

在计算机控制系统中，输入、输出过程通道的信息不能直接与主机的总线相接，必须由接口电路来完成信息传递的任务。现在各种型号的 CPU 芯片都有相应的通用接口芯片供选用。它们有串行接口、并行接口、管理接口、模拟量与数字量间转换（A/D、D/A）等电路，与主机总线相连接。

3. 输入、输出过程通道

为实现发电机自动并列操作，需将电网和待并发电机的电压、频率等状态量按要求送到接口电路进入主机。计算机将调节量、合闸信号等输出去控制待并机组。这需要把计算机接口电路输出信号变换为适合于对待并机组进行调节或合闸的操作信号。可见在计算机接口电路和并列操作控制对象的过程之间必须设置信息的传递和变换设备，通常人们称之为过程输入、输出通道。它是接口电路和控制对象之间传递信号的媒介，必须按控制对象的要求，选择与之匹配的器件和通道。

（1）输入通道。按发电机并列条件，分别从发电机和母线电压互感器二次侧交流电压信号中提取电压幅值、频率和相角差 δ_e 三种信息，作为并列操作的依据。

1）交流电压幅值测量。最简单化的办法采用变送器，将交流电压转换成直流电压，然后由模数转换（A/D）接口电路进入主机。CPU 读得 u_G 和 u_S 的有效值后，由软件分析作出是否符合并列条件的判断。也可以直接对交流电压采样然后由软件计算出电压值。另外，可以用电压/频率（压频）变换（V/F）方式将电压量转变为频率量再经定时/计数器（C/T）读得 u_G 和 u_S 的有效值。

2）频率测量。工频频率测量的基本方法是测量交流信号波形的周期 T，将交流电压正弦信号转换为方波，经二分频后，它的半波时间即为交流电压的周期 T。用此二分频方波作为 C/T 的“门控”信号，启动、终止 C/T 的高频计数脉冲，由 CPU 读取计数脉冲数 N，即可计算出频率。对测频交流电压二分频可以克服交流信号正负半周不对称造成的测频误差。

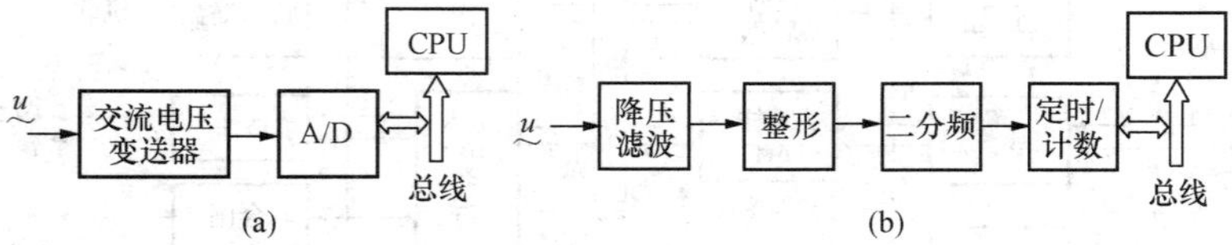

图 2-23 测量原理电路

（a）电压测量；（b）频率测量

3）相角差 δ_e 测量。将交流电压信号 u_S、u_G 分别转换成同频、同相的方波 $\overline{U}_S$、$\overline{U}_G$。再分别接到异或门两输入端。当两个方波输入电平不同时，异或门的输出为高电平，当两个方波输入电平相同时，异或门的输出为低电平，用定时/计数器求异或门输出信号高电平宽度，即与发电机电压与系统电压间的相角差 δ_e 对应。

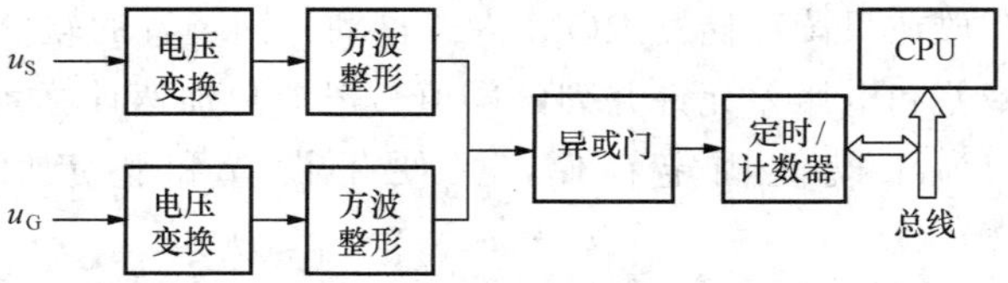

图 2-24 相角差测量原理电路

（2）输出通道。自动并列装置的输出控制信号有：①发电机的增速、减速信号；②调节发电机电压的升压、降压信号；③并列断路器合闸脉冲控制信号。这些控制信号可由并行接口电路输出，经放大后驱动继电器用触点控制相应的电路。

4. 人机联系接口

人机联系接口是计算机控制系统必备的设施，常规外部设备如键盘、按钮、遥控器、CRT 显示器、数码和发光二极管显示指示器等，其配置则视具体情况而定。人机联系设备主要用于程序调试、设置或修改参数、运行显示记录。装置运行时，用于显示发电机并列过程的主要变量，如相角差 δ_e、频率差 ω_s、电压差的大小和方向以及调速、调压的情况。总之，应为运行操作人员监视控制装置的运行提供方便。

（二）软件功能

1. 电压检测

计算机检测电压可以有模数转换（A/D）或压频变换（V/F）两种方式。交流电压变送器输出的直流电压与输入的交流电压值成正比。CPU 从 A/D 转换接口，或者从压频变换（V/F）方式再经定时计数器接口读取的电压数字量 D_S、D_G 分别表示 u_S 和 u_G 的有效值。设机组并列时，允许电压偏差设定的阈值为 ΔU_y，装置内对应的设定值为 $D_{\Delta U}$。

当 $|D_G - D_S| > D_{\Delta U}$ 时，不允许合闸信号输出；

当 $|D_G - D_S| \leqslant D_{\Delta U}$ 时，允许合闸信号输出。

当 $D_G < D_S$ 时，发出升压信号；反之，$D_G > D_S$ 时，则发出降压信号。

2. 频率检测

由可编程定时计数器对经整形和二分频的发电机电压和电网电压方波分别计时，主机读取计时脉冲值 N_S 和 N_G 后求得 ω_S 和 ω_G。定时计数器计时脉冲频率 f_C 是固定常数，则有

$$\begin{cases} \omega_S = \dfrac{2\pi}{N_S} f_C \\ \omega_G = \dfrac{2\pi}{N_G} f_C \end{cases} \tag{2-24}$$

与电压检测所采用算式类似，将频率差的绝对值 $|\omega_S - \omega_G|$ 与设定的允许频率偏差阈值比较，作出是否允许并列的判断。按发电机频率高于或低于系统频率在相角差 δ_e 在 $0 \sim \pi$ 期间发出减速或加速信号。调节量按频率偏差值比例进行调节。

3. 相角差 δ_e 检测

前已述及，线性整步电压与相角差 δ_e 之间的关系是从宽度不等的矩形波求得，即矩形波的宽度与相角差 δ_e 有关。同理，在微机准同期装置当中，u_S 和 u_G 两交流电压经方波整形后加至异或门，在异或门的输出端得到一系列宽度不等的矩形波，矩形波的宽度 τ_i 表征了相角差 δ_e 的变化，$\tau_i = 0$ 时对应 $\delta_e = 0$；$\tau_i > \tau_{i-1}$ 对应 $\delta_e \in (0, \pi)$；$\tau_i = \tau_{MAX}$ 对应 $\delta_e = \pi$；$\tau_i < \tau_{i-1}$ 对应 $\delta_e \in (\pi, 2\pi)$。借助于定时计数器，微机 CPU 可分别读取系统电压方波宽度 τ_S 和异或门输出宽度 τ_{i-1}、τ_i 的大小，求得两电压间相角差 δ_e 变化轨迹，任意 i 时刻的相角差 δ_{ei} 可由式（2-25）求得

$$\delta_{ei} = \begin{cases} \dfrac{\tau_i}{\tau_S}\pi & (\forall \tau_i > \tau_{i-1}) \\ 2\pi - \dfrac{\tau_i}{\tau_S}\pi & (\forall \tau_i < \tau_{i-1}) \end{cases} \tag{2-25}$$

式（2-25）中 τ_S 和 τ_i 的值，CPU 可从定时计数器读入求得。如每一工频周期（约 20ms）作一次计算，通过对 τ_i 的测量可得 i 点对应时刻两输入电压的相角差 δ_{ei}。从而记录下 $\delta_e(t)$ 的轨迹，如图 2-25 所示波形分析。

也可以将 u_S 和 u_G 两交流电压经方波整形后加至同或门，在同或门的输出端亦可得到一系列宽度不等的矩形波，矩形波的宽度 τ_i 变化仍然表征相角差 δ_e 的变化，但此时 $\tau_i = 0$ 时对应 $\delta_e = \pi$，而 $\tau_i = \tau_{MAX}$ 对应 $\delta_e = 0$。

4. 越前时间检测

数字式准同期装置可按式（2-26）计算理想的导前合闸相角 δ_{ey}，它可以计及 δ_e 含有加速度的情况

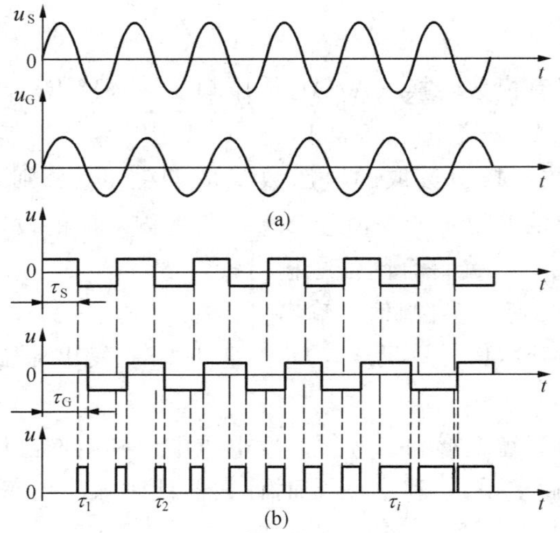

图 2-25　相角差 δ_e 测量波形分析

$$\delta_{ey} = \omega_{si} t_y + \frac{1}{2}\frac{d\omega_{si}}{dt} t_y^2 \tag{2-26}$$

式中：t_y 为恒定越前时间，为整定输入控制参数。ω_{si} 为计算点的滑差角速度；$\frac{d\omega_{si}}{dt}$ 为计算点的滑差角加速度。

若以增量表示，式（2-26）可改写为

$$\delta_{ey} = \omega_{si} t_y + \frac{1}{2}\frac{\Delta\omega_{si}}{\Delta t} t_y^2 \tag{2-27}$$

其中

$$\omega_{si} = \frac{\Delta\delta_{ei}}{\Delta t} = \frac{\delta_{ei} - \delta_{ei-1}}{2\tau_S} \tag{2-28}$$

或由式（2-24）得

$$\omega_{si} = | \omega_S - \omega_G |_i \tag{2-29}$$

$$\frac{\Delta\omega_{Si}}{\Delta t} = \frac{\omega_{si} - \omega_{si-1}}{2\tau_S} \tag{2-30}$$

δ_{ei} 和 δ_{ei-1} 分别为本计算点和前一计算点的相角差，$2\tau_S$ 为两计算点间的时间。若 t_{QF} 为微机发同期合闸信号到并列断路器主触头合闸时间。t_C 为出口继电器动作时间，则整定 t_y 的计算式

$$t_y = t_{QF} + t_C \tag{2-31}$$

根据式（2-27）可以求出最佳的合闸越前相角 δ_{ey} 值，该值与本计算点的相角 δ_{ei} 按式（2-32）进行比较（式中 ε 为计算允许误差）

$$|(2\pi - \delta_{ei}) - \delta_{ey}| \leqslant \varepsilon \tag{2-32}$$

如果式（2-32）成立，则立刻发出合闸信号。

如果

$$|(2\pi - \delta_{ei}) - \delta_{ey}| > \varepsilon \tag{2-33}$$

则继续进行下一点计算，直到 δ_{ei} 逐渐逼近 $2\pi - \delta_{ey}$，符合式（2-32）条件为止。

（三）微机准同期功能的优化

对上述并列过程进一步分析可见，计算允许误差 ε 设定过大，可能使并列时冲击较大，但设定得过小则有可能在某计算点对应的 δ_{ei} 已接近 $2\pi-\delta_{ey}$，$2\pi-\delta_{ei}>\delta_{ey}$，但还不符合式（2-32）条件，而到下一个计算点对应的 δ_{ei} 已经使 $2\pi-\delta_{ei}<\delta_{ey}$，却仍然不符合式（2-32）条件，这就错过了一次并列时机，拖延了并列完成时间。为避免上述情况，可在某计算点对应的 δ_{ei} 已接近 $2\pi-\delta_{ey}$，$2\pi-\delta_{ei}>\delta_{ey}$ 时，对下一个计算点的 δ_{ei+1} 值进行预测，以估计最佳合闸越前相角 δ_{ey} 是否介于 $2\pi-\delta_{ei}$ 和 $2\pi-\delta_{ei+1}$ 之间。如果是，则可及时推算相角由 δ_{ei} 到 δ_{ey} 所需的时间，这样可以在相角差恰为最佳的合闸越前相角 δ_{ey} 瞬间及时准确地发出合闸信号，且不会错过任一合闸并列时机。

微处理机准同期装置不仅可以方便地考虑频率差的不同变化规律，还可以自动记录以往并列过程的相关指标，自适应地优化设定控制参数。比如，可自动记录最近几次实际合闸动作时间，修正下一次并列指令越前时间，从而保证并列的准确、快速，并且能很方便地与全厂自动化系统相连，作为发电厂 AGC 的一个环节。而这些都并不需要增加许多硬件设备，这是微机准同期装置突出的优点。

思考题

1. 简述同步发电机并列时应遵循的两条基本原则。
2. 当理想准同期的三个条件分别不能满足时，冲击电流应如何计算？有什么特点？
3. 什么是准同期的恒定越前时间？它的整定值与哪些因素有关，应当如何整定？
4. 自动准同期装置由哪三个控制单元组成？它们各自的主要任务是什么？
5. 试画出形成线性整步电压的原理电路。
6. 当系统电压 $U_S=10$，待并发电机电压为 $5\sqrt{3}$，并列合闸初相角为 $\frac{\pi}{6}$ 时，请画相量图并分析计算合闸冲击电流有效值 I''_{im}，说明其（有功、无功）性质及对发电机的影响，并计算出冲击电流最大瞬时值 $i''_{im\cdot max}$。（设 $X''_d=0.2$，$X''_q=0.3$，$X_\Sigma=0.15$）
7. 简述相位差鉴别法和逻辑判别法这两种检测频率差方向方法的原理和实现电路。
8. 简述微机型自动准同期装置实现电压差检测、频率差检测、相角差检测以及恒定越前时间检测的原理和方法。
9. 简述微机型自动准同期装置的显著优点。

第三章　同步发电机励磁自动控制及电力系统电压无功控制

同步发电机是将旋转形式的机械功率转换成三相交流电功率的机电设备。为了完成这一转换，其本身需要一个直流磁场，产生这个磁场的直流电流称为同步发电机的励磁电流，又称转子电流。与励磁电流有关的元件和设备，包括励磁电源和自动励磁调节器等，统称为励磁系统。

电力系统的电压及无功功率的控制是通过对系统中的同步发电机励磁自动控制以及在变配电站并联无功补偿装置、同步调相机，调整变压器分接头，输电线路串联电容等措施综合实现的，主要目的是维持电力系统的电压水平及无功功率的平衡。

第一节　励磁系统的主要任务及其基本要求

在"电机学"课程中已知同步发电机运行特性与其空载电动势有关，而空载电动势主要取决于发电机励磁电流，改变励磁电流就可以影响同步发电机在电力系统中的运行特性。电力系统正常运行时，调节发电机励磁电流以改变电网电压水平和并列运行机组间无功功率的分配，而在系统发生故障时，往往也要求迅速控制励磁电流以维持电网电压及稳定性。优良的励磁控制系统不仅可以保证发电机可靠运行，提高电能质量，而且能够保证系统稳定运行和经济合理地分配无功功率。

同步发电机励磁控制系统的构成如图 3 - 1 所示。它是由同步发电机及其电压互感器（TV）、电流互感器（TA）和励磁系统组成的一个负反馈自动控制系统。励磁系统是向发电机供给励磁电流的系统，包括产生发电机励磁电流的励磁功率单元、自动励磁调节器、手动调节部分以及灭磁、保护、监视装置和仪表等。自动励磁调节器是根据发电机电压和电流的变化以及其他输入信号，按事先确定的调节准则控制励磁功率单元输出（励磁）电流的自动装置。

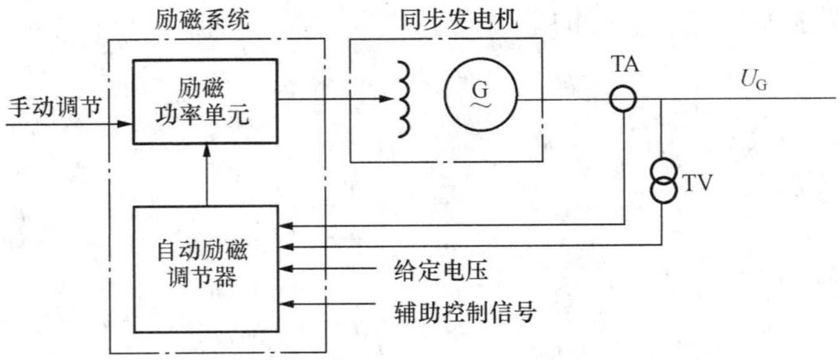

图 3 - 1　同步发电机励磁控制系统构成示意图

一、同步发电机励磁控制系统的主要任务

1. 控制电压

电力系统在正常运行时，负荷总是经常波动的，随着负荷的波动，电压就会发生变化。为了使电压在某一允许值范围，需要对励磁电流进行调节以维持机端或系统中某一点的电压在给定的水平。因此励磁自动控制系统担负了维持电压水平的任务。

发电机单机带负荷运行时，励磁控制系统的电压调节作用可用图 3-2 说明。图 3-2（a）中 GEW 是发电机励磁绕组，$\dot{U}_G$ 和 $\dot{I}_G$ 分别为发电机定子电压和电流。在正常情况下，流经 GEW 的励磁电流 I_L 在同步发电机内建立磁场，使定子绕组产生空载感应电动势 $\dot{E}_q$。改变 I_L 的大小，就可使 $\dot{E}_q$ 发生相应变化。图 3-2（b）是发电机稳态运行的等值电路图，各参数关系用数学式表达为

$$\dot{E}_q = \dot{U}_G + j\dot{I}_G X_d \tag{3-1}$$

式中：X_d 为发电机的直轴同步电抗。

图 3-2（c）是发电机的相量图，δ 为 $\dot{E}_q$ 和 $\dot{U}_G$ 之间的夹角，即发电机的功率角；$\dot{I}_q$ 和 $\dot{I}_p$ 分别为发电机的无功和有功电流分量；φ 为发电机的功率因数角。根据图中所示相量关系，可以得出

$$E_q\cos\delta = U_G + I_q X_d \tag{3-2}$$

一般 δ 的值很小，可近似地认为 $\cos\delta \approx 1$，于是式（3-2）可简化为

$$E_q \approx U_G + I_q X_d \tag{3-3}$$

$$U_G \approx E_q - I_q X_d \tag{3-4}$$

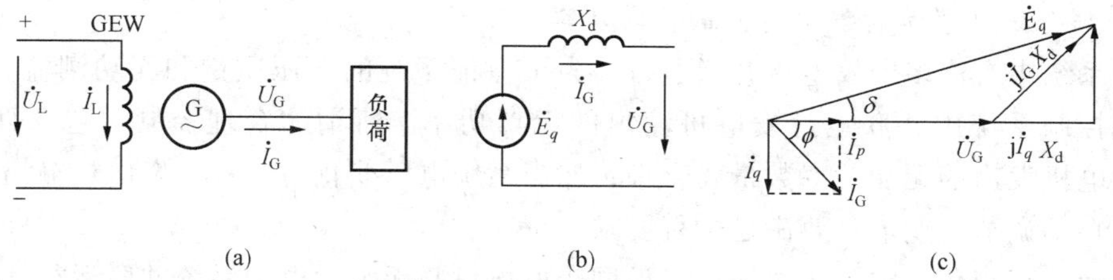

图 3-2　发电机稳定运行图

（a）原理图；（b）等值电路图；（c）相量图

发电机空载感应电动势 E_q 和励磁电流 I_L 成正比。式（3-4）说明，当 I_L 不变时，I_q 变化将引起 U_G 变化，即发电机单机带负荷运行时，电压变化主要是由定子电流的无功分量 I_q 的变化引起的。如果发电机无功电流 I_q 不变，改变 I_L，可以改变 E_q，进而可以改变 U_G 或使 U_G 保持恒定，即发电机单机运行时，调节励磁电流可以改变发电机电压。

发电机并入电力系统运行时，电力系统的电压水平由系统中无功电源发出的无功功率总和与系统中负荷所消耗的无功功率总和之间的平衡关系决定。由于单机容量相对电力系统中发电机总容量来说是有限的，因此改变一台发电机的励磁电流对电力系统电压水平的影响不会很大，而且电力系统的容量越大，这种特征越明显。当电力系统容量无穷大时，系统电压为恒定值，改变一台发电机的励磁电流对系统电压水平的影响为零。但是，由于电力系统中各节点电压是不相同的，因此，对并入电力系统的发电机电压 U_G 随励磁电流变化的情况要

做具体分析。图 3-3 是发电机经变压器和输电线路并入电力系统的情况。

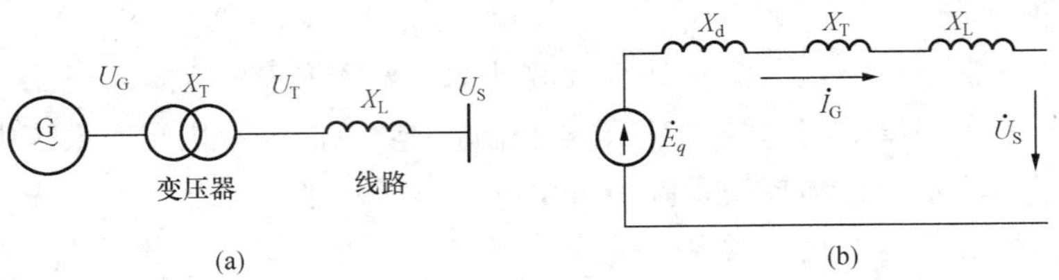

图 3-3　发电机并入电力系统的电路图

(a) 电路图；(b) 等值电路图

根据式 (3-4) 的推导过程，结合图 3-3，可以导出

$$U_G \approx U_S + I_q(X_T + X_L) \tag{3-5}$$

$$U_T \approx U_S + I_q X_L \tag{3-6}$$

$$I_q = \frac{E_q - U_S}{X_d + X_T + X_L} \tag{3-7}$$

式中：X_T、X_L 为变压器漏抗和输电线路电抗；U_S、U_T 为系统电压和变压器高压侧电压。

式 (3-5) ～式 (3-7) 说明：①通过调节发电机励磁电流来调节发电机电动势 E_q 可以改变发电机无功电流 I_q，从而调节发电机电压 U_G 和变压器高压侧电压 U_T，维持发电机机端电压 U_G 或系统内某一点电压（如变压器高压母线电压 U_T）在给定水平；②若发电机直接接入无穷大电力系统，即 $X_T=0$，$X_L=0$，则发电机电压等于系统电压。随系统电压的变化而变化，调节发电机励磁电流不再会引起发电机电压的变化，即发电机励磁调节系统不再有调节发电机电压的作用。

2. 合理分配并联运行发电机间的无功功率

电力系统中有许多台发电机并联运行。为了保证系统的电压质量和无功潮流合理分布，要求合理控制系统中并联运行发电机输出的无功功率。所谓“合理控制”包含两层意思：①每台发电机发出的无功功率数量要合理；②当系统电压变化时，每台发电机输出的无功功率要随之自动调节，调节量要满足运行要求。

为了使分析简化且突出主要矛盾，设同步发电机与无穷大电力系统并联运行，如图 3-4 (a) 所示，即发电机端电压不随负荷的变化而变化，是一个恒定值。同时假定发电机定子电阻为零，并忽略发电机凸极效应。由于发电机发出的有功功率受调速器控制（调速器是根据发电机频率变化动作的），而调节无功功率又不会引起频率变化，因此机组发出的无功功率变化时，发出的有功功率 P_G 为常数。这样根据电机学原理可以做出相量图 [见图 3-4 (b)]，并且可以写出下列表达式

$$P_G = U_G I_G \cos\varphi = 常数 \tag{3-8}$$

$$P_G = \frac{E_q U_G}{X_d}\sin\delta = 常数 \tag{3-9}$$

式中：φ 为发电机功率因数角；δ 为发电机的功率角。

由式 (3-9) 得

$$E_q \sin\delta = \frac{X_d}{U_G}P_G = 常数 = K_2 \tag{3-10}$$

由式 (3-8) 得

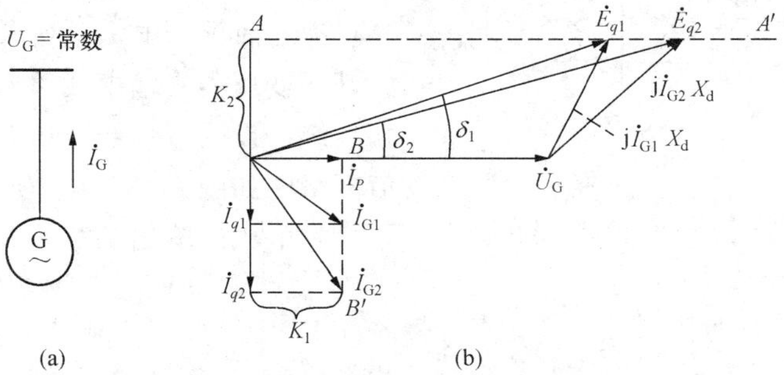

图 3-4　同步发电机与无限大母线并联运行

(a) 接线图；(b) 相量图

$$I_G\cos\varphi = \frac{P_G}{U_G} = 常数 = K_1 \tag{3-11}$$

式（3-10）和式（3-11）说明，当改变发电机的励磁电流时，感应电动势 $\dot{E}_q$ 的端点只能沿着图 3-4（b）中的虚线 AA' 变化；而发电机的电流 $\dot{I}_G$ 的端点只能沿着虚线 BB' 变化。因为发电机 E_q 正比于励磁电流 I_L，当 I_L 由 I_{L1} 增加到 I_{L2} 时，发电机的各运行参数将由角标为“1”的量变为角标为“2”的量，如 $\dot{E}_{q1}\rightarrow\dot{E}_{q2}$，$\dot{I}_{G1}\rightarrow\dot{I}_{G2}$，$\dot{I}_{q1}\rightarrow\dot{I}_{q2}$，$\delta_1\rightarrow\delta_2$ 等。由图 3-4（b）看出，$I_{L2}>I_{L1}$ 时，$\dot{I}_{q2}>\dot{I}_{q1}$。由于发电机电压为定值，所以当励磁电流增加时，发电机发出的无功功率（$Q_G=U_GI_q$）就增加了。同理，当发电机励磁电流减少时，发电机发出的无功功率会减少，甚至发出“负无功”，此时 $\dot{I}_G$ 将超前于 $\dot{U}_G$，此时称发电机处于进相运行状态。

在实际运行中，与发电机并联运行的母线并不是无限大母线，系统等值阻抗也不等于零，因此母线的电压将随着负荷波动而改变。一台发电机的励磁电流的改变不但影响它自身的电压和无功功率，而且也将影响与之并联的其他运行机组的无功功率，其影响的程度与系统情况有关。因此，同步发电机的励磁自动控制系统还担负着合理分配并联运行机组间无功功率的任务。

3. 提高电力系统的稳定性

电力系统在运行中随时都可能遭受各种干扰，在各种扰动发生后，发电机组能够恢复到原来的运行状态或者过渡到另一个新的正常运行状态，则称系统是稳定的。其主要标志是在扰动结束后，同步发电机能够维持或恢复同步运行。由电力系统分析课程可知，电力系统的稳定可分为静态稳定和暂态稳定两类。

静态稳定是指电力系统在正常运行状态下，经受小扰动后恢复到原来运行状态的能力。所谓小扰动是指在正常运行状态下的开关操作、负荷正常变化等。

暂态稳定是指电力系统在某一正常运行方式下突然遭受大扰动后，能否过渡到一个新的稳定运行状态、或者恢复到原来运行状态的能力。所谓大扰动是指电力系统发生某种事故，如高压电网发生短路或发电机被切除等。

也有把电力系统在正常运行状态下受到小的或大的扰动后，在相关自动控制和自动调节装置作用下的较长过程的运行稳定问题称为动态稳定。

下面分别分析发电机励磁系统对静态稳定和暂态稳定的影响。

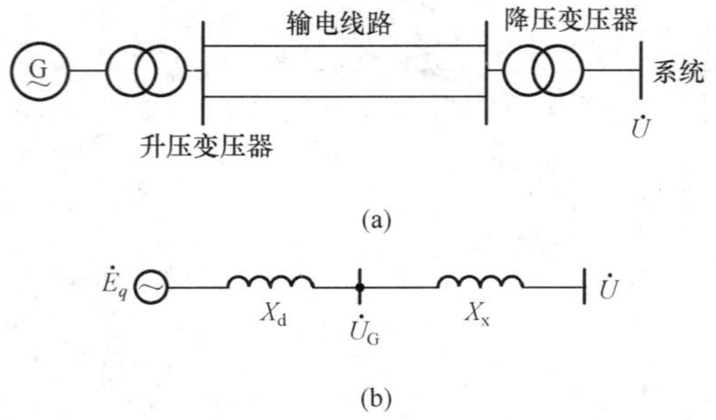

图 3-5 电力系统静态稳定分析图

(a) 接线图；(b) 等值电路

(1) 励磁系统对静态稳定的影响。图 3-5 (a) 为一简单的电力系统接线图，其中发电机经升压变压器、输电线路和降压变压器接到受端系统。设受端母线电压 U 恒定不变。系统等值网络图如图 3-5 (b) 所示。

发电机的输出功率按式 (3-9) 可写成

$$P_G = \frac{E_q U}{X_\Sigma}\sin\delta \tag{3-12}$$

式中：X_Σ 为系统总电抗，一般为发电机、变压器、输电线电抗之和；δ 为发电机空载电动势 $\dot{E}_q$ 和受端电压 $\dot{U}$ 之间的夹角。

对应于某一固定空载电动势 E_q 值时，发电机传输功率 P_G 是功率角的正弦函数，称为同步发电机的功角特性，见图 3-6 中曲线 1。

由"电力系统分析"课程可知，当 $\delta<90°$ 时，发电机能稳定运行；当 $\delta>90°$ 时，不能稳定运行；$\delta=90°$ 为稳定极限功率角，对应的最大输出功率极限为 $P_m=\frac{E_q U}{X_\Sigma}$。

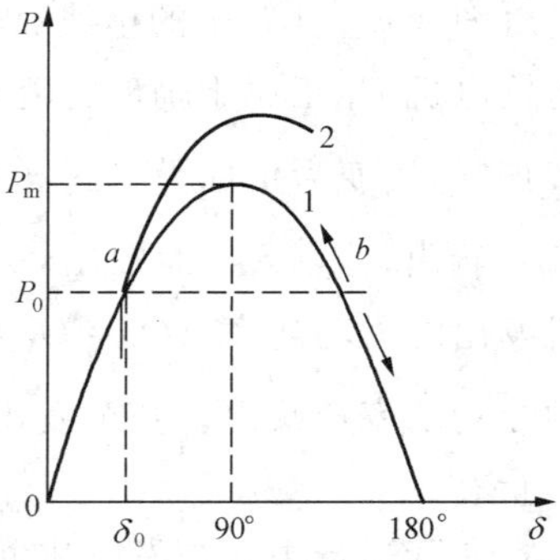

图 3-6 同步发电机的功率特性

实际系统中，随着负荷的变化，机端电压就会发生变化。为了维持机端电压，励磁控制系统就会不断调节励磁电流，这样就形成一簇不同的功角特性，如图 3-6 中曲线 2 所示。这条功角特性与原曲线 1 相比，有三点不同之处：①极限输送功率增加；②系统的静稳态储备增加；③稳定运行区域扩大，稳定运行的极限功率角可以稍大于 90°；其扩大的部分称为人工稳定运行区。可见，增加励磁调节器后系统的静态稳定性大大提高，所以运行的发电机组都要求装设自动励磁调节器。

(2) 励磁系统对暂态稳定的影响。电力系统遭受大的扰动之后，发电机组能否继续保持同步运行，是暂态稳定所研究的课题。仍以单机到无限大系统为例，设在正常运行情况下，发电机输送功率为 P_{G0}，在功角特性的 a 点运行，如图 3-7 所示。当突然受到某种扰动后，系统运行点由特性曲线Ⅰ上的 a 点突然变到曲线Ⅱ上的 b 点。由于原动机动力存在惯性，发电机输入功率仍为 P_{G0}，但是输出电功率减少，于是发电机轴上将出现过剩转矩使转子加速，系统运行点由 b 点沿曲线Ⅱ向 c、d 点移动。过了 c 点后，发电机输出功率大于 P_{G0}，转子轴上将出现制动转矩，使转子减速，运行点又向 c、b 点反向移动。在此加速、减速的变化摇摆过程中，发电机最终能否稳定运行取决于曲线Ⅱ与 P_{G0} 水平直线间所形成的上下两块面积（图中阴影部分）能否相等，即所谓等面积法则。如果没有后续连锁反应，经过若干周期摇摆后，发电机组将稳定在功角特性曲线Ⅱ上的 c 点运行。

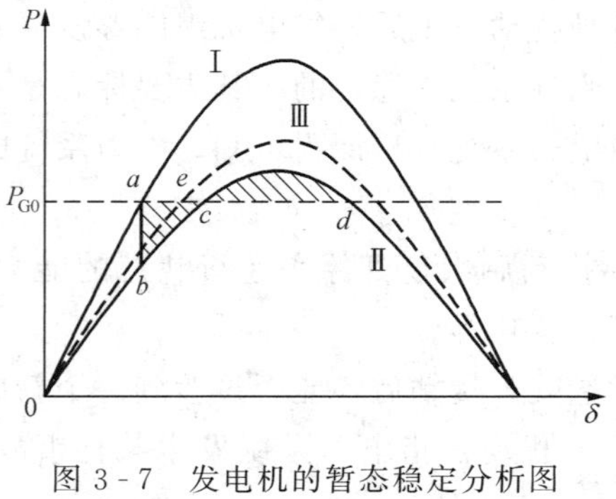

图 3-7 发电机的暂态稳定分析图

在暂态过程中，发电机如能强行增加励磁，使受到扰动后的发电机组的运行特性移到功角曲线Ⅲ上运行，这样不但减小了加速面积，而且还增大了减速面积。因而可使发电机第一次摇摆时功角 δ 的幅值减小，之后逐渐进一步减小。经过若干周期摇摆后，发电机组将稳定在功角特性曲线Ⅲ上的 e 点运行。这样就有效地改善了同步发电机的暂态稳定性。当然，这要求发电机励磁系统具备快速响应特性，即一是要减小励磁系统时间常数，二是要尽可能提高强行励磁倍数。

4. 改善电力系统的运行条件

当电力系统由于种种原因，出现短时低电压时，励磁自动控制系统可以发挥其调节功能，即大幅度地增加励磁以提高系统电压。这可以改善系统的运行条件。

(1) 改善异步电动机的自起动条件。电网发生短路等故障时，电网电压降低，必然使大多数用户的电动机处于制动状态。故障切除后，由于电动机自起动时需要吸收大量无功功率，以致延缓了电网电压的恢复过程。此时如系统中所有发电机都强行励磁，短时提供超额无功功率，那么就可以加速电网电压的恢复，有效地改善电动机的运行条件。图 3-8 表示机组有励磁自动控制和没有励磁自动控制时短路切除后电压恢复的情况。

(2) 为发电机异步运行创造条件。同步发电机失去励磁时，需要从系统中吸收大量无功功率，造成系统电压大幅度下降，严重时甚至危及系统的安全运行。在此情况下，如果系统中其他发电机组能提供足够的无功功率，以维持系统电压水平，则失磁的发电机还可以在一定时间内以异步运行方式维持运行，继续为系统提供有功功率。这不但可以确保系统安全运行，而且有利于机组热力设备的稳定运行。

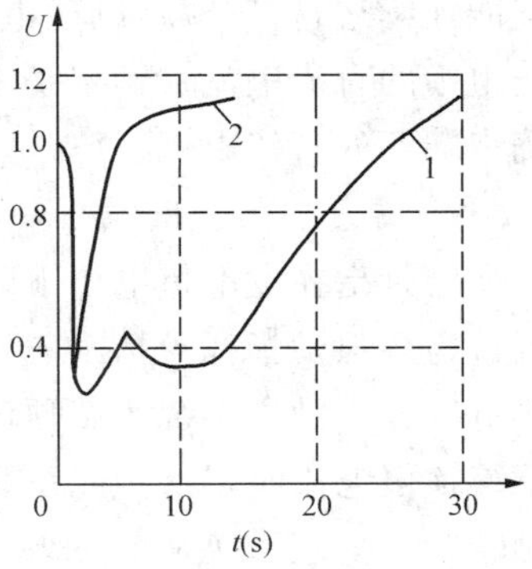

图 3-8　短路切除后电压的恢复过程
曲线 1—无励磁自动控制时；
曲线 2—有励磁自动控制时

(3) 提高继电保护装置工作的正确性。当系统处于低负荷运行状态时，发电机的励磁电流不大，若系统此时发生短路故障，其短路电流较小，且随时间衰减，以致使带时限的继电保护不能正确工作。励磁自动控制系统可以通过调节发电机励磁以增大短路电流，使继电保护正确工作。

由此可见，发电机励磁自动控制系统在改善电力系统运行方面起十分重要的作用。

5. 水轮发电机组要求强行减磁

水轮发电机组的机械转动惯量（机械时间常数）很大。同时，为了防止因水锤作用的影响使水轮机引水管道中水压突然上升得过快，导致引水管道破裂，在机组甩负荷时不能以最快的速度来关闭水轮机导水叶。上述诸多种因素，使得水轮发电机组由于故障突然甩负荷时转速会升得很高，而励磁绕组中的电流又不能很快衰减下来。由于发电机电压与励磁电流和转速成正比，往往使得发电机电压可能升高到危及定子绝缘的程度。所以，在此情况下，励磁系统必须能够实现强行减磁。

电磁式励磁调节器中，为防止水轮发电机过电压，设有强行减磁装置。在发电机电压 $U_G=115\%U_{GN}$（U_{GN} 为发电机额定电压）时，强行减磁动作，减少励磁电流。当 $U_G=130\%U_{GN}$ 时，延时 0.5s 跳发电机灭磁开关，强行将励磁电流减到零。

电子式励磁调节器和微机型励磁调节器本身都有较强的强行减磁能力，可以防止发电机过电压，而没有专门设置强行减磁装置。

二、对励磁系统的基本要求

1. 具有十分高的可靠性

发电机励磁系统是发电机组主要自动控制系统之一，出现故障就会直接影响与其配套的机组的运行。励磁系统一旦故障，轻则自动励磁调节器退出工作，改由运行人员手动调节励磁；重则造成发电机停机事故。励磁调节由自动改为手动以后，励磁系统的大部分功能将丧失。由于发电机不仅是无功电源，而且是有功电源，所以励磁系统出现故障可能会直接影响电厂乃至电力系统的正常运行，甚至造成设备损坏。

可靠性是励磁系统的生命。为了保证可靠性，励磁系统技术标准中有许多具体规定。

2. 保证发电机具有足够的励磁容量

励磁系统是与发电机配套的设备。它必须保证发电机在各种运行状态下需要的励磁功率。GB/T 7409.3—2007《同步电机励磁系统——大中型同步发电机励磁系统技术要求》中规定："当同步发电机的励磁电压和电流不超过其额定电压和电流的 1.1 倍时，励磁系统应保证能连续运行。"额定励磁电流是指发电机运行在额定电压、电流、功率因数与转速下磁场绕组中的直流电流。额定励磁电压是指在磁场绕组上产生额定励磁电流所需要的发电机磁场绕组端部的直流电压。

3. 具有足够的强励能力

强励是指在发电机电压下降较多时，励磁系统快速地将励磁电流和电压升到顶值的一种运行行为。强励指标包括励磁顶值电压、励磁系统允许强励时间和励磁系统标称响应。励磁顶值电压分为励磁系统空载顶值电压和负载顶值电压。励磁系统负载顶值电压是指当提供励磁系统顶值电流时，从励磁系统端部可能提供的最大直流电压。励磁系统顶值电流是指在规定时间内，励磁系统从它的端部能够提供的最大直流电流。GB/T 7409.3—2007 规定：励磁顶值电压应根据电网情况与发电机在电网中的地位确定，但必须保证励磁系统顶值电压的倍数满足下列要求：

(1) 100MW 及以上汽轮发电机不低于 1.8 倍；

(2) 50MW 及以上水轮发电机不低于 2 倍；

(3) 其他不低于 1.6 倍。

励磁系统顶值电压的倍数等于励磁系统负荷顶值电压与额定励磁电压之比。

励磁系统电压响应时间是指在发电机额定工况下运行、励磁系统起始电压为发电机额定励磁电压条件下，励磁系统达到顶值电压与额定励磁电压之差的 95%所需的时间。电压响应时间等于或小于 0.1s 的励磁系统称为高起始响应系统，这是现代大容量发电机组所要求的。

从改善电力系统运行条件和提高电力系统暂态稳定性来说，希望励磁系统具有较高的励磁顶值电压倍数和较小的电压响应时间。但是，这两项技术指标涉及励磁系统的结构和造价。一般而言，励磁顶值电压倍数越高，电压响应时间越短，励磁系统的造价就越高。在设计时，要根据发电机在系统中的地位和作用等因素，对这两项指标提出恰当的要求，既不要因指标过高而增加不必要的投资，又不要因指标规定得过低而不能满足要求。

GB/T 7409.3—2007 规定，励磁系统允许强励时间应不小于 10s。

4. 保证发电机电压调差率有足够的整定范围

发电机端电压调差率也称为无功电流补偿率。它是指在自动励磁调节器的调差单元投入、电压给定值不变、发电机功率因数为零的情况下，发电机无功负荷从零变化到额定值时发电机机端电压的变化率。发电机端电压调差率通常用δ表示，其计算式为

$$\delta(\%)=\frac{U_{G0}-U}{U_{G0}}\times 100\% \tag{3-13}$$

式中：U_{G0}为发电机空载额定工况下的发电机端电压，V；U为发电机无功电流等于额定值时的发电机端电压，V。

GB/T 7409.3—2007规定，励磁系统应保证同步发电机端电压调差率为±10%（对于半导体型励磁调节器）或±5%（对于电磁型励磁调节器）。

5. 保证发电机电压有足够的调节范围

为维持电力系统电压水平和电压稳定性的要求，发电机电压应有足够的调节范围。GB/T 7409.3—2007规定：自动电压调节器应保证在发电机空载额定电压的70%～110%范围内能稳定、平滑地调节；励磁系统的手动控制单元应保证发电机励磁电压在空载励磁电压的20%到额定励磁电压的110%范围内能稳定，平滑调节。

6. 保证发电机励磁自动控制系统具有良好的调节特性

（1）保证发电机端电压调节精度。发电机端电压调节精度用励磁控制系统的静差率表示。励磁系统的静差率是指发电机励磁自动控制系统投入运行、励磁系统调差单元（亦称为无功补偿单元）退出、发电机电压的设定值不进行调节的情况下，原动机转速及功率因数在规定范围变化，发电机负载从额定变化到零时发电机端压变化率。GB/T 7409.3—2007规定，励磁系统应保证发电机端电压静差率为±1%（对于半导体型励磁调节器）或±3%（对于电磁型励磁调节器）。

（2）保证励磁自动控制系统具有良好的动态特性。在空载额定电压情况下，当发电机给定阶跃为±10%额定电压时，发电机电压超调量应不大于阶跃量的50%，摆动次数不超过3次，调节时间不超过10s；当发电机突然零起升压时，自动电压调节器应保证端电压超调量不得超过额定值的15%，电压摆动次数不超过3次，调节时间不超过10s。

第二节　同步发电机励磁系统

同步发电机励磁自动控制系统是由发电机及其励磁系统组成的反馈自动控制系统。发电机励磁系统由自动励磁调节器和励磁功率单元组成。自动励磁调节器分机电式励磁调节器，半导体励磁调节器和计算机励磁凋节器。励磁功率单元分为直流电源励磁和交流电源励磁。直流电源励磁的电源为直流发电机，称为直流励磁机。交流电源励磁包括交流电源和整流器两部分。交流电源励磁的电源分为交流发电机（称为交流励磁机）、串联变压器和并联变压器。不论是直流励磁机还是交流励磁机，一般都与主机同轴旋转，励磁机的容量相对较小，一般只占同步发电机容量的0.3%～0.5%。整流器分为晶闸管整流器和不可控整流器。

一、直流励磁机励磁系统

直流励磁机励磁系统是过去常用的一种励磁方式。由于它是靠机械整流子换向整流的，当励磁电流过大时，换向就很困难，所以这种方式只能在10万kW以下中小容量机组中采用。直流励磁机是靠剩磁来建立电压的，按励磁机励磁绕组供电方式的不同，又可分为自励式和他励式两种。

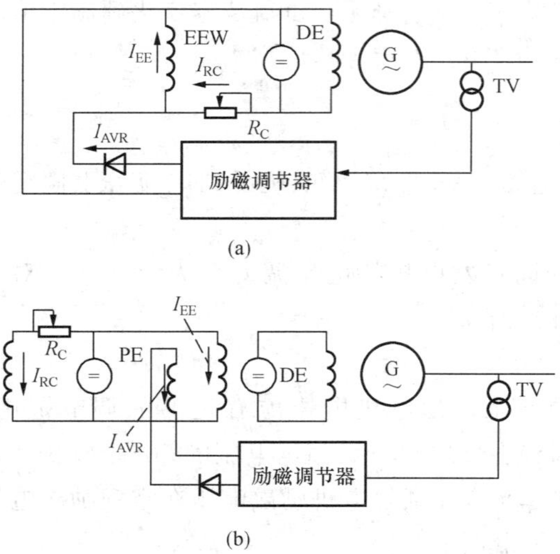

图 3-9 典型直流励磁机励磁系统原理接线
（a）自励直流励磁；（b）他励直流励磁

1. 自励直流励磁机励磁系统

图 3-9（a）是自励直流励磁机励磁系统的原理接线图。发电机转子绕组由专用的直流励磁机（DC Exciter，DE）供电，调整励磁机磁场电阻 R_C 可改变励磁机励磁电流中的 I_{RC}，从而达到人工调整发电机转子电流的目的，实现对发电机励磁的手动调节。

由此可见，在正常工作时，I_{AVR} 与 I_{RC} 同时负担励磁机的励磁绕组的调整功率，可以减少励磁调节器的容量。这种励磁系统的特点是调节速度较慢。

2. 他励直流励磁机励磁系统

他励直流励磁机的励磁绕组是由副励磁机供电的，其原理接线图如图 3-9（b）所示。副励磁机（Pilot Exciter，PE）与主励磁机 DE 都与发电机同轴。他励式励磁系统比自励式励磁系统多了一台副励磁机。由于他励方式取消了励磁机的自并励，与自励方式相比，时间常数减小了，因而提高了励磁系统的调节速度。

过去整流技术尚不成熟，直流励磁机系统为同步发电机励磁的首选。这种励磁存在不少缺点：①直流励磁机靠机械整流子换向，有炭刷和整流子等转动接触部件，维护困难，易发生故障；②当发电机容量大于 100MW 时，用直流励磁机供给发电机励磁电流，换向问题难以解决；③直流励磁机与同容量的交流励磁机或变压器相比，体积大，造价高；④调节速度较慢。基于上述原因，直流励磁机励磁系统只用于 100MW 及以下的发电机，现代同步发电机已很少采用直流励磁机励磁系统。

二、交流励磁机励磁系统

随着整流技术的发展和大容量硅整流元件的出现，产生了交流励磁机励磁系统。这种励磁系统的励磁功率单元由与发电机同轴的交流励磁机和硅整流器组成，其中交流励磁机分为自励和他励两种方式；整流器又分为晶闸管整流和不可控整流两种，每一种又有静止和旋转两种形式。这种励磁系统的自动励磁调节器有模拟式的，也有数字式的。这样，励磁功率单元和调节器的各种不同形式的组合配用，使交流励磁机励磁系统的类型多种多样。下面只介绍几种有代表性的系统。

1. 他励交流励磁机静止整流励磁系统

这种励磁系统也称为他励静止半导体励磁系统，原理接线图如图 3-10 所示。交流励磁机（AC Exciter，AE）和交流副励磁机（AC Pilot Exciter，APE）与发电机同轴旋转。交流副励磁机配有一个自励恒压调节器维持其端电压为恒定值。交流副励磁机输出的交流电经过晶闸管整流器（Thyristor rectifier，TR）整流后给交流励磁机励磁。由于交流励磁机的励磁电流不是由它自己供给的，所以称这种励磁机为他励交流励磁机。交流励磁机输出的交流电经过不可控整流器 DR 整流后变成直流，供给发电机作励磁电流。在这种励磁系统中，自动励磁调节器通过控制 TR 中晶闸管整流元件的控制角改变交流励磁机的励磁电流，来控制发电机励磁电流。由于交流副励磁机的起励电压比较高，不能像直流励磁机那样依靠剩磁起励，所以，在机组起励时必须外加起励电源，直到交流副励磁机输出的电压足以使自励恒压调节器正常工作时，起励电源方可退出工作。

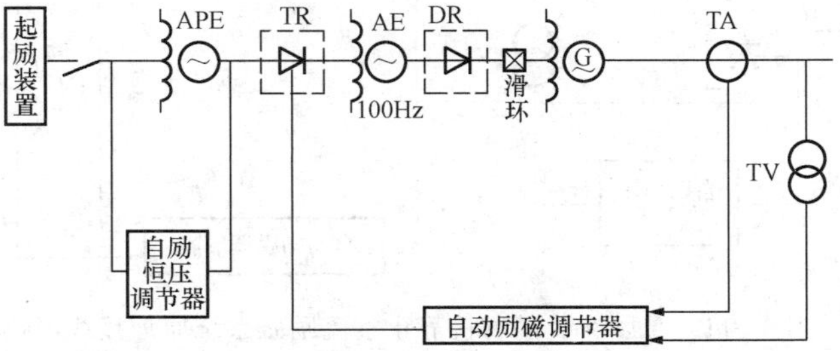

图 3-10　他励交流励磁机静止整流励磁系统原理接线图

这种励磁系统的特点：

(1) 由于取消了直流励磁机，不存在换向问题，而交流励磁机的容量可以做得很大，所以这种励磁系统的励磁容量不受限制。

(2) 因为交流励磁机和副励磁机与发电机同轴，且自成体系，励磁不受电网干扰，所以可靠性高。

(3) 由于晶闸管的控制角变化很快，发电机励磁电流可以很快变化，亦被称为快速励磁系统。它的性能励磁较好，满足大型发电机励磁的要求。

(4) 交流励磁机的时间常数较大，而且由于控制环节多，使得这种励磁系统的时间常数较大。为了减少系统的时间常数，励磁机转子采用叠片式结构，并提高了交流励磁机的频率，以减小励磁机时间常数，同时高频率还会使整流器（TR 和 DR）输出的直流纹波减小，使整流电路中变压器体积减小，滤波器容量减小。因此这种励磁系统中励磁机的频率常取为 100～150Hz，副励磁机频率为 400～500Hz。

(5) 有转子滑环和炭刷。滑环和炭刷是转动接触磨损装置，需要一定的维护工作量，且易产生生火花，不利防火。

(6) 加长了机组主轴长度。由于机组主轴上串上了励磁机和副励磁机，加长了机组主轴的长度。这对于火电厂会增加厂房的宽度（机组横向布置时）或长度（机组纵向布置时）；对于水电厂会增加厂房高度。这些会使发电厂主厂房的土建造价增加。

2. 自励交流励磁机静止整流励磁系统

这种励磁系统的原理接线图如图 3-11 所示。与图 3-10 所示他励静止半导体励磁系统属于同一类型的系统，有许多相同之处。区别在于这种励磁系统取消了副励磁机，自动励磁调节器通过控制整流器 TR1 中晶闸管的控制角直接控制发电机的励磁电流。这种励磁系统与他励静止半导体励磁系统相比有以下特点：

(1) 由于取消了副励磁机，由晶闸管整流器直接控制发电机励磁电流，所以时间常数小，快速性好。

(2) 缩短了机组主轴长度，可以减少电厂的土建投资。

(3) 本励磁方式中，励磁机的容量要大些，因为它的额定工作电压就要满足强励顶值电压的要求。

（4）晶闸管整流器控制的电流大，需要的可控整流设备容量大。

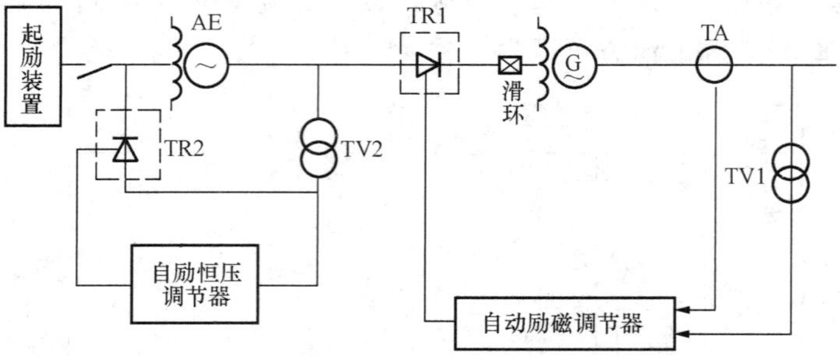

图3-11　自励交流励磁机静止整流励磁系统原理接线图

3. 交流励磁机旋转整流励磁系统（无刷励磁）

这种励磁系统的原理接线如图3-12所示。就励磁控制系统结构而言，它属于他励交流励磁机励磁系统的一种。两种励磁系统有许多相同之处，但也有区别，区别在于：

（1）交流副励磁机为永磁发电机。

（2）交流励磁机的励磁绕组和电枢绕组的位置与一般发电机相反。励磁绕组在定子上静止不动，电枢绕组放在转子上和发电机同轴旋转。

（3）发电机和励磁机都没有炭刷和滑环。

因为交流励磁机的励磁绕组在定子上而电枢绕组在转子上，且永磁发电也在转子上。这样，在发电机转子、交流励磁机的电枢绕组、整流器DR和副励磁机的永磁极都在同轴旋转，所以不需要由滑环和炭刷将励磁整流器的输出和转子绕组连接起来，可以直接连接在一起，因此实现了无刷励磁。

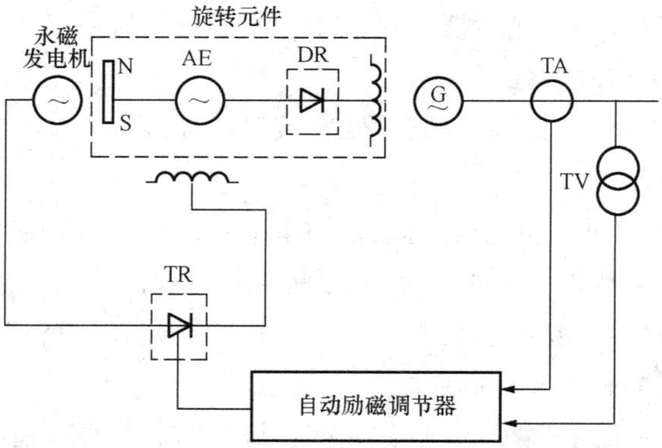

图3-12　交流励磁机旋转整流励磁系统（无刷励磁）原理接线图

这种励磁系统的特点：

（1）解决了巨型机组励磁电流引入转子绕组的技术困难，为制造巨型机组提供了技术保证。

（2）取消了滑环和炭刷，维护量小，电机的绝缘寿命也更长。

（3）励磁机独立供电励磁，励磁不受电网干扰，且无刷环磨损之忧，所以可靠性高。

（4）整流器DR的元器件是随转子一起转动的，由此引起了一系列技术问题：①无法实现转子回路直接灭磁；②无法对励磁回路进行直接测量（如转子电流、电压，转子绝缘等）；③无法对整流元件的工作情况进行直接监测；④要求整流器和快速熔断器等有良好的力学性能，能适应高速旋转的离心力。

目前，无刷励磁技术已经成熟，在现代大型机组上广泛应用。

三、静止励磁系统

静止励磁系统是指这种系统中励磁电源直接取自同步发电机端励磁变压器或励磁变流器，所有设备与地面都是相对静止的。这种励磁系统分为自并励和自复励两种形式。

1. 自并励励磁系统

图 3-13 是这种励磁系统的原理接线图。发电机励磁功率取自发电机端，经过励磁变压器（Exciter Transformer，ET）降压、晶闸管整流器 TR 整流后给发电机励磁。发电机励磁电流通过自动励磁调节器控制晶闸管的控制角进行控制。由于励磁变压器是并联在发电机端的，且发电机向自己提供励磁功率，所以这种系统叫做自并励励磁系统。这种励磁系统有如下优点：

(1) 结构简单、可靠性高、造价较低、维护量小。

(2) 没有励磁机，缩短了机组主轴长度，可减少电厂占地和土建造价。

(3) 直接用晶闸管控制转子电压，可获得很快的励磁电压响应速度，可以近似地认为具有阶跃函数那样的响应速度。

对于自并励励磁系统曾存在两点疑虑：

(1) 在发电机端三相短路而切除时间又较长的情况下，由于励磁变压器一次侧电压为零，励磁系统能否及时提供足够的强励电压。

(2) 由于短路电流的迅速衰减，带时限制的继电保护能否正确动作。

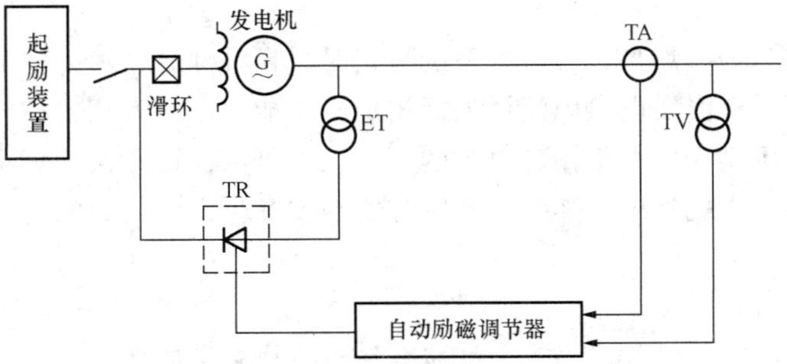

图 3-13　自并励励磁系统原理接线图

针对上述疑虑，有关部门曾做过认真分析和试验研究。例如，对 300MW 水轮发电机组分别配用自并励系统和他励系统进行动模实验和理论计算。动模实验结果表明，在发电机端突然三相短路时，两种励磁系统的发电机短路电流上升速度和最大值基本一致，最大值均为额定电流的 2.80 倍；短路后 0.5s 自并励系统发电机短路电流衰减到 2.65 倍，只衰减了 5.36%，并不比他励系统衰减得快多少，只是在短路 0.5s 以后两者的差别才明显起来。这是因为大中容量的发电机转子时间常数较大，转子电流要在短路 0.5s 以后才显著衰减，而且动模实验和理论计算的结果基本相符。这说明，自并励系统并没有人们所想象的那么严重的缺点。考虑到高压电网中重要设备的主保护动作时间都在 0.1s 之内，且都设有双重保护，因此没必要担心继电保护问题。

这种励磁系统适合在大、中容量的发电机上应用。对于中、小型机组，由于转子短路电流衰减较快，继电保护配合较复杂，要采用一定的技术措施以保证保护正确工作。

由于水轮发电机的转子时间常数和机组的转动惯量比较大，这种励磁系统比较适用于水轮发电机，尤其适用于发电机—变压器单元接线的发电机。对于这种励磁系统，为了防止机端三相短路，发电机的三相引出线可采用封闭母线。

2. 自复励励磁系统

这种励磁系统的原理接线如图 3 - 14 所示。图中 PTA 是功率电流互感器，也称作串联变压器，作用是将发电机电流取出一部分经过整流 DR 后作为发电机的励磁电流。这种方式称为复式励磁，简称为复励。经过励磁变压器 ET 降压、晶闸管整流 TR 后作为发电机励磁电流的方式称为自励。自励和复励两部分输出的直流并在一起，共同供给发电机励磁电流的方式称为自复励励磁方式。

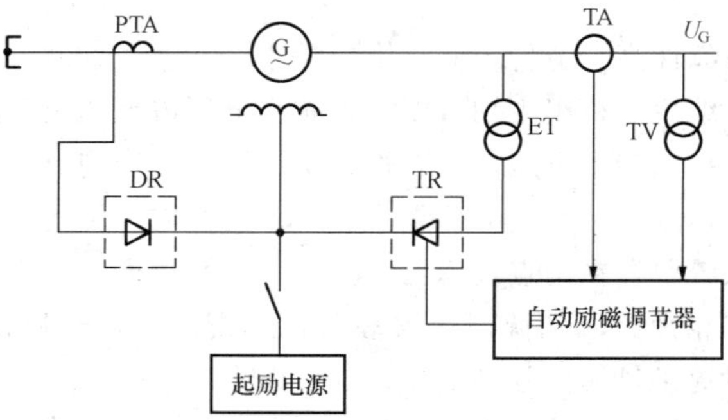

图 3 - 14 直流侧并联的自复励励磁系统原理接线图

自复励励磁方式的特点是：当电力系统短路时，自励部分会因为发电机电压下降而降低励磁能力，复励部分会因发电机电流增加而增加励磁能力，两者相辅相成，弥补了自并励方式单独由发电机电压供给发电机励磁电流的不足，它可以保证在机端短路时有足够的强励能力，但结构较自并励方式复杂。随着自并励方式在实际生产中成功的应用，自复励方式已经较少采用了。

第三节 励磁系统中的整流电路

整流电路的作用是将交流电压转换成直流电压。现代整流电路大多是由整流二极管和晶闸管整流管构成的。由整流二极管和晶闸管构成的整流电路形式多样，在同步发电机励磁系统中大都采用三相桥式整流电路。三相桥式整流电路又分为三相桥式不可控整流电路、三相桥式半控整流电路、三相桥式全控整流电路三类。

励磁系统中整流电路的任务是将交流电压整流成直流电压供给发电机励磁绕组或励磁机励磁绕组。大型发电机的转子励磁回路通常采用三相桥式不可控整流电路，发电机自并励系统中采用三相桥式全控整流电路，励磁机励磁回路通常采用三相桥式半控整流电路或三相桥式全控整流电路。整流电路是励磁系统中必备的部件，对发电机运行有重要影响。以下分述三相桥式整流电路的基本原理和特性，有关整流电路的更详细内容可参阅有关专著。

一、三相桥式不可控整流电路

三相桥式不可控整流电路如图 3-15 所示。它由三相变压器的二次侧（或交流励磁机电枢绕组）供电，整流元件为二极管 VD1～VD6，其直流侧负载 R_L 可以是发电机转子绕组或励磁机励磁绕组等。

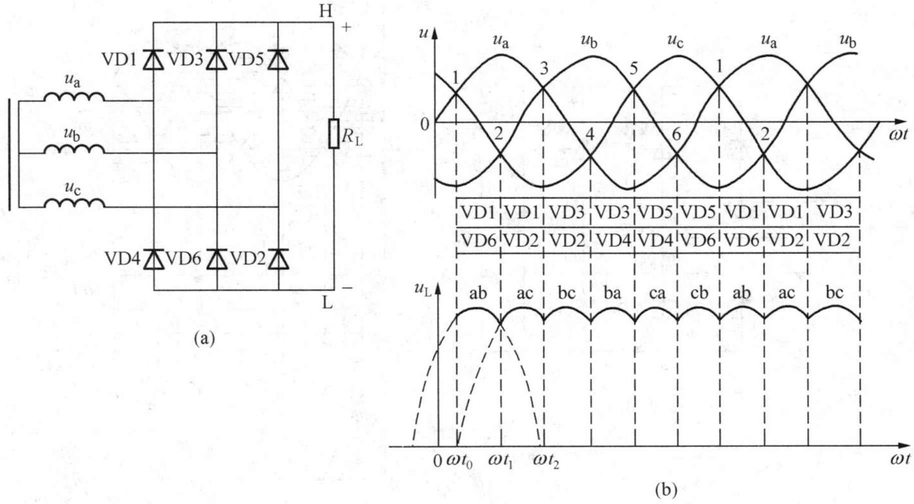

图 3-15　三相桥式不可控整流电路和波形
（a）整流电路；（b）输出电压波形

根据整流二极管的基本特性，三相不可控桥电路任何时刻只能是阳极电位最高和阴极电位最低的两个二极管处于正向电压而导通；其他四个二极管受到反向电压而不能导通。图 3-15中 u_a、u_b、u_c 为交流三相电源的相电压，在 $\omega t_0 \sim \omega t_1$ 期间，线电压 u_{ab} 最大，且 $u_a > u_b$，所以接于 u_a 的 VD1 和接于 u_b 相的 VD6 两个二极管导通。如果忽略二极管的导通压降，则 H 点电位受 u_a 钳位，而 VD3、VD5 受反向电压而不能导通。同理，L 点电位受 u_b 钳位为最低，而 VD2、VD4 亦受反向电压而不能导通。

类似地，在 $\omega t_1 \sim \omega t_2$ 期间，线电压 u_{ac} 最大，且 $u_a > u_c$，所以接于 u_a 相的 VD1 和接于 u_c 相的 VD2 两个二极管导通，其余四个二极管不能导通。每一时间段内二极管的导通情况，如图 3-15（b）相电压波形下面的列表所示，即元件按（VD1，VD2）→（VD3，VD2）→（VD3，VD4）→（VD5，VD4,）→（VD5，VD6）→（VD1，VD6,）→（VD1，VD2）→……的顺序导通，周期循环。每一周期中，每个二极管导通 1/3 周期（120°），每一时段总有两个二极管导通，它们以三相电压波形的交点（又称自然换相点）为起点轮换。每个二极管元件承受最大正、反向电压为交流线电压，如图 3-15（b）中 $\omega t_0 \sim \omega t_1$ 期间，不导通的二极管 VD3 承受反向电压为 u_{ab}，而在 VD1、VD6 两管导通瞬间，若 VD1 稍先导通，则 VD6 承受正向电压 u_{ab}。

直流侧电压 U_L 是线电压波形的包络线，以 π/3 为其脉动周期，如图 3-15（b）所示。输出整流电压平均值为

$$U_L = \frac{6}{2\pi}\int_{\frac{\pi}{6}}^{\frac{\pi}{2}} (u_a - u_b)\mathrm{d}\omega t = \frac{3\sqrt{2}}{\pi}U = 1.35U \tag{3-14}$$

式中：U 为交流侧输入线电压有效值。

二、三相桥式半控整流电路

图 3-16（a）是三相半控桥式整流电路，图中 SCR1、SCR3、SCR5 是晶闸管，VD2、VD4、VD6 是硅整流管。由于电路中仅在整流桥的共阴极侧用了晶闸管，所以称为半控整流桥。下面说明图 3-16（a）中三相半控桥整流电路的工作原理。

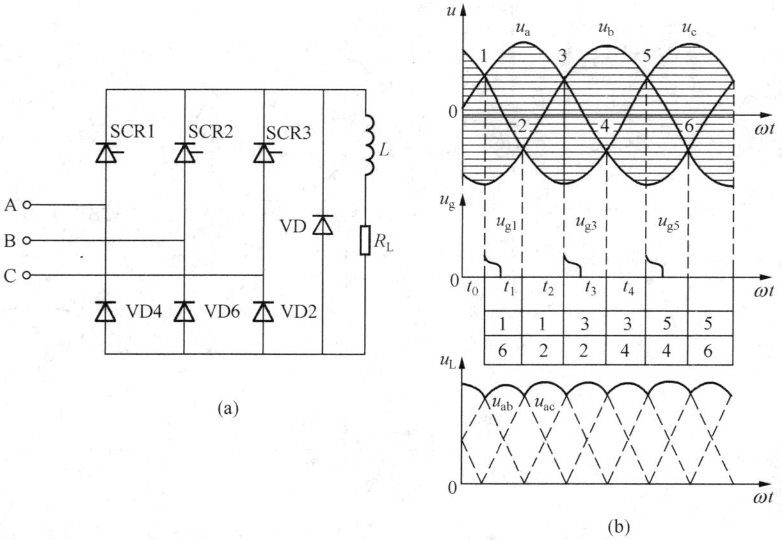

图 3-16 三相半控桥式整流电路、电压及元件导通时段

（a）电路图；（b）电压及元件导通时段

1. 整流元件的通断

晶闸管的工作特性是：晶闸管阳极和阴极两端加正向电压，同时向控制极加正向触发信号就导通。元件导通之后触发信号就失去作用，只有元件的正向电流小于它的维持电流时才截止。为了使元件可靠截止，一般都向元件施加反向电压。根据上述特性，对于共阴极型三相半控桥式整流电路，在有触发脉冲的前提下，总是阳极电压最高的 SCR 元件和阴极电压最低的 VD 元件导通。在共阴极的晶闸管全导通（触发角均为零）模式下，两侧电压及六个整流元件的导通时段如图 3-17（b）所示。

2. 整流元件的触发导通次序

三相半控桥需要有控制电路对其三个晶闸管元件进行触发控制才能正常工作，在对 SCR1、SCR3、SCR5 依次间隔 120°触发时，三相半控桥的导通顺序与三相不可控桥类似，即元件按（SCR1，VD2）→（SCR3，VD2）→（SCR3，VD4）→（SCR5，VD4，）→（SCR5，VD6）→（SCR1，VD6，）→（SCR1，VD2）→……的顺序导通，周而复始循环。

3. 晶闸管的控制角 α

控制角 α 也叫触发角。图 3-17 是三相半控桥式整流电路的电压波形图。图中 u_{g1}、u_{g3}、u_{g5} 分别为 SCR1、SCR3、SCR5 的触发脉冲。控制角是向晶闸管施加触发脉冲的角度。谈及角度的大小首先必须确定角度的起始点，即确定零角度的位置。三相半控桥式整流电路中晶闸管控制角的起点为晶闸管阳极电压的自然换相点，即图 3-17 中的 1、3、5 点，它们分别为晶闸管 SCR1、SCR3、SCR5 的控制角 α 的零度。三相半控桥式整流电路的控制角的移相范围为 0°～180°。

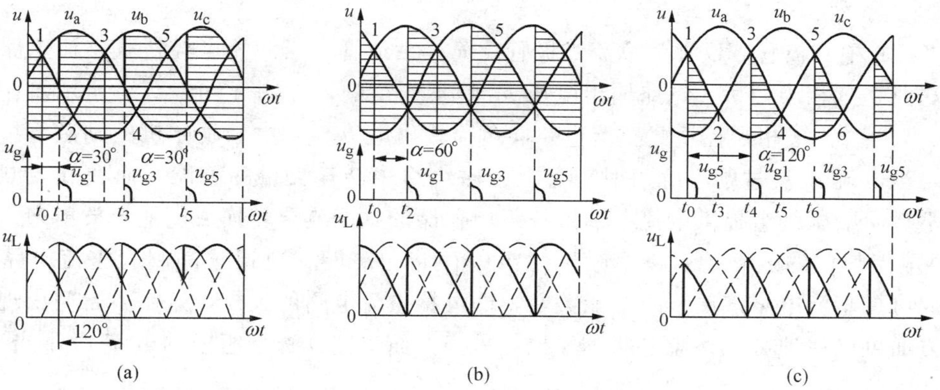

图 3 - 17　三相桥式半控整流电路在不同 α 角时输出电压波形

4. 晶闸管的导通角

导通角是晶闸管经过一次触发之后导通的角度。它与控制角 α 的大小和整流电路负荷的性质有关：①对于电阻负荷，$\alpha \leqslant 60°$时，$\beta=120°$；$\alpha > 60°$时，$\beta < 120°$。②对于电感性负荷，与电感大小有关。当电感足够大时 $\beta=120°$；电感足够小且 $\alpha > 60°$时，有可能小于 120°；$\alpha \leqslant 60°$，$\beta=120°$。图 3 - 17 中的阴影部分为导通区间。

5. 整流电路的输入电压

励磁调节器中，三相半控桥式整流电路的输入交流电压或来自交流励磁机，或来自励磁变压器的二次侧；可以是相电压，也可以是线电压。

6. 整流电路的输出电压

输出电压有瞬时电压和平均电压之分。图 3 - 17 中下面一组坐标中的实线所示的是整流电路输出瞬时电压 u_L 的波形。平均电压是瞬时电压的等效平均值。一般晶闸管整流电路的输出电压是指平均电压，是一个直流电压。对于三相半控桥式整流电路，输出电压为

$$U_L = 1.35U\frac{1+\cos\alpha}{2} = 2.34U_{Ph}\frac{1+\cos\alpha}{2} \tag{3-15}$$

式中：U、U_{Ph}分别为交流侧输入线电压和相电压有效值。

明确上述概念之后，三相半控桥式整流电路的工作原理便容易理解。以触发角 $\alpha=30°$为例分析，图 3 - 17（a）中“1”点是 SCR1 的自然换相点，即 SCR1 的触发脉冲 u_{g1} 的零点。在时刻 t_1，$\alpha=30°$，移相触发电路向 SCR1 发出触发脉冲 u_{g1}。由于此时 SCR1 的阳极电压 u_a 最高，所以 SCR1 导通，SCR5 关断，SCR5 和 SCR1 被 u_{g1} 强制换相；又由于 t_1 时刻 VD6 的阴极电压 u_b 最低，VD6 导通。之后触发脉冲中 u_{g1} 失去控制作用，SCR1 和 VD6 继续导通，直到“2”点。在 VD2 的自然换相点“2”点之后 VD2 的阴极电压 u_c 最低，VD6 和 VD2 在“2”点自然换相，VD6 关断、VD2 导通。及至 t_3，移相触发电路向 SCR3 发出触发脉冲 u_{g3}。由于此时 SCR3 的阳极电压 u_b 最高，所以 SCR3 和 SCR1 强制换相，SCR3 导通，SCR1 关断；之后 SCR_3 和 VD2 继续导通。直到 VD4 的自然换相点“4”，VD2 和 VD4 换相，VD2 关断、VD4 导通……。图 3 - 17（a）阴影部分的上、下包络线分别为晶闸管共阳极点 m 和共阴极点 n 的电位线，上、下包络线之差即直流输出电压 U_L 波形。

触发角 α 为其他值时导通、换向及电压波形等可参照上述，由读者自行学习分析。

7. 续流管的作用

图 3-16 中二极管 VD 称为续流二极管，简称续流管。当三相半控桥式整流电路的触发角 $\alpha>60°$时，三相半控桥式电路输出电压 u_L 是不连续的，如图 3-17（c）所示。在这种情况下，$u_L>0$ 时，三相半控桥式整流电路向负荷输出电流 i_L。由于励磁机的励磁绕组有很大的电感，当电流 i_L 流过励磁绕组时，会在励磁绕组中储存大量的磁能。而在 $u_L=0$ 时，整流电路不再向励磁绕组提供电流，励磁绕组中存储的磁能就要转换成电能释放出来。续流管 VD 提供电能释放的通路。否则，励磁绕组中存储的磁能就要通过晶闸管整流电路强行放电，造成可控整流电路该关断时不能关断，即可控整流电路的失控，这是不希望出现的。续流管一方面可以保证可控整流电路不失控，另一方面也使励磁绕组中的电流 i_L 不出现断续，而保持连续状态。

三、三相桥式全控整流电路

三相桥式全控整流电路的六个整流元件全部采用晶闸管，简称三相全控桥。其中 SCR1、SCR3、SCR5 为共阴极组连接，SCR2、SCR4、SCR6 为共阳极组连接。对三相全控桥的控制触发脉冲应满足以下两点要求：①触发脉冲与相应交流电压保持同步，六只晶闸管触发顺序应按 SCR1、SCR2、SCR3、SCR4、SCR5、SCR6，依次相差 60°角间隔发出；②为保证全控整流电路开始工作时以及正常工作中丢失个别脉冲后全控桥能正常导通，触发脉冲应采用宽脉冲（脉冲宽度大于 60°）或双脉冲。双脉冲触发是指在对编号 i（$i=1\sim6$）的晶闸管发脉冲的同时也给编号 $i-1$ 的晶闸管补发脉冲使共阳极组和共阴极组晶闸管同时得到触发。

以下分五种情况讨论其工作原理：

（1）当控制角 $\alpha=0°$时，各晶闸管的触发脉冲在它们对应自然换相点时刻发出，如图 3-18（a）所示，输出电压波形与不可控桥一样。

（2）$\alpha=60°$时，输出电压波形见图 3-18（b），各相正、负侧晶闸管的触发脉冲滞后于自然换相点 60°出现，例如在 2 点之前 SCR5 和 SCR6 导通，在 2 点时刻 u_{g1} 触发 SCR1 和 SCR6，这时 SCR1、SCR6 导通，SCR5 关断。交流相电压图中阴影部分表示导通面积。

（3）当 $\alpha>60°$时，在线电压由零转负值时，由于负载电感反电动势的作用，导通着的晶闸管继续导通，整流电路输出为负的电压波形，从而使整流电压的平均值降低。

（4）当 $\alpha=90°$时，如图 3-18（c）所示，输出电压的波形面积正、负两部分相等，输出电压的平均值为零。

（5）当 $\alpha>90°$时，三相全控桥电路将进入一个新的状态即逆变工作状态，所谓逆变工作状态实际是灭磁状态，也就是励磁系统释放磁场能量的状态。以图 3-18（c），$\alpha=150°$为例，简要说明逆变工作情况：

设原来三相桥式全控整流电路工作在整流状态，负载电流流经电感而储有一定的磁场能量。在 t_1 时刻控制角 α 突然后退到 150°，SCR1 受触发脉冲而导通，这时 u_{ab} 为负值，但由于负载电感 L 上电流减小时自感反电动势 e_L 较大，仍使通流回路 $e_L+u_{ab}>0$，故 SCR1 与 SCR2 仍在正向阳极电压下导通。这时电感线圈上的自感电动势 e_L 与负载电流的方向一致，直流侧发出功率，将原来在整流状态下（$\alpha<90°$）储存于磁场的能量，释放出来送回到交流侧。

在 t_2 时刻，对 C 相的 SCR2 输入触发脉冲，这时 u_{ac} 虽然进入负半周，但自感反电动势

e_L 仍足够大，可以维持 SCR1 与 SCR2 的导通，继续向交流侧反馈能量，这样依次导通一直到负载电感 L 上储存的能量释放完毕，逆变过程结束。

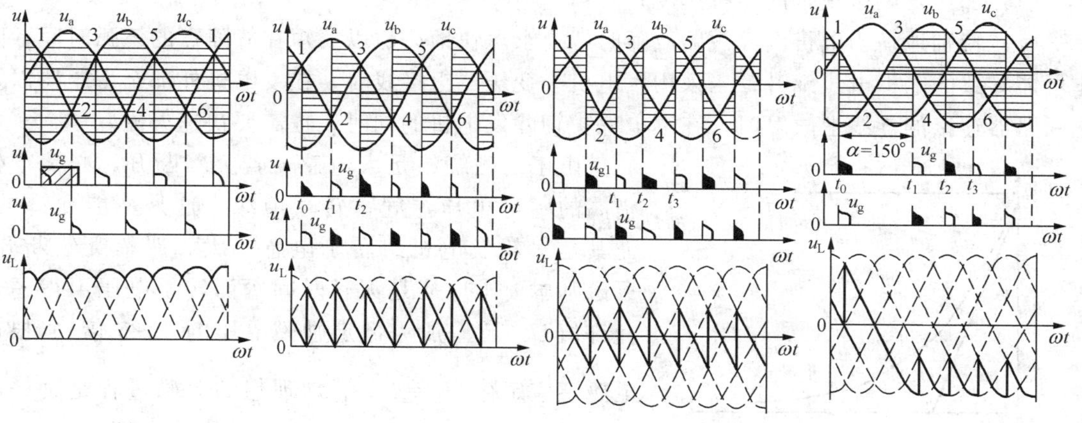

图 3-18　三相桥式全控整流电路输出电压波形

(a) $\alpha=0°$；(b) $\alpha=60°$；(c) $\alpha=90°$；(d) $\alpha=150°$

三相桥式全控整流电路在电感性负载时，计算输出电压平均值为

$$U_L=\frac{6}{2\pi}\int_{\frac{\pi}{6}+\alpha}^{\frac{\pi}{2}+\alpha}(u_a-u_b)d\omega t=\frac{3\sqrt{2}}{\pi}U\cos\alpha=1.35U\cos\alpha \tag{3-16}$$

对于电阻性负载，在 $\alpha\leqslant 60°$ 时电流连续，其输出电压平均值仍可用式（3-16）进行计算。当 $\alpha>60°$ 时输出电压波形出现间断，这时输出直流电压平均值为

$$U_L=\frac{6}{2\pi}\int_{\frac{\pi}{6}+\alpha}^{\frac{5\pi}{6}}(u_a-u_b)d\omega t$$

$$=\frac{3\sqrt{2}}{\pi}U\left[1+\cos\left(\alpha+\frac{\pi}{3}\right)\right]=1.35U\left[1+\cos\left(\alpha+\frac{\pi}{3}\right)\right] \tag{3-17}$$

可见，当 $\alpha=120°$ 时，$U_L=0$，所以电阻性负载的最大移相范围是 0°～120°。

通过以上分析可以得出如下结论：

（1）$\alpha<90°$ 时，输出平均电压 U_L 为正，三相全控桥工作在整流状态。

（2）$\alpha>90°$ 时，输出平均电压 U_L 为负，三相全控桥工作在逆变状态。逆变工作只有在直流侧为电源或直流侧负载电感储存有足够磁场能量的条件下才能进行。

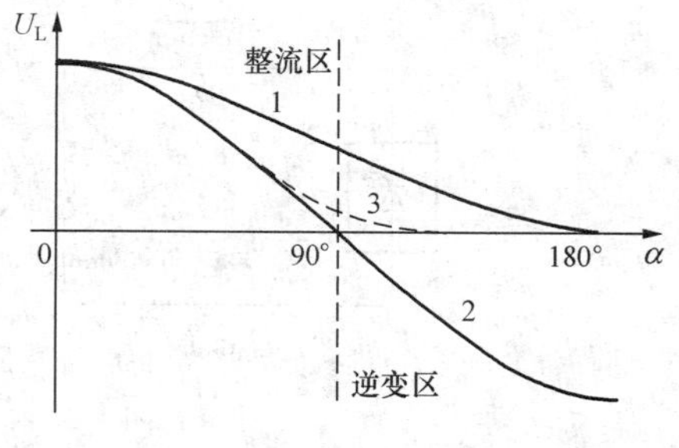

图 3-19　三相桥式半控、全控整流电路的输出特性

1—三相半控桥；2—三相全控桥带电感负载；3—三相全控桥带电阻负载

三相桥式半控、全控整流电路的输出特性 $U_L=f(\alpha)$，如图 3-19 所示。与三相半控桥式整流电路相比，三相全控桥式整流电路的输出直流电压的纹波小，控制调整范围大，能够通过进入逆变工作状态实现灭磁功能，但使用晶闸管元件多，对控制电路要求较高。

四、发电机的灭磁

发电机灭磁是消灭发电机转子内储存的能量的过程，其主要目的是：

（1）加快发电机正常的停机速度；

（2）特别地，当电机内部短路故障时，要求尽快地灭磁以缩短在故障点的燃弧时间，防止可能导致的电枢电压蹿升。当采用发电机—变压器组接线时，在发电机外部至变压器以及主断路器连接的导线上故障时，在继电保护切除发电机的同时，也需要快速灭磁。

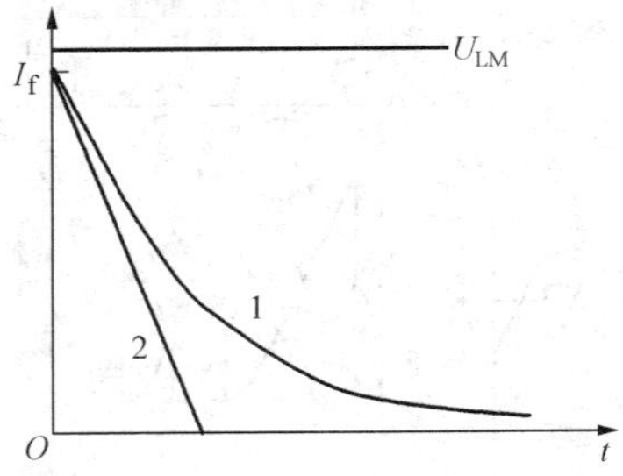

图 3-20　发电机灭磁过程曲线

由于励磁绕组是大电感，若突然断开，必然产生极高的感应电压，危害转子绝缘，这是不能允许的，尤其是水轮发电机组转子电感更大，严禁突然断开。灭磁基本要求应当是灭磁时间短而转子电压不得超过允许值 U_{LM}（一般为额定励磁电压的 4～5 倍）。根据电磁感应定律 $U_L = L_e \frac{di_e}{dt}$，理想的灭磁过程是励磁电流 i_e 以等速度减小到零，而转子电压保持为 U_{LM}。如图 3-20 所示，曲线 1 是励磁电流实际衰减过程，曲线 2 是理想灭磁过程的励磁电流衰减过程。

灭磁系统主要有以下几种方式：

（1）三相全控桥逆变灭磁。交流励磁系统通过桥式全控整流向转子提供励磁电流时，就能利用晶闸管的有源逆变特性实现转子回路的快速灭磁，逆变灭磁方式简单、经济，而且无触头。灭磁时触发控制电路只需将触发脉冲从正常励磁工作时触发角 $\alpha < 90°$ 的角度跃变到 $\alpha = 140° \sim 150°$（逆变工作），转子的磁场能量反馈到交流侧，实现快速灭磁功能。

（2）利用灭弧栅灭磁。灭弧栅是低压断路器中广泛采用的灭弧元件。空气中电弧在热气流作用下（或电磁力作用下）将电弧拉入灭弧栅内，将长电弧分成多段短电弧，利用近阴极效应原理灭弧，灭弧栅片吸收整个灭磁能量。利用灭弧栅灭磁原理电路如图 3-21 所示。当励磁开关 D 断开时，励磁电流向灭弧栅释放能量从而迅速衰减，灭磁过程中励磁绕组两端的电压基本不变，整个灭磁过程接近理想灭磁过程。

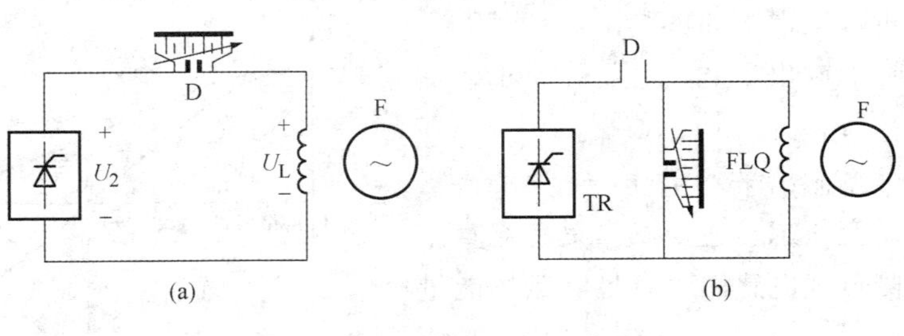

图 3-21　灭弧栅灭磁原理电路图

（a）串联灭磁接线；（b）并联灭磁接线

（3）利用非线性电阻灭磁。常用于灭磁的非线性电阻有碳化硅压敏电阻和氧化锌压敏电阻等。当压敏电阻 RV 两端电压较低时（额定励磁电压附近），呈高阻态，只有很小的电流（微安级）从中流过，但当它两端的电压高于某一数值时（如 4～5 倍额定励磁电压），它的电阻急剧降低，允许有很大的电流从中流过。利用压敏电阻灭磁原理电路如图 3-22 所示。

当励磁开关D断开时，励磁电压迅速增加导致压敏电阻RV急剧降低，励磁电流向压敏电阻释放能量迅速衰减，从而抑制电压蹿升。

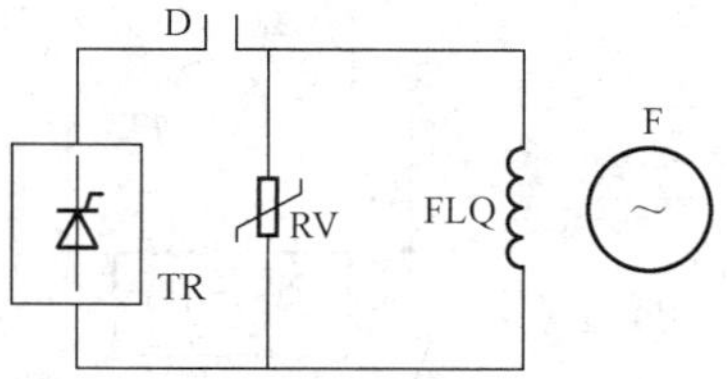

图3-22　压敏电阻灭磁原理电路图

工程实际中，常将几种灭磁方式配合使用。如大型汽轮发电机的交流励磁机灭磁方式一般采用逆变和恒值电阻放电这两种灭磁方式配合，同步发电机灭磁则采用灭弧栅灭磁和非线性电阻灭磁配合。灭磁方式的配合使用，可以产生互补效果，使灭磁更迅速、更可靠。

第四节　自动励磁调节器基本原理

励磁控制系统是由同步发电机、励磁功率单元及自动励磁调节器共同组成的自动控制系统，励磁调节器检测发电机的电压、电流或其他状态量，按给定的调节准则对励磁功率单元发出控制信号，从而实现自动控制功能。

一、励磁调节器的调节原理及基本特性

随着自动化技术的进步，励磁调节器经历了电磁型、模拟电子型和数字（微机）型等几个发展阶段。目前，电力系统中运行的励磁调节器种类很多、类型各异，但就控制规律而言，绝大多数属于比例式调节器，而各种不同类型的比例式励磁调节器的基本构成也基本相同。其励磁电流 I_{EE} 与机端电压在 U_{Gb}～U_{Ga} 区间内都具有图3-23中线段 ab 所示的特性，这是比例式自动励磁调节器的基本调节特性。

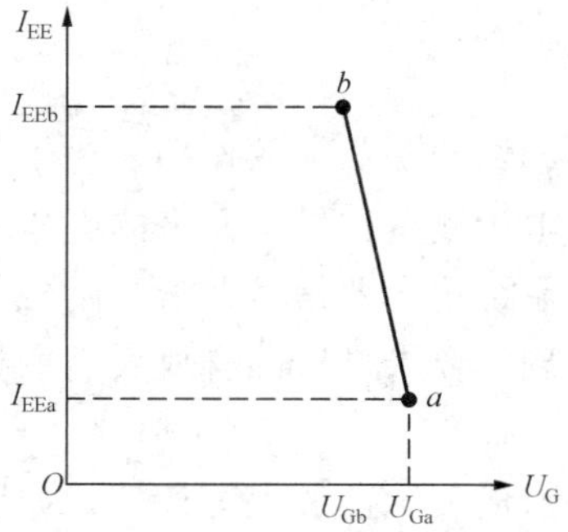

图3-23　比例式励磁调节器的调节特性

励磁调节器按调节原理来划分，可分为反馈型和补偿型两类。

（1）反馈型励磁调节器是按被调量发电机电压与给定量（设定电压）的偏差进行调节，使被调量接近于给定值，因此能较好地维持电压水平。

（2）补偿型励磁调节器是补偿某些因素所引起被调量的变动，使被调量维持在所要求的定值附近，如复式励磁调节器就是采用补偿型原理。

实际普遍采用负反馈原理的励磁调节器。

二、自动励磁调节器原理

1. 自动励磁调节器的基本环节及构成

自动励磁调节器的型式很多，但构成励磁自动控制的核心部分却类似。它主要由基本控制和辅助控制两大部分组成，其典型原理框图如图3-24所示。其基本控制由调差、测量比较、综合放大和移相触发单元组成，实现电压调节和无功功率分配等基本的调节功能。而辅助控制是为满足发电机不同工况，改善电力系统稳定性、改善励磁系统动态性能而设置的单元。辅助控制单元的设置随着发电机特性及其在系统中的地位的不同而不同。

（1）测量比较单元。测量比较单元的作用是测量发电机电压并变换为直流电压，与给定的基准电压相比较，得出电压的偏差信号。测量比较单元由电压测量、比较整定环节组成，

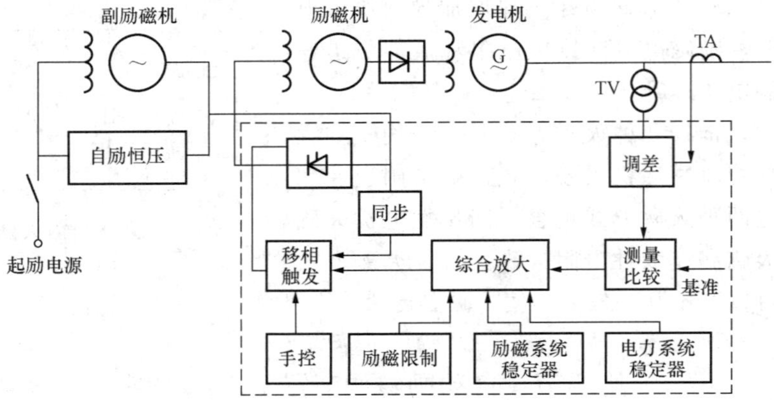

图 3-24 自动励磁调节器原理框图

如图 3-25 所示。其中，电压测量环节包括正序电压过滤器、测量整流电路、滤波电路等。比较整定环节由基准电压设置和比较整定电路组成。

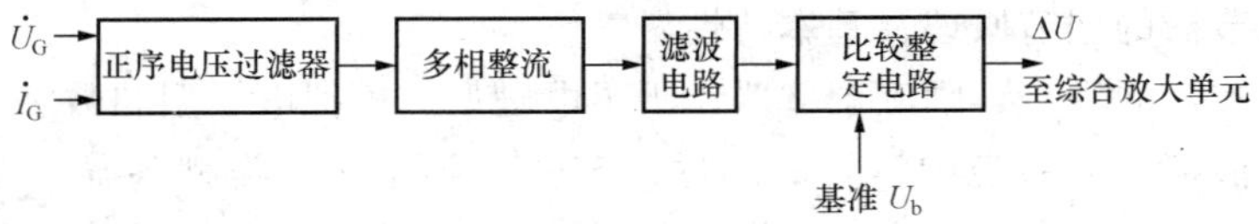

图 3-25 测量比较单元的构成环节

(2) 综合放大单元。综合放大单元对测量单元输出的信号起综合和放大的作用。为了得到励磁调节系统良好的静态和动态性能，综合放大单元除了以电压测量比较单元来的电压偏差信号为主外，往往还需要综合其他若干辅助信号，如有励磁系统稳定器信号、最小励磁限制信号、最大励磁限制信号等。将这些主、辅信号按照励磁控制的要求进行综合放大后的控制信号输出到移相触发单元。

(3) 移相触发单元。移相触发单元包括同步、移相、脉冲形成和脉冲放大等环节，如图 3-26 所示。移相触发单元根据输入控制信号 U_y 的大小，改变输送到晶闸管的触发脉冲相位，即改变控制角 α，以控制晶闸管整流电路的输出，从而调节发电机的励磁电流。为了使触发脉冲能可靠地工作，还需要采用脉冲隔离和放大环节。

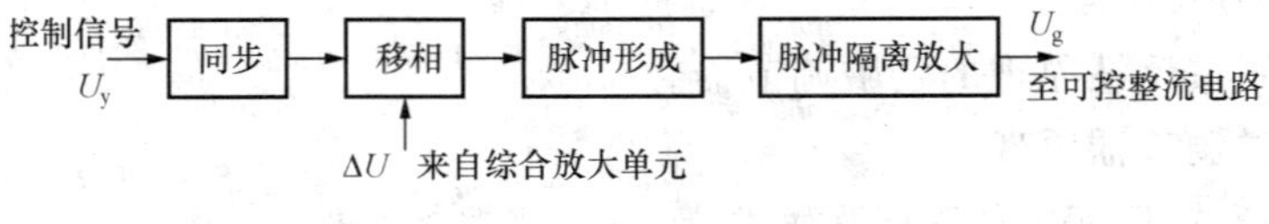

图 3-26 移相触发单元构成环节

2. 主要环节的工作原理及特性

(1) 电压测量比较单元。电压测量比较单元的基本作用是把发电机电压变换为与其成正比的直流电压，与给定电压进行比较，得到两者的偏差信号。

1) 对电压测量比较单元的基本要求：

ⅰ) 测量电路应有足够高的灵敏度，基准电压应稳定，电压给定电路的调整范围必须满足运行要求。

ⅱ）测量电路应具有优良的动态性能，即要反应迅速（电路的时间常数要小）。

ⅲ）测量电路的输出电压应平稳，纹波要小。

2）电压测量比较单元的构成。

电压测量比较单元通常是由测量变压器、多相整流电路、滤波电路和电压比较整定电路等环节组成。

ⅰ）正序电压滤过器。正序电压滤过器的作用是在电力系统的三相电压不平衡时，输出一个对称的反映发电机电压水平的正序电压，以提高测量单元的灵敏度。正序电压滤过器不是电压测量比较单元中必须设置的环节，可以由阻容相序电路或由运放构成的相序电路实现，详细内容可参阅相关资料。

ⅱ）测量变压器及整流电路。由电压互感器测得的发电机三相电压，经测量变压器降压，再经整流、滤波电路变换成与发电机电压成比例的、平稳的直流电压。为提高测量准确性和快速性，通常采用多相整流电路及相应的滤波电路。整流电路相数越多，整流后的交流分量越小，滤波电路的时间常数减小，从而减小测量单元的时间常数。整流相数的增加要根据实际需要而定。目前采用较为普遍的是六相或十二相桥式整流电路。

六相桥式整流的测量变压器 TS 分别采用 Dd0 和 Dy11 联结组别，两组二次侧绕组移相 30°。其电路如图 3-27 所示。三相桥式整流电路的输出电压波形是线电压波形的包络。二次侧电压 U_{a2b2} 超前 U_{a1b1} 为 30°。为使幅值相等，三角形绕组每相匝数应是星形绕组每相匝数的 $\sqrt{3}$ 倍。输出电压波形是一个周期内有 12 个波头的脉动电压。其整流输出电压中最低次谐波频率为基波频率的 12 倍，为 600Hz，其幅值为直流分量的 1.4%。其他高次谐波，频率越高其幅值越小。

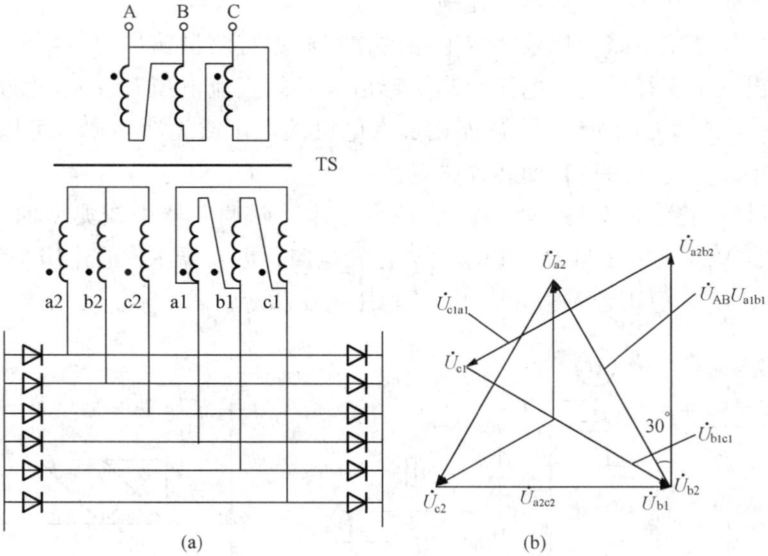

图 3-27　六相整流变压器接线及二次侧电压相量图

（a）接线图；（b）二次侧相量

ⅲ）滤波电路。由于整流电路输出的直流电压中含有谐波分量，为了得到平稳的直流电压以准确测量发电机电压大小，必须进行滤波。滤波电路有多种形式，常用的滤波电路是利用电容和电感的频率特性，加以适当组合的无源四端网络。因为电感的直流电阻很小，而交流电抗很大，因此一般串联在负载电路中，使得整流后的交流脉动成分都降在电感上，而直流成分在电感上的压降却很小。电容一般并联在负载电路中，用来旁路交流分量。

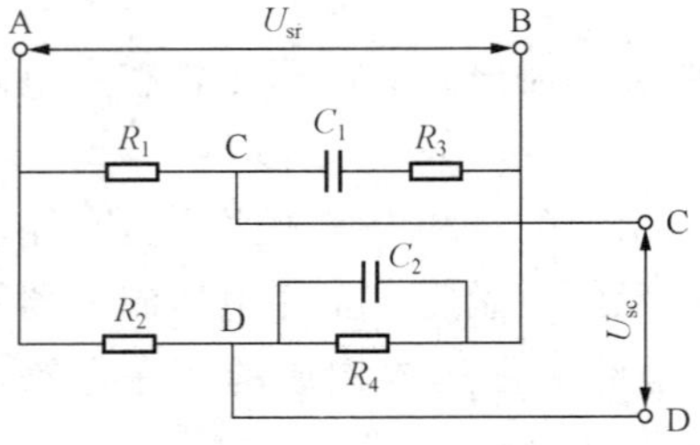

图 3-28　桥式滤波电路

另一种滤波电路是由电阻、电容组成的桥式滤波器，其电路图如图 3-28 所示。A、B 为电桥输入端，输入电压为 U_{sr}；C、D 为输出端，输出电压为 U_{sc}，再经下一级滤波后送到比较整定环节。桥式滤波电路是采用电桥平衡原理滤掉某一频率的谐波电压，而对直流电压只有很小的衰减。这种电路是一个无源四端网络，对于选定的要滤去频率的谐波电压，在图 3-28 中若保持电桥平衡，即调节阻抗参数，使得

$$\frac{R_1}{R_2}=\frac{Z_3}{Z_4} \tag{3-18}$$

式中：Z_3 为 R_3、C_1 串联支路阻抗；Z_4 为 R_4、C_2 并联支路阻抗。

则输入的谐波电压在 C、D 点输出处的开路电压为零，即该谐波电压已被滤掉。因为只有某一选定频率才能使式（3-18）成立，故桥式滤波电路具有选频特性。对于直流电压，由于电容 C_1 的隔直作用，C 点与 A 点电位相等。输出电压 U_{sc} 为

$$U_{sc}=\frac{R_2}{R_2+R_4}U_{sr} \tag{3-19}$$

所以，只要适当选择 R2、R4 的阻值，使 $R_2 \gg R_4$，就可使直流电压仅有很小的衰减。

利用运算放大器构成的有源滤波器也可以实现上述低通滤波和选频滤波功能，其滤波特性可能更优于上述无源滤波器，详细内容可参阅有关教材。

ⅳ）比较整定电路。比较整定电路的作用：①将测量输出的电压 U_C 与给定电压 U_{gd} 相比较，输出一个表征发电机电压与其给定值偏差的直流电压 U_b；②通过整定发电机电压的给定值 U_{gd} 去调节 U_b 的大小，进而调节发电机端电压或无功功率，可以就地手动整定，也可以远方手动整定或通过自动装置整定。

a）对称比较整定电路。图 3-29 是半导体励磁调节器中较典型的对称比较整定电路，其中稳压管 VS1、VS2 与 R_1 和 R_2 组成比较电路；电位器 RP 的作用是整定发电机端电压。电路中 $R_1=R_2$，稳压管 VS1 和 VS2 的稳压电压相等。

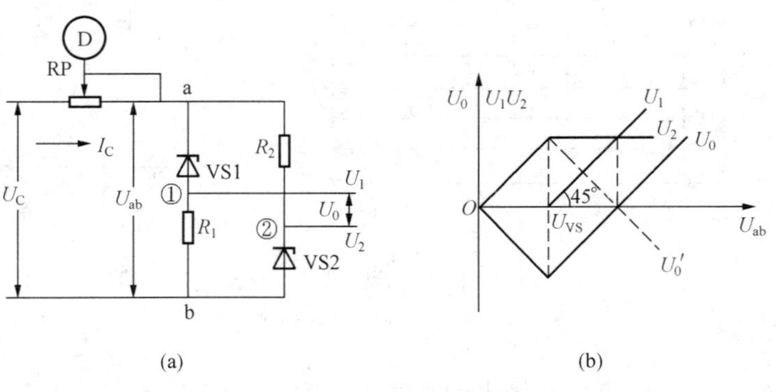

图 3-29　对称比较整定电路

（a）电路图；（b）工作特性

设稳压管 VS1 和 VS2 的稳定电压为 U_{VS}。当 $U_{ab}<U_{VS}$时，VS1 和 VS2 不能导通，相当于开路，比较电路的工作可以用下式描述

$$\begin{cases}U_1 = 0 \\ U_2 = U_{ab} \\ U_0 = U_1 - U_2 = -U_{ab}\end{cases} \tag{3-20}$$

式中：U_1 为以 b 点为参考电位的 b 点电压；U_2 为以 b 点为参考电位的 a 点电压；U_0 为比较整定电路的输出电压，以②点为参考电位。

当 $U_{ab}>U_{VS}$时，VS1 和 VS2 导通，两端电压为它的稳定电压，比较电路用下式描述

$$\begin{cases}U_1 = U_{ab} - U_{VS} \\ U_2 = U_{VS} \\ U_0 = U_1 - U_2 = U_{ab} - 2U_{VS}\end{cases} \tag{3-21}$$

式中各符号的定义与式（3-20）相同。

根据式（3-20）和式（3-21）作出比较电路和工作特性如图 3-29（b）所示。图中 U_0 的上升段是励磁调节器的工作段，即式（3-21）所描述的部分。

式（3-21）中 U_{ab}正比于发电机电压 U_G，$U_{ab}=K_CU_G$，K_C 为放大系数；$2U_{VS}$为比较电路的基准电压，$2U_{VS}=K_CU_{gd}$，U_{gd}为归算到发电机端电压的给定值。将上述关系代入式（3-21）：

$$U_0 = U_{ab} - 2U_{VS} = K_CU_G - K_CU_{gd} = K_C\Delta U_G \tag{3-22}$$

由式（3-22）看出，U_0 代表发电机电压与给定电压之差。顺便指出，如果以①点为电压 U_0 的参考电位，则比较电路的输出电压为

$$U'_0 = U_1 - U_2 = 2U_{VS} - U_{ab} \tag{3-23}$$

对称比较电路输出特性如图 3-29（b）所示。实际的半导体励磁调节器中，U_0 和 U'_0都可以作为比较电路输出电压。输出送到综合放大单元。

b）由线性运放构成的比较整定电路。采用线性集成运算放大器按比例加法原理也可构成比较整定电路，如图 3-30（a）所示。经整流后的发电机电压输入加法器输入端，另两个输入量 U_{R2}、U_{R3}为负值直流信号，其中 U_{R2}可以由改变电位器 RP 电阻调节。运算放大器输出信号为 U_0

$$\begin{aligned}U_0 &= -R_f\left(\frac{U_G}{R_1}+\frac{U_{R2}}{R_2}+\frac{U_{R3}}{R_3}\right) \\ &= -K_1(U_G + K_2U_{R2} + K_3U_{R3}) = -K_1(U_G - U_{gd})\end{aligned} \tag{3-24}$$

式中：U_{gd}为发电机给定电压，$U_{gd}=-(K_2U_{R2}+K_3U_{R3})$，通过调节电位器 RP 改变 U_{R2}从而整定给定电压 U_{gd}。输出送到综合放大单元。

发电机电压整定是通过调整图 3-29（a）或图 3-30（a）中的电位器 RP 的阻值实现的。RP 可以就地手动调整，也可以在控制室通过控制电动机 D 的正、反转进行远方调整。增加 RP 的电阻值可以调高给定电压 U_{gd}，结果使发电机电压升高。当减少 RP 的阻值时，调节过程与 RP 的阻值增加相反，可以使发电机电压下降。

（2）综合放大单元。为适应发电机各种工况下的调节控制，励磁调节器除需要反馈基本的电压偏差信号 U_0 外，综合放大单元还需要考虑一些辅助控制信号，如为改善励磁系统动态性能的微分反馈信号、电力系统稳定信号、低励限制和过励限制信号等。

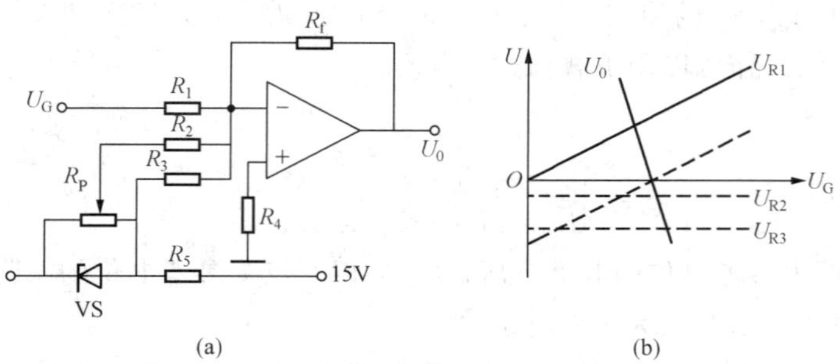

图 3-30　由线性运放构成的比较整定电路

（a）电路图；（b）工作特性

1）对综合放大单元的基本要求：

a）要求能线性无关地综合、放大各输入信号，即输出和输入之间成线性关系，而且改变输入信号中的任何一个信号的放大系数，不影响其他输入信号的放大系数。

b）有足够的运算精度和放大系数，放大系数可调整。

c）响应速度要快，即时间常数要小。

d）工作稳定、输出阻抗低，即要求零点漂移小，负载能力强，保证综合放大单元的输出电压不受移相触发单元工作的影响。

e）输出电压范围满足移相触发单元的要求。

2）综合放大单元的工作原理及特性。励磁调节器中，综合放大单元一般采用直流运算放大器。这种放大器可采用集成电路运算放大器构成。

图 3-31（a）是由运算放大器构成的综合放大单元，综合放大单元输入信号中，除由测量比较单元过来的电压偏差信号外，还有多种其他辅助输入控制信号。它由正竞比电路、负竞比电路、信号综合放大电路和输出电路等组成。

a）正竞比电路。它由 VT1、VD1～VD2、R_{11}～R_{13}；所组成。VT1 是一恒流管。它有两个输入：①测量比较单元输出信号 U_b，由 VD1 输入；②低励限制单元输入信号（最小励磁限制）U_{ME}，由 VD2 输入；在正常情况下低励限制信号为负，即 $U_{ME}\leqslant 0$，U_b 为正，VD1 导通，测量比较单元信号通过 VD3 直接送到信号综合放大单元。若发电机由于某种原因，励磁电流小于最小励磁限制单元启动值时，U_{ME} 由小于零变为正电平，且 $U_{ME}>U_b$，这时 VD2 导通，VD1 受反向电压而阻断，将 U_b 信号闭锁，励磁控制由 U_{ME} 决定，使发电机在低励限制信号的作用下进行励磁调节，保证与系统并列运行的稳定性。正竞比门电路只受输入信号中最高电平信号控制，即正值竞比。

b）负竞比电路。由 VT2、VD5～VD7、VD3、VD8、R_5、R_6、R_{10} 等组成。其中 VT2 也是恒流管。负竞比门的输入信号均为负电平，即输入信号中最低者才能允许通过，它是进行负值竞比。负竞比门的输入信号都属限制信号，其中最大励磁限制信号 U_{MX} 由 VD6 输入，瞬时过电流限制信号 U_{IC} 由 VD7 输入，电压—频率限制信号 U_{VH} 由 VD5 输入。限制信号作用于限制励磁电流在相应允许范围之内。正常情况下，这些限制信号都处正电平，VD5～VD7 均阻断。只要其中有一个限制信号动作，由正电平变为负电平，相应二极管导通，就使 B 点电位变负。正竞比门输出就被封锁，即 VD3 受反压阻断，使正竞比门所有输入信号都被闭锁住。此时励磁调节器只能在负竞比门限制信号作用下进行限制控制，即负竞比门所有限制信号级别高于正竞比门的控制信号。

c）信号综合放大电路。由运算放大器 AJ，双向限幅元件 VS、VD7 以及 R_7 和辅助控制信号构成。信号综合放大通过由电阻 R_7 送来的信号和各辅助控制信号进行综合，经运算放大器放大后输出到互补输出电路。

d）输出电路。由 VT3、VT4、R_{18} 和 R_{19} 组成互补推挽射极跟随器，用以提高与下一级负载阻抗的匹配能力。R_{18} 及 R_{19} 为限流电阻。射极跟随器输出电压 U_{SM} 是下一级移相触发电路的控制电压。综合放大单元的输出特性如图 3-31（b）所示。

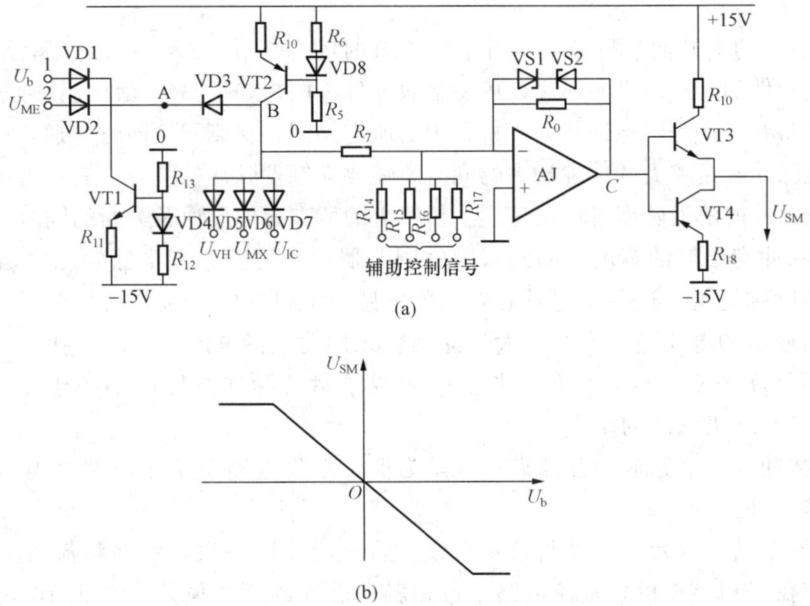

图 3-31　综合放大单元

（a）电路图；（b）输出特性

（3）同步和移相触发单元。同步和移相触发单元的任务是根据综合放大单元送来的综合控制信号，产生相位可移动的触发脉冲，用来改变整流桥中晶闸元件的触发控制角，使整流桥输出电压随综合放大单元来的控制信号的大小而改变，从而达到调节励磁的目的。

可控整流电路要求在晶闸管每次承受正向电压的某一时刻，向它的控制极送出触发脉冲，才能使晶闸管导通。对应某一控制电压各相的控制角 α 相同。晶闸管触发脉冲与主电路交流电源之间的这种相位配合关系称为同步。对于三相半控整流桥，在每个交流周期应按＋A、＋B、＋C 相的顺序依次相隔 120°发出 3 路同步触发脉冲，对于三相全控整流桥，在每个交流周期应按＋A、－C、＋B、－A、＋C、－B 相的顺序依次相隔 60°发出 6 路同步触发脉冲。

对移相触发单元的技术要求：

1）晶闸管的触发脉冲应与主电路交流电压同步。在三相桥式晶闸管整流电路中，主电路交流电压与晶闸管的触发脉冲都是周期性变化的电气量，要求两者同步就是要求它们两者的频率相同，这是晶闸管整流电路正常工作的最基本条件。如果两者不同步，晶闸管整流电路不能正常工作。

2）触发脉冲的移相范围要符合相应可控整流电路的要求。三相半控和全控桥式整流电路的理论移相范围为0°～180°。实际电路中为了保证可控整流电路能够在各种工作条件下都能可靠工作，通常都对触发脉冲的移相范围加以限制。不同的励磁调节器限制范围有所不同，一般半控桥整流电路限制在10°～170°，全控桥整流限制在20°～160°。

3）触发脉冲应有足够的功率以保证晶闸管元件可靠地导通。晶闸管元件的控制极参数有分散性，而且它所需的触发电压和电流随温度而变化。为了保证晶闸管元件可靠地导通，触发电路输出的电压、电流要满足晶闸管元件对触发信号的要求，并留有一定裕量，但不应大于允许值。

4）触发脉冲的上升前沿要陡。上升沿的上升时间一般在10μs左右。在晶闸管整流电路中，如果整流元件的耐压水平不够高，可将多只元件串联；如果整流元件允许通过的电流不够大，就将多支路并联。为了保证在同一桥臂中的所有晶闸管整流元件同时导通，以防止元件损坏，要求触发脉冲有足够大的触发功率的同时，还要求触发脉冲的上升沿有足够的陡度。这是因为提高触发脉冲的前沿陡度可以保证同一桥臂上的所有元件导通及关断的同时度更高。

5）触发脉冲有足够的宽度。晶闸管励磁调节器中，可控整流电路输出电流要送给励磁机或发电机的励磁绕组。这些绕组具有较大的电感，流过它的电流要从零逐渐上升。如果晶闸管整流电路输出的电流还没上升到大于晶闸管元件的维持电流时，触发脉冲已经消失，晶闸管元件就会重新关断，这是一种失控。一般要求触发脉冲宽度应不小于100μs，通常为1ms，相当于50Hz正弦波的18°。

6）触发脉冲与主电路应相互隔离。这是为保证触发电路不受主电路高电压的影响而安全工作的基本条件。

7）保证各相晶闸管元件的控制角α一致。若不能保证一致，将使整流桥输出电压的谐波增加。一般在三相半控桥式整流电路中各相触发脉冲的相角偏差应小于10°，在三相全控桥式整流电路中相角偏差不大于5°。

8）对三相全控桥式整流电路，还要求触发脉冲宽度大于60°或者采用双脉冲触发。移相触发电路可以有不同的结构形式，例如单结晶体管式、单稳态触发器式、锯齿波式和余弦波式移相触发电路等。同步电路是和移相触发电路统筹考虑设计的，与不同形式的移相触发电路配套工作的同步电路的也各有不同形式，常把同步电路作为移相电路的一部分。各种移相触发电路一般都由同步、移相控制、脉冲形成、脉冲隔离放大几个部分构成。

由于可控整流电路应用非常广泛，国内外集成电路生产厂家开发了各种类型、系列的晶闸管专用移相触发芯片，还有与触发芯片配套使用的脉冲列调制芯片及专用控制板等。采用多芯片组合，则可构成各种不同要求的交、直流三相可控整流、调压电路。随着微电子技术的成熟，用微控制器（单片微机）开发移相触发板（或产品）也比较常见。

三、励磁调节器的辅助控制

辅助控制是为了满足发电机的不同运行工况要求，改善电力系统稳定性，改善励磁控制的动态性能而设置的单元。在发电机受到扰动或发生非正常运行的工况、需要励磁调节器维持动态稳定或具有某些特定的限制功能时，通过信号综合放大电路中的竟比电路，闭锁正常的电压控制，使相应的辅助信号起控制作用。

励磁调节器中的辅助控制对提高励磁系统的响应速度、限制系统的越限调节、提高电力系统稳定及保护发电机、变压器、励磁机等的安全运行有极重要的作用。下面介绍自动励磁调节器中常用的几种辅助控制功能。

1. 最小励磁限制（欠励磁限制）

发电机欠励磁运行时，电枢电流超前机端电压，发电机吸收系统的无功功率，这种运行状态亦称为进相运行。发电机进相运行时受到静态稳定极限的限制，同时还受到发电机定子端部过热的限制。

以单机—无限大容量系统为例来讨论电力系统静态稳定极限的问题。

发电机输出功率为

$$P_G = U_G I_G \cos(\psi - \delta_G) = U_G I_G (\cos\psi\cos\delta_G + \sin\psi\sin\delta_G) \tag{3-25}$$

$$Q_G = U_G I_G \sin(\psi - \delta_G) = U_G I_G (\sin\psi\cos\delta_G - \cos\psi\sin\delta_G) \tag{3-26}$$

因此

$$I_G \sin\psi = I_d = (U_G\cos\delta_G - U\cos\delta)/X_e \tag{3-27}$$

且

$$I_G\cos\psi = I_q = U_G\sin\delta_G / X_d$$

将此关系代入式（3-25）和式（3-26）中，经整理可以得到

$$\begin{cases} P_G = \dfrac{U_G^2}{2}\left(\dfrac{1}{X_e}+\dfrac{1}{X_d}\right)\sin 2\delta_G - \dfrac{U_G U}{X_e}\cos\delta\sin\delta_G \\ Q_G = \dfrac{U_G^2}{2}\left(\dfrac{1}{X_e}-\dfrac{1}{X_d}\right)+\dfrac{U_G^2}{2}\left(\dfrac{1}{X_e}+\dfrac{1}{X_d}\right)\cos 2\delta_G - \dfrac{U_G U}{2}\cos\delta\cos\delta_G \end{cases} \tag{3-28}$$

由式（3-28）和式（3-29）可知，P_G、Q_G 是 δ 和 δ_G 的函数。将静态稳定极限时 $\delta=90°$，代入以上两式得

$$\begin{cases} P_m = \dfrac{U_G^2}{2}\left(\dfrac{1}{X_e}+\dfrac{1}{X_d}\right)\sin 2\delta_G \\ Q_m = \dfrac{U_G^2}{2}\left(\dfrac{1}{X_e}-\dfrac{1}{X_d}\right)+\dfrac{U_G^2}{2}\left(\dfrac{1}{X_e}+\dfrac{1}{X_d}\right)\cos 2\delta_G \end{cases} \tag{3-29}$$

消去式（3-29）中的 δ_G，得

$$P_m^2 + \left[Q_m - \frac{U_G^2}{2}\left(\frac{1}{X_e}-\frac{1}{X_d}\right)\right]^2 = \left[\frac{U_G^2}{2}\left(\frac{1}{X_e}+\frac{1}{X_d}\right)\right]^2 \tag{3-30}$$

式（3-30）表示在静态稳定极限情况下，有功功率极限 P_m 和无功功率极限 Q_m 之间的函数关系。发电机进相运行必须满足静态稳定条件。由式（3-30）可知，P_m 和 Q_m 的关系是圆轨迹方程。此圆圆心在 Q 轴上，即 $\left[0, \dfrac{U_G^2}{2}\left(\dfrac{1}{X_e}-\dfrac{1}{X_d}\right)\right]$，半径 $R=\dfrac{U_G^2}{2}\left(\dfrac{1}{X_e}+\dfrac{1}{X_d}\right)$，如图3-32所示曲线 B。凡曲线 B 上的各点坐标都是静态稳定功率极限（P_m，Q_m），且满足式（3-30）。B 曲线外侧属不稳定区，而圆内任意点属稳定区。

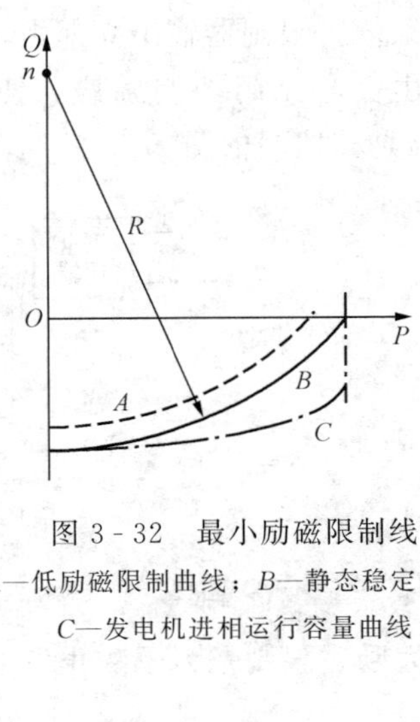

图 3-32　最小励磁限制线

A—低励磁限制曲线；B—静态稳定曲线；C—发电机进相运行容量曲线

最小励磁限制目的之二是限制发电机在允许进相容量曲线之上，从而防止发电机定子端部过热。在相同的视在功率和相同的端部冷却条件下，发电机随着

功率因数由滞相向进相转移，发电机定子端部漏磁磁密值相应增高，这将引起定子端部元件的损耗发热也趋向严重。因此，随着发电机进相程度的增大，要维持发电机端部元件的温度不超过允许值，其输出功率便要相应地降低。

在 $P-Q$ 平面上，绘制出发电机运行容量曲线 C 和临界失步曲线 B，再在两曲线围定的公共区域内留有适当的裕量，整定一条最小励磁限制线 A，如图 3-32 所示。欠励限制器的任务就是确保在任何情况下，将发电机的功率运行点（P，Q）限制在这条最小励磁限制线 A 之上。

最小励磁限制器的输出接到综合放大单元的正竞比端。最小励磁限制器首先检测发电机的现行功率运行点（P，Q），并与最小励磁限制线加以比较，若现行功率运行点高于最小励磁限制线，则输出一个负值电压，其电位低于综合信号放大器正竞比门的其他输入，最小励磁限制器的输出被封锁，不起作用；若功率开关运行点低于最小励磁限制线，则输出正电压，高于综合信号放大器正竞比门的其他输入，欠励限制信号起作用，迫使功率运行点（P，Q）上移或不再下移，在最小励磁限制起作用期间，最小励磁限制器承担了调节励磁的任务。

2. 瞬时电流限制

本章第一节述及，现代大容量发电机组要求励磁系统必须具有高起始响应的性能。交流励磁机无刷励磁系统在通常情况下很难满足这一要求。采用高励磁顶值的方法能提高励磁机输出电压的起始增长速度，如图 3-33 所示，当加在励磁机励磁绕组上的励磁顶值电压 $U_{EEq2}>U_{EEq1}$ 时，对同一时间 t_1 而言，$U_{E2}>U_{E1}$，即 U_{EEq} 之值越高，励磁机输出电压 U_E 的起始增长速度越来越快。这样，励磁系统的响应速度得到改善。但是高顶值励磁电压会危及励磁机及发电机的安全，为此，当励磁机电压达到发电机允许的励磁顶值电压倍数时，应立即对励磁机的励磁电流加以限制，以防止危及发电机的安全运行。

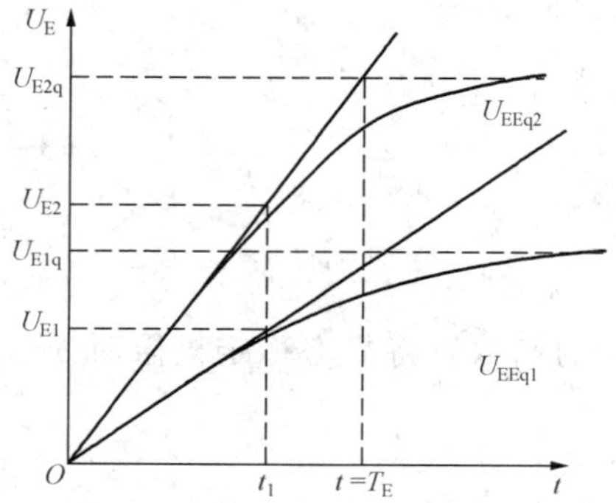

图 3-33 励磁机励磁电压对励磁机电压的影响

励磁调节器内设置的瞬时电流限制器检测励磁机的励磁电流，一旦该值超过发电机允许的强励顶值，限制器输出立即由正变负。通过信号综合放大单元的负竞比门闭锁正常的电压控制，由负竞比门控制励磁，使励磁机强励顶值电流自动限制在发电机允许的范围内。图 3-34是其控制框图。

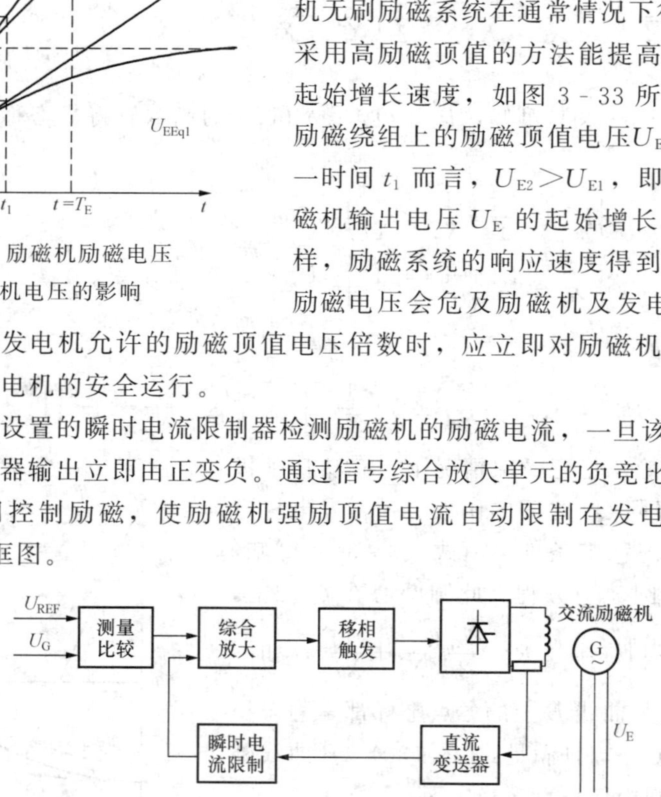

图 3-34 瞬时电流限制控制框图

3. 最大励磁限制

最大励磁限制是为了防止发电机转子绕组长时间过励磁而采取的安全措施。根据 GB/T

7409.3—2007要求，当发电机端电压下降至80%～85%额定电压时，发电机励磁应迅速强励到顶值电流，一般为1.6～2倍额定励磁电流。由于受发电机转子绕组发热的限制，强励时励磁电流、励磁电压都不允许超过规定值，且其上限值具有反时限特性，见表3-1和图3-35。由最大励磁限制器执行限制功能，也通过信号综合放大器的竞比门（正或负）送入综合放大单元电路，实现限制性控制。

表3-1　　**不同励磁电压时的允许时间**

转子电压标幺值	允许时间（s）	转子电压标幺值	允许时间（s）
1.12	120	1.46	30
1.25	60	2.08	10

4. 电压/频率（V/F，伏赫比）限制器

伏赫比限制器，用于限制发电机的端电压与频率的比值过高，避免发电机及与其相连的主变压器铁心饱和使励磁电流加大而引起铁心过热。

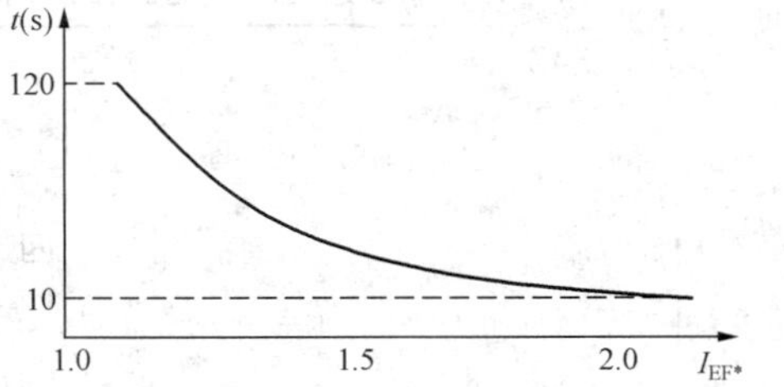

图3-35　最大励磁限制器反时限特性

已知，交流电机电压$U_G=kf\Phi_m$，即$\Phi_m=\frac{U_G}{kf}$，磁通量Φ_m与$\frac{U_G}{f}$成正比，必须限制发电机$\frac{U_G}{f}$过高，防止发电机及主变压器铁心过饱和而发热加剧。引起发电机$\frac{U_G}{f}$过高的原因有：①发电机甩负荷或解列运行时，电枢反应去磁作用速减其端电压可能速升高；②机组启动时，转速还未升上去而励磁开关误投入；③系统性事故导致频率降低时。

V/F限制器的任务，就是保证在任何情况下将发电机伏赫比限制在允许的安全数值以下。

5. 励磁系统稳定器

前述，现代大容量发电机组要求快速灵敏的励磁调节和强励能力，从自动控制理论分析，是要求发电机及励磁控制系统的时间常数小、闭环回路增益高，这样又可能影响控制系统的动态性能的稳定。为了改善励磁控制系统的稳定性能同时保证快速响应和强励能力，在发电机励磁控制系统中，需增加校正环节，才能适应稳定运行的要求。

在励磁控制系统中通常用电压速率反馈环节来提高系统稳定性，即将转子励磁电压（或励磁电流）进行微分，再反馈到综合放大器的输入端参与调节。这种转子电压并联校正的微分负反馈单元即为励磁系统稳定器，它具有增加阻尼、抑止励磁控制的超调和消除振荡的作用，故又称为阻尼器。

6. 电力系统稳定器（PSS）

发电机常规励磁或快速励磁的控制与调节对电力系统稳定有很大的影响，特别是励磁与电力系统动态稳定的关系更为密切。励磁调节器的参数选择不当，会影响电力系统的动态稳定，而增加适当的补偿后却又大大有助于系统动态过程的稳定。自动控制理论分析结论与运行经验都说明，高放大倍数、高起始响应的励磁调节器会减弱系统的阻尼能力，引起系统的低频振荡，破坏系统的动态稳定性，尤其是在远距离输电的大型互联电力系统中。采用电力

系统稳定器（Power System Stabilizer，PSS）去产生正阻尼转矩以抵消励磁控制系统引起的弱阻尼甚至负阻尼转矩，是一个有效的办法。

励磁调节器可能产生负阻尼的主要原因是由于转子功角 $\Delta\delta$ 的变化引起的发电机电压反馈 $-\Delta U_G$ 变化，而发电机磁场等的惯性使内电动势 $\Delta E'_q$ 变化（也就是电磁转矩 ΔM_{e2}）滞后于 $-\Delta U_G$ 变化，因而产生了负阻尼转矩分量。电力系统稳定控制器（PSS）可以采用发电机轴角速度偏差 $\Delta\omega$ 或者电压频率偏差 Δf、输出电功率偏差 ΔP_e、过剩功率偏差 ΔP_m 及它们的组合等为输入信号。这些信号相对于 $\Delta\delta$ 的相位不同，为使 PSS 输出信号具有产生正阻尼的合适的相位，将输入信号引入超前/滞后环节，经调整后送入综合放大单元。图 3-36 所示为 PSS 原理框图。

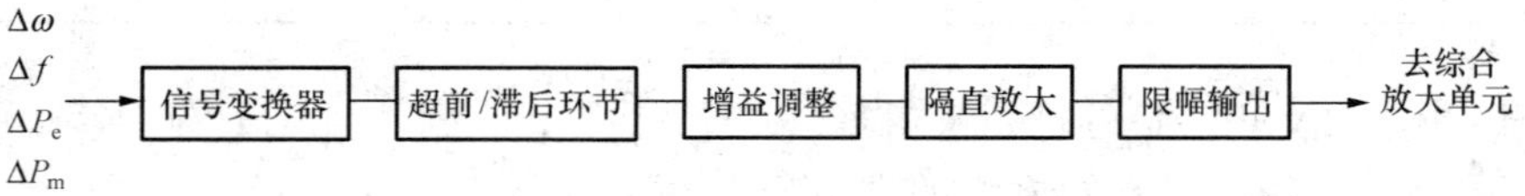

图 3-36 PSS 原理框图

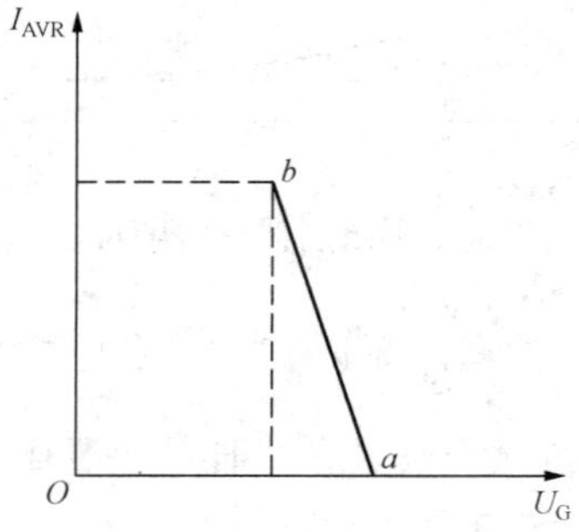

图 3-37 励磁调节器的静态工作特性

四、同步发电机电压无功调节特性

1. 励磁调节器静态工作特性的形成

励磁调节器静态工作特性是指发电机机端电压 U_G 与晶闸管整流桥输出电流 I_{AVR} 的关系曲线，由于测量比较单元、综合放大单元、移相触发单元的工作特性已经得出，将这些单元的特性进行综合，就可得到整个励磁调节器的静态工作特性，如图 3-37 所示。

励磁调节器的简化框图如图 3-38 所示，图中 K_1、K_2、K_3、K_4 分别表示各单元的增益，其间输入量、输出量的符号如图中所示。

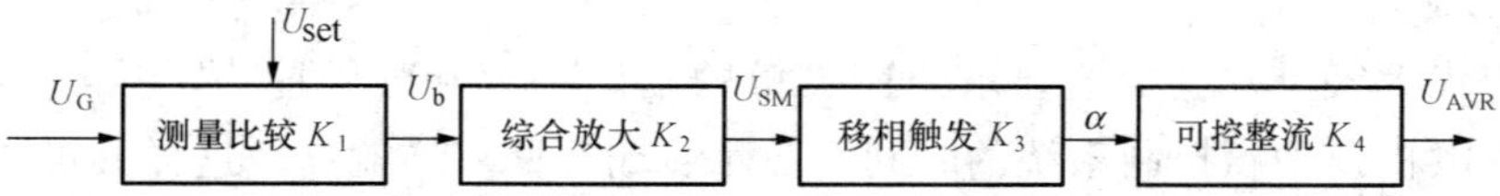

图 3-38 励磁调节器的简化框图

电压测量比较单元的输出电压 U_b 和其输入电压偏差的关系为

$$U_b = K_1(U_G - U_{set}) \tag{3-31}$$

式中：U_{set} 为发电机电压的整定值。

综合放大单元输入、输出之间关系为

$$U_{SM} = K_2 U_b \tag{3-32}$$

移相触发与可控整流单元输入、输出关系为

$$U_{AVR} = K_3 K_4 U_{SM} \tag{3-33}$$

整个励磁调节器的输入、输出关系为

$$U_{AVR} = K(U_G - U_{set}) \tag{3-34}$$

$$K = \frac{\Delta U_{AVR}}{U_G - U_{AVR}} = K_1 K_2 K_3 K_4$$

式中：K 为励磁调节器的放大倍数，即励磁调节器总的放大倍数等于各组成单元放大倍数的乘积。

2. 同步发电机的无功调节特性

同步发电机的无功调节特性又称为发电机的电压调节特性或发电机外特性，是指发电机的无功电流与机端电压之间的关系曲线 $U_G=f(I_Q)$（见图 3-39），它与励磁调节系统静态工作特性和同步发电机本身的机电特性有关。

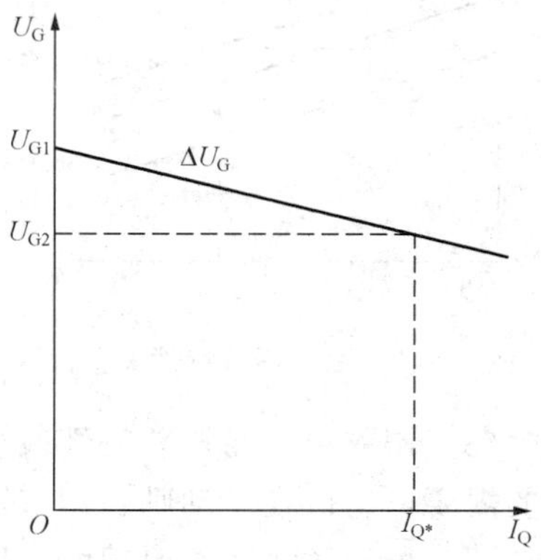

图 3-39 同步发电机无功调节特性

由发电机无功调节特性曲线说明，发电机带有自动励磁调节器后，输出无功电流 I_Q 变化时，电压 U_G 基本维持不变，调节特性稍有下倾。在此，定义一个重要参数——调差系数来表征同步发电机无功调节特性。

调差系数用 δ 表示，其定义为

$$\delta=\frac{U_{G1}-U_{G2}}{U_{GN}}=U_{G1^*}-U_{G2^*}=\Delta U_{G^*} \tag{3-35}$$

式中：U_{GN} 为发电机额定电压；U_{G1}、U_{G2} 分别为空载运行和带额定无功电流时的发电机电压，一般可取 $U_{G2}=U_{GN}$。

由式（3-35）可见，调差系数 δ 表示发电机无功电流从零增加到额定值时，发电机电压的相对变化，调差系数越小，无功电流变化时发电机电压变化越小。所以调差系数 δ 表征了励磁控制系统维持发电机电压的能力。

由于同步发电机在电网运行中情况各异，对无功调节提出了不同的要求，因此还需要在励磁调节器中设置调差单元，用以设定不同的调差系数。

对于按电压偏差进行比例调节的励磁控制系统，下倾的无功调节特性，其 $\delta>0$，发电机端电压随无功电流增大而降低，称为正调差特性；上翘的无功调节特性，其 $\delta<0$，发电机端电压随无功电流增大而上升，称为负调差特性；而当 $\delta=0$ 时，发电机电压恒为定值，则称为零调差特性。当调差单元退出工作时，其固有的无功调节特性一般也是下倾的，称为自然调差系数，用 δ_0 表示，其值随着励磁系统的放大倍数的增大而减小。

3. 发电机无功调节特性的调整

（1）对静态调节特性的要求。对发电机无功调节特性的调整主要是为了满足发电机运行方面的要求，即：

1）发电机投入和退出运行时，能平稳地改变无功负荷，不致发生无功功率的冲击。

2）保证并联运行的发电机组间无功功率的合理分配。

发电机无功调节特性的两个特征参数是额定电压水平和调差系数 δ，前者决定了特性曲线的高低以满足要求 1)，后者决定了特性曲线的斜率以满足要求 2)。为此在励磁调节器中设置了电压整定单元及调差单元。

（2）发电机无功调节特性的平移。发电机无功调节特性的平移是通过改变自动励磁调节器的电压整定值实现，即调整测量比较单元中的电压整定电位器 RP（见图 3-25，图 3-26）的电阻值实现的。当发电机电压整定值增加，无功调节特性将向上平移，而当发电机电压整定值减小，无功调节特性将向下平移。

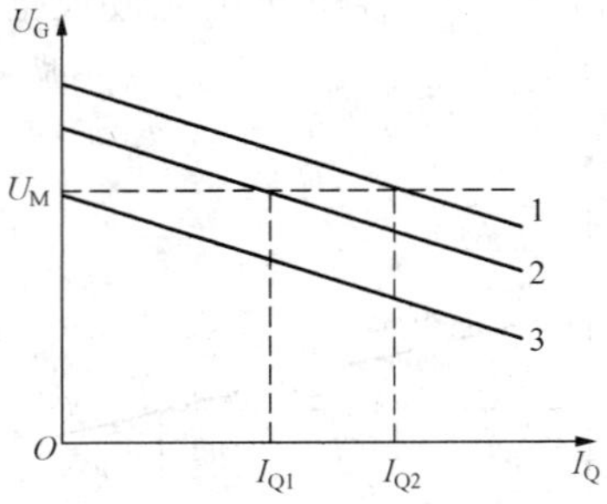

图 3-40 无功调节特性平移图

发电机并入系统运行时，系统电压为 U_M，如图 3-40 所示。若发电机无功调节特性在曲线 1 到曲线 2 之间平移，输出无功就在 I_{Q1} 和 I_{Q2} 之间可调节；若发电机需要退出运行，应先向下平移调节特性到曲线 3 的位置，输出无功将减小为零，此时再将发电机退出运行，不会对系统和机组产生无功功率冲击。同理，发电机投入运行时，先要将其无功调节特性整定在 3 的位置，待机组并入电网后再进行向上移动特性曲线的操作，使发电机无功功率逐渐增加到运行要求值。

（3）调差单元与调差特性改变。自然调差系数 δ_0 是不可调的定值，不能满足发电机运行的需要，所以在自动励磁调节器中要设置调差单元实现对调差系数的调整。

调差单元的接线按引用电流信号的相数可分为单相、两相和三相三种方式。现以两相式调差单元原理接线图 3-41 为例，简述其基本工作原理。

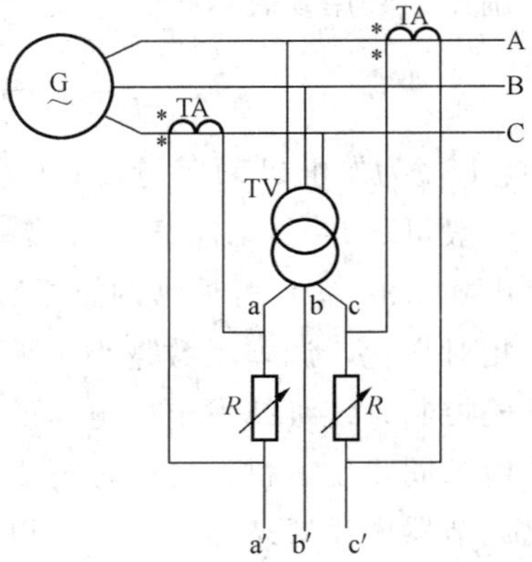

图 3-41 两相式调差单元原理接线

在发电机电压互感器 TV 二次侧的 a、c 两相分别串入等值可调电阻 R，并分别引入 c、a 相电流互感器 TA 二次侧电流，c、a 相电流在可调电阻 R 上产生的压降与 TV 二次侧的三相电压叠加后作为发电机电压送入测量比较单元。注意到 c、a 相的电流互感器同名端接法，可列写

$$\begin{cases}\dot{U}_{a'}=\dot{U}_a+\dot{R}_z\,\dot{I}_c\\ \dot{U}_{b'}=\dot{U}_b\\ \dot{U}_{c'}=\dot{U}_c-\dot{R}_z\,\dot{I}_a\end{cases}\tag{3-36}$$

根据式（3-36）可以分别作出发电机电流不变，但无功电流分量逐渐增大过程中的电流电压相量图。当无功电流分量为零，即 $\cos\varphi=1$ 时，相量关系如图 3-42（a）所示；三相电压 $U_{a'b'c'}$ 虽然较发电机三相电压 U_{abc} 有变化，但幅值变化很小，即可以认为调差电路不反映有功电流的变化。当发电机只带无功负荷，即 $\cos\varphi=0$ 时，相量关系如图 3-42（b）所示；送入测量比较单元的三相电压 $U_{a'b'c'}$ 显然比三相电压 U_{abc} 的值明显增大，增大的数值与可调电阻 R 成正比。

对于 $0<\cos\varphi<1$ 时，发电机电流均可分解为有功分量和无功分量，其中有功电流分量不影响 $U_{a'b'c'}$ 的变化，而无功分量电流影响 $U_{a'b'c'}$ 变化，并且 $U_{a'b'c'}$ 的值随着无功分量电流的增长而增大。根据励磁调节器的工作特性，测量单元输入电压上升，励磁电流将减小，迫使发电机电压下降，于是使发电机无功调节特性下倾程度更大，即调差系数 δ 增加。

如何使调差系数 δ 减小呢？只要在图 3-41 两相式调差单元接线图上将 a、c 两相的电流互感器 TA 的同名端都反接，则式（3-36）改列为

$$\begin{cases}\dot{U}_{a'}=\dot{U}_a-\dot{R}_z\,\dot{I}_c\\ \dot{U}_{b'}=\dot{U}_b\\ \dot{U}_{c'}=\dot{U}_c+\dot{R}_z\,\dot{I}_a\end{cases}\tag{3-37}$$

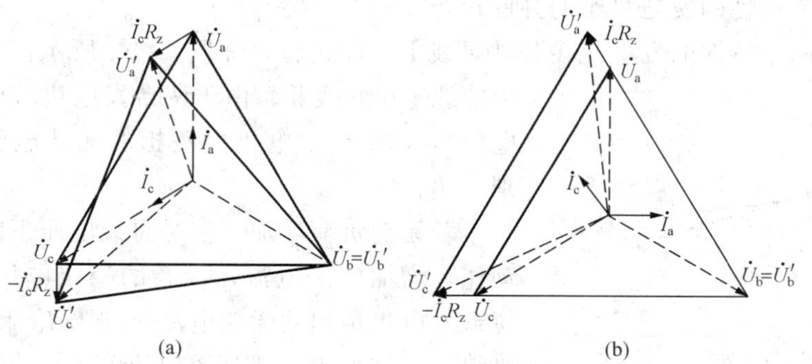

图 3 - 42　两相式调差单元相量分析图

(a) $\cos\varphi=1$；(b) $\cos\varphi=0$

参照上述分析可以得出 $U_{a'b'c'}\leqslant U_{abc}$，且 $U_{a'b'c'}$ 的值随着无功分量电流的增长而减小。根据励磁调节器的工作特性，测量单元输入电压减小，励磁电流将增加，以提高发电机电压，使发电机无功调节特性趋于平缓，即减小了调差系数 δ。具体相量分析图建议读者参照上述分析自行画出。

在实际运行中，发电机一般采用正调差系数，因为它具有系统电压下降而发电机的无功电流增加的特性，这对于维持稳定运行是十分必要的。至于负调差系数，一般只能在大型发电机—变压器组单元接线时采用，这时发电机外特性具有负调差系数，但经变压器阻抗压降以后，在变压器高压侧母线上看，仍具有正调差系数。因此负调差系数主要是用来补偿变压器阻抗上的压降，使发变组的外特性下倾度不致太厉害，这对于大型机组是必要的。

第五节　励磁调节与并联运行机组间无功功率的分配

几台发电机在同一母线上并联运行时，改变任何一台机组的励磁电流不仅影响该机组的无功电流，而且还影响同一母线上并联运行机组的无功电流，同时也引起母线电压的变化。这些变化与机组的无功调节特性有关。

一、一台无差调节特性的机组与有差调节特性机组的并联运行

设两台发电机组在公共母线上并联运行，其中第一台发电机为无差调节特性，其特性如图 3 - 43 中曲线Ⅰ；第二台发电机为正差调节特性，其特性如图中曲线Ⅱ。由于两机并列，母线电压必定等于 U_1 并保持不变，第二台发电机无功电流为 I_{Q2}。如果无功负荷改变，则第一台发电机的无功电流将随之改变，而第二台发电机的无功电流维持不变，仍为 I_{Q2}。由此可见，一台无差调节特性的发电机可以和多台正调差特性的发电机组并联运行，但由于具有无差调节特性的发电机将承担负荷无功功率的全部增量，机组间无功功率的分配很不合理，甚至这台无差调节特性的发电机根本不能正常稳定运行。

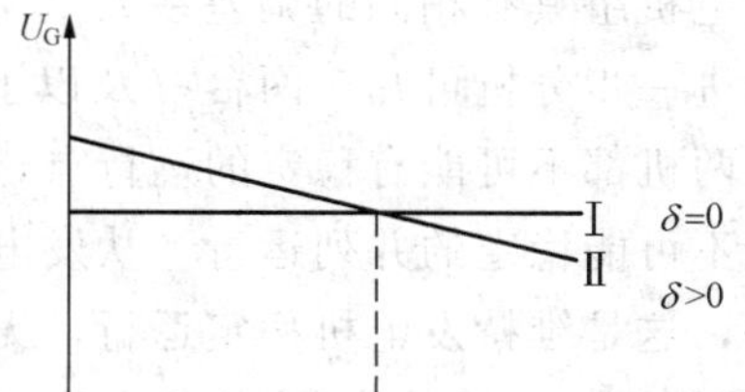

图 3 - 43　无差与有差调节机组并联分析

二、正调差特性的发电机组的并联运行

设两台正调差特性的发电机在公共母线上并联运行，如图 3-44 所示，其调节特性分别为曲线Ⅰ和曲线Ⅱ。由于两台发电机端电压都等于母线电压 U_1，每台发电机所负担的无功电流是确定的，分别为 I_{Q1} 和 I_{Q2}。

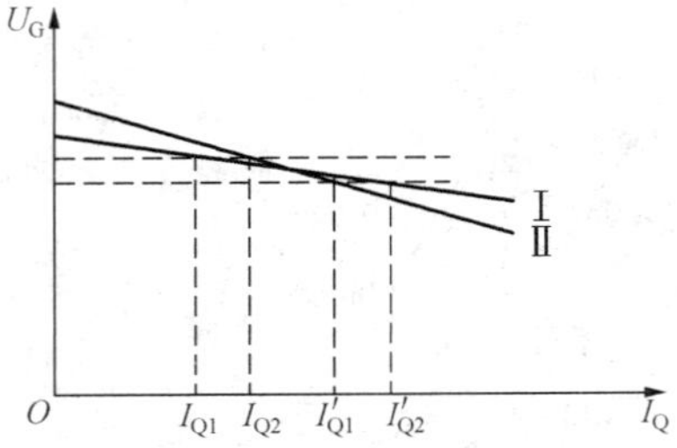

图 3-44 正调差机组并联分析

若无功负荷增加，于是母线电压下降，励磁调节器动作，增加励磁电流，设新的稳定电压值为 U_2，这时每台发电机负担的无功电流分别为 I'_{Q1} 和 I'_{Q2}。机组 1 和机组 2 分别承担一部分增加的无功负荷。机组间无功负荷的分配取决于各自的调差系数大小。

对任一台调差系数为 δ 的发电机，设其无功电流为零时发电机端电压为 U_{G0}，无功电流为额定值 I_{GN} 时，发电机端电压为 U_{GN}，则由调节特性曲线上相似三角形相似比可直接推出母线电压为 U_G 时发电机的无功电流

$$I_Q = \frac{U_{G0} - U_G}{U_{G0} - U_{GN}} I_{QN} \tag{3-38}$$

其标幺值表示为

$$I_{Q*} = \frac{U_{G0*} - U_{G*}}{\dfrac{U_{G0} - U_{GN}}{U_{GN}}} = \frac{1}{\delta}(U_{G0*} - U_{G*}) \tag{3-39}$$

用差分法将式（3-39）改写为增量形式

$$\Delta I_{Q*} = -\frac{\Delta U_{G*}}{\delta} \tag{3-40}$$

式（3-40）清楚地表明，当母线电压波动时，发电机无功电流的增量与电压偏差成正比，与调差系数成反比，而与电压整定值无关。而式（3-40）中负号说明在正调差情形，当母线电压下降时发电机输出无功功率将增加。

由以上分析可知，两台正有差调节特性的发电机在公共母线上并联运行，当系统无功负荷波动时，其电压偏差相同。调差系数较小的发电机承担较多的无功负荷增量，调差系数较大的承担较少的无功负荷增量。通常要求各台发电机无功负荷的调节量与它们的额定容量成正比，即希望各发电机无功电流波动的标幺值 ΔI_{Q*} 相等，这就要求在公共母线上并联运行的发电机组具有相同的调差系数。

进一步分析可知，两台（及以上）都为无差调节特性的发电机在公共母线上并联运行时，两机都不可能有稳定的运行点，这是绝对不允许的。正调差特性和负调差特性的发电机组也不可能稳定的并列运行。从发电厂高压母线上看，发电机组都应该有正调差系数且数值相等，这是维持发电机稳定运行、无功功率合理分配的必要条件。

【例 3-1】 某电厂有两台发电机在公共母线上并联运行，1 号发电机额定功率为 25MW，2 号发电机额定功率为 50MW。两台机组的额定功率因数都是 0.85，励磁调节器的调差系数都为 0.05。若系统无功负荷波动使电厂无功增量为它们总无功容量的 20%，问各发电机组承担的无功负荷增量是多少？母线上的电压波动是多少？

解 1 号发电机额定无功功率

$$Q_{G1N} = P_{G1}\tan\Phi_1 = 25\tan(\arccos 0.85) = 15.49(\text{Mvar})$$

2号发电机额定无功功率

$$Q_{G2N}=P_{G2}\tan\Phi_2=50\tan(\arccos 0.85)=30.99(\text{Mvar})$$

因为两台发电机的调差系数均为0.05，所以公共母线上等值机的调差系数δ_Σ也为0.05。母线电压波动

$$\Delta U_*=-\delta_\Sigma\Delta Q_{\Sigma *}=-0.05\times 20\%=-0.01$$

两发电机组无功波动量

$$\Delta Q_{G1*}=-\frac{\Delta U_*}{\delta_1}=\frac{0.01}{0.05}=0.2$$

$$\Delta Q_{G1}=\Delta Q_{G1*}Q_{G1N}=3.10(\text{Mvar})$$

$$\Delta Q_{G2*}=-\frac{\Delta U_*}{\delta_2}=\frac{0.01}{0.05}=0.2$$

$$\Delta Q_{G2}=\Delta Q_{G2*}Q_{G2N}=6.20(\text{Mvar})$$

1号发电机组无功负荷增加3.10Mvar，2号发电机组的无功负荷增加6.20Mvar。因为调差系数相等，两台发电机无功的波动量与它们的容量成比例。母线上的电压降低了$0.01U_N$。

【例3-2】 在［例3-1］中若1号发电机调差系数为0.04，2号发电机调差系数仍为0.05。当系统无功负荷波动仍使无功增加为总无功容量的20%，问各发电机组的无功负荷增量是多少？母线上的电压是多少？

解 两台发电机的等值机组无功增量标幺值

$$\Delta Q_{\Sigma *}=(\Delta Q_{G1*}Q_{G1N}+\Delta Q_{G2*}Q_{G2N})/(Q_{G1N}+Q_{G2N})$$

$$=-\Delta U_*\left(\frac{Q_{G1N}}{\delta_1}+\frac{Q_{G2N}}{\delta_2}\right)/(Q_{G1N}+Q_{G2N})$$

$$=-\Delta U_*\Bigg/\left(\frac{Q_{G1N}+Q_{G2N}}{\dfrac{Q_{G1N}}{\delta_1}+\dfrac{Q_{G2N}}{\delta_2}}\right)=-\frac{\Delta U_*}{\delta_\Sigma}$$

即，两发电机的等值机组调差系数为

$$\delta_\Sigma=\frac{Q_{G1N}+Q_{G2N}}{\dfrac{Q_{G1N}}{\delta_1}+\dfrac{Q_{G2N}}{\delta_2}}=\frac{15.49+30.99}{\dfrac{15.49}{0.04}+\dfrac{30.99}{0.05}}=0.046$$

母线电压波动

$$\Delta U_*=-\delta_\Sigma\Delta Q_{\Sigma *}=-0.046\times 20\%=-0.0092$$

各发电机组的无功增量

$$\Delta Q_{G1*}=-\frac{\Delta U_*}{\delta_1}=\frac{0.0092}{0.04}=0.23$$

$$\Delta Q_{G1}=\Delta Q_{G1*}Q_{G1N}=3.56(\text{Mvar})$$

$$\Delta Q_{G2*}=-\frac{\Delta U_*}{\delta_2}=\frac{0.0092}{0.05}=0.185$$

$$\Delta Q_{G2}=\Delta Q_{G2*}Q_{G2N}=5.73(\text{Mvar})$$

1号发电机组的无功负荷增加3.56Mvar，2号发电机组无功负荷增加5.73Mvar。调差系数小的机组的无功负荷增量的标幺值较大。母线电压降低$0.0092U_N$，比［例3-1］的要小，因为两机等值调差系数δ_Σ较小。

以上讨论同样适用于多台发电机并联运行情况。运行中改变发电机组的无功负荷时，调

整励磁调节器的整定元件，使无功调节特性上下移动即可。如果要求改变发电机母线电压又不改变无功负荷的分配比例，那就要向同方向移动所有并联运行发电机的调节特性。多台发电机并联的等值机组调差系数 δ_{Σ} 可参照［例 3 - 2］推导出为

$$\delta_{\Sigma} = \frac{\sum_{i=1}^{n} Q_{GNi}}{\sum_{i=1}^{n} \frac{Q_{GNi}}{\delta_{i}}} \tag{3-41}$$

第六节　同步发电机微机励磁控制

随着大容量发电机组的应用和大规模电力系统的发展，对发电机励磁系统的技术性能及可靠性要求也日益提高，需要研究新型高性能励磁调节器。同时随着计算机和大规模集成电路在电力工业中的广泛应用，数字型励磁调节器正在逐渐替代传统的模拟型励磁调节器。数字式励磁调节器的主要实现形式可以是以微型计算机为核心构成的，也可以由布线数字逻辑电路构成。

微机（数字）型励磁调节器构成的主要环节与模拟型励磁调节器是相似的，微机型励磁调节器借助其软件优势，在实现复杂控制和扩充辅助功能等方面具有很大的优越性和灵活性，其优点有：

（1）可靠性高。微机控制系统由于大规模集成电路质量高、硬件技术成熟，大大减少电路元件、接插件、焊点的数量，故障概率小。同时可以借助软件的“智能”实现相应的自检、自诊断和自恢复功能，使微机励磁调节器具有很高的可靠性。

（2）可实现复杂的控制策略。微机励磁调节器借助其软件优势，除可实现按传统的 PID 调节原理和 PSS 等稳定的励磁控制外，还可以引入现代控制理论实现诸如最优控制、非线性控制、模糊控制、自适应控制和人工神经网络等新型控制，以提高励磁系统的控制性能，这对模拟式的励磁调节器几乎是不可能实现的。并且微机励磁调节器硬件、软件的模块化便于灵活组合，适应发电机及系统对励磁的不同要求。

（3）运行维护方便。微机励磁调节器发展方向是简化硬件结构、丰富软件，使维护方便，也便于功能的改进和扩展。

（4）通信方便。利用微处理器具有的串行通信接口和通信总线，可以灵活地接入发电厂的计算机监控系统，与上位机进行通信，传送相应的数据和指令。上位机可以直接修改给定值等参数，便于实现远程控制。

微机型励磁调节器可由专用计算机控制系统构成，也有采用可编程序控制器（PLC）构成的。如由计算机控制系统构成，则都是由硬件和软件（即程序）两部分组成，以下分别进行介绍。

一、硬件电路

按照计算机控制系统组成原则，硬件的基本配置由主机、输入/输出接口和输入/输出过程通道等环节组成。由于大规模集成电路技术日益进步，计算机技术不断更新，高性能数字信号处理器（DSP）的应用，大大提升了同步发电机励磁调节器的性能空间。微机型励磁调节器硬件结构从单微处理器（CPU）、多微处理器向分布式、网络方向发展。典型微机型励

磁调节器原理框图如图 3-45 所示。

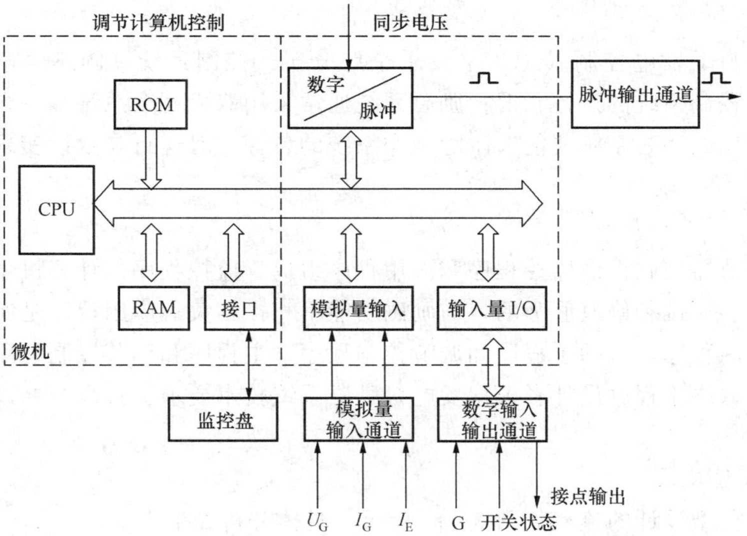

图 3-45　典型微机型励磁调节器原理框图

1. 主机

由微处理器 CPU、RAM、EEPROM 存储器等器件组成的主机是调节器的核心部件。它根据输入通道采集来的发电机运行状态变量的数值进行调节计算和逻辑判断，按照预定的程序进行信息处理求得控制量，通过数字移相脉冲接口电路发出与控制角 α 对应的脉冲信号，以实现对励磁电流的控制。还可以通过通信总线与上位机通信，方便灵活地实现全厂机组的无功成组调节及母线电压的实时控制，进而实现全发电厂的自动化。

2. 模拟量输入通道

为了维持机端电压水平和机组间无功或负荷的分配，需测得发电机的运行电压、无功功率、有功功率、励磁电流等。需要按这些物理量的具体情况，选用恰当的变送器和输入通道与模数转换（A/D）接口电路相匹配。

3. 开关量输入/输出通道

励磁调节器也需要采集发电机运行状态信息，如断路器、灭磁开关等的状态信息。这些状态信号经转换后与数字量输入接口电路连接。

励磁系统运行中异常情况的告警或保护等动作信号从接口电路输出后，也需变换，以便驱动相应的设备，如灯光、音响等。

4. 脉冲输出通道

输出的控制脉冲信号需经隔离和中间放大、末级放大后，才能触发大功率晶闸管控制其输出电流。

5. 接口电路

计算机控制系统都应有通用输入/输出接口电路，如并行和管理接口（中断、计数/定时）外，在励磁调节器中，往往还设置了专用的数字移相脉冲特殊接口。

6. 运行操作及显示设备

励磁调节器有一套供运行人员操作的控制设备，用于增、减励磁和监视调节器的运行。

另外还有供程序员使用的操作键盘，用于调试程序、设定参数等。

7. 通信模块

电力系统的自动发电控制（AGC）要求全厂分布式控制系统（DCS）等能够实时远方监控发电机励磁控制系统的运行状况；励磁系统通常采用双机冗余系统，一台工作，一台热备用，其中热备用的励磁系统要能够跟踪工作系统的各种实时运行参数以实现故障时的无扰动切换。

二、软件

微机励磁调节器的软件由监控程序和应用程序组成。监控程序是计算机系统软件，是为应用程序的编制、调试和修改服务的，与励磁功能不直接相关。应用程序是实现励磁调节控制和保护等功能的程序，包括主程序和调节控制程序。主程序和调节控制程序的任务划分没有严格的界限，取决于程序设计者根据发电机励磁系统技术要求进行综合的设计理念和编程经验。

1. 主程序流程及功能

主程序某一典型设计的流程如图 3 - 46 所示。具体分析如下：

（1）系统初始化模块是在微机励磁调节器开机后正式工作前，对励磁系统进行自检，对主机及输入/输出各部分进行模式和初始状态设置等。

（2）开机条件判别及开机前设置模块检查发电机是否具备开机条件，是否有开机指令，并将发电机电压定值置于空载额定位等。

（3）开中断功能是启动各种调节控制程序实现励磁调节的各种功能——它们往往被安排在相应的中断子程序中。

（4）故障检测及处理模块包括工作电源检测、硬件状态检测、TV 断线判别、励磁回路断线/短路检测及相应的保护处理功能。

（5）显示及人机接口模块将发电机及励磁调节器的工作状态动态地显示在屏上，并实现对调差系数、电压整定、控制方式等参数的在线修改等。

2. 调节控制程序功能

调节控制程序用于实现信号的采样及数据处理、触发脉冲的软件分相、机端电压的频率测量、电压调节控制计算、控制命令的发出及限制、保护等功能，可安排在不同优先级的若干中断服务子程序中，定时或在相应外界条件激发时执行，也可以作为一般子程序模块由主程序需要时调用。发电机电压调节的计算可按传统的 PID 调节控制，近年来随着现代控制理论的发展，将现代控制理论应用于发电机励磁调节控制中，能够进一步提高计算机励磁调节控制性能。励磁限制和保护子程序完成过励磁限制、欠励磁限制、强励定时限/反时限限制、励磁稳定性和灭磁保护等任务。电力系统稳定器 PSS 的软件模块也是调节控制程序的重要功能之一。

数据采集及信号处理子程序完成对发电机电压、电流，励磁电压、电流信号的采集与处理，并计算出发电机功率和功角等。采样方式可分为异步采样和同步跟踪采样，采样子程序一般设计为中断子程序，其流程如图 3 - 47 所示。

移相及触发脉冲控制子程序根据控制电压 U_k 读取或计算触发控制角 α，进行分相和数字移项、按脉冲列发下一触发脉冲，以及测量同步电压频率等。数字移项是将控制角 α 折算成对应的延时，再折算成对应的计数脉冲个数 N_0

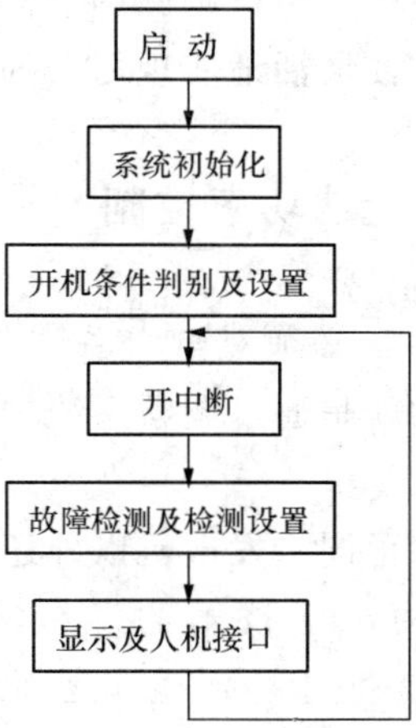

图 3-46 微机励磁主程序流程图

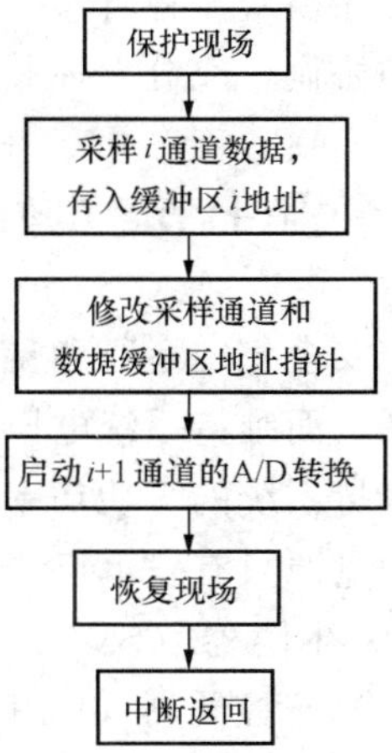

图 3-47 采样中断子程序流程

$$N_0 = n + \frac{\alpha}{360°} T f_c \tag{3-42}$$

式中：T 为发电机电压周期，s；f_c 为计算机计数脉冲频率，Hz；n 为常数，取决于不同的微机励磁装置。

该子程序也设计为中断子程方式，其流程如图 3-48 所示。

由于电力系统规模的不断扩大，输电距离越来越远，快速灵敏的发电机励磁调节器是必须的，但它同时会减弱电力系统的阻尼能力，引起系统低频振荡。其原因归结为由于转子相位角的变化引起的发电机电压负反馈 $-U_G$ 变化，而由于发电机磁场的惯性，使其内电动势 $\Delta E''_q$ 的变化滞后于 $-U_G$ 变化，因而产生了负阻尼转矩分量。此时应当在励磁调节器中附加电力系统稳定器（PSS），PSS 通过发电机角速度 ω、频率 f 或功率信号 p_G 产生一个超前于 $-U_G$ 变化的附加信号，以抵消原来的负阻尼转矩，从而避免系统振荡。以发电机功率微分信号产生附加正阻尼信号的 PSS 子程序的流程如图 3-49 所示。

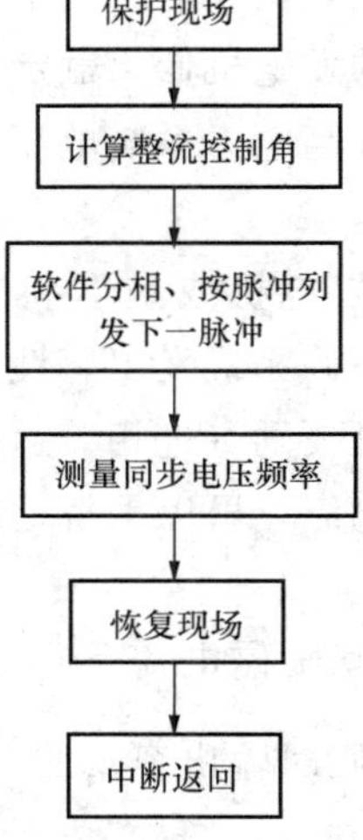

图 3-48 触发脉冲控制及测频中断子程序流程

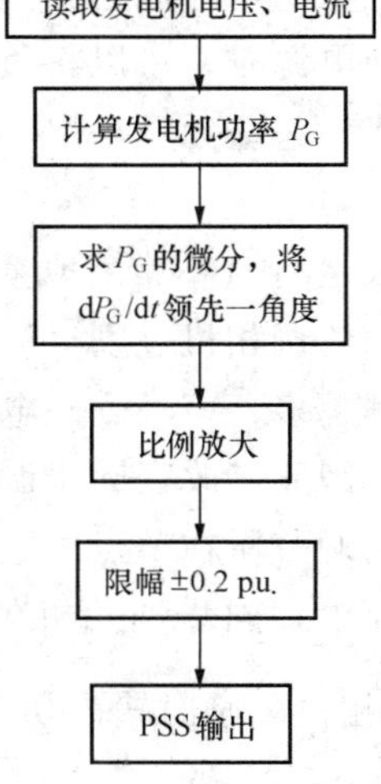

图 3-49 系统稳定器 PSS 子程序流程

其他功能的子程序模块流程可参考相关文献。显然，微机励磁调节器性能的优越就在于它通过软件和硬件的协调，充分发挥其软件优势，方便灵活地实现复杂的励磁控制功能。

第七节 电力系统电压和无功功率控制

为保证电力系统安全稳定运行和良好的电能质量，必须对电力系统电压进行调节控制，维持系统的电压水平。而维持系统电压水平最重要的就是通过调整系统中的无功电源来适应无功负荷的变化，维持系统的无功功率平衡。

电力系统的有功电源只有发电机，而无功电源除了同步发电机以外还有同步调相机、并联电容器、静止无功补偿器（SVC）等。随着电力电子技术的发展，静止无功发生器（STATCOM）、统一潮流控制器（UPFC）等新型无功调节电源也应运而生。

电力系统中发电厂（发电机组）的地理布置受到一次能源的分布及环境制约，而其他无功电源应当合理地分散布局，尽量接近负荷，从而使电力系统中无功功率尽可能就地平衡，这对于维持系统电压水平、提高系统输电能力、减少电网损耗都十分有利。

一、系统中无功电源

1. 同步发电机

同步发电机是目前电力系统唯一的有功功率电源（新近发展有光伏发电、燃料电池等，占比极小），又是最基本的无功功率电源。发电机发出无功功率与有功功率有一定的关系，一般发电机的额定功率因数为 0.8（滞相），即在额定工况下，发电机所发无功功率是有功功率的 75%。

同步发电机低于额定功率因数运行时，发电机的输出视在功率受制于励磁电流不超过额定值的条件，从而将低于额定视在功率 S_N。同步发电机高于额定功率因数运行时，励磁电流的大小不再是限制的条件，而原动机输出功率 P_N 成了它的限制条件。同步发电机以超前功率因数运行时，定子电流和励磁电流大小都不再是限制条件，而此时并联运行的稳定性或定子端部铁心等的发热成了限制条件。因此，同步发电机只有在额定电压、额定电流、额定功率因数下运行时，视在功率才能达到额定值，发电机容量才能得到最充分的利用。当电力系统中有一定备用有功电源时，可以将负荷中心附近的发电机低于额定功率因数运行，适当降低有功功率输出而多发一些无功功率，这样有利于提高电力系统电压水平。

2. 同步调相机

调相机相当于空载运行（不带有功负荷）的同步发电机或是不带机械负荷的同步电动机。当增大励磁电流，使调相机过励（滞相）运行时，调相机发出感性无功功率，励磁电流越大发出感性无功功率越多；减小励磁电流，使调相机欠励（进相）运行时，它从电力系统中吸收感性无功功率。因此，改变同步调相机的励磁电流，可以平滑地改变调相机的无功功率的大小及方向，从而调节所在节点的电压。

由于运行稳定性要求，同步调相机欠励运行时，其励磁电流不得小于最大励磁电流的 1/2，相应的，同步调相机欠励时输出功率容量约为过励时输出容量的 1/2，即 $-\frac{1}{2}Q_C \sim Q_C$。同步调相机在运行时要消耗一定功率，一般在满负荷运行时，有功功率损耗为额定容量的 1.5%～4%。同步调相机的电压调节效应一般为正值，即它所输出的无功功率随其端电压的下降而增加，这是其优点；而其一次投资较大，运行维护费用较高，应用受到限制。

3. 并联电容器

并联电容器一般成组装设在负荷端变电站、配电间中，根据负荷变化进行分组投切控制，从电力系统中吸收容性无功功率 Q_C，也即向系统提供感性的无功功率 Q_C。Q_C 与其端电压的平方成正比，即

$$Q_C = \frac{U^2}{X_C} = U^2 \omega C \tag{3-43}$$

式中：X_C 为并联电容器电抗；C 为电容器的电容量；ω 为交流电的角频率。

由式（3-43）可知，当电容器安装处节点电压下降时，本希望并联电容器多提供无功功率以抬高电压，而实际提供给的无功功率 Q_C 将减少；通过分组投切以改变 X_C 大小，从而调节补偿功率 Q_C。Q_C 不能连续、无级调节，调节特性不是太好。

并联电容器作为配电网的主要无功电源，其配置原则是“分级补偿，就地平衡”。它可根据实际需要由许多电容器连接，按三角形或星形接法独立分成多组，容量可大可小，安装方便，运行灵活。

4. 静止无功功率补偿器（SVC）

电容器只发出感性无功，而电抗器只吸收容性无功，将二者结合起来并加以合适的控制，就构成静止无功功率补偿器（Static VCR Compensator，SVC）。SVC 是一种调节性能良好、应用方便可靠的无功功率补偿装置。常见的 SVC 有晶闸管控制电抗器（TCR）型、晶闸管开关电容（TSC）型、自饱和电抗器（SR）型三种。其结构原理如图 3-50 所示。

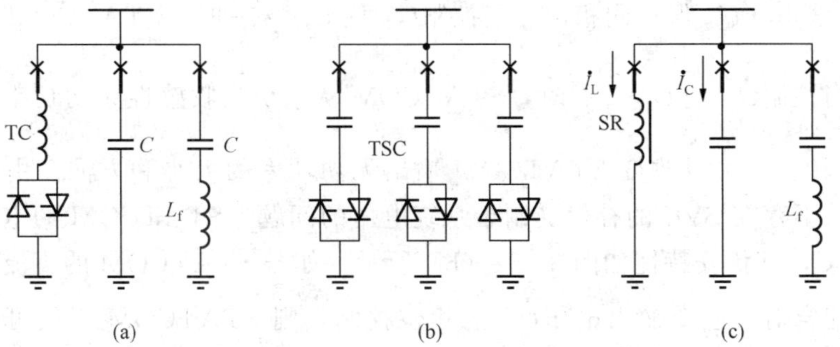

图 3-50　静止补偿器 SVC 结构原理图

（a）TCR 型；（b）TSC 型；（c）SR 型

以自饱和电抗器（SR）型静止无功功率补偿器为例，它由电抗值 L 可变的饱和电抗与电容并联组成。图 3-51 中，直线①为电容器的电压—电流特性。折线②是自饱和电抗的电压—电流特性，当电压低于 U_N 时，电抗器铁心不饱和，L 值很大，而当电压高于 U_N 后，电抗器铁心急剧饱和，L 值大大减小，从而会吸收大量感性无功。特性①、②的合成电压—电流特性则为曲线③。分析可见在正常额定电压 U_N 情况下 $\dot{I}_L + \dot{I}_C = 0$；当负荷无功功率突然增加而导致电压 $\dot{U}$ 的下降时，$\dot{I}_L + \dot{I}_C$ 相位超前 $\dot{U}$，SVC 送出感性无功功率，使电压 $\dot{U}$ 的下降受到抑制；当负荷无功功率突然减少而导致电压的上升，此时 $\dot{I}_L + \dot{I}_C$ 相位滞后 $\dot{U}$，SVC 送出容性无功功率，使电压 $\dot{U}$ 的上升受到抑制。即在 SR 的有效工作段范围内，能自动调整所吸收的电流，维持端电压基本不变。

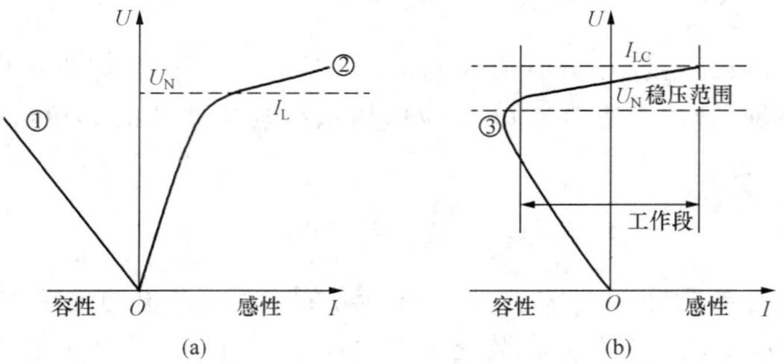

图 3-51 SR 型静止无功功率补偿器电压—电流特性

SVC 能快速、平滑地调节无功功率的大小和方向，以满足动态无功功率补偿要求，尤其是对冲击性负荷适应性较好。与同步调相机比较，运行维护简单，功率损耗较小，能够做到分相补偿以适应不平衡的负荷变化。其缺点是最大无功补偿量正比于端电压的平方，在电压很低时，无功补偿能力将大大降低。

5. 静止无功发生器（Static Compensator，STATCOM）

STATCOM 是一种新型的静止无功补偿装置，其特性与同步调相机类似，又称为静止调相机。由电源变压器、大的储能电容器和可全控换流器构成，原理结构如图 3-52 所示。STATCOM 通过控制由可关断晶闸管 GTO 和二极管 VD 组成的三相换流器，可以控制其交流电压$\dot{U}_G$与母线电压$\dot{U}_S$保持同相位，当控制$\dot{U}_G$使$U_G>\frac{U_S}{k}$时，STATCOM 向系统输出感性无功功率；当控制$\dot{U}_G$使$U_G<\frac{U_S}{k}$时，STATCOM 从系统吸收感性无功功率。即控制换流器逆变输出电压$\dot{U}_G$就可以改变 STATCOM 输出无功功率的大小和方向。由于换流逆变器电压完全可控，不存在 SVC 的补偿受制于系统电压的问题，STATCOM 的电压控制性能明显优于普通 SVC，其伏安特性如图 3-52（b）所示。如若 STATCOM 的直流侧是大容量电磁储能设备，配合对其逆变输出电压$\dot{U}_G$的相位控制，则 STATCOM 不仅可以进行电压无功控制，还可以动态调整其有功功率输出，作为电网故障情况下紧急安全控制的重要措施之一。

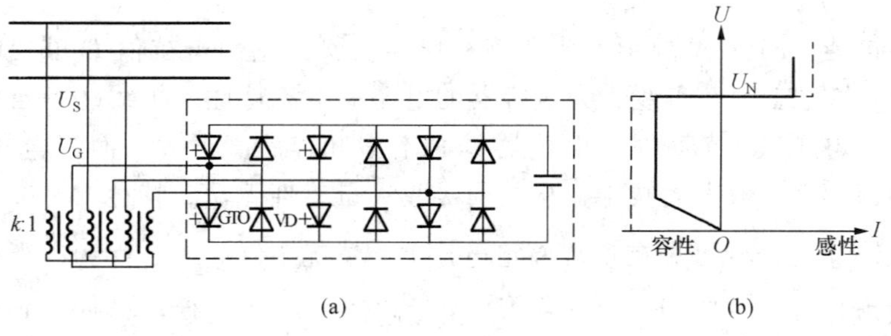

图 3-52 STATCOM 原理结构及伏安特性

（a）原理结构；（b）伏安特性

6. 高压输电线路的充电功率

高压输电线的充电功率的计算为

$$Q_L = U^2 B_L \tag{3-44}$$

式中：B_L 为输电线路的对地总的电纳；U 为输电线路的实际运行电压。

远距离高压输电线路，特别是分裂导线，其充电功率相当大，是电力系统所固有的无功功率电源。电缆线路的充电功率也比相同长度架空线路的大得多，在电网电压/无功分析中，往往也不能忽略。

二、电力系统电压调节措施

合理的电网结构和充足的无功功率电源是保证电力系统良好的运行电压水平的基本条件。但是要使所有节点的电压质量都符合要求，还必须采用各种调压控制手段。下面以图 3-53所示的电力系统为例说明各种调压控制措施的基本原理。

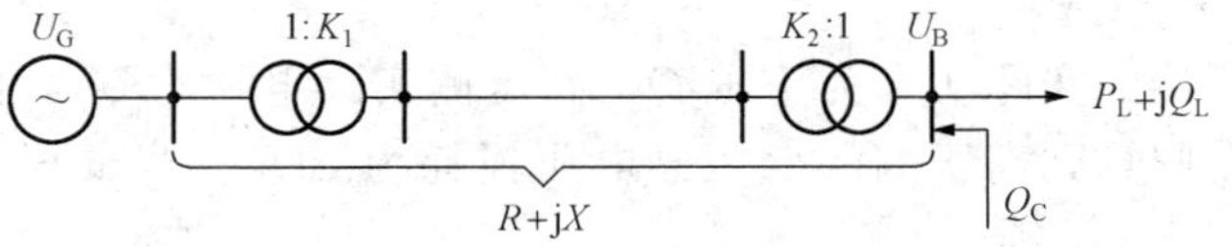

图 3-53　电力系统电压控制原理

同步发电机通过升压变压器、输电线路和降压变压器向负荷用户供电。若变压器的参数都已经归算到高压侧，且略去输电线路的充电功率、变压器的励磁功率以及网络中的功率损耗，则用户端（节点 B）的电压

$$U_B = (U_G K_1 - \Delta U)/K_2 = \left(U_G K_1 - \frac{PR + QX}{U_N}\right)/K_2 \tag{3-45}$$

式中：K_1、K_2 分别为升压、降压变压器的变比；R、X 分别为升压变压器和输电线路的总电阻、总电抗。

由式（3-45）可知，控制和调整各个节点的电压，通常可采取以下方法：

（1）控制和调节发电机（调相机）励磁电流，以改变发电机端电压 U_G。

（2）调节各变压器的分接头以改变变压器的变比 K_1 及 K_2。

（3）配置和利用无功补偿装置（Q_C），以改变电网输送功率 $P+jQ$（主要是 Q）的分布。

（4）改变电力系统网络中的参数 $R+jX$（主要是减小 X）。

下面简要分析各种调压方法原理及特点。

1. 发电机控制调压

各种调压方法中，利用发电机调压最为直接也最为经济。由同步发电机的自动励磁调节装置根据运行情况和调压要求自动改变励磁电流来改变发电机的端电压。一般发电机规定允许在端电压偏离额定值不超过±5%的范围内正常运行。

本章第四、五节已详细论述自动励磁调节系统是如何控制同步发电机输出的无功功率以维持系统无功功率平衡和电压水平的。同步发电机电压和无功功率控制的能力主要决定于其容量和调差系数。

现代大电力系统，电压等级多、输电线路长、供电范围广，而发电厂（发电机）布局受制于资源和环境条件，往往远离负荷中心。因此，仅依靠发电机控制调压不能满足系统各个节点和负荷对电压质量的要求，也不符合无功功率就地平衡以减少网损、提高输电能力的原则。因此，在大电力系统中必须综合采用多种电压控制调节方法。

2. 调整变压器变比调压

通常电力变压器都有可以控制调整的分接抽头，调整分接抽头的位置可以改变变压器的变比。双绕组变压器的分接抽头设在高压绕组，三绕组变压器的分接抽头则设在中压和高压绕组。在高压电网中，各个节点的电压与无功功率的分布有着密切的关系，通过控制变压器变比来改变节点电压，本质上是改变无功功率的分布。由于变压器本身并不是无功功率电源，因此，从整个电力系统来看，控制变压器变比调压是以全电力系统无功功率电源充足为基本条件的，否则，仅仅依靠改变变压器变比达不到控制电压效果。

普通变压器绕组的分接抽头只能在停电检修时进行调整定位，不能满足日常负荷变化时的调压需求。在系统中的重要电压控制节点应有带有载分接开关的调压变压器，它可以在运行中根据负荷变化切换分接头，变比调节范围较大。如 220kV 级有载调压变压器有 9 个分接头，为 $U_N \pm 4 \times 2\%$。

设有载调压变压器的实际功率为 $P+jQ$，高压侧实际电压为 U_1，归算到高压侧的变压器阻抗为 R_T+jX_T，归算到高压侧的变压器电压损耗为 ΔU_T。当低压侧要求得到的电压为 U_2，则应有

$$\begin{aligned}\Delta U_T &= (PR_T + QX_T)/U_1 \\ U_2 &= (U_1 - \Delta U_T)/K\end{aligned} \tag{3-46}$$

式中：K 为变压器的变比，即高压绕组分接抽头电压 U_{1t} 和低压绕组额定电压 U_{2N} 之比。于是可以得到高压侧分接抽头电压为

$$U_{1t} = \frac{U_1 - \Delta U_T}{U_2} U_{2N} \tag{3-47}$$

当变压器功率变化时，高压侧的电压 U_1、电压损耗 ΔU_T 以及低压侧所要求的电压 U_2 都要发生变化。通过式（3-46）、式（3-47）的计算可以求出在不同的负荷情况下，为满足低压侧调压要求所应该选择的高压侧电压分接抽头。

普通双绕组变压器在正常的运行中无论负荷如何变化，只能用一个固定的分接抽头。可以根据本阶段最大负荷和最小负荷，计算所要求的分接抽头电压分别为

$$\begin{cases} U_{1t\max} = (U_{1\max} - \Delta U_{T\max}) U_{2N} / U_{2\max} \\ U_{1t\min} = (U_{1\min} - \Delta U_{T\min}) U_{2N} / U_{2\min} \end{cases} \tag{3-48}$$

然后取它们的算术平均值，即

$$U_{1tav} = (U_{1t\max} + U_{1t\min})/2 \tag{3-49}$$

再根据 U_{1tav} 来选择一个与它最接近的分接抽头，然后再根据所选取的分接抽头校验最大负荷和最小负荷时低压母线上的实际电压是否符合用户的要求。

式（3-48）、式（3-49）中，$U_{1\max}$、$U_{2\max}$、$U_{1\min}$、$U_{2\min}$、$\Delta U_{T\max}$、$\Delta U_{T\min}$ 分别是在最大、最小负荷条件下，一、二次侧电压限制值和变压器电压损耗值。在逆调压方式下，$U_{1\max} < U_{1\min}$，$U_{2\max} < U_{2\min}$。

三绕组变压器分接抽头的选择，一般可先按高压侧、低压侧的电压要求来确定高压侧的分接抽头；再由所选定的高压侧分接抽头来考虑中压侧的电压要求，最后选择中压侧的分接抽头。

3. 无功功率补偿设备调压

电力系统中的并联电容器、调相机、静止补偿器 SVC 等产生无功功率的设备不消耗一

次能源，因而在地理布置上灵活便利。无功补偿设备应按照在负荷中心附近就近布置的原则，其作用是在重负荷时发出感性无功功率，就近补偿负荷的无功需要，减少由于输送这些感性无功功率而在网络中的有功功率损耗和电压损耗，改善电网的电压质量。

图 3-54 所示为一简单电网的并联无功补偿示意图。

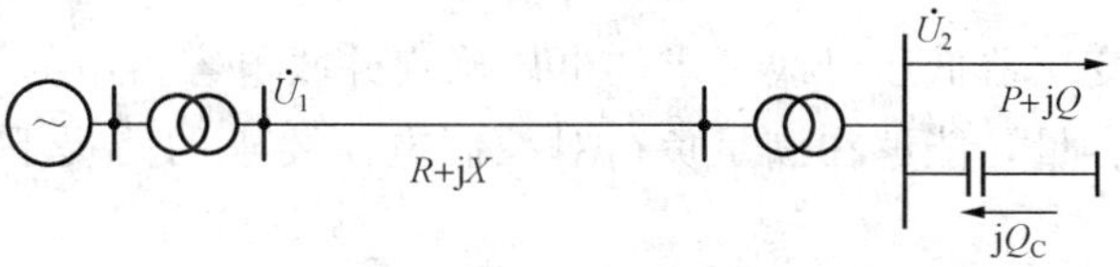

图 3-54　简单电网并联无功补偿示意图

设发电机出口电压 U_1 和负荷功率 $P+jQ$ 给定。线路及变压器阻抗合并为 $R+jX$。U'_2 和 U'_{2C} 分别为变压器低压侧配置无功补偿设备之前、之后归算到高压侧的变压器低压母线电压。忽略电力线路对地电容和变压器的励磁功率。

当变压器低压侧未设置无功补偿设备时，发电机出口电压可以表示为

$$U_1 = U'_2 + \frac{PR+QX}{U'_2} \tag{3-50}$$

当变压器低压侧配置容量为 Q_C 的无功功率补偿设备后，电网所提供给负荷的无功功率为 $Q-Q_C$，此时，发电机出口电压可以表示为

$$U_1 = U'_{2C} + \frac{PR+(Q-Q_C)X}{U'_{2C}} \tag{3-51}$$

如果补偿前后发电机出口电压 U_1 保持不变，则有

$$U'_2 + \frac{PR+QX}{U'_2} = U'_{2C} + \frac{PR+(Q-Q_C)X}{U'_{2C}} \tag{3-52}$$

由此可以解出 U'_2 改变到 U'_{2C} 时所需要的无功功率补偿容量为

$$Q_C = \frac{U'_{2C}}{X}\left[(U'_{2C}-U'_2)+\left(\frac{PR+QX}{U'_{2C}}-\frac{PR+QX}{U'_2}\right)\right] \tag{3-53}$$

式（3-53）中方括号的第二项较小，可以略去，这样式（3-53）改写成

$$Q_C = \frac{U'_{2C}}{X}(U'_{2C}-U'_2) \tag{3-54}$$

变压器的变比为 K，经无功功率补偿后变压器低压侧要求保持的实际电压为 U_{2C}，则 $U'_{2C}=KU_{2C}$。代入式（3-54），有

$$Q_C = \frac{U_{2C}}{X}\left(U_{2C}-\frac{U'_2}{K}\right)K^2 \tag{3-55}$$

可见，无功功率补偿容量与节点电压控制要求和降压变压器的变比选择有关。另外，不同的无功功率补偿设备，其确定补偿容量和选择变压器变比的条件也不一样。

（1）并联电容器组的补偿容量计算。并联电容器是纯容性设备，即只能发出感性无功功率，以提高电网电压；而不能吸收感性无功功率，以降低电网电压。变压器会在重负荷的条件下发生电压偏低、轻负荷条件下发生电压偏高现象，因此，为了充分利用无功功率补偿容量，并联电容器组需要在重负荷时全部投入，轻负荷时全部退出。即变压器的变比应该按照最小负荷时电容器组全部退出运行时来选择，在最大负荷时电容器组全部投入。

假设 $U'_{2\min}$ 为最小负荷时归算到高压侧的低压母线电压，$U_{2\min}$ 为最小负荷时低压母线的

实际电压，则变压器高压侧的分接抽头电压应为

$$U_{\mathrm{t}}=\frac{U'_{2\min}}{U_{2\min}}U_{2\mathrm{N}} \tag{3-56}$$

在变压器高压侧选定与 U_{t} 最靠近的分接抽头 $U_{1\mathrm{t}}$，并由此可以确定出变压器的变比为

$$K=U_{1\mathrm{t}}/U_{2\mathrm{N}} \tag{3-57}$$

再按最大负荷时变压器低压母线要求的电压确定并联电容器组的设置容量，这样可以充分利用电容器的设备容量，能够在满足负荷对控制电压要求的前提下，设置的电容器最少，则电容器组容量为

$$Q_{\mathrm{C}}=\frac{U_{2\mathrm{Cmax}}}{X}\left(U_{2\mathrm{Cmax}}-\frac{U'_{2\max}}{K}\right)K^2 \tag{3-58}$$

式中：$U'_{2\max}$为补偿前最大负荷时归算到高压侧的低压母线电压；$U_{2\mathrm{Cmax}}$为补偿后最大负荷时低压母线电压要求保持的电压值。

最后根据求出的无功功率补偿容量，从产品目录中选择合适的电容设备。

（2）静止补偿器 SVC、静止无功发生器 STATCOM、同步调相机等的补偿容量计算。这类设备通过调节控制既能发出感性无功功率使电网电压升高（容性补偿），又能吸收感性无功功率使电网电压降低（感性补偿），补偿范围宽且能实现无级连续补偿。设备的补偿容量分为容性补偿容量 Q_{C}，感性补偿容量 $-\mu Q_{\mathrm{C}}$，即其补偿范围为 $-\mu Q_{\mathrm{C}}\sim Q_{\mathrm{C}}$，一般有 $0<\mu\leqslant 1$。如 ALSTOM 公司生产的某型 SVC 装置，容性补偿容量在 $0.9U_{1\mathrm{N}}$时为 150Mvar，感性补偿容量在 $1.03U_{1\mathrm{N}}$时为 106Mvar。

为充分利用无功功率补偿容量，在负荷最大时投入容性补偿容量 Q_{C}

$$Q_{\mathrm{C}}=\frac{U_{2\mathrm{Cmax}}}{X}\left(U_{2\mathrm{Cmax}}-\frac{U'_{2\max}}{K}\right)K^2 \tag{3-59}$$

在负荷最小（空载）时投入电感性补偿容量$-\mu Q_{\mathrm{C}}$

$$-\mu Q_{\mathrm{C}}=\frac{U_{2\mathrm{Cmin}}}{X}\left(U_{2\mathrm{Cmin}}-\frac{U'_{2\min}}{K}\right)K^2 \tag{3-60}$$

式（3-50）和式（3-60）相除，得

$$-\frac{1}{\mu}=\frac{U_{2\mathrm{Cmax}}(KU_{2\mathrm{Cmax}}-U'_{2\max})}{U_{2\mathrm{Cmin}}(KU_{2\mathrm{Cmin}}-U'_{2\min})} \tag{3-61}$$

解出 K 为

$$K=\frac{\mu U_{2\mathrm{Cmax}}U'_{2\max}+U_{2\mathrm{Cmin}}U'_{2\min}}{\mu U^2_{2\mathrm{Cmax}}+U^2_{2\mathrm{Cmin}}} \tag{3-62}$$

按式（3-62）求出 K 值后，在变压器高压侧选择出最接近的分接抽头电压值$U_{1\mathrm{t}}$，并以此来确定降压变压器的实际变比 $K=U_{1\mathrm{t}}/U_{2\mathrm{N}}$，最后将变比代入式（3-59），可以求出所需要的 SVC 或同步调相机等设备的补偿容量。

4. 输电线路串联电容器控制电压

在输电线路上串联接入电容器，可以减小线路电抗，从而提高输电线路的电压；此外还能提高线路输电能力及系统运行稳定性。

线路未接入串联电容器时，线路首、末端电压 U_1、U_2 的关系有

$$U_1=U_2+\frac{PR+QX}{U_2} \tag{3-63}$$

线路串联电容器 X_C 后，线路首、末端电压 U_1、U_{2C}的关系有

$$U_1 = U_{2C} + \frac{PR + Q(X - X_C)}{U_{2C}} \tag{3-64}$$

设线路串联电容补偿前后输电线路首端电压维持不变则有

$$U_2 + \frac{PR + QX}{U_2} = U_{2C} + \frac{PR + Q(X - X_C)}{U_{2C}} \tag{3-65}$$

解出 X_C 得到

$$X_C = \frac{U_{2C}}{Q}\left[(U_{2C} - U_2) + \left(\frac{PR + QX}{U_{2C}} - \frac{PR + QX}{U_2}\right)\right] \tag{3-66}$$

略去式（3-66）方括号中数值很小的第二项，则有

$$X_C = \frac{U_{2C}}{Q}(U_{2C} - U_2) \tag{3-67}$$

如果要求补偿后线路末端 U_{2C}等于输电线路额定电压 U_N，则有

$$X_C = \frac{U_N}{Q}\Delta U \tag{3-68}$$

式中：ΔU 为经串联电容补偿后输电线路末端电压需要抬高的电压增量数值。

由式（3-68）可知，串联电容器抬高末端电压的数值为 $\Delta U = QX_C/U_N$，即调压效果随无功功率负荷 Q 变化而改变。无功功率负荷增大时末端所抬高的电压将增大，无功功率负荷减小时末端所抬高的电压也将减小。而无功功率负荷增大将导致末端电压下降，此时也正需要升高末端电压。串联电容器调压方式与调压要求恰好一致，这是串联电容器补偿调压的一个显著优点。

对于负荷功率因数高或者输电线路导线截面小的线路，线路电抗对电压损耗影响较小，故串联电容补偿控制调压效果小。

补偿所需要的容抗值 X_C 和输电线路原有感抗值 X_L 之比称为补偿度，用 K_C 来表示

$$K_C = \frac{X_C}{X_L} \tag{3-69}$$

在输配电线路中以调压为目的的串联电容补偿，其补偿度常接近于 1 或大于 1，一般在 1～4 之间。对于超高压输电，串联电容补偿主要用于提高远距离输电线路的输电容量和提高电力系统运行的稳定性。

线路串联电容器安装位置选择应使沿线路电压分布尽可能均匀。在单侧电源线路上，若负荷集中于末端，则串联电容器应安装在线路末端；若沿线分布多个负荷时，则应在线路电压损耗的 1/2 处安装串联电容器，如图 3-55 所示。

采用由晶闸管控制的线路串联电容器（TCSC）简称可控串补，原理接线如图 3-56 所示。TCSC 由一对反并联的晶闸管控制电路串联电容器的旁路电抗上的电流，即控制了旁路电抗的大小。调整晶闸管的触发角就可在一定范围内快速、连续调整 TCSC 的等值容抗。TCSC 除一般调压功能外，还具有控制电网潮流分布、阻尼线路功率振荡、提高系统暂态稳定性等作用，特别适合在远距离高压输电线路上应用。

需要注意的是，输电线路装设串联电容、可控串补等装置，主要目的是提高线路的输送能力，提高系统稳定水平，电压控制仅是其具备的相对“次要”功能。

三、电力系统电压控制措施的比较

在各种电压控制措施中，首先应该考虑发电机调压，用这种措施不需要增加附加设备及

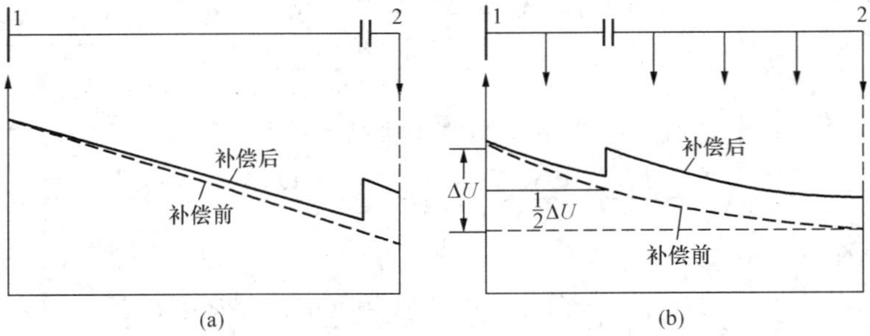

图 3-55　串联电容补偿前后沿线电压分布

(a) 负荷集中在末端；(b) 负荷沿线分布

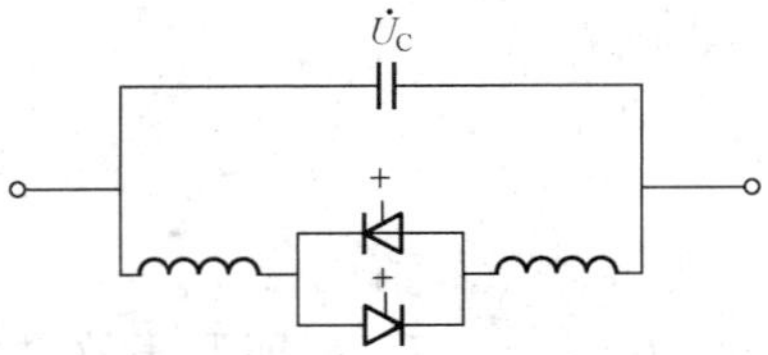

图 3-56　TCSC 原理接线图

投资。对无功功率电源供应较为充裕的系统，采用变压器有载调压，既灵活又方便。尤其是电力系统中个别负荷的变化规律相差悬殊时，不采取有载调压变压器调压几乎无法满足负荷对电压质量的要求。对无功功率电源不足的电力系统，首先应该解决的问题是增加无功功率电源，因此以采用并联电容器、静止补偿器或调相机为宜。同时，并联电容器、静止补偿器和调相机还可以降低电网中功率传输产生的有功功率损耗。

串联电容器补偿和并联电容器补偿都可以提高输电线路末端电压和减小输电线路中的有功功率损耗，但是它们的补偿效果是不一样的。串联电容器补偿可以直接减少输电线路的电压损耗以提高输电线路末端电压的水平；并联电容器补偿是通过减少输电线路上流通的无功功率而减小线路电压损耗，以提高线路末端电压水平。一般为了减少同一电压损耗值，串联电容器容量仅为并联电容器容量的 15%～25%。并联电容器补偿能够直接减少输电线路中的有功功率损耗，而串联电容器补偿是依靠提高末端电压水平而减少输电线路有功损耗的。

电压调节的根本是做好系统无功功率的就地平衡，以尽量减少无功功率的远距离输送，这不仅有利于系统电压控制，还可以大大减少系统损耗，同时也是输电系统安全稳定性的重要保证。

四、电力系统电压无功控制系统（AVC）

电网无功电压闭环控制系统（Automatic Voltage Control，AVC）是通过监视电网重要关口和变电站母线的电压和无功功率（或功率因数），保证电网重要关口无功功率和母线电压合格的条件下进行无功电压优化计算，通过改变电网中可控无功电源（同步发电机、调相机、STATCOM 等）的功率、投切无功补偿设备、调整变压器分接头等措施来满足安全经济运行条件，提高电压质量，降低网损。系统优化的目标为关口无功合格，母线电压合格，网损最优。根据控制范围的不同，AVC 分为变电站内 AVC 和全（地区）电网 AVC 两类。

1. 变电站内电压/无功自动控制（站内 AVC）

站内 AVC 就地控制变电站内有载调压变压器分接头的调挡和并联电容器组的投切，使本站功率因数和各电压侧母线电压达到最佳。常采用九区法基本控制原理，如图 3-57 所示进行说明。

图 3-57（a）中，由 AVC 控制有载调压变压器的调挡和若干组并联电容器组的投切。

变电站期望功率因数 $\cos\varphi=0.95$，母线电压 $U=10.5\text{kV}$。将变电站 U、$\cos\varphi$ 的运行范围划分为九个区并编号，如图 3-57（b）。变电站 AVC 实时监测 10kV 母线电压 U 及功率因数 $\cos\varphi$，并据此判定变电站所在工作区。其中 0 区是期望的正常工作区，AVC 不做调节。当监测到 $U<10.2\text{kV}$，$\cos\varphi<0.92$ 时，判定工作在 6 区，应先合闸 QFi 投入一组电容器；当监测到 $0.92<\cos\varphi\leqslant0.97$，但仍有 $U<10.2\text{kV}$ 时，则判定工作在 5 区，应调挡变压器分接头升压（减小变比）；当监测到 $U>10.8\text{kV}$，$\cos\varphi<0.92$ 时，判定工作在 8 区，则应先调挡变压器分接头降压（增大变比），再酌情是否合闸 QFi 投入电容器组。依此类推，直至变电站恢复到 0 区工作。

当变电站工作在 2、4、6、8 区时，电压、功率因数都不合格，AVC 应采用“逆时针”控制策略，即先将这些工作区调控到逆时针方向的下一工作区，然后再调控到合格的 0 工作区，如图 3-57（b）虚线箭头所示。控制策略还应当保证变压器分接头调挡和电容器组投切操作都大于一定时间间隔，因为调节过于频繁对设备寿命非常不利，也容易引发事故。同时，应分时段轮换补偿电容器组投切顺序，使各电容器组的累计投运时间大体均衡。

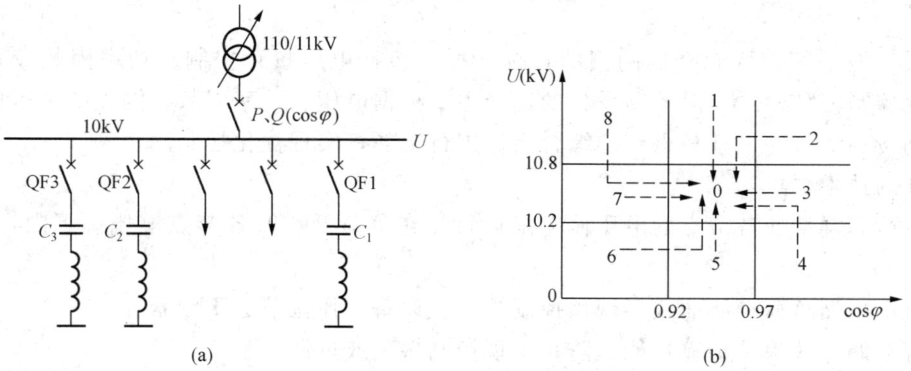

图 3-57 变电站电压/无功九区法自动控制原理

（a）变电站原理接线；（b）九区控制图

站内 AVC 可以使变电站母线电压合格率大大提高，降低变电站进线损耗。但它不能在全网范围采集数据，不能对各变电站进行优化协调控制以实现系统总网损最低。

2. 全（地区）电网电压/无功优化自动控制系统（全网 AVC）

如图 3-58 所示，全（地区）电网 AVC 系统接口通过地区变电站内的远方终端（RTU）与系统服务器及电网调度自动化系统的 AVC 工作站连接。每个变电站内都要有 RTU，它是电网调度自动化系统的重要组成部分，主要任务是将变电站的实时运行信息传送给调度控制中心，把调度的电压无功控制、调节等命令送给发电厂、变电站执行，从而对电网内各有载调压装置和无功补偿设备进行集中监视和协调控制，地区电网 AVC 还应与上级（省网）主站 AVC 系统连接，实现对全（地区）电网的电压、无功优化控制。欧洲各国电网通行的 AVC 体系划分为三级：就地控制（站内 AVC）、区域控制和全局控制，其中，后两级都属于全（地区）电网 AVC。

3. AVC 系统的设计

AVC 系统的设计原则是首先保证电网安全稳定运行，其次是保证电压和功率因数合格，当电网内各级关口、变电站电压处在合格范围内，控制本级电网内无功功率流向合理，达到

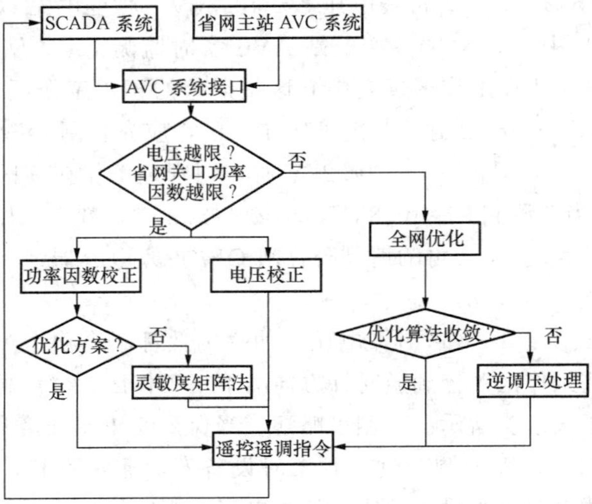

图 3-58 全网 AVC 系统原理框图

无功功率分层就地平衡，从而降低网损的目标。控制包括电压校正控制、功率因数校正控制、网损优化控制三种模式。对控制设备的选择主要根据电压、功率因数、网损的灵敏度分析和设备控制费用综合评估计算得到的综合指标进行选择，实现优化控制。

系统设计的技术要点：

(1) 在负荷高峰期使各节点的电压偏上限运行，在负荷低谷时各节点电压偏下限运行，实现逆调压。

(2) 能自动根据负荷预测曲线实现预控制，防止设备操作调节过于频繁。

(3) 具有对调节效果预估算功能，防止出现控制振荡或过调。

(4) 能根据历史日负荷曲线变化规律实现变压器和电容器分时段协调配合。

(5) 在确保不向上一级电网倒送无功即保证关口无功合格的前提下，允许同级电网各变电站之间无功倒送，以实现网损最优化。

(6) 同母线的多变压器调挡同步，并联电容器组投切轮换，调挡、投切后校验。

(7) 出现一定情况，具有可靠的闭锁功能，如在主变压器故障或异常、继电保护动作、投切调挡操作延时不足、人工闭锁指令等情况下。

(8) 可对每次或各时段的控制费用和操作节省的网损进行比较功能，以真正降低电网运行成本。

4. AVC 系统电压无功优化模型简介

AVC 系统为在线实时电压无功优化控制系统，优化模型的目标值为系统的网损最小。一般在控制措施中不考虑发电机的调节。

目标函数为

$$F = \min P_{\text{LOSS}} \tag{3-70}$$

约束条件为：

(1) 节点（母线）电压约束 $U_{i\min} < U_i < U_{i\max}$。

(2) 有载调压分接头挡数调节上下限 $T_{i\min} < T_i < T_{i\max}$。

(3) 支路电流上下限 $I_{i\min} < I_i < I_{i\max}$。

（4）调压设备动作次数上限 $N_i < N_{i\max}$，或动作时间间隔下限 $t_i > t_{i\min}$。

有动作次数、间隔约束的设备包括并联电容器、并联电抗器、变压器调压分接头等。

（5）潮流方程约束：所有节点 i 都需要满足有功方程，所有 P、Q 节点都需要满足无功方程

$$\begin{cases} P_{Gi} = P_{Di} + U_i \sum_{j \in h} U'_j (G_{ij} \cos\delta_{ij} + B_{ij} \sin\delta_{ij}) \\ Q_{Gi} = Q_{Di} + U_i \sum_{j \in h} U'_j (G_{ij} \sin\delta_{ij} - B_{ij} \cos\delta_{ij}) \end{cases} \tag{3-71}$$

式中：G_{ij}、B_{ij} 为节点导纳阵元素；U_i 为第 i 条母线电压；δ_{ij} 为母线 i 和母线 j 的电压相角差；P_{Gi}、Q_{Gi} 为母线 i 上所带发电机的有功功率和无功功率；P_{Di}、Q_{Di} 为母线 i 上所带负荷的有功功率和无功功率；h 为与节点 i 相连的节点集，包括节点 i。

网损 P_{LOSS} 是系统中所有节点注入功率的函数

$$P_{LOSS} = F(P_{G1}, P_{G2}, \cdots P_{Gn}, Q_{G1}, Q_{G2}, \cdots Q_{Gn}) \tag{3-72}$$

AVC 系统所实现的即是通过数学优化算法寻求在满足上述各约束条件下，网损 P_{LOSS} 最小的无功潮流最优分布方案，据此控制静止补偿器 SVC、投切并联电容器组或电抗器、调节变压器有载调压分接头等，即 AVC 系统的控制方案包括三方面：

（1）变电站母线电压的校正控制。对监控点的电压进行监视，当出现电压越限时，根据优化计算的结果产生校正控制方案，通过并联补偿设备的投切和变压器分接头的调整来保证监控点的电压在规定的运行区间内。

（2）关口功率因数的校正控制。对系统关口的功率因数进行监视，当超过给定的运行范围时，根据优化计算的结果选择投切某个并联补偿设备来控制功率因数，保证电压变化不大，网损增加最少或减少最多。

（3）网损的优化控制。在电压和功率因数都合格的情况下，通过对设备的电压、网损、关口功率因数的灵敏度分析和综合调整指标来选择控制设备。当网损减少小于控制死区值时不控制，根据典型日的负荷曲线预测设备投入或切除后至下一次切除或投入的时间，根据此计算优化电量，如果节约的费用大于设备的控制费和死区时才提出方案。对设备的控制保证电压合格，同时不引起电压的太大变化。

为保证 AVC 系统控制的安全，还应采取以下措施：

（1）实时监视变压器、电容器等控制设备的主保护信号，一旦有保护动作时立即闭锁该设备的控制，并进行报警。当设备的控制多次失败时，即闭锁对该设备的控制，并进行报警。

（2）对量测进行数字滤波，监视量测的质量，当主要监视量测出现质量问题时，即闭锁相关设备的控制，并进行报警。当状态估计合格率低于设定的限值时立即闭锁所有控制，并进行报警。

（3）对电压采用实时测量加计算偏移量的方式进行控制后的越限判断，保证与考核电压的一致。

思考题

1. 试分析论述同步发电机励磁系统主要任务及其基本要求。

2. 分析对比各种典型的交流励磁机励磁系统的结构和性能特点。

3. 画出发电机无刷励磁系统原理接线图，并说明其特点。

4. 画出发电机静止励磁系统原理接线图，并说明其特点。

5. 画出三相全控桥整流电路，试简述对其6个晶闸管的触发控制顺序、触发脉冲相互间隔角，以及必须采用双脉冲触发或宽脉冲触发的理由。

6. 在什么情况下发电机需要“灭磁”？简述灭磁的要求及实现方式。

7. 试画出励磁调节器原理框图，简述其各单元电路的作用。

8. 论述同步发电机励磁对励磁调节器移相触发单元电路的技术要求。

9. 为什么发电机调差系数不应过大或过小？

10. 分析励磁调节器的应有哪些辅助控制功能。

11. 什么是发电机的电压调节特性？为满足发电机实际运行的需要，要求电压调节特性能作哪两方面调整？如何实现调整？

12. 励磁调节器中为什么要设置调差单元？试分析调差电路的工作原理。

13. 什么是发电机强行励磁？衡量强励性能的指标是什么？

14. 两台在同一母线并列运行的发电机调差系数为 $\delta_1=2\delta_2=0.1$，额定容量为 $Q_{2N}=\frac{2}{3}Q_{1N}$，则这两台机的等值发电机调差系数为多大？

15. 试比较微机励磁调节器与模拟电路励磁调节器硬件结构和性能上的特点。

16. 简述电力系统低频振荡的起因及电力系统稳定器（PSS）的基本工作原理。

17. 电力系统的无功电源有哪些？

18. 分析比较各种无功补偿装置的工作原理及特点。

19. 电力系统电压调节有哪些方法？试比较各种方法的优缺点。

20. 论述电力系统电压无功控制系统（AVC）与各种电压调节方法的关系。

21. 分析变电站电压/无功控制九区法的工作原理和调节过程。

22. 如图3-59所示，设110kV线路首端电压115kV不变，线路阻抗 $Z_L=1.5+j2\Omega$，变压器阻抗（归算到高压侧值）$Z_T=18+j36\Omega$。现采用普通无载调压变压器进行调压，其分接头挡位有5挡。该系统最大负荷时 $S=30+j25$MVA，最小负荷时 $S=10+j18$MVA。变压器二次侧母线电压要求实现逆调压，即大负荷时10.5kV，小负荷时10kV。试求应装设补偿电容器的容量 Q_C 和无载调压变压器分接头的适当挡位。

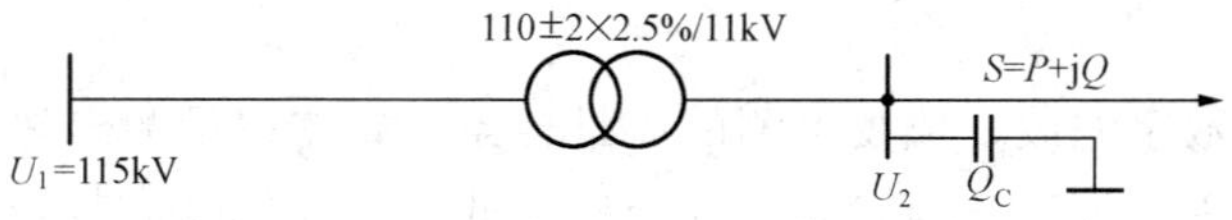

图3-59 题22图

第四章　电力系统频率和有功功率自动调节

电力系统频率是靠电力系统内并联运行的所有发电机组发出的有功功率总和与系统内所有负荷消耗的有功功率（包括网损）总和之间的平衡来维持的。由于电力系统的负荷的时刻变化或其他干扰因素，这种平衡不断被打破，从而导致系统频率变化。为了保证电力系统频率在允许范围之内，就需要及时调节系统内各发电机组的有功功率，使其跟上负荷的变化，从而维持系统频率。

第一节　电力系统频率特性和频率调节

一、概述

衡量电力系统的电能质量指标有四个，首先是电压、频率，其次是波形和可靠性。对电力系统电压的要求的范围比较宽，在电力系统的不同节点，电压等级不同，允许实际电压偏离额定电压的程度也不同，如可以偏离±5%、±10%，有时甚至可达到±15%。而对于频率来说，它应当是一个全系统一致的运行参数，对频率的要求比电压要严格得多。一般来讲，现代电力系统在正常运行情况下，频率对额定值的偏离程度一般不超过0.05～0.1Hz，频率误差仅相当于0.1%～0.2%。电力系统内任何两点电压可以不相等，但电力系统中任意两点的频率必须完全相同；如果不同，则会处于"失步"状态，系统就会出现振荡，这是正常运行所不允许的。电力系统频率要求如此严格，其原因可从下面两方面理解。

1. 频率对电力用户的影响

（1）电力系统频率变化会引起异步电动机转速变化，这会使电动机所驱动的加工工业产品的机械转速发生变化。有些产品（如纺织和造纸行业的产品）对加工机械的转速要求很高，转速不稳定会影响产品质量，造成次品和废品。

（2）电力系统频率波动会影响某些测量和控制用的电子设备的准确性和性能，频率过低或过高时有些设备甚至无法工作。

（3）电力系统频率降低将使电动机的转速和输出功率降低，导致其所带动机械的转速和功率降低，影响电力设备的正常运行，使生产效率降低。

2. 频率对电力系统的影响

（1）频率下降时，汽轮机叶片的振动会变大，轻则影响使用寿命，重则可能产生裂纹。对于额定频率为50Hz的电力系统，当频率降低到45Hz附近时，某些汽轮机的叶片可能因发生共振而断裂，造成重大事故。

（2）频率下降到47～48Hz时，由异步电动机驱动的送风机、引风机、给水泵、循环水泵和磨煤机等火电厂厂用机械的功率将显著下降，火电厂锅炉和汽轮机的功率也随之下降，从而使火电厂发电机发出的有功功率下降，使系统功率缺额更为严重。这种趋势如果不能及时被制止，就会在短时间内使电力系统频率下降到不能允许的程度，这种现象称为频率崩溃。出现频率崩溃会造成大面积停电，甚至使整个系统瓦解。

（3）在核电厂中，反应堆冷却介质泵对供电频率有严格要求。当频率降到一定数值时，冷却介质泵即自动跳开，使反应堆停止运行。

（4）电力系统频率下降时，异步电动机和变压器的励磁电流增加，使异步电动机和变压器的无功消耗增加，从而引起系统电压下降。频率下降还会引起励磁机功率下降，并使发电机电动势下降，导致全系统电压水平降低。如果电力系统原来的电压水平偏低，在频率下降到一定值时，可能出现电压快速大幅度下降，即所谓电压崩溃现象。

二、频率调节的重要性

1. 维持电力系统频率在允许范围之内

电力系统频率是靠电力系统内并联运行的所有发电机机组发出的有功功率总和与系统内所有负荷消耗（包括网损）的有功功率总和之间的平衡来维持的。当系统内并联运行的机组发出的有功功率总和等于系统内所有负荷在额定频率所消耗的有功功率总和时，系统就运行在额定频率。如果上述平衡关系遭到破坏，系统的频率就会偏离额定值。因此电力系统有功功率控制的重要任务之一，就是要及时调节系统内并联运行机组原动机的输入功率，维持上述平衡关系，保证电力系统频率在允许范围之内，保证电力系统运行的稳定性。

2. 提高电力系统运行的经济性

当系统内并联运行的所有机组发出的有功功率总和等于系统内所有负荷在额定频率所消耗的有功功率总和时，系统就运行在额定频率，但在电力系统的各种不同运行条件下，应由哪些机组参与并联运行以及参与并联运行的机组各应该发出多少有功功率来满足系统功率平衡呢？电力系统有功功率控制的另一个任务就是要解决这个问题，这就是电力系统经济调度问题。

电力系统经济调度包括两个方面：一，开启哪些机组并入电力系统运行；二，确定已并网运行的机组各发多少有功功率。前者是机组经济调度问题，后者是有功负荷的经济分配问题。经济调度需要考虑机组效率、各种发电机组（水电、火电、核电）的协调、电力系统网损等问题，目的是提高电力系统运行的经济性，用最少的一次能源消耗获得最多的可用电能。

3. 保证联合电力系统的协调运行

电力系统的规模在不断地扩大，已经出现了将几个区域电力系统连在一起组成的联合电力系统。有的联合电力系统实行分区域控制，要求不同区域系统间交换的电功率和按事先约定的协议进行。这时电力系统有功功率和频率的控制调节要对不同区域系统之间联络线上通过的功率和电量实行控制，以维持各地区电力系统负荷波动的就地平衡和系统频率的稳定。

为保证电力系统功率的平衡，系统中必须配置冗余的发电机备用容量，包括负荷备用容量、事故备用容量、检修备用容量。发电机组总备用容量一般不宜低于系统最大负荷的20％。

三、电力系统的频率特性

在稳态条件下，电力系统的频率是一个全系统一致的运行参数。系统频率 f 与发电机组转速 n 的关系式为

$$f=\frac{pn}{60} \tag{4-1}$$

式中：p 为发电机极对数；n 为机组每分钟转数。

设系统中有 m 台机组，各机组原动机的输入总功率为 $\sum_{i=1}^{m} P_{Ti}$，各机组的电功率总输出为 $\sum_{i=1}^{m} P_{Gi}$。当忽略机组内部损耗时，$\sum_{i=1}^{m} P_{Ti}=\sum_{i=1}^{m} P_{Gi}$，输入、输出功率平衡。如果这时由于系统中的负荷突然变动而使发电机组功率增加 ΔP_L，而由于机械的惯性，输入功率还来不及作出反应，这时

$$\sum_{i=1}^{m} P_{Ti} < \sum_{i=1}^{m} P_{Gi} + \Delta P_L$$

则机组输入功率小于负荷要求的电功率。为了保持功率平衡，机组只有将转子的一部分动能转换成电功率，致使机组转速降低，系统频率下降，则

$$\sum_{i=1}^{m} P_{Ti} + \frac{d}{dt}\left(\sum_{i=1}^{m} W_{Ki}\right) = \sum_{i=1}^{m} P_{Gi} + \Delta P_L \tag{4-2}$$

式中：W_{Ki}为机组 i 的动能。

可见，系统频率的变化是由于发电机的负荷功率与原动机输入功率之间失去平衡所导致的，因此调频与有功功率调节是不可分开的。电力系统负荷总是在不断变化，而原动机输入功率的改变则较缓慢，因此系统中频率的波动是难免的。负荷的变化必将导致电力系统频率的变化，而频率的变化对电力用户生产以及发电厂间的负荷分配都有直接的影响。例如，频率变化时，发电机组和厂用电辅机等设备的运行会偏离额定工况，因而它们的效率降低，进而影响整个电网的经济运行。频率变化还可能影响产品质量。频率过低时，还会危及全系统的安全稳定运行。

所以，电力系统运行中的主要任务之一就是对频率进行监视和控制。当系统机组输入功率与负荷功率失去平衡而使频率偏离额定值时，控制系统必须调节机组的输出功率，以保证电力系统频率的偏移在允许范围之内。

调节频率或调节发电机组转速的基本方法是改变单位时间内进入原动机的动力元素（即蒸汽或水）。对系统中不同的机组进行调节又会引起机组间负荷分配的改变，这就涉及电力系统经济运行问题。因此，频率的调节与电力系统负荷的经济分配也有密切的关系。在调整系统频率时，要求维持系统频率在规定范围内，同时，还要力求使系统负荷在发电机组之间实现经济分配。在电力系统自动化中，这些要求是由自动发电控制（Automatic Generation Control，AGC）和经济调度控制（Economic Dispatch Control，EDC）来实现的。

为了分析电力系统频率调节的特性，首先应分析系统中负荷和发电机组的功率—频率特性。

（一）电力系统负荷的功率—频率特性

当系统频率变化时，整个系统的有功负荷也要随着改变，即 $P_L=F(f)$。这种有功负荷随频率而改变的特性称为负荷的功率—频率特性，也称负荷的静态频率特性。

电力系统中各种有功负荷与频率的关系，可以归纳为以下几类：

（1）与频率变化无关的负荷，如照明、电弧炉、电阻炉、整流负荷等。

（2）与频率成正比的负荷，如球磨机、压缩机、卷扬机等。

（3）与频率的二次方成比例的负荷，如变压器中的涡流损耗。

（4）与频率的三次方成比例的负荷，如通风机、静水头阻力不大的循环水泵等。

（5）与频率的更高次方成比例的负荷，如静水头阻力很大的给水泵等。

负荷的功率—频率特性一般可表示为

$$P_{L}=\alpha_0 P_{LN}+\alpha_1 P_{LN}\left(\frac{f}{f_N}\right)+\alpha_2 P_{LN}\left(\frac{f}{f_N}\right)^2+\alpha_3 P_{LN}\left(\frac{f}{f_N}\right)^3+\cdots+\alpha_n P_{LN}\left(\frac{f}{f_N}\right)^n \quad (4-3)$$

式中：f_N 为额定频率；P_L 为系统频率为 f 时，整个系统的有功负荷；P_{LN}为系统频率为额定值 f_N 时，整个系统的有功负荷。α_0，α_1，α_2，…，α_n 为上述种类负荷占 P_{LN}的比例系数，显然应有 $\alpha_0+\alpha_1+\alpha_2+\cdots+\alpha_n=1$。

将式（4-3）除以 P_{LN}，则得标幺值形式，即

$$P_{L*}=\alpha_0+\alpha_1 f_*+\alpha_2 f_*^2+f_*^3+\cdots+\alpha_n f_*^n \quad (4-4)$$

当系统的频率为额定值时，$f_*=1$，$P_{L*}=1$。

一般在电力系统中与频率高次方成比例的负荷量很小，只取到 $n=3$。

式（4-3）或式（4-4）称为电力系统有功负荷的静态频率特性方程。当系统负荷的组成及性质确定后，负荷的静态频率特性方程也就确定。

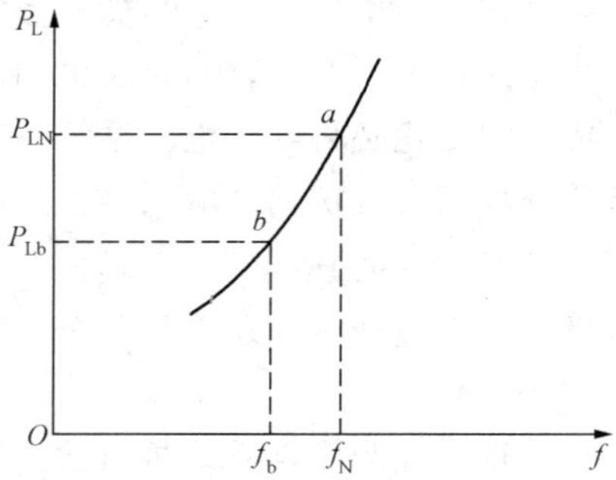

图 4-1　负荷的静态频率特性

由图 4-1 可知，在额定频率 f_N 时，系统负荷功率为 P_{LN}（图中 a 点），当频率下降到 f_b 时，系统负荷功率由 P_{LN}下降到 P_{Lb}（图中 b 点）。如果系统频率升高，则负荷功率将增大。也就是说，当系统内机组的输入功率 $\sum_{i=1}^{m} P_{Ti}$ 和负荷功率间失去平衡时，系统负荷也参与了调节作用，它的特性有利于系统中有功功率在另一频率值下重新平衡。这种现象称为负荷的频率调节效应。

通常用负荷的频率调节效应系数 K_{L*} 来衡量调节效应的大小，K_{L*} 为

$$K_{L*}=\frac{dP_{L*}}{df_*}=\alpha_1+2\alpha_2 f_*+3\alpha_3 f_*^2 \quad (4-5)$$

负荷的频率调节效应系数 K_{L*} 是系统调度部门要求掌握的一个数据。在实际系统中，K_{L*} 需要经过测试求得，也可根据负荷统计资料分析估算确定。对于不同的电力系统，因负荷的组成不同，K_{L*} 值也不相同，一般在 1～3 之间。同时每个系统的 K_{L*} 值亦随季节及昼夜交替而有所变化。

（二）发电机组的功率—频率特性

发电机组转速的调整是由原动机的调速系统来实现的。因此，发电机组的功率—频率特性取决于调速系统的特性。当系统的负荷变化引起频率改变时，发电机组的调速系统工作，改变原动机进汽量（或进水量），调节发电机的输入功率以适应负荷的需要。通常将由于频率变化而引起发电机组输出功率变化的关系称为发电机组的功率—频率特性或调节特性。

1. 发电机组的功率—频率特性

电力系统中的发电机组都配有自动调速系统，根据负荷变化自动调节机组转速。发电机组的功率—频率特性如图 4-2 所示。如发电机以额定频率 f_N 运行时（图中 a 点），其输出功率为 P_{Ga}；当系统负荷增加而使频率下降到 f_1 时，则发电机组由于调速器的作用，使输出功率增加到 P_{Gb}（图中 b 点）。可见，对应于频率下降 Δf，发电机组的输出功率增加

ΔP_G。很显然，这是一种有差调节，其特性称为有差调节特性。特性曲线的斜率为

$$R=-\frac{\Delta f}{\Delta P_G} \tag{4-6}$$

式中：R 为发电机组的调差系数。

负号表示发电机输出功率的变化和频率的变化符号相反。

调差系数的标幺值表示式为

$$R_*=-\frac{\frac{\Delta f}{f_N}}{\frac{\Delta P_G}{P_{GN}}}=\frac{\Delta f_*}{\Delta P_{G*}} \tag{4-7}$$

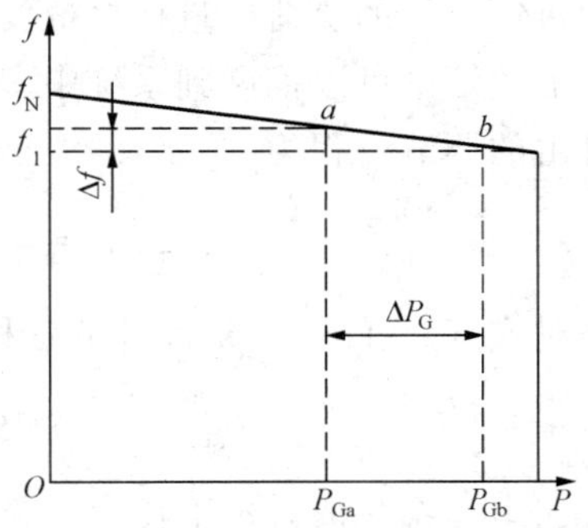

图 4-2　发电机组的功率—频率特性

或写成

$$R_*\Delta P_{G*}+\Delta f_*=0 \tag{4-8}$$

式（4-8）又称为发电机组的静态调节方程。

在计算功率与频率的关系时，常常采用调差系数的倒数，即

$$K_{G*}=\frac{1}{R_*}=-\frac{\Delta P_{G*}}{\Delta f_*} \tag{4-9}$$

或

$$K_{G*}\Delta f_*+\Delta P_{G*}=0 \tag{4-10}$$

式中：K_{G*} 是发电机组的功率—频率静特性系数，或原动机的单位调节功率，也可用有名值表示。

发电机组功率—频率特性的调差系数主要决定于调速器的静态调节特性，它与机组间有功功率的分配密切相关。

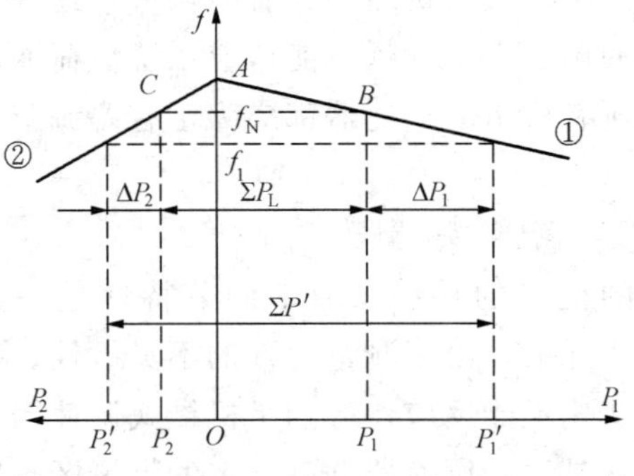

图 4-3　两台发电机并联运行情况分析

2. 调差特性与机组间有功功率的分配

调差特性与机组间有功功率分配的关系，可用图 4-3 来说明。图中表示两台发电机并联运行的情况，曲线①代表 1 号发电机组的调节特性，曲线②代表 2 号发电机组的调节特性。假设此时系统总负荷为 $\sum_{i=1}^{m} P_{Ti}$，如线段 CB 的长度所示，系统频率为 f_N，1 号机承担的负荷为 P_1，2 号机承担的负荷为 P_2。于是有 $P_1+P_2=\sum P_L$。

当系统负荷增加，经过调速器的调节后，系统频率稳定在 f_1，这时 1 号发电机组的负荷为 P_1'，增加了 ΔP_1，2 号发电机组的负荷为 P_2'，增加了 ΔP_2，两台发电机组增量之和等于 ΔP_L。根据式（4-8），可得

$$\frac{\Delta P_{1*}}{\Delta P_{2*}}=\frac{R_{2*}}{R_{1*}} \tag{4-11}$$

式（4-11）表明，发电机组的功率增量用各自的标幺值表示时，在发电机组间的功率分配与机组的调差系数成反比。调差系数小的机组承担的负荷增量标幺值要大，而调差系数

大的机组承担的负荷增量标幺值要小。

上述结论可以推广到系统中多台发电机组并联运行的情况，按式（4-8），得系统中第 i 台机组的调节方程为

$$\Delta P_{Gi}=-\frac{1}{R_{i*}}\times\frac{\Delta f}{f_N}P_{GiN}\quad(i=1,2,\cdots,n) \tag{4-12}$$

对式（4-12）求 n 台机组总和，且稳态时整个系统内频率的变化 Δf 是相同的，则得

$$\Delta P_{\Sigma}=\sum_{i=1}^{n}P_{Gi}=-\frac{\Delta f}{f_N}\sum_{i=1}^{n}\frac{P_{GiN}}{R_{i*}} \tag{4-13}$$

如用一台等值机组来代替时，则有

$$\Delta P_{\Sigma}=-\frac{1}{R_{\Sigma}}\frac{\Delta f}{f_N}P_{\Sigma N} \tag{4-14}$$

式中：$P_{\Sigma N}=\sum_{i=1}^{n}P_{GiN}$ 为全系统总额定容量；R_{Σ} 为系统等值机组的调差系数。

比较式（4-13）和式（4-14），可得系统的等值调差系数为

$$R_{\Sigma}=\frac{P_{\Sigma N}}{\sum_{i=1}^{n}\frac{P_{GiN}}{R_{i*}}} \tag{4-15}$$

由式（4-12）及式（4-14）得

$$-\Delta f_{*}=\frac{R_{1*}\Delta P_1}{P_{G1N}}=\frac{R_{2*}\Delta P_2}{P_{G2N}}=\cdots=\frac{R_{\Sigma*}\Delta P_{\Sigma}}{P_{\Sigma N}} \tag{4-16}$$

所以，当系统中负荷变化后，每台发电机所承担的功率计算式为

$$\Delta P_{Gi}=-\frac{R_{\Sigma}\Delta P_{\Sigma}}{P_{\Sigma N}}\frac{P_{GiN}}{R_{i*}} \tag{4-17}$$

在电力系统中，如果多台机组调差系数等于零是不能并联运行的，其理由类似于第三章第五节中的讨论。如果其中一台机组的调差系数等于零，其余机组均为有差调节，这样虽然可以运行，但是由于目前系统容量很大，一台机组的调节容量远远不能适应系统负荷波动的要求，因此也是不现实的。所以，在电力系统中，所有机组的调速器都应为正有差调节，由它们共同承担负荷的波动。

3. 调节特性的失灵区

理想的机组的功率—频率调节特性是一条直线。但是实际上，由于测量元件的不灵敏性，对微小的转速变化不能反应，特别是机械式调速器尤为明显。这就是说，调速器具有一定的失灵区，因而调节特性实际上是一条具有一定宽度的带状区域，如图 4-4 所示。

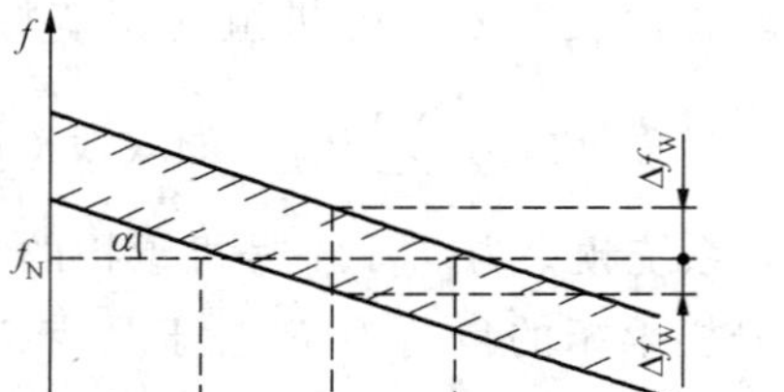

图 4-4 调速器的不灵敏区

不灵敏区的宽度可以用失灵度 ε 来描述，即

$$\varepsilon=\frac{\Delta f_W}{f_N} \tag{4-18}$$

式中：Δf_W 为调速器的最大频率呆滞。

由于调速器的频率调节特性是一带状区域，因此导致并联运行的发电机组间有功功率分

配产生误差。从图中可以看出，对应于一定的失灵度 ε 而言，机组最大误差功率 ΔP_W 与调差系数 R 存在如下关系

$$\frac{\Delta f_W}{\Delta P_W}=R \tag{4-19}$$

以标幺值表示为

$$\frac{\Delta f_{W*}}{\Delta P_{W*}}=R_* \quad 或 \quad \frac{\varepsilon}{\Delta P_{W*}}=R_* \tag{4-20}$$

由式（4-20）可知，机组最大误差功率 ΔP_{W*} 与失灵度 ε 成正比，而与调差系数 R_* 成反比。过小的调差系数将会引起较大的功率分配误差，所以 R_* 不能太小。

注意到，调速器不灵敏区的存在虽然会引起一定的功率误差或频率误差，但是，如果不灵敏区太小或完全没有，那么当系统频率发生微小波动时，调速器也要调节，这样会使阀门的调节过分频繁，因而在一些非常灵敏的电液调速器中，通常要采用外加措施，形成一个人为的不灵敏区。

（三）电力系统的功率—频率特性

电力系统主要是由发电机组、电网及负荷组成。如果把电网的功率损耗看成是负荷的一部分，则电力系统功率—频率关系可以简化为图 4-5（a）所示。在稳态频率为 f_N 的情况下，P_T、P_G 和 P_L 都相等，因此在讨论它们的功率频率特性曲线时，就可以看成为由两个环节构成的一个闭环系统。发电机组的功率—频率特性与负荷的功率—频率特性曲线的交点就是电力系统频率的稳定运行点，例如图 4-5（b）中的 a 点。

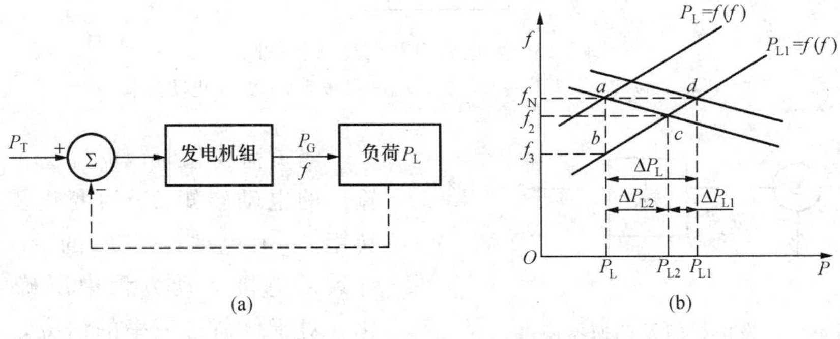

图 4-5　电力系统的功率—频率关系及频率特性

（a）电力系统功率—频率关系；（b）电力系统频率特性

当系统中的负荷增加 ΔP_L，则总负荷静态频率特性变为 P_{L1}，假设这时系统内的所有机组均无调速器，机组的输入功率恒定为 P_T 且等于 P_L，则系统频率将逐渐下降，负荷所取用的有功功率也逐渐减小。依靠负荷调节效应系统达到新的平衡，运行点移到图中 b 点，频率稳定值下降到 f_3，系统负荷所取用的有功功率仍然为原来的 P_L 值。在这种情况下，频率偏差值 Δf 决定于 ΔP_L 值的大小，一般是相当大的。但是，实际上各发电机组都装有调速器，当系统负荷增加，频率开始下降后，调速器即起作用，增加机组的输入功率 P_T。经过一段时间后，运行点稳定在 c 点，这时系统负荷所取用的功率为 P_{L2}，小于额定频率下所需的功率 P_{L1}，频率稳定在 f_2。此时的频率偏差 Δf 要比无调速器时小得多。由此可见，调速器对频率的调节作用是很明显的。调速器的这种调节作用通常称为一次调节（一次调频）。若要使频率恢复到额定频率 f_N，则需要向上移动发电机的功频特性由 c 点移动到 d 点，此

时频率恢复到额定频率 f_N，$\Delta f=0$。这种调节称为二次调节（二次调频）。在电力系统中，一次调频往往是有差调节，而二次调频可以做到无差调节。二次调频是电力系统调度自动化的重要功能之一。此外，还有将电网调度在负荷预测基础上制定的机组组合、发电计划等称为三次调频。

第二节　同步发电机调速器及其建模

用于发电的一次能源有河流水的动能、自然界风的动能和取自化石燃料和核裂变的热能等。原动机将这些能源转换成机械能，然后通过同步发电机将机械能转换成电能。原动机调速系统提供了控制功率和频率的手段，这个功能通常称为负荷—频率控制或自动发电控制。

一、调速器的基本工作原理和调节特性

1. 基本工作原理

调速器的基本功能是控制原动机转速（或负荷），调速器的基本概念可以由图 4-6 中所示的单独一台发电机组供电给一个负荷而来说明。

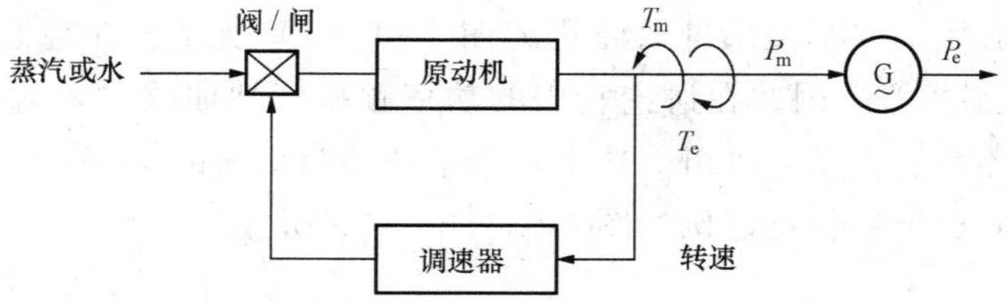

图 4-6　发电机组及调速器联系图

T_m—机械转矩；T_e—电动转矩；P_m—机械功率；P_e—电动功率

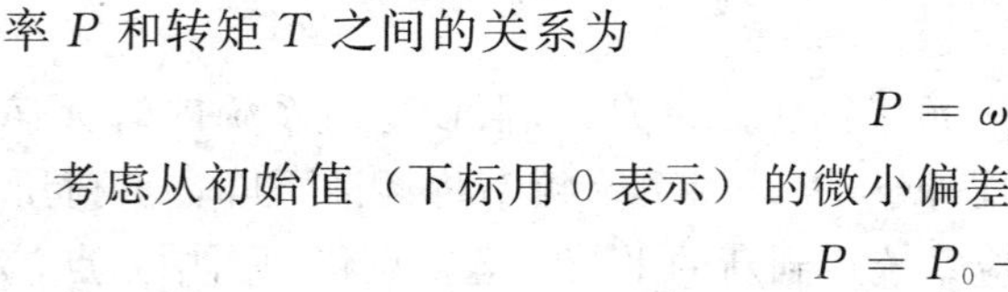

图 4-7　发电机组及调速器逻辑

当负荷变化时，立即会反映到发电机输出的电动转矩 T_e 的变化。这引起机械转矩 T_m 和电动转矩 T_e 的不匹配，反过来导致发电机运动方程中所确定的速度变化。对于负荷—频率的研究，常常用机械和电动功率替代转矩来表示上述的关系。功率 P 和转矩 T 之间的关系为

$$P=\omega_r T \tag{4-21}$$

考虑从初始值（下标用 0 表示）的微小偏差（用前缀 Δ 表示），可写出

$$\begin{aligned}P&=P_0+\Delta P\\T&=T_0+\Delta T\\\omega_r&=\omega_0+\Delta\omega_r\end{aligned} \tag{4-22}$$

从式（4-22）得

$$P_0+\Delta P=(\omega_0+\Delta\omega_r)(T_0+\Delta T)$$

当忽略高阶项，扰动值之间的关系式为

$$\Delta P=\omega_0\Delta T+T_0\Delta\omega_r$$

因此有

$$\Delta P_m - \Delta P_e = \omega_0(\Delta T_m - \Delta T_e) + (T_{m0} - T_{e0})\Delta\omega_r$$

由于在稳态时电动转矩和机械转矩相等，$T_{m0}=T_{e0}$。当转速用标幺值表示，$\omega_0=1$，因而有

$$\Delta P_m - \Delta P_e = \Delta T_m - \Delta T_e$$

2. 调节特性

调速器的特性有同步调速器和带有下降（有差）特性的调速器。

“同步”意味着恒速，同步调速器通过一个积分环节去调节阀门以使频率维持正常值或规定值。当一台发电机只对一个负荷供电或在多机系统中仅有一台发电机需要对负荷变化作出响应时，同步调速器的工作性能是令人满意的。当连接到系统的多台发电机作负荷功率分配时，就必须提供转差调节，即具有斜率特性。

对于两台或两台以上机组与同一系统相连的情况，每台发电机组必须确切地具有同一速度设定值，否则，它们会互相冲突，每台机组都尽力想把系统频率控制在自己的设置值。为了在两台或更多并列运行的机组间而稳定地分担负荷，调速器应具有负荷增加时速度下降的特性。速度下降或调节特性可用在积分环节上增加一个静态反馈环来实现。

二、水轮机调速系统

水轮机调速器通过微机的、电气的、液压的或机械的部件完成发电机组的转速调整、负荷调整、频率自动控制及调频、调相的运行要求。

调速器一般由电气柜、控制器和执行机构三大部分组成，包括测速装置、缓冲装置、电调电气装置、电液转换器（电液伺服器）、油泵、安全阀、自动补气装置、油位信号装置及压力缸、受压铸件等。

最基本的转速/负荷控制功能是反馈转速误差信号来控制导叶位置。为了保证多台机组稳定地并联运行，调速器应具有下降特性，目的是保证各发电机组之间合理地分担负荷。

1. 机械液压调速器

较早机组的调速功能是用机械和液压元件来实现的，机械液压调速器的简化示意图如图4-8所示。用机械元件来达到速度传感、持续性的下降反馈和计算功能，用液压元件实现对需要很高功率操控的水轮机导水叶（阀）的开度控制，用补偿阻尼器来提供暂时下降率补偿。

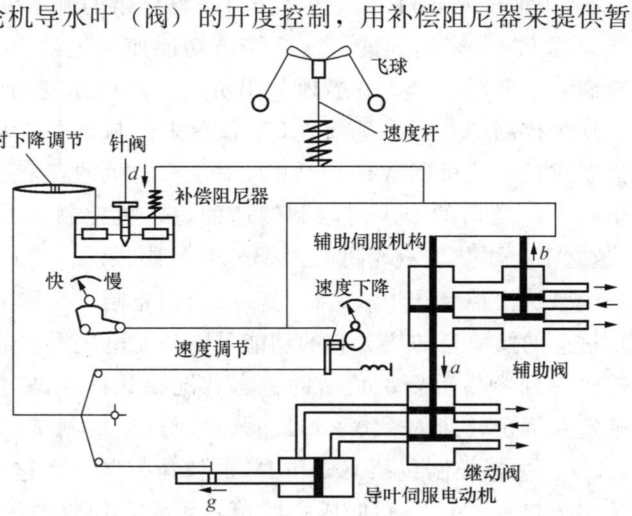

图4-8 水轮机的机械液压调速器示意图

水是可压缩差的流体。如果导叶关得太快，会产生“水锤”现象，产生的压力甚至会使引水管破裂。因此，导叶运动速率要限制。常常将导叶运动速率更进一步地限制在接近全关闭的缓冲区来提供减震作用。

2. 电子液压调速器

现代的水轮机调速器采用电子液压系统。在功能方面，它们非常类似于机械液压调速器。用电气元件完成转速传感、持久性下降、暂时下降以及其他测量和计算功能。电气元件提供了更大的灵活性，并改善了死区带和时间滞后方面阶性能。电子调速器的动态特性常常调节成与机械液压调速器本质上相类似。

3. PID 调速器

某些电子液压调速器具有比例—积分—微分作用的控制器，这就可能得到较高的反应速度，既可使暂态增益减少，又可以使暂态增益增加。微分控制有益于孤立运行，尤其有益于起动时间较大的水电站。但是，当发电机组与互联系统的联系很强时，使用高微分增益或暂态增益将可能导致过度的振荡和不稳定。因此，微分增益有时设置为零。没有微分作用时，PID（现在为 PI）调速器的传递函数与机械液压调速器等价。比例和积分增益可以选择来产生希望的暂时下降率和复位时间。

三、汽轮机调速系统

汽轮机将高温高压蒸汽（过热蒸汽）储存的能量转换成旋转能量，再通过发电机将它转换成电能。供给蒸汽的锅炉热源可以是核反应堆，也可以是燃烧矿物燃料（或称化石燃料，如煤、石油或天然气）的燃烧炉。

根据机组容量和蒸汽条件，已经建造了各种各样结构的汽轮机。它们通常包括两个以上串联的涡轮机或汽缸。每个涡轮机包括一组附着在转子上的运动叶片和一组静止的导向叶片。运动叶片称为涡轮叶片。静止叶片称为喷嘴段，它形成了蒸汽在其中加速成高速汽流的喷嘴或通道。这个高速蒸汽的动能通过涡轮叶片转换成轴转矩。

汽轮机的调速系统有三个基本功能，即正常速度/负荷控制、过速控制和过速跳闸。此外，汽轮机控制包括一些其他功能，如起动/关闭控制和辅助压力控制。

速度/负荷控制功能类似于水轮机组。它是任何发电机组的基本要求。在汽轮机中，它是通过控制控制阀（简称 CV）来达到的，速度控制功能使调速器有 4%～5%的速度下降率。这使发电机组能满意地并联运行，适当地分担负荷。负荷控制功能是通过调节速度/负荷参考点来达到的。这个控制的总效果是调节 CV 位置来控制允许进入汽轮机的蒸汽量。

过速控制和保护要求是汽轮机所特有的，并且对于汽轮机的安全运行是至关重要的。汽轮机的牢固性取决于随着电负荷的减少时限制转速的汽轮机控制能力，并且很好地限制在120%的最大设计转速之下。再热型汽轮机有两个分开的阀系统，它们用来迅速控制供给汽轮机的蒸汽能量，一个系统由控制阀组成，而另一个由截止阀（简称 IV）组成。

过速控制是防止过速的第一道防线。它的功能是限制发电机甩去部分或全部负荷时引起的过速，并且使汽轮机回到容易重新带负荷的稳态状况。其目标是防止甩负荷后的超速跳闸。过速跳闸一般整定在额定转速的 110%～115%；而过速控制试图限制过速在过速跳闸水平之下约 0.5%～1%。过速控制包括 CV 和 IV 的快速控制。在这方面，采用 IV 是非常有效的，因为它们控制了进入中压缸和低压缸的蒸汽流量，而这两级涡轮产生了总功率的60%～80%。由于再热器中储存了大量蒸汽，单独地迅速关闭控制阀，不会有效地限制过速。

过速或紧急跳闸是后备保护，以防止速度/负荷控制功能的异常和过速控制万一失败。过速跳闸的设计应独立于过速控制，其跳闸功能，除了关断主截止阀和再热截止阀之外，还将锅炉解列。

汽阀的特性是高度非线性的。因此，控制信号对蒸汽流量的线性化响应常常进行补偿。采用的补偿的不同形式如下：

（1）前向环串联补偿，由一个函数发生器组成，其特性与汽阀特性相逆。

（2）次要环反馈补偿，由一个有汽阀类似特性的函数发生器组成。

（3）主要环反馈补偿，由汽阀周围的比例反馈组成。

典型地，采用四个以上并联运行的 CV。这些阀中的每一个允许蒸汽通过一个喷嘴段。不同的喷嘴环绕分布在第一个涡轮机的周围。这些 CV 可以一致（全弧形）控制，也可以顺序（部分弧形）控制。

在正常运行时，CV 是顺序地打开的。当只有某些 CV 打开时，只允许蒸汽沿部分弧形通过，而不是均匀地沿圆周通过。这称为“部分弧形进汽”运行方式。这种运行方式的优点是，保证了带部分负荷时的高效率。

但是，在起动期间，允许蒸汽对称地通过所有喷嘴节，以减少热应力。CV 保持全开，而用截止阀来控制蒸汽流量。这种运行方式称为“全弧形进汽”运行，直到负荷达到规定的水平。根据汽轮机调速系统的类型，截止阀的控制可以用辅助速度控制设备或主速度控制设备来达到。使汽轮机中热应力最小的附加措施包括限制速度增加的速率和负荷增加的速率。用一个加速度控制来处理起动期间的速度升高。

第一代汽轮机调节系统是机械离心式调节器，至今已有 100 多年历史。第二代是液压式调节系统，大约出现在 20 世纪 30 年代。第二代调节系统中均采用了机械传动或感应环节，因此也可称为机械液压式调节系统。它相对第一代调节系统而言，在响应速度、调节精度和减小迟缓方面有了很大的提高。

到 20 世纪 50 年代中期，才出现了不依靠机械液压式调节系统的纯电调系统。此后，随着数字计算技术的发展及其在过程自动控制领域的应用，尤其是计算机容量、速度和可靠性的飞速发展，出现了以数字计算机作为控制装置，以模拟式电气系统作为手操后备，采用液压执行机构的第四代汽轮机控制系统（Digital Electric-Hydraulic，DEH），早期的 DEH 系统以小型计算机为基础，目前多以微处理计算机为基础。但随着机组容量的增大和参数的提高，这种系统在响应速度、调节速度和迟缓方面表现了很大的不足。另外，其不能在线修改速度变动率的缺陷也使系统不能满足大电网对系统的要求。第三代汽轮机调节系统是模拟式电液调节系统。这种系统采用有运算功能的电气元件取代了第一、第二代系统中的感应、传递放大的机械、液压环节，而保留了液压执行器—油动机。

目前装备的大多数调速器是电子液压型或数字电子液压型，属于第四代的汽轮机调节系统。下面是这些元件的功能特性及其模型的简要描述。

1. 机械液压控制

图 4-9 表明了用于汽轮机调速的机械液压控制（Mechanical Hydraulic Control，MHC）系统。调速系统的基本元件是调速器、速度继动器和液压伺服传动机构。

调速器实质上是机械传感器，将轴速度转换成位置输出，虽然机械调速器有不同的形

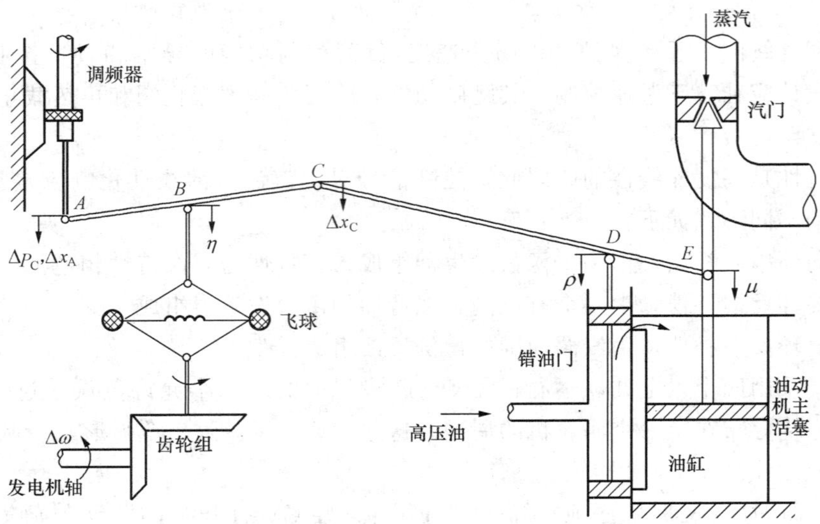

图 4-9　汽轮机机械液压控制调速系统

式，但是它们的运行都是基于传统飞球调速器同样的基本原理：通过弹簧的反抗离心力的作用，将转子速度信号转换成线性位移。

调速器输出与角速度改变器位置确定的速度/负荷参考值进行比较，产生的误差信号用来控制 CV 和 IV。但是，对于正常的速度/负荷控制，只有 CV 才响应。用一个偏差（IV 开启偏差）信号使 IV 保持全开。当产生大的速度误差信号和引起过速时，这个偏差信号被克服，IV 迅速地关闭。当控制信号恢复到小于该偏差的一个值时，IV 再次全开；可以使用附加信号来提供特殊控制和保护功能。调速器的调速杆不能产生控制汽阀必需的力。因此，用一个辅助阀和一个弹簧负载伺服传动机构（通常称为速度继动器）来放大调速器信号。调速器的调速杆向下位移，压下了辅助阀，于是供油系统迫使伺服传动机构的活塞向上，从而允许汽轮机的蒸汽流量增加。

在大容量的汽轮机中，用液压伺服传动机构来额外地放大到使汽阀动作所必需的能量水平。它们使用高压防燃流体作为辅助动力。位置极限可以相应于全开的阀位置，也可以相应于负荷限制器的整定。

在机械液压控制系统中，控制系统的静态特性取决于组成系统各机构的特性，即调速器特性、调速器到油动机的传动放大机构特性以及调节阀门开度与蒸汽流量、汽轮机功率之间的特性。这些机构的特性在设计过程中就已确定，是不会随时改变的。因此整个控制系统的静态特性是不可能在运行过程中进行调整和修改的，汽轮机速度变动率也是固定不变的。一般情况下，速度变动率在 3%～6%之间，而汽轮机只能适应设计过程中所预先确定的运行工况。

2. 电子液压控制（EHC）

EHC（Electric-Hydraulic Control）系统用电子电路来代替 MHC 低功率部分的机械元件。EHC 系统提供了更多的灵活性和自适应能力，允许加入大量的特性，而那是机械系统不能得到的。这有益于更快的响应和改善线性度。但是，EHC 系统的所有功能要求是与 MHC 系统非常相似的。

3. 数字电子液压（DEH）控制系统

DEH（Digital Electric-Hydraulic）系统采用数字控制器，通过一个模拟混合级与汽轮机阀门执行器接口。由于能用软件实现控制功能，数字控制系统提供了相当大的灵活性。DEH 系统有以下几个主要功能：

（1）DEH 系统调节的基本功能是对机组的转速和负荷进行调节，对于特定的机组还可以包括其他参数的调节。正常的速度控制功能设置来提供标准的 4%～5%调节。调速器的响应非常快，时间常数约为 0.03s。通常对速度信号滤波，以消除测量的频率中的小变化。此外，可以提供可编程的死区带（失灵度），以避免调速器对小频率变化的响应，不使阀门动作过分频繁。

（2）保护系统的功能。保护系统也称保安系统或事故跳闸系统（Emergency Trip System，ETS）。DEH 系统还设有超速保护控制器（Overspeed Protect Controller，OPC）。为了提高保护系统的可靠性，通常采用跳闸回路和重要的跳闸条件冗余设置、跳闸电路处于经常导通状态。

（3）监视系统功能。汽轮机监视系统（Turbine Supervisory Instrumentation，TSI）。它的测量结果送往调节系统作为工况限制，送往保护系统作为跳闸条件，送往顺控系统作为控制条件。

（4）汽轮机自起停控制功能。汽轮机自起停控制系统（Turbine Automatic Control，TAC）。其功能设计不同而有较大差异，通常可以包括汽轮机运行工况的数据采集、汽轮机控制系统内各个子系统功能的协调以及热应力计算功能等。

除以上功能外，还有阀门管理系统的功能、液压伺候系统的功能等。

第三节　电力系统频率和有功功率自动控制的基本原理

对于一个电力系统的可靠运行，频率保证基本恒定是必要的。频率的恒定控制能确保异步电动机和同步电动机的速度恒定。原动机驱动设备的恒速对发电机组性能是至关重要的，因为它们很大程度上依赖于相关的燃料、给水和送风系统等辅助驱动设备的性能。在网络中，频率的大范围下降将导致感应电动机和变压器中励磁电流剧增。电钟的广泛使用以及将频率作为其他计时用途都需要同步时间的精确保持，而这一同步时间正比于频率（周波）的积分（误差）。因此，必须对频率本身及其积分同时调整。

系统的频率依赖于有功功率的平衡。由于频率是系统的共同因子，一个点上有功功率的供需变化通过频率的变化反映到整个系统中。由于系统中有许多发电机供电，因此必须提供一些方法来把供需变化分配到各发电机。每台发电机的调速器提供了基本的速度调节功能，来自调度控制中心的辅助控制信息将分配发电机的发电容量。

在一个互联系统中，如果有两个或两个以上的独立控制的区域，除了频率控制，每个区域的发电量也必须控制以便于维持区域间预定的功率交换。发电量和频率的控制通常称之为负荷—频率控制（Load Frequency Control，LFC）。

电力系统的调频方式分为一次调频和二次调频。一次调频是指由发电机组调速系统的频率特性所固有的能力，随频率变化而自动进行频率调整。其特点是频率调整速度快，但调整量随发电机组不同而不同，且调整量有限，值班调度员难以控制。二次调频是指当电力系统负荷或发电功率发生较大变化时，一次调频不能恢复频率至规定范围时采用的调频方式。二次调频分为手动调频及自动调频。手动调频是在调频电厂，由运行人员根据系统频率的变动来调节发电机的功率，使频率保持在规定范围内，手动调频的特点是反应速度慢，在调整幅度较大时，往往不能满足频率质量的要求，同时值班人员操作频繁，劳动强度大。

自动调频是现代电力系统采用的调频方式。自动调频是通过装在发电厂和调度中心的自动装置随系统频率的变化自动增减发电机的发电功率，保持系统频率在较小的范围内波动，自动调频是电力系统调度自动化的组成部分，它具有完成频率调节、系统间联络线交换功率控制和经济调度等综合功能。

与手动调频相比，自动调频不仅反应速度快、频率波动小，而且还可以同时顾及其他方面的要求，例如实现有功负荷的经济分配、保持系统联络线交换功率为定值和满足系统安全经济运行各种约束条件等。所以现代电力系统普遍设有自动调频装置。

电力系统自动调频的发展过程中，采用过多种调频方法和准则，如主导发电机法、虚有差法等。其中主导发电机法仅适用于小容量的电力系统；虚有差法仅反映频率的偏差信号，而且有功功率在多个调频发电厂之间是按固定比例分配的，不能实现经济分配原则，同时也不能控制区域间联络线功率。所以，这些调频方法已不能适应现代化电力系统运行的要求。这里着重介绍频率积差调节法和分区调频法。

一、积差调节法

积差调节法是根据系统频率偏差的累积值调节频率的。先假定系统由一台发电机进行频率积差调节，调节准则为

$$K\Delta P_{\mathrm{R}} + \int_0 \Delta f \mathrm{d}t = 0 \tag{4-23}$$

式中：Δf 为系统频率偏差，$\Delta f = f - f_{\mathrm{N}}$；$\Delta P_{\mathrm{R}}$ 为调频机组的有功功率增量；K 为调频功率比例系数。

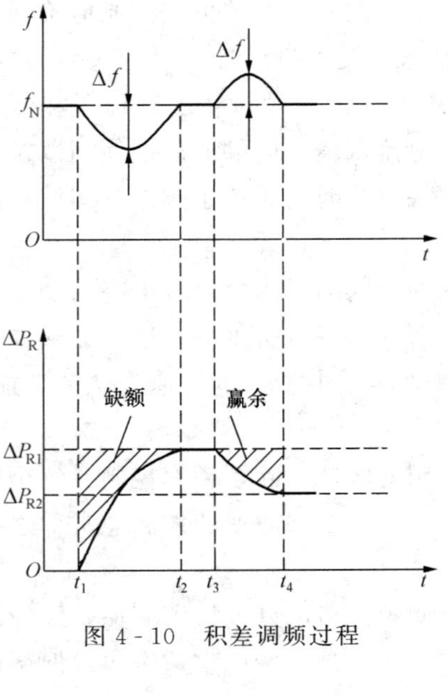

图 4-10 积差调频过程

积差调频过程可用图 4-10 说明。在 $0\sim t_1$ 的时间段内，$f = f_{\mathrm{N}}$，$\Delta f = 0$，因此有 $\int_0^{t_1} \Delta f \mathrm{d}t = 0$，即

$$\Delta P_{\mathrm{R}} = -\frac{1}{K}\int_0^{t_1} \Delta f \mathrm{d}t = 0$$

即调频机组有功功率不变。

设 t_1 时用电负荷有一增量，原动机功率没有变化，所以，系统频率下降，$f < f_{\mathrm{N}}$，$\Delta f < 0$，因此有 $\int_{t_1}^{t_2} \Delta f \mathrm{d}t < 0$，则

$$\Delta P_{\mathrm{R}} = -\frac{1}{K}\int_0^{t_2} \Delta f \mathrm{d}t = -\frac{1}{K}\int_{t_1}^{t_2} \Delta f \mathrm{d}t = \Delta P_{\mathrm{R1}} > 0 \tag{4-24}$$

即调频机组增大有功功率，频率下降达到一最低值后，逐步回升，直至 t_2 时刻为止。

在 $t_2 \sim t_3$ 时段内，调频机组增加的有功功率与负

荷增量相等，系统以额定频率稳定运行，$\Delta f=0$，所以，$\int_{t_2}^{t_3}\Delta f\mathrm{d}t=0$。这时 ΔP_{R} 维持 ΔP_{R1} 值，即调频机组保持 t_2 刻的有功功率不再增大。

设 t_3 时负荷减少，原动机能量过剩，系统频率上升，在 $t_3\sim t_4$ 时段内，$f>f_{\mathrm{N}}$，$\Delta f>0$。因此有 $\int_{t_3}^{t_4}\Delta f\mathrm{d}t>0$，则

$$\Delta P_{\mathrm{R}}=-\frac{1}{K}\left[\int_{t_1}^{t_2}\Delta f\mathrm{d}t+\int_{t_3}^{t_4}\Delta f\mathrm{d}t\right]=\Delta P_{\mathrm{R1}}-\frac{1}{K}\int_{t_3}^{t_4}\Delta f\mathrm{d}t=\Delta P_{\mathrm{R2}} \tag{4-25}$$

即调频机组有功功率减小，直至 t_4 时刻，调频机组功率增量又与计划外负荷变化相等 $f=f_{\mathrm{N}}$，$\Delta f=0$，调节过程又一次结束。

积差调节法的特点是频率调节过程只能在 $\Delta f=0$ 时结束。当 $\Delta f\neq 0$，$\int\Delta f\mathrm{d}t$ 就不断积累，式（4 - 23）就不能平衡，调节过程就要继续下去。当调节过程结束时，$\Delta f=0$，而 $\int\Delta f\mathrm{d}t=-K\Delta P_{\mathrm{R}}=$ 常数。此常数与负荷增量成正比。负荷增量越大，系统频率偏差的积累值也越大，则电时钟的计时误差也越大。为了保证电钟的准确性，可以在夜间低谷负荷时进行补偿，所以积差调节法又称为同步时间法。

在电力系统中，用多台机组进行积差调频时，调节方程式为

$$\left.\begin{aligned}K_1\Delta P_{\mathrm{R1}}+\int\Delta f\mathrm{d}t=0\\K_2\Delta P_{\mathrm{R2}}+\int\Delta f\mathrm{d}t=0\\\vdots\qquad\qquad\\K_n\Delta P_{\mathrm{R}n}+\int\Delta f\mathrm{d}t=0\end{aligned}\right\} \tag{4-26}$$

式（4 - 26）可改变为如下形式

$$\Delta P_{\mathrm{R}i}=\frac{1}{K_i}\int\Delta f\mathrm{d}t\quad(i=1,2,\cdots,n) \tag{4-27}$$

式中：i 为系统中并联运行机组的序号。

同步运行的系统中各点频率相同，是一个全系统统一的参数，所以各机组的 $\int\Delta f\mathrm{d}t$ 是相等的。设系统负荷增量为 ΔP_{D}，则

$$\Delta P_{\mathrm{D}}=\sum_{i=1}^{n}\Delta P_{\mathrm{R}i}=-\int\Delta f\mathrm{d}t\sum_{i=1}^{n}\frac{1}{K_i} \tag{4-28}$$

得

$$\int\Delta f\mathrm{d}t=\frac{\sum\limits_{i=1}^{n}\Delta P_{\mathrm{R}i}}{\sum\limits_{i=1}^{n}\frac{1}{K_i}}$$

将上式代入式（4 - 27）得到每台调频机组承担的负荷增量为

$$\Delta P_{\mathrm{R}i}=\frac{\Delta P_{\mathrm{D}}}{K_i\sum\limits_{i=1}^{n}\frac{1}{K_i}}=\alpha_i\Delta P_{\mathrm{D}}\quad(i=1,2,\cdots,n) \tag{4-29}$$

式（4-29）表明，调节过程结束后，各调频机组按一定比例分担了系统增量负荷，使系统有功功率重新平衡，实现了无差调节。这种方法的缺点是频率的积差信号滞后于频率瞬时值的变化，因此调节过程缓慢。为此，可在频率积差调节的基础上增加频率偏差调节信号，这就得到了改进的频率积差调节方程式

$$\Delta f + \delta_i(\Delta P_{Ri} + \alpha_i \int \beta \Delta f \mathrm{d}t) = 0 \quad (i = 1,2,\cdots,n) \tag{4-30}$$

式中：Δf 为系统频率瞬时偏差；δ_i 为第 i 台调频机组的调差系数；α_i 为第 i 台调频机组的功率分配系数；β 为系统功率与频率的转换系数。

在式（4-30）中，Δf 项起加快调节过程的作用。在调节过程结束时，Δf 必须为零，否则 $\int \beta \Delta f \mathrm{d}t$ 就会不断变化，调节过程不会结束。最后每台调频机组承担的有功功率变化量为

$$\Delta P_{Ri} = -\alpha_i \int \beta \Delta f \mathrm{d}t \quad (i = 1,2,\cdots,n) \tag{4-31}$$

由式（4-31）可得

$$\Delta P_D = \sum_{i=1}^{n} \Delta P_{Ri} = -\int \beta \Delta f \mathrm{d}t \sum_{i=1}^{n} \alpha_i = -\int \beta \Delta f \mathrm{d}t \tag{4-32}$$

式（4-31）和式（4-32）表示调频结束后把系统增加的负荷 ΔP_D 按比例在调频机组间进行分配。

积差调节法维持系统频率的精度取决于各调频机组的频差积分信号数值的一致性。按照获得频差积分信号的不同，电力系统实现积差调节法有两种方式。一种是所谓的集中调频方式，即在系统调度中心设置一套高精度的标准频率发生器，集中产生频差积分信号 $\int \beta \Delta f \mathrm{d}t$，从而确定各调频发电厂应承担的负荷变化量，然后通过远动装置将此信号送至各调频发电厂，各调频发电厂再根据运行方式分配给各调频机组。这种调频方式的优点是各调频电厂的频差积分信号是一致的，但需要有远动装置。另一种是在调频厂就地产生频差积分信号，不用远动装置就可使计划外负荷在所有调频机组间按一定比例分配。为了使各调频机组所在地测得的 Δf 尽可能一致，避免频率偏差积分值的差异而造成功率分配上的误差，所以对标准频率的要求比较高，通常用石英晶体振荡器经分频后得到。

二、分区调频法

1. 分区控制误差（ACE）

当多个省级甚至协作区级电力系统联合成一个大的电力系统时，为了配合分区调度的管理制度，也为了避免集中制调频的范围过大而产生的技术困难，在联合系统中一般均采用分区调频法。分区调频法的特点是，区内负荷的非计划负荷变动，主要由该区内的调频厂来负担，其他区的调频厂只是支援性质，因此区间联络线上的功率应该基本上维持为计划的数值。所以，分区调频方程式必须能判断当时负荷的变动是否发生在本区之内，并采取相应的调节措施。

现以图 4-11 的联合电力系统为例，先说明负荷变动是否发生在本区之内的判别原理。设经联络线由 A 端流向 B 端的功率为 P_{AB}，由 B 端流向 A 端的功率为 P_{BA}，则必有 $P_{AB} = -P_{BA}$。当 B 区内负荷突然增长，A 区负荷不变时，整个系统的频率都会下降，即有 $\Delta f <$

0。A、B两区内调速器随即动作，增加各机组的功率，联络线上就会出现由A端流向B端的功率增量，即 $\Delta P_{AB}>0$（还应该说明，即使不考虑调速器的动作，此时也仍有 $\Delta P_{AB}>0$）且与 Δf 异号；同时在另一端必有 $\Delta P_{BA}<0$ 且与 Δf 同号。这说明在联合电力系统中可以用流出某区功率增量的正或负与系统频率增量的符号进行比较，来判断负荷变动是否发在该区之内。图4-11中如A区负荷突增或突减，上述判断方法照样也可使用，不再赘述。

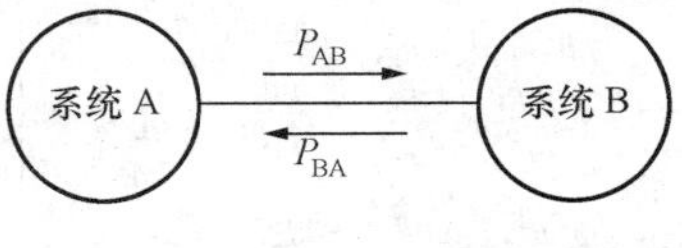

图4-11　联合电力系统示意图

其次要使非负荷变化区内的调频机组在系统调频过程中尽可能少输出调频功率，这当然也要利用该区流出功率增量与频差异号的关系；在调频过程中，非负荷变化区的 Δf 与联络线（tie Line）功率对计划值的偏差 ΔP_{tie} 之间关系不但是非线性的，而且是随时间变化的，取决于系统的一次调频特性、二次调频特性及负荷的组成等因素。虽然如此，但还是可以找到某个常数，如图4-11所示的A区是 K_A 使得 $K_A\Delta f+\Delta P_{tie.A}$ 在整个调频过程中取值虽不为零，但也不大，于是就可以运用如下的A区调频方程式

$$K_A\Delta f+\Delta P_{tie.A}+\Delta P_A=0 \tag{4-33}$$

式中：Δf 为系统频率的偏差，$\Delta f=f-f_N$；ΔP_A 为A区调频机组输出的调频功率增量；$\Delta P_{tie.A}$ 为A区联络线功率对计划值的偏差，联络线功率的正负方向与式（4-35）相同。

仍以图4-11所示系统为例，当B区负荷增加时，$\Delta f<0$，$\Delta P_{tie.A}>0$；由于有适当因子 K_A，致使 $K_A\Delta f+\Delta P_{tie.A}\approx0$，于是调频器向满足调频方程式的方向进行调节，必有 $\Delta P_A\approx0$，最终A区机组基本不向B区输出调频功率。而当A区负荷增加时，Δf 与 $\Delta P_{tie.A}$ 都为负，于是调频器向增大A区机组输出的调频功率 P_A 的方向进行调整，这样就可以达到分区调频的目的。由此可见，$K_i\Delta f+\Delta P_{tie.i}$ 是实现分区调频的重要因子，一般称为分区控制误差 ACE（Area Control Error），即

$$ACE=K_i\Delta f+\Delta P_{tie.i} \tag{4-34}$$

2. 分区调频方程式

实际最普遍使用的是“ACE 积差”调节法，其分区调频方程式为

$$\int ACE\,dt+\Delta P_i=0$$

即

$$\int(K_i\Delta f_i+P_{tie.i.a}-P_{tie.i.s})dt+\Delta P_i=0 \tag{4-35}$$

式中：Δf_i 为系统频率的偏差，即 $\Delta f_i=f_i-f_N$；$P_{tie.i.a}$ 为 i 区联络线功率和的实际值，以该区输出的联络线功率为正，输入该区的联络线功率为负；$P_{tie.i.s}$ 为 i 区联络线功率和的计划值，功率的正负方向规定与上同；ΔP_i 为区调频机组的功率增量。

将式（4-35）写成如下形式

$$\int(K_i\Delta f_i+\Delta P_{tie.i})dt+\Delta P_i=0 \tag{4-36}$$

式中：$\Delta P_{tie.i}$ 为 i 区联络线功率对计划值的偏差，联络线功率的正负方向与式（4-35）相同。

由于式（4-36）中包含了积差项，在调频过程结束时，必有

$$ACE=K_i\Delta f_i+\Delta P_{tie.i}=0 \tag{4-37}$$

式（4-37）一般称为联络线调频方程式。分区调频过程结束时，分区控制误差 ACE 为零，并使系统频率恢复到额定。

仍以图 4-11 所示电力系统为例，说明频率恢复为额定值的原理。图 4-11 所示电力系统分区调频方程组为

$$\begin{cases}\int(K_{\mathrm{A}}\Delta f_{\mathrm{A}}+\Delta P_{\mathrm{tie.A}})\mathrm{d}t+\Delta P_{\mathrm{A}}=0\\\int(K_{\mathrm{B}}\Delta f_{\mathrm{B}}+\Delta P_{\mathrm{tie.B}})\mathrm{d}t+\Delta P_{\mathrm{B}}=0\end{cases}\tag{4-38}$$

各区的调频系统都向满足式（4-38）的方向进行调整，按照积差调节的法则，到分区调频结束时，各区的控制误差 ACE 都等于零，任何调频机组都不再出现新的功率增量。对图 4-11 所示电力系统，即有

$$\begin{cases}ACE_{\mathrm{A}}=K_{\mathrm{A}}\Delta f_{\mathrm{A}}+(P_{\mathrm{tie.A.a}}-P_{\mathrm{tie.A.s}})=0\\ACE_{\mathrm{B}}=K_{\mathrm{B}}\Delta f_{\mathrm{B}}+(P_{\mathrm{tie.B.a}}-P_{\mathrm{tie.B.s}})=0\end{cases}$$

由于 $P_{\mathrm{tie.A.a}}+P_{\mathrm{tie.B.a}}=0$，对于 n 个分区的调频方程式，如果各区调频中心都没有装置误差，即

$$\begin{cases}f_{\mathrm{N1}}=f_{\mathrm{N2}}=\cdots=f_{\mathrm{N}n}=f_{\mathrm{N}}\\\sum_{i=1}^{n}P_{\mathrm{tie.}i.\mathrm{s}}=0\end{cases}\tag{4-39}$$

按式（4-38）进行分区调频的结果，系统频率必然维持在额定值 f_{N}，并有 $\Delta P_{\mathrm{tie.}i}=0$。

第四节 自动发电控制（AGC）

一、自动发电控制的基本原理

自动发电控制（Automatic Generation Control，AGC）是现代电网控制的一项基本和重要功能，是建立在电网调度自动化能量管理系统（Energy Manage System，EMS）与发电机组协调控制系统（Coordinated Control System，CCS）间闭环控制的一种先进的技术手段。AGC 系统是由调度端、发电厂端发电机组及自动化设备和远动通道构成的一个整体。AGC 系统实时控制的对象为具备协调控制系统（CCS）或分散控制系统（Distributed Control System，DCS）的火电机组和具备监控系统的水电机组。实施 AGC 可获得以高质量电能为前提的电力供需实时平衡，可提高电网运行的经济性，减少调度运行人员的劳动强度。

发电机组配有基本的调速器控制后，系统负荷的变化导致一个静态频率偏差，这个偏差取决于调速器下降特性和负荷的频率灵敏度。所有带调速器的发电机组都对发电总变化量有影响，这与负荷变化的位置无关。要把系统频率恢复到正常值需要附加控制来调节负荷参考设定值。因此，控制原动机功率与系统负荷变化相匹配的所希望的基本方式是通过被选择发电机组的负荷参考设定值的调整。由于系统负荷是连续变化的，因此自动调整发电机输出是必需的。

自动发电控制（AGC）的基本目的是通过调整被选定的发电机的输出，使其频率恢复到指定的正常值以及保证控制区域之间的功率交换为给定值。这个功能通常称为负荷—频率控制（LFC）。第二个目的是在发电机组之间分配所需的发电量变化以使得运行费用最小。

如前所述，自动发电控制的第二个重要功能是分配发电功率使每个电源最经济地带负

荷。这个功能称为经济调度控制（Economic Dispatching Control，EDC）。经济调度的理论是基于等微增成本的原则。

对于联络线功率和频率的控制，必须将信号送给发电厂以控制发电功率。用这些信号控制发电功率以满足经济调度准则是可能的。因此，EDC 的需求可看成是 AGC 功能的一部分。

依据电网中的发电需求，AGC 在电网调度运行中的作用可归纳为以下几点：

（1）使机组发电功率自动跟踪电力系统负荷的变化。

（2）响应负荷和发电的随机变化，维持系统频率在目标值（50Hz）。

（3）响应区域间交换功率的变化，维持区域间净交换功率为计划值。

（4）对周期性变化的负荷变化按发电计划进行发电机功率调整；对偏离预计的负荷，实现在线经济调度负荷分配。

（5）监视和调整系统的各种备用容量，满足电力系统的安全稳定要求。

由上述 AGC 在电网中的作用可以看出，AGC 功能实际上是在满足系统约束（发电与负荷的平衡、发电功率的上下限制等）条件下，进行一种系统内的发电优化计算，并将计算所得出的结果作为机组发电调节命令，通过电网调度自动化系统下送到有关的发电机组或电厂（通常也称单机控制或全厂控制方式）。水力发电机组的电厂计算机监控系统，或是火电厂的 DCS/CCS 将此调节命令中的发电功率值与发电机组的实际功率进行比较，将其差值转换为水门开度的调节或是磨煤、制粉、风量、气门等辅机装置的调节变化量，使各 AGC 机组的发电功率达到 AGC 的指令，从而实现各 AGC 机组发电功率自动调整的目的。

AGC 的控制逻辑结构框图如图 4-12 所示。

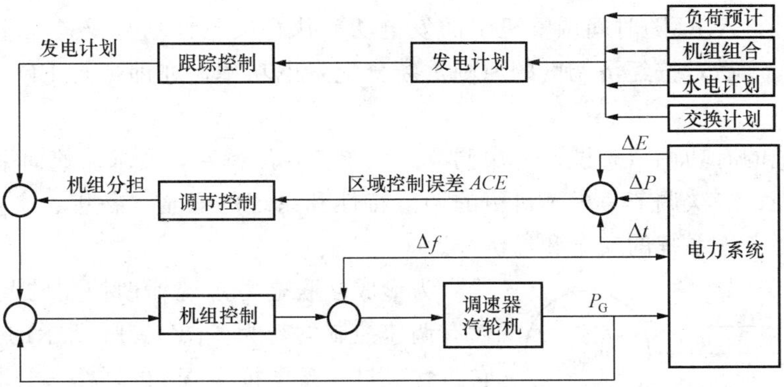

图 4-12　电网 AGC 控制逻辑结构图

1. 孤立系统中的 AGC

在一个孤立系统中，因为不存在维持联络线交换功率的问题。所以，AGC 的功能是将频率恢复到给定的正常值。这是通过在调速器的功率设定值上增加一个复归或积分控制来实现的，如图 4-13 所示。积分控制确保静态时频率误差为零。

辅助发电控制比调速控制慢得多。只有当原动机调速控制（所有机组都参与调节）已经稳定了系统频率之后它才起作用。因此 AGC 调整所选定机组的功率参考设定值，即是它们的输出功率，以便抵消电力系统复合频率调节特性的影响。这样，它使所有其他机组即无 AGC 作用的发电功率恢复到计划安排值。

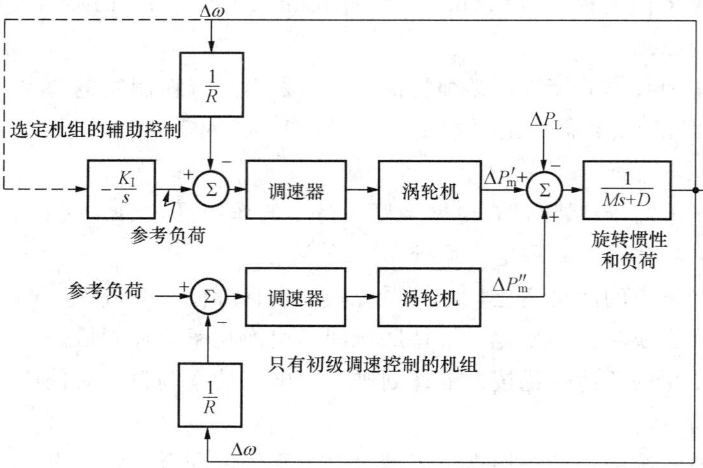

图 4-13　孤立系统的 AGC 控制逻辑示意图

2. 互联电力系统中的 AGC

正常情况下，各区域负责调整自己区域内的功率平衡。在一个负荷扰动产生，如负荷增加时，首先，是由区域内的全部机组的转动惯量提供能量，导致系统频率下降；由于频率的下降，引起所有机组的调节器动作，加大发电机的功率，使频率提高到某一个水平，此时系统的发电和负荷达到新的平衡。这也就是电力系统的一次调频。但一次调频留下了频率偏差 Δf 和联络线净交换功率偏差 ΔP_1。AGC 功能对此作出响应，调整区域内的 AGC 机组的发电功率，使系统的频率恢复到正常值（f_0）和交换功率恢复到计划值，亦即进行系统有功的二次调节。此外，AGC 随时间调整机组的发电功率执行发电计划，或者在非预计的负荷变化积累到一定程度后，按经济调度的原则重新分配发电功率，亦即进行 EDC 调节（三次调节）。

从电力系统的有功调节来说，一次调节是系统的自然特性，要求快速而平稳，由发电机的调差系统实现；二次调节考虑了机组的调节特性和系统的安全、备用、交换功率等要求；三次调节则主要考虑系统的安全和经济性。

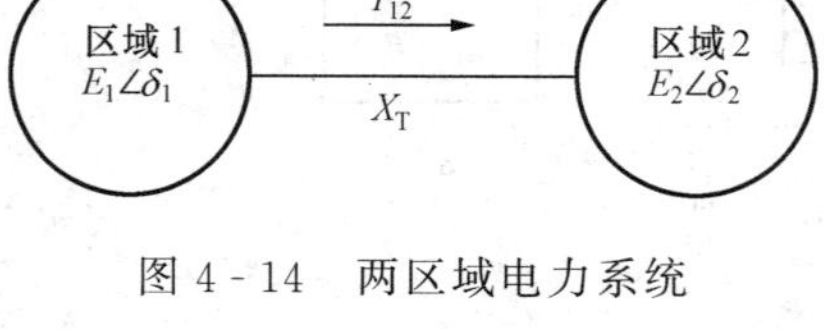

图 4-14　两区域电力系统

为形成互联电力系统辅助控制的基础，首先来看仅有调速控制的行为。图 4-14 所示的是一互联系统，它包含通过一条电抗为 X_T 的联络线连接的两个区域。对于负荷、频率研究，每个区域可用代表了它整体性能的一个等值机表示。这样一个复合模型是可以接受的，因为并不关心区域内的机间振荡。区域 1 到 2 之间的联络线潮流为

$$P_{12} = \frac{E_1 E_2}{X_T}\sin(\delta_1 - \delta_2) \tag{4-40}$$

将它在初始点线性化，用 $\delta_1=\delta_{10}$，$\delta_2=\delta_{20}$ 表示，即有

$$\Delta P_{12} = T\Delta\delta_{12} \tag{4-41}$$

$$T = \frac{E_1 E_2}{X_T}\cos(\delta_{10} - \delta_{20}) \tag{4-42}$$

$$\Delta\delta_{12} = \Delta\delta_1 - \Delta\delta_2$$

式中：T 是同步力矩。

每个区域均用一个等值惯性系数 M，负荷阻尼常数 D，汽轮机以及带有等效速度下降率 R 的调速系统表示。联络线用同步力矩系数 T 表示。正的 ΔP_{12} 表示从区域 1 到 2 的功率传输增加量。这实际上是等效于增加区域 1 的负荷和减小区域 2 的负荷。因此，ΔP_{12} 的反馈对于区域 1 有负的符号而对于区域 2 有正的符号。

两个区域有同样的静态频率偏差（$f-f_0$），对于总的负荷变化 ΔP_L，有

$$\Delta f=\Delta\omega_1=\Delta\omega_2=\frac{-\Delta P_L}{(1/R_1+1/R_2)(D_1+D_2)}$$

考虑到在区域 1 增加负荷 ΔP_{L1} 后的静态值，对于区域 1，有

$$\Delta P_{m1}-\Delta P_{12}-\Delta P_{L1}=\Delta fD_1 \tag{4-43}$$

而对于区域 2

$$\Delta P_{m2}+\Delta P_{12}=\Delta fD_2 \tag{4-44}$$

机械功率的变化取决于调节，因此

$$\Delta P_{m1}=-\frac{\Delta f}{R_1},\qquad \Delta P_{m2}=-\frac{\Delta f}{R_2}$$

将以上两式分别代入式（4 - 43）、式（4 - 44）可得

$$\Delta f\left(\frac{1}{R_1}+D_1\right)=-\Delta P_{12}-\Delta P_{L1}$$

$$\Delta f\left(\frac{1}{R_2}+D_2\right)=\Delta P_{12}$$

解以上两式得

$$\Delta f=\frac{-\Delta P_{L1}}{(1/R_1+D_1)+(1/R_2+D_2)}=\frac{-\Delta P_{L1}}{\beta_1+\beta_2} \tag{4-45}$$

$$\Delta P_{12}=\frac{-\Delta P_{L1}(1/R_2+D_2)}{(1/R_1+D_1)+(1/R_2+D_2)}=\frac{-\Delta P_{L1}\beta_2}{\beta_1+\beta_2} \tag{4-46}$$

式中：β_1 和 β_2 为区域 1 和区域 2 各自的复合频率响应特性。

区域 1 负荷增加 ΔP_{L1} 导致两个区域频率的降低和联络线功率变化 ΔP_{12}。负的 ΔP_{12} 标明功率从区域 2 流向区域 1。联络线上的功率偏差反映了一个区域的调节特性 $\left(\frac{1}{R}+D\right)$ 对另一个区域的影响。

同样，对于区域 2 负荷变化 ΔP_{L2}，有

$$\Delta f=\frac{-\Delta P_{L2}}{\beta_1+\beta_2} \tag{4-47}$$

$$\Delta P_{12}=\frac{-\Delta P_{L2}\beta_2}{\beta_1+\beta_2} \tag{4-48}$$

以上关系式构成了互联系统负荷—频率控制的基础。

3. 联络线频率偏差控制

辅助控制的基本目标是使每个区域的负荷和发电恢复平衡，从而可以同时维持以下条件：

（1）频率在给定值；

（2）邻近区域的纯功率交换在给定值。

辅助控制在理想情况下应仅对所在区域的变化进行校正。换句话讲，假如区域 1 的负荷有所变化，那么辅助控制应只在区域 1 内起作用而不是在区域 2 内起作用。

检验式（4-42）和式（4-45）表明由联络线功率偏差加上一个用偏差因子加权的频率偏差所构成的控制信号可实现预定的目的。这个控制信号称为区域控制误差（ACE）。

从式（4-46）和式（4-47），很明显一个区域的适宜的偏差因子是它的频率响应特性系数 β。因此，区域 2 的区域控制误差为

$$ACE_2 = \Delta P_{21} + K_2 \Delta f$$

其中

$$K_2 = \beta_2 = \frac{1}{R_2} + D_2$$

同样，对区域 1

$$ACE_1 = \Delta P_{12} + K_1 \Delta f$$

其中

$$K_1 = \beta_1 = \frac{1}{R_1} + D_1$$

上各式中：ACE 代表了区域发电量所需的变化；K 为区域频率偏差因子。

二、AGC 的控制模式及区域控制误差

根据 AGC 的控制目标的不同，区域控制偏差的计算方式也不同，从而决定了 AGC 的几种控制模式。

若考虑到 AGC 的辅助调节功能，其 ACE 的计算还可以增加新项，上述的 ACE 计算式为

$$ACE = \Delta P + K_f \Delta f + K_t \Delta t + K_E \Delta E \tag{4-49}$$

式中：ΔP 为联络线交换功率偏差；K_f 为频率偏差返还因子；K_t 为时钟偏差返还因子；Δt 为累计的时钟偏差值；K_E 为电量偏差返还因子；ΔE 为累计的交换电量偏差值。

电网 AGC 控制中常用的几种控制模式的 ACE 计算：

（1）定频率控制（CFC）

$$ACE = K_f \Delta f$$

（2）定联络线交换计划控制（CNI）

$$ACE = \Delta P$$

（3）联络线和频率偏差控制（TLB）

$$ACE = \Delta P + K_f \Delta f$$

显然，对于孤立系统而言，AGC 采用的是定频率控制模式，即自动频率调整；与大系统联合运行的小系统可以采取定功率交换控制模式；而大的联合电力系统采用联络线偏差方式较为合适。在我国的电力调度体制下，网、省的 AGC 协调控制，通常是以上几种控制方式的联合控制，如网调和各省调均为 TLB 方式，或是网调采用 CFC 方式，省调采用 TLB 方式等。

对于计算出的 ACE 值，还要经过一些处理，如低通滤波，以去掉 ACE 中的高频分量，从而减少遥测错误造成的机组频繁调节等，得出的结果才是最终的区域调节功率需求，供机组分配调节。

电网运行中，处于 AGC 控制下的机组，并不都是一种运行模式的。出于系统的实际应用和实际控制的要求，AGC 机组可以有几种不同的运行模式，对应于不同的调节控制任务。

（1）AUTO：机组响应系统的 *ACE* 分量和经济调度分量。

（2）AUTR：机组只响应系统的 *ACE* 分量。

（3）AUTE：机组只响应系统的经济调度分量。

（4）MBP：机组按照调度员设置的目标值运行。

（5）MBPB：机组按照调度员设置的目标值运行，但在 *ACE* 值大于一定程度时，也参加 *ACE* 调节。

（6）TEST：机组进行响应性测试，按照测试设定的数据发出命令，不参加任何调节；这种模式只是用于测试机组对主站 AGC 指令的响应性。

（7）STBY：机组不执行任何控制命令。这种情况通常是由于机组的遥测量故障引起的，如果需要该机组重新投入运行，需由调度员人工干预。

（1）～（5）方式，应用于实际电网 AGC 机组的调节控制；（6）、（7）方式，对应于电网特定情况，通常不用于电网 AGC 调节的实际控制。

以上这些机组控制方式，是电网 AGC 控制中常用的几种控制模式。在实际应用中，可以通过定义新的控制任务，或是修改控制任务，来增加或修改机组的控制模式，以更好地适应不同电网的实际控制需求。

三、AGC 的实施

在现代 AGC 方案中，每个控制区域的控制作用通常由调度中心所决定。如联络线传输功率、系统频率和机组有功功率等信息电传到调度中心，在那里由计算机确定控制方案。控制信号经过同样的传输通道传送到装有 AGC 发电机组。通常是传输可变宽度的升和降脉冲信号给机组。然后电厂的控制装置上、下改变机组的参考设定值以正比于脉冲宽度。

1. ACE 的滤波

对于负荷的快速的随机波动，发电机并不需要响应，ACE 也如此。实际上对这些随机信号的响应的控制行为并不减少 ACE 但会不断地造成调速器电动机和汽轮机阀门的不必要磨损。因此，AGC 程序通常要使用滤波器滤去随机波动，并用平滑 ACE 以控制发电功率。

通常的方法是以降低响应速度为代价，用低阶滤波器来减少噪声。

2. 速度限制

为建立 AGC 信号，应认识到发电机功率的变化速度是有限制的。这对于火电机组特别重要，其机械和热应力就是限制因素。火电机组的最大负荷率是 2%*MCR*/min（最大连续额定值）水平。对水电机组，最大负荷率是 100%*MCR*/min。

3. AGC 机组功率的分配及控制命令的下送

AGC 对机组功率的分配包括两个部分：

（1）按经济调度原则分配计划负荷和计划外负荷，给出机组的基点功率值。

（2）将计算出来的 *ACE* 值按机组的调节性能分配给各 AGC 可调节机组。

对于区域控制误差 *ACE*，AGC 发出的调节功率 P_R 按比例积分式计算，即

$$P_{R,i} = G_{I,i}\int_t^0 ACE_i\,dt + G_{P,i}ACE_i = P_{I,i} + P_{P,i} \tag{4-50}$$

式中：$G_{I,i}$为区域 i 的积分增益；$G_{P,i}$为区域 i 的比例增益；$P_{I,i}$为区域 i 的稳态调节功率；

$P_{P,i}$为区域i的暂态调节功率。

区域i的AGC调节功率可按下面的线性公式分配到区域i中的各可调节机组中，即

$$P_{S,ij}=P_{0,ij}+(\alpha_{ij}P_{I,j}+\beta_{ij}P_{p,i}) \tag{4-51}$$

式中：$P_{S,ij}$为区域i机组j的新计算出的功率设定值；$P_{0,ij}$为区域i机组j的当前实发功率。

α_{ij}为区域i机组j的经济负荷分配系数，它反比于该机组的发电费用微增率，并且满足下列约束条件，即

$$\sum_{j\in i}\alpha_{ij}=1$$

β_{ij}为区域i机组j的调节分配系数，且满足下列约束条件，即

$$\sum_{j\in i}\beta_{ij}=1$$

机组i的发电功率变化值

$$\Delta P_{S,ij}=P_{S,ij}-P_{0,ij}$$

在给AGC机组下送功率设定值之前，通常还有两个检测：

(1) 判定新计算出来的功率设定值是否超过了该机组实际可调范围，如果是，则以该机组的实际调节限值作为功率设定值发送。

(2) 判定机组的功率设定值与实际发电功率值之间的偏差是否大于该机组最大允许调节变化量，如果是，则以实际功率功率值与该机组的最大调节变化量的代数和作为该机组的功率设定值。

经过这样的检查，可以保证向机组所发送的发电设定值是在其可调节范围之内，同时发电功率的变化速率也是该机组可以实现的，以确保AGC机组调节时的安全性。

4. 系统备用容量计算

AGC可以根据机组的有关设备参数和实际运行数据计算出系统的各种备用情况，可供电网调度运行人员在控制电网运行时，能掌握电网的调节性能。

AGC提供的备用容量可有以下几种：

(1) 系统10min调节备用容量。

(2) 系统5min调节备用容量。

(3) 运行旋转备用容量。

通常，AGC中的备用监视模块每5min启动一次，计算出系统中的旋转备用容量和运行备用容量。当系统备用容量不足时，产生相应的告警提示信息，提醒电网调度运行人员，目前系统的备用容量不足，需进行相应的调整。对于调节备用容量的不足，还可进行自动调整，其方法是将快速可调机组（如水电机组、燃气轮机等）所带的负荷转移到慢速机组（如火电机组）之上，留出快速调节机组的发电能力作为旋转备用。

四、AGC功能的扩展

AGC经过电力系统的多年应用，在电网调度系统中发挥了很大的作用。但是，传统的AGC功能只能在系统负荷、发电功率或者联络线净交换功率发生变化以后才进行调节。这样，AGC的调节总是滞后于系统的实际变化，其结果是导致机组频繁调节，增加了机组的运行成本。这在发电商参与电力市场竞争中尤被关注，因为在电力市场中AGC的辅助调节是要付费的。因此，现在的AGC功能中应当增加一个超短期负荷预计模块，以实现所谓的AGC“预调节功能”。其方法是：

（1）超短期负荷预计每 5min 启动一次，计算出从当前时间开始往后每 5min 一点，1h 内的负荷预计值。

（2）以超短期负荷预计所得出的负荷值和联络线交换功率计划值作为系统负荷进行经济调度计算，并以此结果作为基点功率进行系统调节。

这样，AGC 可以对 5min 后的系统负荷和联络线交换计划提前作出响应，使得 AGC 的调节具有了相对的“超前性”，系统调节将更加平滑、快速。另外，随着电力体制改革的发展和深化，发电侧开放的电力市场即将投入使用。电力市场中的关键杠杆是发电单位的上网电价及其提供的辅助服务的电价，机组的经济调度已不再是电网调度机构所关心的主要问题。电网调度中心作为电力市场中唯一的购电者，所关心的只是在满足系统安全、稳定运行的约束（包括系统的各种备用容量等）条件下，购电成本最小。因此，AGC 中经济调度模块将不再考虑机组的煤耗微增率，而是以上网电价和 AGC 等辅助服务价格来代替。因此，AGC 模块中还将增加与网络分析模块的接口，以接收电力市场运营系统提供的 AGC 机组的各种机组参数，为电网 AGC 调节提供更多的运行信息。

思考题

1. 应当如何理解电力系统频率调节的重要性？

2. 什么是电力系统负荷的频率调节效应？它有什么作用？如何衡量其大小？

3. 在多机参与调频的系统中，为什么发电机调速器要具备下降特性？

4. 简述一次调频和二次调频的基本概念和作用。

5. 发电机调速器的调节特性应当有一定的不灵敏，为什么？

6. 试分析比较水轮机调速系统与汽轮机调速系统的原理和结构的异同。

7. 简述电力系统自动调频的频率积差调节法的调节准则、调频过程及其实现方式。

8. 什么是电力系统自动发电控制？如何通过其实现电力系统经济调度？

9. 什么是区域控制误差 ACE？简述 ACE 在电力系统调频中的意义。

10. 讨论具有多个区域的电力系统区域控制误差 ACE 的方程。

11. 简述 AGC“预调节功能”的实现方法，对其作用和效果作出评价。

12. 某电力系统中，占总容量 30%的机组已满载；占总容量 30%的火电厂尚有 30%的备用容量，单位调节功率为 10；占总容量 40%的水电厂尚有 20%的备用容量，单位调节功率为 40。系统有功负荷的频率调节效应系数为 1.5。试求：系统负荷增加 12%时，一次调频结束后系统频率稳定在多少？有备用容量的火电厂和水电厂各增加多少功率？负荷的频率调节效应调节多少功率？

第五章 电网调度自动化

第一节 概 述

电力系统调度是电力系统生产运行的重要指挥部门，并通过电网调度自动化系统来实现。电网调度自动化系统连接发电、输电、变电环节，将发电厂和变电站的远方终端采集到的电网运行的实时信息，通过信道传输到调度中心的主站系统，主站系统可以通过远方终端对输电网进行数据采集和实行远程控制，根据收集到的全网信息进行分析，实施电网能量管理系统的功能，对电网的运行状态进行状态估计、安全性分析与控制、负荷预测以及自动发电控制、经济调度控制、调度员模拟培训等。

为了调度控制电力系统，需要对电力系统的运行状态进行分类，并明确在不同运行状态下应如何对电力系统实行控制。在讨论电力系统的调度控制功能以前，先简要分析电力系统的运行状态及调度控制的基本内容。

一、电力系统的运行状态

电力系统的运行状态一般可用包含电力系统状态变量、运行参数和结构参数的三组方程式组来描述。一组微分方程式组用来描述系统元件及其控制的动态规律，比如描述同步发电机的电磁暂态方程组和转子运动方程组。两组代数方程组则分别构成电力系统运行的等式和不等式约束条件。所谓等式约束条件就是系统发出的总的有功功率和无功功率应在任一时刻都与系统中随机变化着的总的有功负荷和无功负荷（包括线损）相等，这是电力系统正常运行的必要条件，可用下列代数方程表示

$$\sum_i P_{Gi} - \sum_j P_{Lj} - \sum_k \Delta P_{Sk} = 0 \tag{5-1}$$

$$\sum_i Q_{Gi} - \sum_j Q_{Lj} - \sum_k \Delta Q_{Sk} = 0 \tag{5-2}$$

式中：P_G，Q_G 为发电机或其他电源设备发出的有功和无功功率；P_L，Q_L 为各种负荷的有功和无功功率；ΔP_S，ΔQ_S 为电力系统中各种有功和无功功率的损耗。

所谓不等式约束条件就是在系统正常运行条件下涉及系统安全运行的某些参数（如母线电压，线路潮流等），应处于系统或设备安全运行的允许范围（上限及下限）之内，例如

$$\begin{cases} f_{\min} \leqslant f \leqslant f_{\max} \\ U_{i\min} \leqslant U_i \leqslant U_{i\max} \\ P_{Gi\min} \leqslant P_{Gi} \leqslant P_{Gi\max} \\ Q_{Gi\min} \leqslant Q_{Gi} \leqslant Q_{Gi\max} \\ S_{ij\min} \leqslant S_{ij} \leqslant S_{ij\max} \end{cases} \tag{5-3}$$

式中：f、$f_{\max}$、$f_{\min}$ 为系统频率及其上、下限制；U_i、$U_{i\max}$、$U_{i\min}$ 为母线电压及其上、下限值；P_{Gi}、$P_{Gi\max}$、$P_{Gi\min}$ 为发电机有功功率及其上、下限值；Q_{Gi}、$Q_{Gi\max}$、$Q_{Gi\min}$ 为发电机等无功电源的无功功率及其上、下限值；S_{ij}、$S_{ij\max}$、$S_{ij\min}$ 为线路 $i \sim j$ 的功率潮流及其上、下限值。

电力系统的运行状态一般分为正常运行状态、警戒状态、紧急状态、崩溃状态和恢复状态等。图 5-1 表示了电力系统的运行状态及其相应的转换关系。

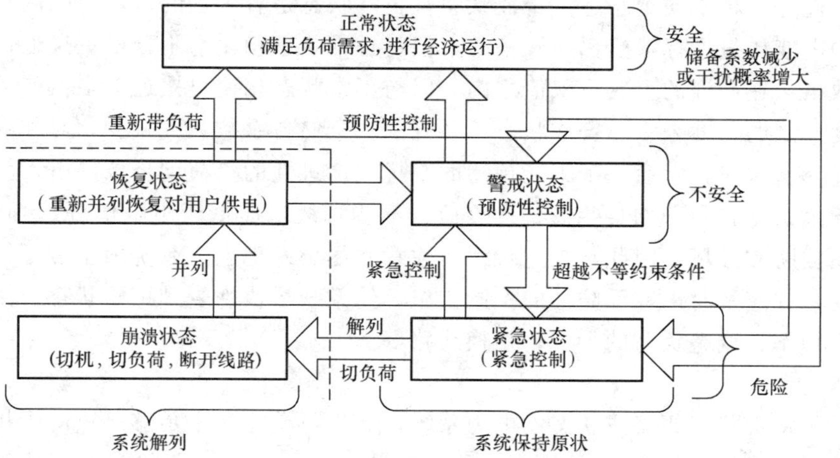

图 5-1　电力系统运行状态示意图

1. 正常运行状态

在正常运行状态下，电力系统满足所有上述约束条件，表明电力系统能以质量（电压和频率）合格的电能满足负荷的用电需求。也就是说，电力系统中总的有功和无功出力能和负荷总的有功和无功功率的需求达到平衡，同时电力系统的各母线电压和频率均在正常运行的允许偏移范围内，各电源设备和输变电设备又均在规定的限额内运行。在这种状态下，发电设备及输变电设备均有足够的备用裕量使系统具有适当的安全水平，能承受正常的干扰（如无故障断开一条线路或发电机），而不致进一步产生有害的后果（如设备过负荷）。在正常的干扰下，系统能达到一新的正常运行状态。电力系统运行的目的就是尽量维持正常运行状态。

在正常运行状态下，电力系统对每时每刻的不大的负荷变化的反应可以认为是电力系统从一个正常状态连续变化到另一个正常状态，变化的主要目的就是使发电的功率与负荷（包括线损）的需要相适应；同时，还应在保证安全的条件下，实现电力系统的经济运行。

2. 警戒状态

当由于以下因素，使电力系统中的某些电气设备的备用容量减少到使电力系统的安全水平不能承受正常干扰的程度时，电力系统就进入了警戒状态。

（1）当负荷增加过多，或发电机组因出现故障不能继续运行而计划外停运，或者因发电机、变压器、输电线路等电气设备的运行环境恶化（如计划外负荷的增加、燃料供应不足、发电机计划外的停运）以及外界条件（如循环水温升高）等原因而使发电机功率降低。

（2）由于辅机故障而使发电机功率减少。

（3）计划外的输电线或变压器的断开。

（4）负荷的不正常分配。

（5）由于高温等自然现象而减少送电能力。

（6）变更检修。

（7）风暴、水灾、地震等自然灾害，以及社会治安等。

在警戒状态下，电力系统运行的各种等式和不等式约束条件均能满足，仍能向用户供应质量合格的电能。从用户的角度看电力系统仍处于正常状态，但从电力系统调度控制来看，警戒状态已经是一种不安全状态。警戒状态与正常状态是有区别的，两者的区别在于：①警戒状态下的电能质量指标虽然仍是合格的，但与正常状态相比与不合格更接近；②电力设备的运行参数虽然在允许的上、下限值之内，但与正常状态相比更接近上限值或下限值。从电力系统调度控制的角度来看，警戒状态下系统的安全储备系数大大减少，对外界干扰的抵抗能力削弱了。所以，在随后一个不能预测的干扰或渐进性的负荷增长条件下，就有可能使某些不等式约束条件越限（如某些设备过负荷、某些母线电压低于下限值等），而使系统的安全运行受到威胁和破坏。因此，在运行中要注意并尽早发现电力系统由正常运行状态向警戒状态的转变，并应及时采取预防性的控制措施，使系统尽快恢复到正常状态。例如，增加和调整发电机功率，调整负荷的配置，切换线路等。

3. 紧急状态

一个处于正常状态或警戒状态的电力系统，如果再受到一个足够严重的干扰（例如短路故障，切除大容量机组等），系统则有可能进入紧急状态。在紧急状态下，某些不等式约束条件将遭到破坏，如线路潮流或系统其他元件的负荷超过极限值，系统电压或频率超过或低于允许值等。这时的等式约束条件仍能得到满足，系统中的发电机仍能继续同步运行，可不切负荷。

紧急状态下的电力系统是危险的，电力系统调度控制应尽快消除故障的影响，及时而正确地采取一系列紧急控制措施，则仍有可能使系统恢复到警戒状态或正常状态。

4. 崩溃状态

在紧急状态下，如果不能及时采取适当的控制措施，或者这些措施不够有效，或者初始的干扰及其所产生的连锁反应十分严重，则系统有可能失去稳定。在这种情况下，为不使事故进一步扩大并保证对部分重要负荷供电，电力系统中的自动解列装置可能动作，调度人员也可以进行调度控制，将一个并联运行的电力系统解列成若干个子系统运行。这时电力系统就进入了崩溃状态。此时，由于各子系统功率和负荷间的不平衡，不得不大量切除负荷或发电机，造成大面积停电，从而导致全系统的崩溃。

系统在崩溃状态下，解列成的各子系统中等式及不等式约束条件均遭到破坏。一些子系统由于电源功率不足，不得不大量切除负荷；而另一些子系统则可能由于电源功率大大超过负荷而不得不让部分发电机组解列。

系统崩溃时，电力系统安全控制的功能应尽可能避免连锁性的事故发展，挽救系统各解列部分，使其能维持部分供电，避免系统瓦解。电力系统瓦解是由于不可控制的解列而造成的大面积停电状态。

5. 恢复状态

在系统崩溃后，借助继电保护和自动装置将故障区隔离，防止事故进一步扩大。此时一部分子系统仍维持孤立运行，还可能另有部分子系统（分区）全部停电，处于全“黑”状态，必须在不依赖别的系统和电源帮助下，通过系统中具有自启动能力的发电机组启动，带动无自启动能力的发电机组，逐渐扩大系统恢复范围，大面积停电的子系统自恢复通俗地称为“黑启动”。待各子电力系统大体上稳定后，如果仍有部分设备运行于额定能力范围之内，或者若干设备已重新启动，则系统可进入恢复状态。这时，对于仍接在系统中的设备，相等约束条件已能满足，但部分用户停电，或者部分发电机或线路（变压器）处于断开状态，或者电力系统已分解成几个部分。此时应采取各种恢复输出功率和送电能力的措施，迅速而平滑地对用户恢复供电，使分开的系统重新并列。根据系统的实际情况，从这种状态可恢复到正常状态或警戒状态。

目前，对电力系统的运行状态没有严格和统一的定义。上面介绍的五种运行状态只是一种分类的方法，至于从一种状态转移到另一种状态也有很大的假定性。但是，通过这种电力系统运行状态的分析，可以比较清楚地了解电力系统运行的概念及在各种情况下控制的特点，为下面各部分内容的分析打下基础。

二、电力系统调度控制的主要目标和基本内容

电力系统调度控制的基本任务，就是根据电力系统实时的运行状态和相应的运行目标提出调度控制任务和措施。在上述每种电力系统运行状态下，都将提出不同的调度控制目标，采取不同的控制措施。

1. 电力系统调度控制的主要目标

在电力系统运行中，一般有下列几个主要的目标：

（1）满足用户供电需要，保证供电的数量和电能质量（电压和频率）。

（2）系统安全性，保证连续、稳定的系统功能。

（3）最小运行成本（发电和输变电）。

（4）环境保护（使其对环境和生态的影响最小）。

（5）节约燃料和其他资源。

在不同的电力系统运行状态下，对上述各调度控制目标的要求是不同的，所以电力系统调度控制可以看成是一个随着电力系统状态变化而变的多目标优化问题。上述五个目标是不可相比的，有时彼此还是矛盾的，在不同的运行状态下，目标的优先级也是不一样的。

在正常运行状态下，满足用户供电需求是一个硬性的约束条件，但是在紧急状态下，当不能满足供电需要时，要有选择地切除一部分不重要的负荷，以保证重要负荷的供电（如交通、医院、连续生产的工厂）和全系统的安全。

几十年来，以最小成本为目的的经济运行一直是一个重要的运行目标。20 世纪 60 年代后期，由于电力系统的不断增大，系统故障的危害性增大，安全性受到重视。运行人员意识到加在经济运行上的安全性限制，例如在安排功率计划时应保证每一地区的最大负荷和避免主要干线的过负荷。在正常状态下，由于一般有足够的功率，所以主要的目标是受安全约束的最小成本。在实际的正常运行条件下，安全性目标可能是很起作用的，也可能不甚引人注目。但在警戒状态下，安全约束就很重要了。在功率不足时，就需要注意受安全和燃料约束的最大供电负荷。在紧急状态下，需要使全系统得到最大的安全性，而在解列状态，则要保护设备。在这些情况下，最小发电成本将不是主要的目标。

在一些工业发达国家的现代化调度控制中，已提出电力系统运行对环境和生态的影响问题，使运行调度问题更加复杂化。环境影响问题主要应在设计阶段考虑，但在运行过程中对环境也有一定的影响。因为发电厂在生产过程中将产生相当数量的固体和气体废料，导致空气和水的污染，所以要控制诸如烟气成分（SO_2、CO_2、NO_x、粒子含量）、温度、扩散速度、冷却水的流出温度和流速、噪声等。要注意的是上述量的瞬时水平或速率，或者平均水平。

节约燃料与燃料的供应条件、价格等因素有关，并与国家的能源政策有关，例如由于燃油的限制而改为燃煤发电，在城市、旅游景区附近改用天然气发电等。

2. 电力系统调度控制的基本内容

电力系统的调度控制就是在电力系统的不同状态下为达到相应的运行目标而对电力系统运行进行的控制调节工作，其基本内容可分为三方面：

（1）短期运行计划。从几个小时到几个月的短期运行计划，是在考虑能源资源的可用性、负荷预测、功率计划和机组开停机计划、交换功率计划、无功功率计划、网络配置和开关操作计划等条件下制定的调度计划，其目的是在保证供电质量及系统安全可靠的前提下，使系统的运行费用为最少。

负荷预测应考虑社会工农业发展趋势及天气预报等。

能源资源的可用性包括燃料的供应条件，价格的变化，水资源情况以及环境保护要求等。

在运行计划中还要考虑负荷分布及电力网的限制，检修计划，机组的可用率及输出容量的限制，在有水电厂的系统中还包括水流来量的预测，航运及防洪限制，所需调节容量积聚的快慢等。

（2）实时运行控制。实时运行控制是为了实现预定计划，并监视和控制电力系统，使符合实时需要，包括对机组功率、负荷、频率和电压的监视（包括上、下限值的校核），以及保护系统的动作、设备的损坏等的监视，通过操作和控制，调整和重新安排功率及网络结构。要保证瞬时的功率供需平衡，使电能保持额定频率，这也叫频率控制，是系统稳定运行的必要条件。

为保证电力系统的电压水平，控制中心要监视电压并调节或操作切换无功功率电源（如发电机励磁系统、并联电容器等）。控制中心的作用除正常监视有功和无功功率负荷外，还要准备系统经受可能出现的事故。每一个电力系统均有各自的设计判据和安全运行准则，一般要求系统能承受：①发电机组的断开；②输电线路或变压器的断开；③各种瞬时性故障。

在故障情况下，调度控制中心的运行人员应采取相应的措施，如改变输出功率，变更网络结构等。在故障消除后，则要迅速恢复系统的正常供电。

（3）运行报表及事故处理记录。运行报表是为了向运行人员及有关机构提供运行报告和统计资料与数据。事故记录可按事故发生的时间及性质分类，使运行人员能及时确定故障发生的地点及其原因。此外，事故数据的记录（如电压、潮流）有助于事故后的系统恢复，以及事后的分析。

三、电力系统的分层调度

从理论上讲，可以对电力系统实行集中调度控制，也可以实行分层调度控制。所谓集中调度控制就是将电力系统内所有发电厂和变电站的信息都集中在一个调度控制中心，由一个调度控制中心对整个电力系统进行调度控制。从经济上看，由于电力系统的设备在地理位置上分布很广，通过远距离通道将所有的信息传输并集中到一个点，投资和运行费都比较高；从技术上看，将数量很大的信息集中在一个调度中心，调度人员不可能全部顾及和处理，即使使用计算机辅助处理，也会占用计算机大量的内存和处理时间；此外，从数据传输的可靠性看，传输距离越远，受干扰的机会就越大，数据出现错误的机会也就越大。鉴于集中调度控制的缺点，目前世界各国的大型电力系统都是采用分层调度控制。国际电工委员会标准

(IEC 870-1-1)提出的典型分层结构就是将电力系统调度中心分为主调度中心(Main Control Center,MCC)、区域调度中心(Regional Control Center,RCC)和地区调度中心(District Control Center,DCC)三层。

1. 我国电力系统的分层调度

我国的大电力系统也分为三级调度,即大区电网调度中心(简称网调)、省调度中心(简称省调)和地区调度所(简称地调),其隶属结构如图 5-2 所示。从管理层面上划分,也可将我国电力系统调度划分为国家电力调度中心(简称国调)、网调、省调、地调和县级调度(县调)五级,顶层的国调对各大网调进行指导和协调,控制大区电网联络线潮流,一般不直接控制发电厂和变电站。分层调度控制将全电力系统的监视控制任务分配给属于不同层次的调度中心。下一层调度根据上一层调度中心的命令,结合本层电力系统的实际情况,完成本层次的调度控制任务,同时向上层调度传递所需信息。按照电力系统调度的分层控制管理办法,电力系统调度由各网调、省调、地调对系统的运行进行统一调度指挥,使电力系统的运行能随时满足发、供电要求,保证供电质量,并提高系统运行的安全性和经济性。电力系统调度自动化系统基本上是和调度体制的分层分级结构一致的,即分为网调、省调、地调的调度计算机系统。

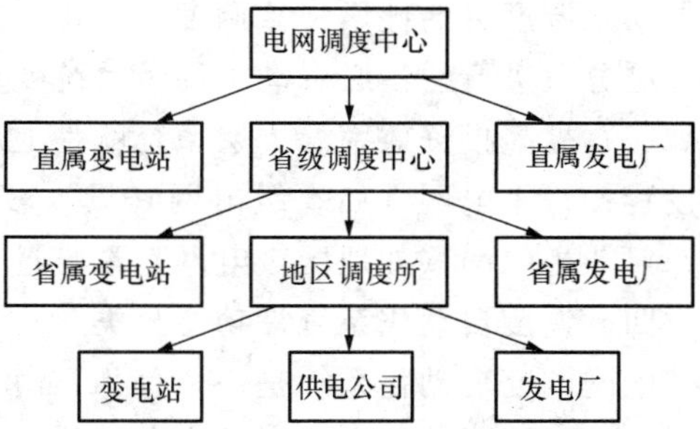

图 5-2 我国分级调度隶属结构

2. 我国分层调度的优点

我国的分层分级调度控制在技术上的优点是:

(1)便于协调调度控制。电力系统调度控制的任务有全局性的,也有局部性的,但大量的则是属于局部性的。分层调度控制将大量的局部性调度控制任务由下层相应的调度机构完成,而全系统性或跨地区的调度控制可以由上层相应的机构完成。这种结构模式便于协调电力系统的调度与控制。同时,电力系统不断扩大,运行信息大量增加,分层调度控制各层次的调度控制中心根据各自分担的调度控制任务采集和处理相应的信息,可以大大地提高信息传输和处理的效能。

这样的分层分级调度自动化系统和电力系统本身的组织结构一致,能适应电能生产的内部特点。一般地,高压电网输送的功率大,对电网的全局的影响较大;而低压网络主要起分配电能的作用,低压网络事故对全局的影响较小。另外,高压网络的结构简单,但调度人员对它却倍加注意;低压网络虽然结构复杂,线路繁多,但相对重要性差得多,分层以后,便于把更大力量加强到重要层次的调度自动化系统上,以提高系统运行的自动化水平。

(2)便于提高系统运行的可靠性。调度自动化系统是连续工作的,采用分层调度控制方式,每一个调度控制中心或调度所都有一套相应的调度自动化系统收集自己管辖范围内电力系统运行状态信息,完成所分工的调度任务。当某一调度所自动化系统出现故障或停运时,只影响它分工的那一部分,而其他调度控制中心的调度自动化系统仍然照常工作,这样提高了整个系统的可靠性。

(3)提高实时响应的速度。电力系统调度控制的实时性是很重要的,事故处理、负荷调度、不正常运行状态的改善和消除都必须在一定的时间内完成。电力系统的规模大、结构复杂，分层之后可以把任务分散，每层的调度自动化系统只处理自己所管辖的区域的调度控制任务，同一层次的调度自动化系统可以平行地同时独立工作，每个子系统任务减轻了，实时响应速度可以大大提高。

（4）调度灵活性增强。调度自动化系统分层分级以后，系统扩大、改造、功能升级都可以分层分散进行，不必牵动全局，系统变更的灵活性增强了。

（5）提高投资效率。下层系统就是上层系统的基础，逐级地建设调度自动化系统不需重复设置；对主电网（如省级电网）投入较多的资金，配置性能好、功能强的调度自动化系统，对非主电网（如地区级电网）不必过分追求高性能的系统。

四、调度自动化系统按功能分类

电网调度自动化系统是一个总称，由于各个电网的具体情况不同，可以采用不同规格、不同档次、不同功能的电网调度自动化系统。其中最基本的一种称为监视控制与数据采集系统（Superrisory Control and Date Acquisition System，SCADA），而功能最完善的一种被称为能量管理系统（EMS）。也有的是在 SCADA 的基础上，增加了一些功能，如自动发电控制（AGC），经济调度（EDC）等。

1. 监视控制与数据采集系统（SCADA）

SCADA 系统主要包括以下一些功能：①数据采集（遥测、遥信）；②信息显示（CRT 或动态模拟屏）；③远方控制（遥控、遥调）；④监视及越限报警；⑤信息的存储及报告；⑥事件顺序记录（Sequence of Events，SOE）；⑦数据计算；⑧事故追忆（Disturbance Data Recording，DDR），亦称扰动后追忆 PDR。

2. SCADA＋AGC/EDC

AGC/EDC 是指自动发电控制/经济调度功能，是为了实现下列目标：①使全系统的发电功率紧紧跟踪系统负荷；②将电力系统的频率误差调整到零；③在所控制的区域内分配系统发电功率，保持与其他系统的联络线潮流为合同预定值；④在所控制的区域内向各发电机组分配功率，使本区域运行成本为最小。

在 SCADA 系统的基础之上增加 AGC/EDC 功能可以实现对电力系统的实时闭环控制。AGC 程序几秒钟执行一次。经济调度最初仅是利用计算机进行离线计算，而现在已成为几分钟就运算一次的在线程序。

3. 能量管理系统（EMS）

EMS 主要包括 SCADA、AGC/EDC、状态估计（State Estimation，SE）、网络拓扑、网络化简、偶然事故分析、自动电压/无功控制（AVC）、静态和动态安全分析、在线潮流（On-Line Load Flow，OLF）、最佳潮流（Optimal Power Flow，OPF）以及调度员培训仿真（Dispatcher Training Simulator，DTS）等一系列功能。一般将状态估计及其后面的一些功能称为电网调度自动化系统的高级应用功能，相应的这些程序被称为电力应用软件（Power Application Software，PAS）。能量管理系统（EMS）所涵盖的功能也在不断地发展着，随着新技术、新要求的出现，EMS 中的功能会不断增加。一般认为，增加了状态估计功能之后系统才可能运行安全分析等高级软件，也才可以称为能量管理系统。

电网调度自动化的典型硬件系统应由三部分构成，即调度端（主站端）、信道设备和厂站端（远方终端），其核心是计算机网络系统。其硬件构成如图 5-3 所示。详细内容在本章以后各节中介绍。

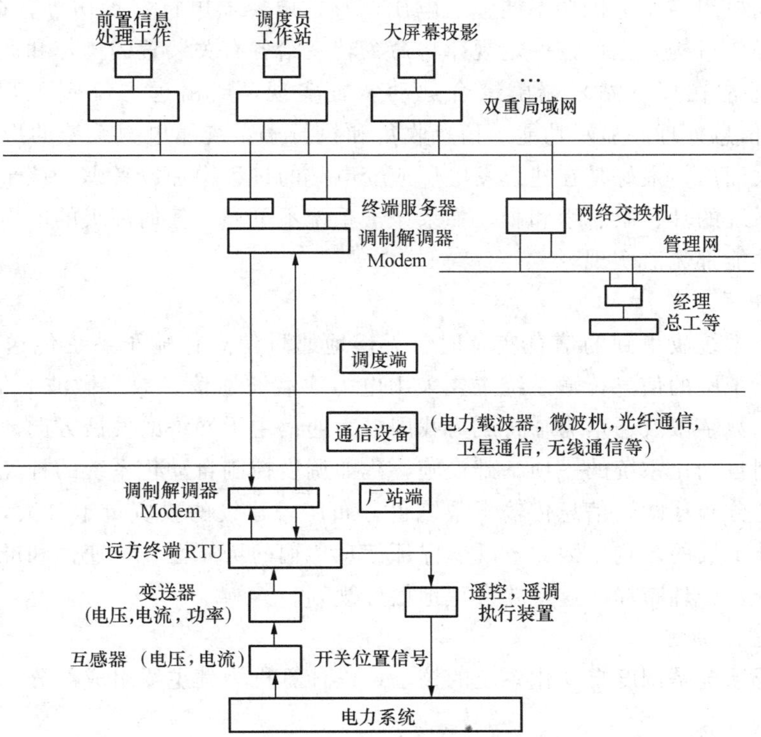

图 5-3　电网调度自动化系统硬件构成

五、调度自动化系统的基本结构

以远动系统为基础，以计算机为核心，组成了电力系统调度自动化系统。以计算机为中心的电力系统调度控制自动化系统的基本结构如图 5-4 所示。在这个系统中可根据其完成功能的不同，分为四个子系统：①信息收集和执行子系统；②信息传输子系统；③信息处理子系统；④人机联系子系统。

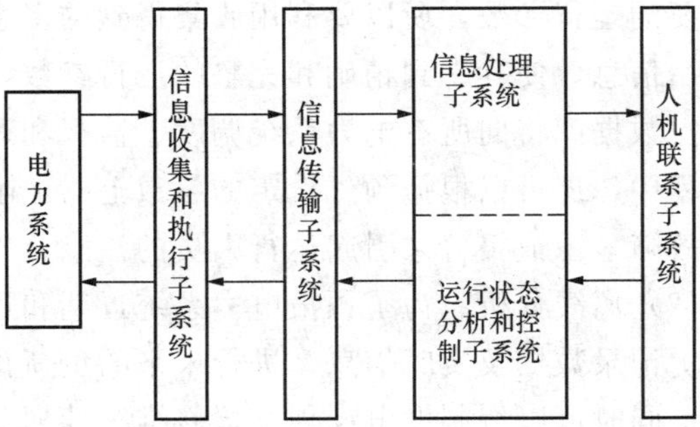

图 5-4　电力系统调度控制自动化系统的基本结构

1. 信息收集和执行子系统

信息收集和执行子系统的作用是在电力系统中各发电厂、变电站或线路上收集各种表征电力系统运行状态的实时信息，并根据运行需要向调度控制中心提供各种监视、分析和控制电力系统所需要的信息。电力系统的运行状态（如频率、电压、功率潮流、断路器状态等）将通过远动装置传送到调度控制中心。在现代化的电力系统调度控制系统中还应包括与电力系统运行有关的周围环境的信息，如温度、湿度、云层覆盖度等。所有这些信息可以是直接由远动装置所在的厂（站）收集的，也可以是下一级控制中心转送来的信息。现在，一般在厂（站）都设有以微机为核心的远方终端（Remote Terminal Unit，RTU），因此所传送的信息都是已经处理和加工过的信息。

该子系统同时接受上级控制中心根据运行的需要而发出的操作、调节或控制命令，例如开关操作、启动机组、发电机功率调整、电压调整、电容器电抗器投切等。在接到命令后，可直接作用于操作机构，也可按一定规律将命令转发给各有关装置的操作和调节机构。

上述功能通常在厂（站）端由综合远动装置实现，或由远方终端 RTU 实现。一般 RTU 具有当地信息处理和显示功能。信息收集和执行子系统属电力系统的厂（站）基础自动化工作，量大面广，最好是在建设发电厂或变电站的过程中加以考虑。该子系统相当于调度控制自动化系统的耳、眼、手和脚，如果该子系统不可靠，任何高级的电力系统的调度控制自动化系统功能都无法实现。

2. 信息传输子系统

信息收集子系统收集到的信息应及时、无误地通过信息传输子系统传送给调度控制中心。现代电力系统中的信息传输系统主要采用电力线载波通信、数字微波通信和光纤通信，光纤通信为主、数字微波通信为辅将成为我国电力通信主干网络的发展方向。信息传输子系统也是调度控制自动化系统的一项基础设施，犹如调度控制自动化系统的神经系统，由于电力系统在地域上分布辽阔，信息传输子系统也分布广，建设的投资量十分大，而且受天气、环境及其他意外事故的影响。因此，既要保证信息传输的可靠性、快速性和准确性，又要尽可能地节省投资，合理布局，这就要合理地做好规划。

3. 信息处理子系统

信息处理子系统是调度自动化系统的核心，以计算机为其主要组成部分。它要完成的基本功能如下：

（1）实时信息处理。对采集到的信息需要进行加工处理，因为在实时信息中不可避免地包含有误差（测量误差、传输误差、外界干扰等），加上设备条件的限制，不可能收集到所有需要的运行参数，所以要利用收集得到的多余信息，通过状态估计等技术，消除误差，改进原始信息，使其得到精确和完整的运行参数，并将其存储在反映电力系统实时状态的数据库中。数据库将向所有电力系统调度、监视和运行控制计算提供统一的正确数据。在信息处理过程中，还可以根据预先设定的参数上、下限值，校核实时信息，当超出上、下限时，将通过故障显示或报警来引起运行人员的注意，以便及时采取相应的控制措施。

（2）离线分析。为了预报电力系统近期和远期的未来运行状态，可以根据数据库中保存的历史记录数据及实时信息，进行未来的负荷预测计算，为未来的经济运行和安全分析提供依据；同时可以编制发电计划、检修维护计划、水库调度计划以及进行各种统计数据的整理分析。

（3）电能质量的分析计算。电能质量的分析计算功能包括两部分：一部分是控制发电厂功率的分配，以达到维持系统频率为额定值和联络线的交换功率为给定值。这种过程大约几秒钟要执行一次，计算的结果将对所控制的机组发出增加或降低出力的控制信号。现在这将由自动发电控制（Automatic Generation Control，AGC）来完成。另一部分电能质量分析计算的功能是实现电压和无功功率的自动控制，它是通过调节发电机励磁、变压器分接头和并联电容器（或电抗器）来调节电压，并使线损为最小。在实际运行中，定期地校验电压，当发现电压偏移超出规定范围时，就去启动控制电压的计算，还可以定期地进行最小线损计算和控制。

（4）经济调度计算。一般几分钟进行一次，由计算机确定各发电厂的经济负荷分配，使全系统的发电成本为最小，或由计算机作出决策，如何调整系统中的可调变量，使系统运行在最经济的状态。

(5) 运行状态安全性的分析和校正。它包括安全监测、安全分析和安全校正三种功能。安全监测是调度员经常要做的工作，它的功能是在线识别和显示电力系统的实际运行状态（正常、警戒、紧急、恢复和崩溃状态）。最一般的监视方法是校核有关运行参数的上、下限，以确定是否临近危险的运行方式。在操作后（操作信号可由运行人员通过人机联系设备直接给出，或者通过下一级调度中心或发电厂、变电站运行人员执行），可以通过安全监视来验证操作的正确性。

安全分析的功能是确定电力系统当前运行状态是否安全。预防性安全分析就是在一组假想事故分析（例如在断开一台发电机后）的基础上，确定电力系统的安全性。在安全分析中可分为静态安全分析和动态安全分析两种。目前一般仅限于静态安全分析，用以校核设备的过负荷及频率和电压水平的偏移，看在预想事故下系统是否仍然处于安全运行状态，如果出现不安全运行状态，由安全校正功能确定使电力系统保持安全的校正措施，以便在发生故障的情况下提出处理的对策，在故障后的恢复期间提出合理的恢复步骤。

4. 人机联系子系统

计算机分析的结果如何以对调度员最为方便的形式显示给调度员，这是通过人机联系子系统来完成的。通过人机联系子系统，为调度员提供完整的电力系统实时状态信息，调度员随时可以了解其所关心的量，随时掌握系统运行情况，通过各种信息作出判断，并以十分方便的方式下达决策命令，实现对系统的实时控制。通过人机联系子系统使调度人员与电力系统及其控制和调度自动化系统构成一个整体，使运行人员在充分利用现代化监控手段的基础上充分发挥其对电力系统的调度和控制作用。

人机联系子系统包括模拟盘、图形显示器、控制台键盘、音响报警系统、记录打印绘图系统。更现代的图形显示系统可以像摄像机一样放大和缩小画面，开窗口，十分方便。虽然可以将整个电力系统调度控制自动化系统分为上述四个子系统来讨论，但是在实际运行中只有将注意力放在整个系统上才能充分发挥调度自动化系统的全面作用和其实用性，缺少任何一部分系统就不是完整的，就不能正常运转。例如，如果只注意计算机系统的配置，而忽视了其他子系统的配置，那么，计算机系统所取得的信息，不是数量上不足，就是精度不完全达到标准，因此人机联系子系统所提供的信息就不能作为调度、分析计算或统计工作的依据。

六、电力系统调度自动化的发展

电力系统调度自动化又称电网调度自动化，是伴随着电力系统的发展而发展起来的。在最初形成电力系统时，由于通信设备等技术装备的限制（如只有电话），上行、下行信息都是通过电话传送，电力系统所属各发电厂和变电站运行值班人员定时打电话向系统调度人员报告本厂站的各种运行数据，系统调度员需要花很多时间才能掌握有限的代表电力系统运行状态的信息。为了保证电力系统运行的可靠性，在事故情况下，除了继电保护装置、电源和负荷的紧急控制装置外，大多依靠调度人员和发电厂、变电站的运行人员根据这些有限的、非实时的信息和运行经验，作出判断，选择合适的运行方式，再通过电话下达到各厂站进行相应的控制和操作。电力系统的很大一部分监视和控制功能是由发电厂、变电站的运行人员直接来完成的，电力系统监视和控制的快速性和正确性都受到很大的限制。因此必须应用先进的控制理论和技术不断提高电力系统调度自动化水平。电力系统调度自动化发展可分为三个阶段。

1. 电网调度自动化的初级阶段

电力系统调度自动化的最初阶段，是布线逻辑式远动技术的采用。调度自动化技术的主要内容是“四遥”——遥测、遥信、遥控和遥调。安装于各厂、站的远动装置，采集各机组功率、各线路潮流和各母线电压等实时数据，以及各断路器等开关的实时状态，然后通过远动通道传给调度中心并直接显示在调度台的仪表和系统模拟屏上。调度员可以随时看到这些运行参数和系统运行方式，还可以立刻从模拟屏上“看到”断路器的事故跳闸。遥测、遥信方式的采用给调度中心安装了“千里眼”，可以有效地对电力系统的运行状态进行实时的监视。远动技术还进一步提供了遥控、遥调的手段。采用这些手段，可以在调度中心直接对某些重要开关进行合闸和断开的操作，对发电机的功率进行调节。远动装置已经成了调度中心非常重要的工具，是电力系统调度自动化的重要基础。

2. 电网调度自动化的第二阶段

电力系统调度自动化的第二个发展阶段，是计算机在电力系统调度工作中的应用。上述远动技术使电力系统的实时信息直接进入了调度中心，调度员可以直观、及时地掌握系统的运行状态，及时发现电力系统的事故，为调度计划和运行控制提供了科学的依据，减少了调度指挥的盲目性和失误。但是现代电力系统的结构和运行方式越来越复杂，现代工业和人民生活对电能质量及供电可靠性的要求越来越高。由于能源紧张，人们对系统运行的经济性也越来越重视。全面解决这些问题，就需要对大量数据进行复杂的计算。调度人员面对着大量不断变动的实时数据，仅凭知识和经验是不可能对系统迅速作出正确的分析判断和决策的，特别是在紧急的事故情况下更是如此。调度中心只是装备了“千里眼”甚至“千里手”，还不能满足日益复杂的电力系统的实际需要，还需要装备类似人的“大脑”的设备，这就是计算机。

从20世纪60年代开始，计算机首先用来实现电力系统的经济调度，取得了显著的效果。但是，在20世纪60年代中期，美国、加拿大和其他一些国家的电力系统曾相继发生了大面积停电事故，在全世界引起很大震动。人们开始认识到，安全问题比经济调度更重要，一次大面积停电事故给国民经济造成的损失，远远超过许多年的节煤效益。因此，计算机系统应首先参与电力系统的安全监视和控制。这样，就出现了SCADA系统，出现了自动发电控制/经济调度控制（AGC/EDC）以及电力系统安全分析等许多功能，调度中心装备了大型数字计算机，或者超级小型机系统，配置了彩色屏幕显示器CRT等人机联系手段，在厂站端则配备基于微型计算机的远方终端RTU，使调度中心得到的信息的数量和质量（可靠度和精度）都大大超过了旧式布线逻辑式远动装置。在SCADA系统基础上，又发展为包括许多高级应用功能的能量管理系统EMS，并研制出可以模拟电力系统各种事故状态，用以培训调度员的调度员仿真培训系统DTS等。

3. 电网调度自动化系统的快速发展阶段

近年来，随着计算机技术、通信技术和网络技术的飞速发展，SCADA/EMS技术进入了一个快速发展阶段。在电力系统中广泛应用，功能也越来越丰富，系统结构和配置发生了很大的变化，在短短数年间就经历了从集中式到分布式又到开放分布式的三代推进。

第一代为主机—前置机—RTU终端方式的集中式结构。我国20世纪80年代引进并投入运行的四大网调度自动化系统可为其代表。第二代电网调度自动化系统通常采用客户—服务器（Client/Server）分布式网络结构。第三代电网调度自动化系统（SCADA/EMS）是一种开放型分布式系统，新的开放系统结构应采用“面向对象”的技术，将各种应用按“组件”接口规范进行“封装”，形成可以在不同软硬件系统上“即插即用”的组件和跨平台的异构系统，实现软件的“即插即用”。

面对电力市场化改革，开放和鼓励竞争的运行环境使电力系统运行复杂化，电网调度自动化系统面向电力市场不断修改和扩充其高级应用软件PAS，如机组优化组合和水火电协调、最大输电能力计算、生产成本计算、备用调度计划、输电费用计算、辅助服务费用计算和输电路径优化等。进一步丰富和扩展了电网调度自动化系统的功能。

第二节 远方终端RTU

远方终端（Remote Terminal Unit，RTU）也常称为远动终端，是电网调度自动化系统基础设备。它们安装于各变电站或发电厂内，负责采集所在发电厂或变电站的能表征电力系统运行状态的模拟量或数字量，监视并向调度中心远方传送这些模拟量或数字量，执行调度中心发往发电厂或变电站的控制和调节指令。

一、RTU的任务

1. 数据采集

（1）模拟量：如采集电网重要测点的P、Q、U、I等运行参数，这称为遥测。

（2）开关量：如断路器的开或关状态，自动装置或继电保护的工作状态等，这称为遥信。

（3）数字量：如水电厂坝前水位、坝后水位等（由数字式水位计输入，也属于遥测）。

（4）脉冲量：如脉冲电能表的输出脉冲（电计量，也属遥测）等。

2. 数据通信

按预定通信规约的规定，自动循环（或按调度端要求）地向调度端发送所采集的本厂（站）数据，并接收调度端下达的各种命令。

3. 执行命令

根据接收到的调度命令，完成对指定对象的遥控、遥调等操作。

4. 其他功能

（1）当地功能：对有人值班的较大站点，如果配有CRT显示器、打印机等，可完成显示、报表打印功能，越限告警功能，事件顺序记录功能等。

（2）自诊断功能：程序出轨死机时自行恢复功能，自动监视主、备通信信道及切换功能，自动对时以统一电力系统时钟功能，个别插件损坏诊断报告功能等等。

二、RTU的结构

早期的RTU是由分立元件构成的电子设备，采集的信息量很少，功能较为简单；随后出现了集成电路的布线逻辑式RTU，采集的信息量大大增加，实现的功能有所增强。而现代的RTU是一个以微计算机为核心的具有多输入/输出通道、功能丰富的计算机系统。其硬件和软件可以根据需要以模块形式适当组合，工作灵活、适应性强、性价比高，其典型结构如图5-5所示。若以功能划分RTU模块，除主CPU模块外，其他各主要模块如模拟量输入模块、开入模块等也都配有自己的CPU。这类智能模块可用常规芯片，也可用单片机构成。主CPU模块统筹全局，与各模块采用并行或串行方式进行通信。公共总线（包括数据总线、地址总线和控制总线）由主CPU控制，通过地址总线来选择各模块，只有被选中的模块才可以接收控制信号并存取数据。主CPU可用命令来定义各模块、设置工作参数，并对其定时扫描。遥信模块也可采用中断方式通知主CPU取数，以使遥信变位等故障信息尽早被处理。这种模块结构配置灵活，功能扩展十分方便，也减轻了主CPU的负担，提高了数据采集和处理速度。

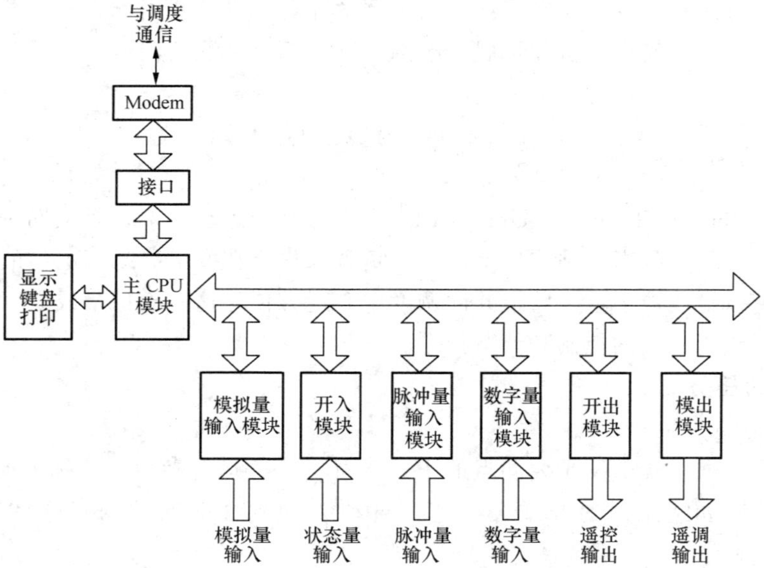

图5-5 多CPU的RTU典型结构框图

三、模拟量输入通道

1. 基于逐次逼近式A/D变换的模拟量输入电路

典型的模拟量输入通道的结构框图如图5-6所示，主要包括电压形成回路、低通滤波电路、采样保持、多路转换开关及A/D变换芯片五部分。下面分别叙述这五部分的工作原理及作用。

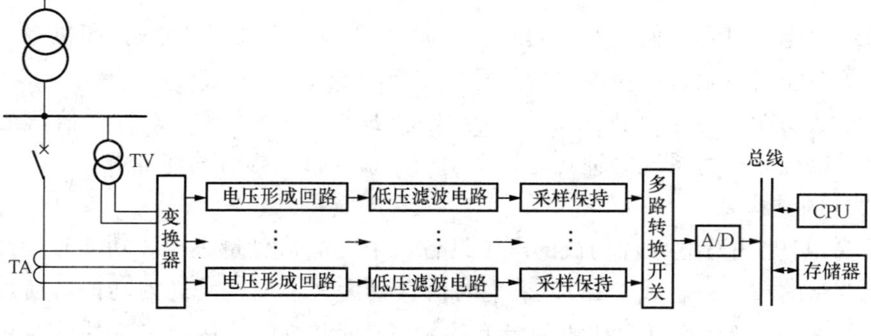

图5-6 逐次逼近式模拟量输入电路框图

(1) 电压形成电路。RTU要从电流互感器（TA）和电压互感器（TV）取得信息，但这些互感器的二次侧电流或电压量不能适应模/数变换器的输入范围要求，故需对它们进行变换。其变换原理如图 5-7 所示。

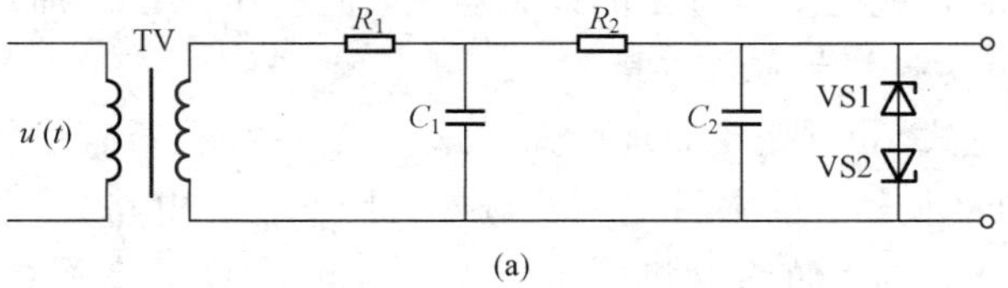

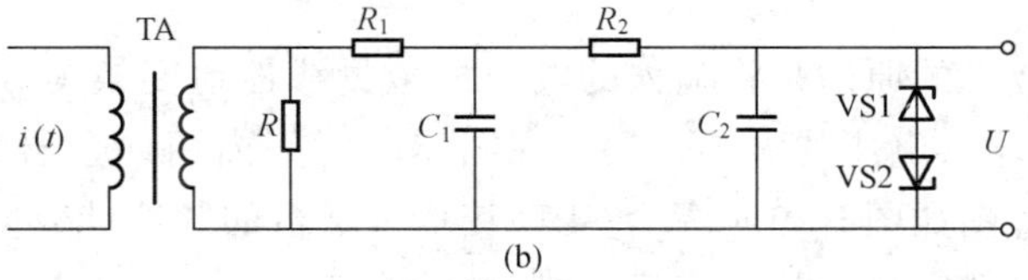

图 5-7　模拟量输入电压变换原理电路

(a) 电压接口原理图；(b) 电流接口原理图

电压变换器将由电压互感器二次侧引来的电压进一步降低。电流变换器将电流互感器二次侧引来的电流变换成电压信号，并进一步降低电压。一般模数转换芯片要求输入信号电压为±15V 或±10V。由此可以决定上述电压变换器、电流变换器的变比。

电压形成电路除了起电量变换作用外，另一个重要作用是将一次设备的电流互感器 TA、电压互感器 TV 的二次回路与微机 A/D 转换系统完全隔离，提高抗干扰能力。图 5-7 电路中的稳压管组成双向限幅，使电路后面环节的采样保持器、A/D 变换芯片的输入电压限制在峰值±10V（或±5V）以内。

(2) 低通滤波。为了使信号被采样后不失真，采样频率必须不小于 2 倍的输入信号的最高频率，这是采样定理的要求。电力系统在故障的暂态期间，电压和电流含有较高的频率成分。如果要对所有的高次谐波成分均不失真地采样，那么其采样率就要取得很高，这就对硬件速度提出很高要求，使成本增高，这是不现实的。实际上，大多数的模拟量输入回路都在采集之前将最高信号频率分量限制在一定频带以内，即限制输入信号的最高频率，以降低采样频率。这样，只需要在采样前用一个模拟低通滤波器将高频分量滤去即可。

(3) 采样保持器（S/H）。采样保持器（S/H）的基本原理：A/D 转换器完成一次完整的转换需要一段时间（如 AD574A 需 25μs），在这段时间里，模拟量不能变化，否则就不准确了，必须引入采样/保持电路，将瞬间采集的模拟量“样本”冻结一段时间，以保证 A/D 转换的精度。

图 5-8 所示为采样保持器的采样—保持波形。

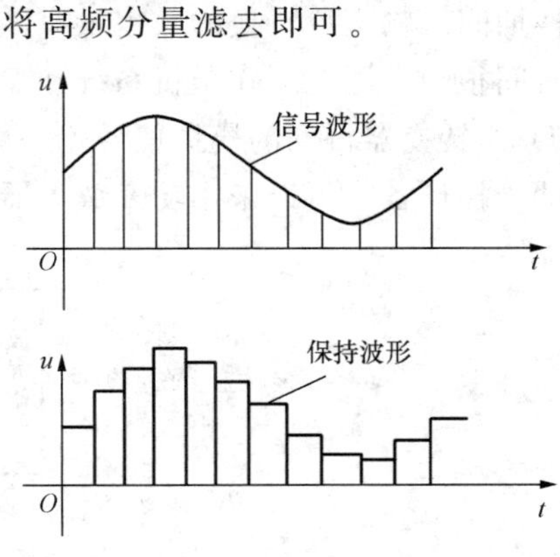

图 5-8　采样保持器的采样—保持波形

(4) 多路转换开关（MUX）。多路转换开关是一种受 CPU 控制的高速电子切换开关。由采样保持器送来的多路模拟量公用一套模/数转换器 A/D，只有被选中的一路才可以通过多路开关进入 A/D，其余各量则需等候下一次的选择。

(5) 模/数转换器（A/D）。模/数转换器（A/D）的各种转换方法中，应用最广泛的是逐次逼近法。这种方法是模拟天平称重方法，在一个电压比较器中，将采样得到的模拟电压样本，先用最高电压砝码与之比较，若不足，再依次添加下一位电压砝码……直到平衡。这时添加的电压砝码总和，就是未知电压的值。当然，这些电压砝码都是二进制的。

2. 基于 V/F 转换的模拟量输入电路

通过了解逐次逼近式 A/D 变换原理可知，这种 A/D 变换过程中，CPU 要使采样保持、多路转换开关及 A/D 变换器三个芯片之间协调好，因此接口电路必然复杂。而且 ADC 芯片结构较复杂，成本高。目前，许多微机应用系统采用电压/频率变换技术（VFC）进行 A/D 变换。

电压/频率变换技术的原理是将输入的电压模拟量线性地变换为数字脉冲式的频率，产生的脉冲频率正比于输入电压的大小，然后在固定的时间内用计数器对脉冲数目进行计数，供 CPU 读入。其原理图如图 5-9 所示。CPU 读取计数器的脉冲计数值后，根据比例关系算出输入电压 U_{in} 对应的数字量，从而完成了模/数转换。

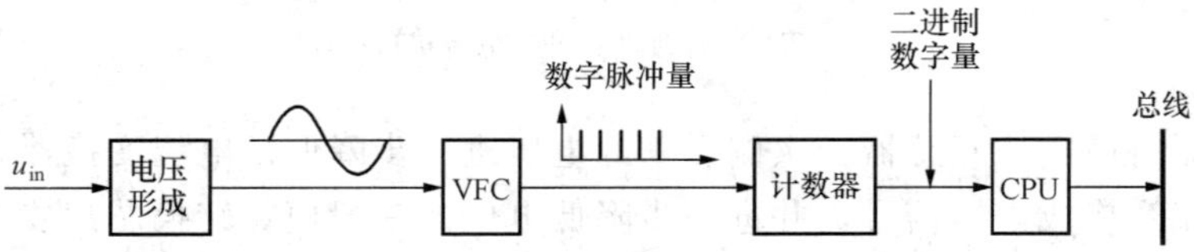

图 5-9　VFC 型模数变换原理框图

VFC 型的 A/D 变换方式及与 CPU 的接口，要比 ADC 型变换方式简单得多，CPU 几乎不需对 VFC 芯片进行控制，抗干扰性能也比 ADC 方式要好。保护装置采用 VFC 型的 A/D 变换，建立了一种新的变换方式，为微机系统带来很多好处。

四、模拟量输出通道

模拟量输出电路的任务是将微型机系统输出的数字量转换成模拟量输出。这个任务主要由数/模（D/A）变换器来完成，D/A 转换器的作用是将二进制的数字量转换为相应的模拟量。

模拟量输出通道结构框图如图 5-10 所示。由于 D/A 转换器需要一定的转换时间，在转换期间，输入待转换的数字量应该保持不变，而微型机系统输出的数据在数据总线上稳定的时间很短，因此，在微机系统和 D/A 转换器之间必须用锁存器来保持数字量的稳定。经过 D/A 转换器得到的模拟信号，一般要经过低通滤波器，使其输出波形平滑，同时为了能驱动受控设备，可以来用功率放大器作为模拟量输出的驱动电路。

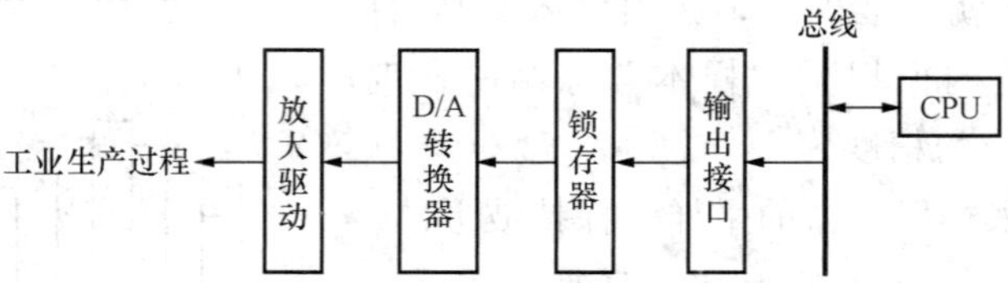

图 5-10　模拟量输出通道结构框图

五、开关量输入/输出通道

电力系统运行中，断路器的合闸或跳闸直接改变了电网的结构和相应的数学模型，改变了系统的运行方式和潮流分布。这对调度和运行人员是非常重要的信息。此外，开关的位置状态、继电保护和自动装置的工作状态也都是比较重要的信息。这些信息有着共同的特点：可以用二进制码“1”来表示闭合或动作，用“0”来表示断开或未动作。这种仅有两个状态的信息通常被称为开关量。其实开关量也属于数字量，只是仅有1位而已。

开关量信息输入微机系统的电路称为开关量输入通道（简称开入）；开关量信息自微机系统输出去遥控远方的开关状态，则称为开出。断路器和隔离开关的位置信号取自它们的辅助触点。为防止因触点接触不良造成差错，回路中所加电压较高，如直流24V、48V等。这些辅助触点位于高压配电装置现场，连接导线很长，现场电磁场很强。为避免这些连线将干扰引入微机系统，除设置RC滤波电路消除高频干扰外，还应采取可靠的隔离措施。

1. 开关量输入通道

最常用的是利用光耦合器作为开关量输入计算机的隔离器件，其简单接线原理图如图5-11所示。当有输入信号时，开关S闭合，二极管导通，发出光束，使光敏三极管饱和导通，于是输出端U_{01}表现低电位。在光耦合器中，信息的传递介质为光，但输入和输出都是电信号，由于信息的传递和转换的过程都是在密闭环境下进行，没有电的直接联系，不受电磁信号干扰，所以隔离效果比较好。

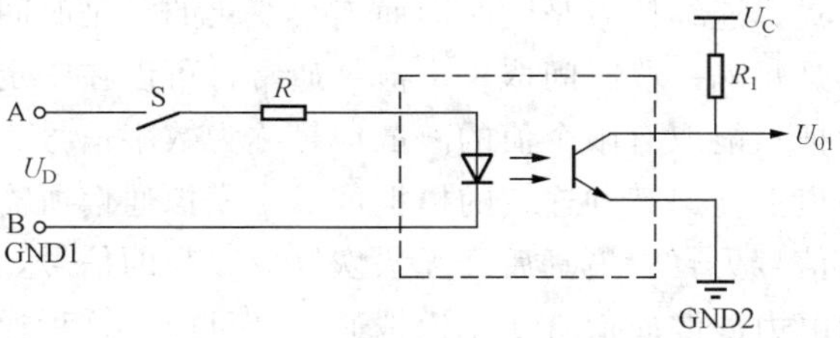

图5-11　光耦合器原理接线图

2. 开关量输出通道

为了提高抗干扰能力，开关量输出通道最好也经过一级光隔离，如图5-12所示。只要通过软件使并行口的PB0输出0，PB1输出1，便可使与非门DAN1输出低电平，光敏三极管导通，继电器K被吸合。

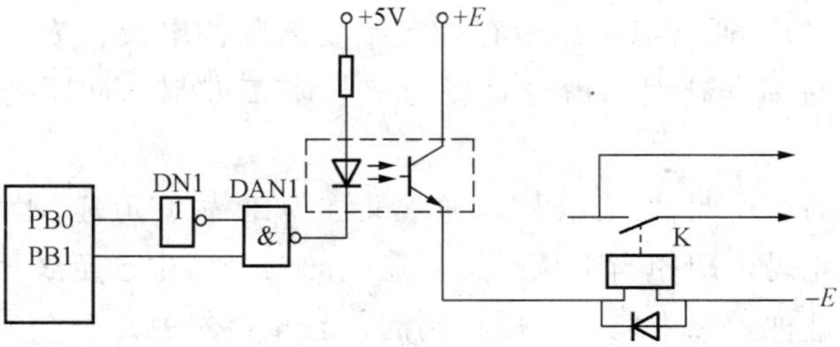

图5-12　开关量输出回路接线图

在初始化和需要继电器K返回时，应使PB0输出1，PB1输出0。

设置反相器DN1及与非门DAN1而不将发光二极管直接同并行口相连，一方面是因为并行口带负荷能力有限，不足以驱动发光二极管；另一方面因为采用与非门后要满足两个条件才能使K动作，增加了抗干扰能力。

第三节 信息传输和通信规约

在电网调度自动化系统中必须具备一个完善的电力系统信息收集和通信系统，将分散在几十公里、几百公里以至上千公里以外的各发电厂和变电站的大量表征电力系统运行状态的信息，迅速、正确、可靠地送到调度控制中心（遥测、遥信、遥视），同时将控制中心的控制和调节命令传送到各发电厂和变电站（遥控、遥调），实现对电力系统的自动监视和控制。各发电厂、变电站与调度所间的信息交换，是由远动装置通过各种信道（或信息传输媒介）组成的信息传输系统来完成。所以，联系电力系统各部分的信息传输系统是十分重要的。为了保证通信的正常有序进行，通信双方必须遵循一些共同的约定。这些约定被称为通信规约或远动规约，通常是由通信权威部门制定发布的。

一、概述

1. 模拟通信和数字通信

信息总是通过一定形式的信号进行传递的。信号根据其随时间变化的状况，可分为连续信号和离散信号两种形式。连续信号是随时间而连续变化的，是时间的连续函数；离散信号不随时间连续变化，而是每隔一段时间取一个值。通常将可以在一定范围内连续取值的连续信号称为模拟信号，而把只能取有限个值的离散信号称为数字信号。

模拟通信就是在通道上传递某种连续的模拟信号，模拟通信所需设备比较简单，但抗干扰能力差，很容易产生信号失真，失真后又无法恢复成原来的信号，因此通信质量较差。我国长期以来广泛应用的电力载波通信就属于模拟通信。目前，这种通信还继续存在。数字通信就是在通道上传递某种离散的数字信号。数字通信设备比模拟通信设备复杂很多，但因其通信容量、距离和抗干扰性能等优点是模拟通信无法比拟的，因此得到了迅速的发展。通信技术已经从模拟式发展到数字通信时代。

现代计算机和数字通信系统都无一例外地采用了二进制这种计数制式。它的数字符号只有“0”和“1”两种（码元）。所有的数字通信其传输码都是二进制码。也就是说，所有不同的字符（字母、数字和其他各种特殊符号）都只使用“0”和“1”两个符号以不同的组合表示（称为二进制编码）。通常以电路中有一定幅度的脉冲电流代表“1”，以电路中无电流代表“0”，这样上述的二进制编码信号就变为一长串二进制脉冲序列，称之为二进制数字信号。

二进制数字信号的一位叫“二元码”，通常又称为比特（Bit）。比特是最小的信息单位。每发出或收到一个二元码，即相当于从码元可能取的两个值中选定了一个值，从而传送出或得到了一定的信息。这种“二中取一”所得到的信息量显然就是一个最基本的信息量，所以可以把二元码称为比特。

表示一个字符的二进制数的位数之总和称为一个位组，也称为一个字节（Byte）。字节位数越多，能够表示的字符数也就越多。例如，一位码只能表示两种字符，“1”表示一种，“0”表示另外一种。二位码有四种组合方法（00，01，10，11），即可表示四种字符。一般来说，N 位码可以表示 2^N 种字符。通常计算机是以 8 位二进制数为一个字节。

计算机存储器的容量通常是以字节数衡量的，常用 KB（千字节）来表示。不过这里的 K 系指 1024（$=2^{10}$），而不是 1000。若干字节又可组成一个“计算机字”，简称字（Word），作为一个整体单元被计算机系统一次并行处理。在存储器中，通常一个单元存储一个“字”，并对应着一个“地址”，因而每个“字”都是可以寻址的。计算机每个“字”所包含的数位或字符的数量称为“字长”（Word Length）。根据计算机类型的不同字长有固定和可变两种。微型计算机的字长有 8 位、16 位和 32 位等几种，大型计算机的字长有 48 位、64 位等。

在二进制数字通信系统中，接收端通常采用一种检测电路定时地检测各码元“取样信号”的电平值。考虑到传输过程的干扰和失真，采用“像谁是谁”的方法对电平进行决判。凡取样值接近代表“1”的电平值就判为“1”，凡取样值接近代表“0”的电平值就判为“0”。这种非“1”即“0”，非“0”即“1”的方式，最容易识别。与传输其他进制码元相比，最不容易出错。因此二进制数字信号的抗干扰能力最强。判决并重新产生正确的二进制数字信号继续向下传输。这样就可以完全消除传输引起的失真，使其不致随传输距离的增加而积累，因此对数字通信的距离没有限制，无论远近，都可以获得同样好的质量，保真度非常好。

2. 数据通信系统的主要质量指标

电力系统调度自动化对信息传输系统的质量指标主要有可用率（或可靠性）、误码率（或信息传输质量）和传输速度（或响应时间）三种。

（1）可用率（可靠性）

$$可用率=\frac{运行时间}{运行时间+停用时间}\times 100\%$$

信息传输系统的运行时间指整个系统保证基本功能正常的持续时间。停用时间是通信系统丧失基本功能而不能运行的时间，包括故障时间和维修时间。信息传输系统的可用率必须大于电力系统调度自动化系统的可用率。

根据 IEC - TC57 标准，信息传输系统可用率级别分为 A_1、A_2、A_3 三级，$A_1\geqslant 99.00\%$，$A_2\geqslant 99.75\%$，$A_3\geqslant 99.95\%$。

（2）误码率（准确性）。尽管目前广泛应用较不易受干扰的二进制数字传输系统，但仍然不可避免地会受到干扰，引起误码。通常以传输的码元中发生错误码元的概率作为传输质量的一个指标，称为误码率。一般要求误码率不大于 10^{-5}，即平均每传输 100000 个二进制码出现 1 个误码。主网通信系统误码率不大于 10^{-7}。

（3）传输速度（实时性）。传输速度通常以码元传输速率来衡量。码元传输速率定义为每秒钟传输码元的个数，单位为 Bd（波特）。例如每秒钟传输 600 个码元，码元的传输速率即为 600Bd。码元传输速率也称为码元速率和波特率。它仅表征每秒传输码元的个数，并未表明是二进制的码元，还是哪一种多元制的码元。目前，波特率已日益趋向标准化，一般低速信道为 300、600Bd 或 900Bd，高速信道为 1200、2400、4800、9600Bd 乃至更高。

数字通信中的传输速率也可以用信息传输速率来表征。信息传输速率定义为每秒传输的信息量，单位为 bit/s（比特/秒）。比特（bit）在信息论中是衡量信息的单位。信息传输速率又称为信息速率或比特率。

信息量和码元数是有区别的。因此，信息速率和码元速率的概念也是不一样的。但是，如果在二进制中，“0”和“1”出现的概率相同，每一位二进制码元所含的信息量即为 1bit。在这种情况下，信息速率和码元速率在数字上是相同的，但两者的单位不一样。例如每秒传送 600 个二进制码，信息速率为 600bit/s，而码元速率则为 600Bd。

电力系统远动中传输的数字编码是以二进制码进行编码的，其“0”和“1”出现的概率也基本相同，所以在电力系统调度自动化中，通常信息传输速率的 bit 和 Bd 值是一样的。电力系统调度自动化要求 RTU 与调度中心的信息传输速率为 600～1200bit/s，远程计算机之间的信息传输速率为 1200～9600bit/s 或更高。

根据 IEC-TC57 通信标准，总传送时间：遥测量为 3～10s；遥信量小于 3s；遥调遥控小于 3s。同时性要求保证数据一致；电量要对时准确，但发送时间可延时几分钟。

二、信息传输的差错控制

电力系统采集到的量测信息，通常都经变送器变换成了标准直流电压信号。通过采样开关对各收集到的量测量和信号按规定的次序逐个采样。开关量是两态的，用“0”和“1”两个信号表示。由于直接用直流电压表示的模拟量进行信息传输容易受外界干扰及衰减等而发生变形，引起误差，因此现代通信技术通常采用数字式传输，即用 A/D（模/数）转换器把模拟量转换成 0、1 表示的数字量，形成一个数据流。为了能正确地传输这些实时数据，要对实时数据进行编码。

1. 实时信息抗干扰编码

在现代化信息传输系统中要注意防止在传输过程中由于不可避免的干扰而引起的错误，以保证信息传输的可靠性。一般低速音频信道的误码率为 10^5，即每传输 100000 个二进制码，就可能出现一个误码。传输速度越高，即每秒传输的二进制代码越多，则每个码所占用的时间就越短，波形也越窄，因而受到干扰后发生错误的可能性也就越大。在电力系统实时系统中，如果出现一个误码，就有可能导致错误的操作，而使系统正常运行遭到破坏，所以，要求有很高的传输正确率。为此，需要采取必要的检测和校正误码措施。常用的办法是，在传输信息的同时，通过编码器按照一定的规则增加若干冗余的校验码，这些校验码与有效的信息码之间具有一定的关系。这样，在接收端收到信息后，由译码器检验它们之间的关系是否符合原定的规则。在确认信息可靠无误后，就可将其输出。如果发现信息受到干扰而有错误时，则应做出必要的处理，如拒绝接收、要求重新发送或设法纠正错误。

用一个简单的例子可以说明抗干扰编码的原理，若要传输一个两态位置信号，只要一个码元就行。例如用 0、1 分别表示开、闭。若无冗余监督码，在传输过程中如发生误码，接收时是无法检测的。如用一个监督码，00、11 分别表示开、闭，当受干扰产生一个误码时，它们将变成 01、10，这种组合在发送时不存在，可以断定有误码，但哪一个是错误的不知道。这叫可检测，但不可辨识，当然也无法纠正。若有两个误码，则会被错误地接收。当加入两个监督码时，用 000、111 表示开、闭，若有一个误码，数码系列变为 001、010、100 和 110、101、011，很容易检测出来。从统计学角度，发生一个误码的可能性总比两个误码大，则上述结果也容易区别哪一位码是误码。产生两个误码时，虽然也能检测出来，但无法辨识，不能按上述方法纠正，否则会产生错误的结论。

上述方法是为了说明问题而引入的，因为这种方法所用的码元较多，效率较低，实际并不使用。常用的编码方法很多，这在通信专业是一项重要的研究课题。

（1）奇偶校验码。奇偶校验是最简单的监督码构成方式，仅在信息码后附加一个奇（偶）监督码元，使合成码字中“1”的数量成奇（偶）数。下面举例说明。

1）奇校验：有效信息 1011001，附加奇校验位“1”，合成发送码字为 10110011（奇数个“1”）。接收端若收到数码为 10100011，发现码元“1”的个数为 4（非奇数），即判为出错。

2）偶检验：有效信息1011001，附加偶验位“0”，合成发送码字为10110010（偶数个“1”）。接收端若收到数码为10110011，发现码元“1”的个数为5（非偶数），即判为出错。

显然，奇偶校验可发现1位（或奇数个）错码。若2位（或偶数个）码元同时出错，则不能被发现。可见漏检情况较多，更没有纠错能力。

（2）方阵码校验。方阵码校验又称水平垂直奇（偶）校验，它以方阵的形式发送和接收信息，同时进行水平方向和垂直方向奇（偶）校验。例如有一组七位有效信息：

1011001
0101010
0101001
1101001

在其末行和末列附加奇（偶）方阵校验码后，应为：

1011001	1
0101010	0
0101001	0
1101001	1
1001100	1

接收到上述信息后，可逐行、逐列地检查是否符合奇（偶）校验规则。这种从水平、垂直两个方向进行奇（偶）检验的方式，检错能力明显提高，并且具有一定的纠错能力——横向和纵向不满足奇（偶）规则的交叉点即是错码。只有同时发生4位错误并且恰在纵向、横向的四角位置上时，才不能检出错码。

（3）分组码和线性分组码。信息序列通常是分组传送和处理的，设有长度为k位的信息组，后面附加r位监督码，组成了总长为$n=k+r$的码组，或称为码字，其信息意义可有2^k种组合，称为（n，k）分组码。分组码中监督位r越长，纠错能力越强，但编码效率$R_C=k/n$就越低。

1）分组码的检错原理：n位二进制码共有2^n种组合排列，而其中有效信息位只有k位，因而有效的信息组合只有2^k种，这2^k种组合（连同其监督位）被称为许用码字。全部许用码字组成一部“码字典”。剩余的2^n-2^k种组合则为禁用码字。发送端只发送许用码字。若接收端收到的信息序列属于码字典中的某一个码字，就正确地接收、译码、执行。如不在码字典中，即为禁用码字，则判定信息在传输中出错。可见，检出错误是比较容易的。

2）分组码的纠错原理：在分组码中，将码字中“1”的个数称为“码重”；将任意两个码字对应位上码元不相同的个数称为“码距”，码距表明了两个码字之差别的大小。在一组分组码中，某两个码字距离最小，则它们的距离就称为该组的最小码距，记为d_0，最小码距有时也简称为码距。在线性分组码中，除全0之外的最小码重就等于最小码距。

纠错是按“最大似然译码原则”，通俗地说就是“像谁是谁”。若接收端收到的属于禁用码字，就将其与码字典中许用码字对比，禁用码字与哪个许用码字的码距最小，即可判定其出错前就是该许用码字。这种纠错方法依据的是概率统计学原理，实际应用中也很有效。

当然，如果某禁用码字与两个（或更多）许用码字的码距相等，就无法用上述方法进行纠错，即纠错能力与最小码距密切相关。

对最小码距为 d_0 的分组码，其检错和纠错能力有如下公式：

a）能检出 s 个差错码元，应有

$$s \leqslant d_0 - 1 \tag{5-4}$$

b）能纠正 t 个差错码元，应有

$$t \leqslant \frac{1}{2}(d_0 - 1) \quad (t\text{ 应取整}) \tag{5-5}$$

3）线性分组码。线性分组码是指码字中的信息组与监督位是线性关系，它的监督码是由一组线性方程式计算出来的。设（7，3）线性分组码的 7 位用 $C_6C_5C_4C_3C_2C_1C_0$ 来表示。其中前面 3 位 $C_6C_5C_4$ 是信息位，后面 4 位 $C_3C_2C_1C_0$ 是监督位，它们之间的关系满足下列模 2 加线性方程组

$$\left.\begin{aligned} C_3 &= 1\times C_6 + 0\times C_5 + 1\times C_4 \\ C_2 &= 1\times C_6 + 1\times C_5 + 1\times C_4 \\ C_1 &= 1\times C_6 + 1\times C_5 + 0\times C_4 \\ C_0 &= 0\times C_6 + 1\times C_5 + 1\times C_4 \end{aligned}\right\} \tag{5-6}$$

模 2 加法的规则为

$$0+0=0，0+1=1，1+0=1，1+1=0$$

设已知信息位是 101，由模 2 线性关系式算出其监督位

$$\begin{aligned} C_3 &= 1\times1+0\times0+1\times1=0 \\ C_2 &= 1\times1+1\times0+1\times1=0 \\ C_1 &= 1\times1+1\times0+0\times1=1 \\ C_0 &= 0\times1+1\times0+1\times1=1 \end{aligned}$$

即信息位 101 构成的许用码字为 1010011。

全部（7，3）线性分组码共有 $2^7=128$ 种组合，而仅有 $2^3=8$ 种许用码字，其余 120 种均为禁用码字。（7，3）线性分组码的最小码距 $d_0=4$，因此，它的检错能力是 3，纠错能力为

$$t \leqslant \frac{1}{2}(4-1) = 1.5$$

即只可以纠正一位错误。

4）循环冗余校验码（CRC）。循环码是分组码中的一个重要门类，它是在严密的代数学理论基础上建立起来的，其编码和译码电路比较简单，检错纠错能力较强，因而得到了广泛应用。

循环码除了具有线性码的一般性质外，还具有循环性，即循环码中除全 0 以外的其他任一码字循环一位（即将码字第一位码元移至最末尾）以后，仍是该循环码中的一个码字。表 5-1 列出的（7，3）循环码表中，它的最小码距 $d_0=4$，最多可以捡出 3 个码元错误，纠正一位码元错误。

表 5-1　（7，3）循环码表

序号	信息组	校验码	码字
1	000	0000	0000000

续表

序号	信息组	校验码	码字
2	001	0111	0010111
3	010	1110	0101110
4	101	1100	1011100
5	011	1001	0111001
6	111	0010	1110010
7	110	0101	1100101
8	100	1011	1001011

设（n，k）循环码的信息组有 k 位，记为 M，校验位有 $n-k=r$ 位，记为 R。编制（n，k）循环码的方法步骤如下：

a）由 M 得出对应的信息多项式 $M(X)$，即

$$M(X)=A_1X^{k-1}+A_2X^{k-2}+\cdots+A_{k-1}X+A_kX^0 \tag{5-7}$$

其中的系数 A_1、A_2，$\cdots A_k$ 就是信息组的各个位，即 $M(X)=(A_1A_2A_3\cdots A_k)$。

b）做乘法。$M(X)\cdot X^r$，做此多项式乘法，合并同类项时要用模 2 加法。

c）求（n，k）循环码的生成多项式 $G(X)$。$G(X)$ 是由式 X^n+1 进行因式分解而得出的任一 r 阶因式，显然 $G(X)$ 可能有多种形式。

d）做除法。$M(X)\cdot X^r/G(X)$。

e）上述除法的余式即为 $R(X)$，由 $R(X)$ 的系数即可得到校验码 R。

f）发送码字的信息多项式为 $F(X)$，即

$$F(X)=M(X)\cdot X^r+R(X)$$

g）由 $F(X)$ 即得到发送的码字 F。F 也等于信息位 M 后面加上校验码 R。

【例 5-1】 计算表 5-1（7，3）循环码表中第 4 行信息组 $M=(101)$ 的校验码。

解

（1）$M=(101)$，其信息多项式为 $M(X)=1\times X^2+0\times X+1\times X^0=X^2+1$。

（2）$M(X)\cdot X^r=(X^2+1)\times X^4=X^6+X^4$。

（3）$G(X)$ 是 $X^n+1=X^7+1$ 的一个因式，$G(X)$ 应为 4 阶，经因式分解得

$$X^7+1=(X+1)(X^3+X+1)(X^3+X^2+1)$$

$$G(X)=(X+1)(X^3+X+1)=X^4+X^3+X^2+1$$

或者

$$G(X)=(X+1)(X^3+X^2+1)=X^4+X^2+X+1$$

取后者为生成多项式。也可用其系数表示 G=(10111)。

注意：因式分解时右侧各项展开以后合并同类项采用相应系数的模 2 加法运算。后面所有的多项式运算都是如此。

（4）计算 $\dfrac{M(X)\cdot X^4}{G(X)}$（或仅用系数做除法）

$$\begin{array}{r|l} & \quad\quad\quad\quad\quad\quad X^2 \\ X^4+X^2+X+1 & X^6+X^4+0\quad+0 \\ & \oplus\, X^6+X^4+X^3+X^2 \\ \hline & X^3+X^2\Rightarrow R(X) \end{array}$$

(5) 由余式 $R(X)=X^3+X^2+0\times X^1+0\times X^0$，得到校验码为 $R=(1100)$。

(6) 发送码字的信息多项式 $F(X)$ 为

$$
\begin{aligned}
F(X) &= M(X)\cdot X^4 \oplus R(X)\\
&= X^6+0\times X^5+X^4+X^3+X^2+0\times X^1+0\times X^0\\
&\Rightarrow F=(1011100)
\end{aligned}
$$

(7) 最后要传送的信息字为 $F=(1011100)$。它恰是信息组 $M=(101)$ 和校验码为 $R=(1100)$ 的组合。

从［例 5-1］可以看出，编码的关键在于求出余式 $R(X)$。在信息传输技术中，信号编码可由专门的编码电路来完成，这种求余式的编码计算也很容易用软件程序的方法求出。

接收端在收到数字序列 $F(X)$ 后，检错的方法是通过做除法 $F(X)/G(X)$ 求出其余式 $Q(X)$，若 $Q(X)=0$，则表示收到的信息正确，若 $Q(X)\neq 0$，则表明收到错误信息。

【例 5-2】 设接收端收到的信息为 F'，校核［例 5-1］中传送的信息收到后的正确性。

解 如果正确，则 $F'=F=(1011100)$

做除法 $F'(X)/G(X)$ 求出余式 $Q(X)$：

$$
\begin{array}{r}
X^2 \\
X^4+X^2+X+1\,\big)\,\overline{X^6+X^4+X^3+X^2} \\
\oplus\; X^6+X^4+X^3+X^2 \\
\hline
0\Rightarrow Q(X)
\end{array}
$$

因 $Q(X)=0$，说明收到信息正确。

若收到的信息有错误，$F'=(1010100)\neq F$

做除法 $F'(X)/G(X)$ 求出余式 $Q(X)$：

$$
\begin{array}{r}
X^2 \\
X^4+X^2+X+1\,\big)\,\overline{X^6+X^4+X^2} \\
\oplus\; X^6+X^4+X^3+X^2 \\
\hline
X^3\Rightarrow Q(X)
\end{array}
$$

因 $Q(X)\neq 0$，说明收到信息出错。

余式 $Q(X)$ 也称为伴随式，它还能够反应错误码所在位，当 $Q(X)\neq 0$ 时，非 0 的 X 的幂次位即错码所在位。本例 $Q(X)=X^3$，即 $F'(X)$ 第 4（3+1）位信息出错。可根据 $Q(X)$ 列出对应的错码样式 $E=(0001000)$，再计算 $F=F'\oplus E=(1010100)\oplus(0001000)=(1011100)$，恢复成正确的信息码，实现一位纠错功能。

2. 信息的表达形式和信息传输的同步

将编码后的信息送到传输媒介，为了使接收端知道这时要接收的信息含义，必须要标明信息的开头和结尾，这种措施叫“同步”。现有两种不同的同步方式：

(1) 非同步方式。这种方式在发送端与接收端有自己独立的不同步时钟，所以在收到任何信息前应使这两时钟同步。为此，在每一条信息的前后各加一起始码和结束码。在传送信息前要先发送起始码，接收端接收到起始同步码后再接收信息，直至收到结束码。非同步方式传输的信息的结构如图 5-13（a）所示。在一组信息结束后要有一结束码，这样信道就回复到空闲状态，等待接收下一个信息。所以，这种传输方式又叫起止同步方式，在信息的开头和结尾分别标上特殊的位，以整个信息为单位取得同步。在整个信息中每一位均被事先定义了的，或者整个信息被定义为一特定的信息（或功能）的内容。图 5-13（a）所示的例子中，在起始码后是5位的远方终端地址码，7位功能码表示该信息所代表的内容，10位数据码代表信息量，6位校验码用以进行错误校验。

（2）同步方式。这种方式是在一个信息字块（若干组信息）的开头部分标上同步字符标记，或称为帧头标志01111110（国际标准），然后是信息字块，最后还是帧头标志。空闲不传输信息时，连续传送帧头标志。如图5-13（b）所示为国际标准化组织（International Standard Organization，ISO）高层数据链控制（Higher-Level Date Link Control，HDLC）规约传送帧信息的格式。其第一部分是8位的帧头标志01111110；其后是8位的目的站地址；再后面是8位控制区，用以定义功能；接着是以8为倍数的信息区，可以任选长度；再后是16位的校验码；最后还是帧头标志。在空闲状态，当没有信息传输时，将连续传送帧头标志。同步传输的设备较贵，但适宜于高速传输的情况。

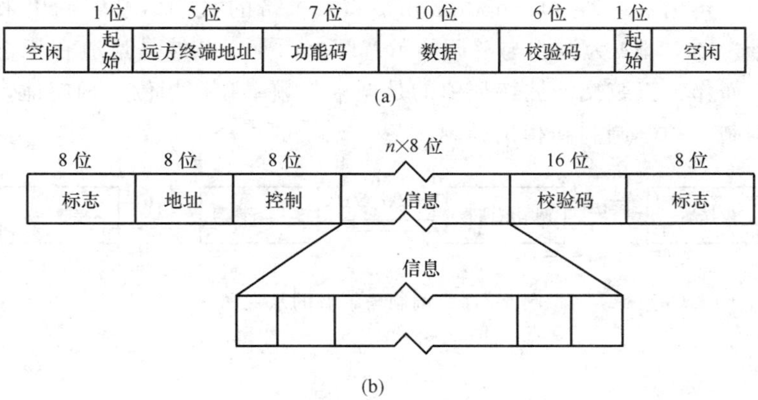

图5-13　传输信息结构

（a）非同步方式；（b）同步方式

3. 差错控制的几种方式

（1）循环传送检错法。发送端发出可被接收端检出错误的码字，接收端经检错译码判定有无错码。如无错码，则该组码字可用；如有错码，则丢弃不用，待下一次循环送来该信息无错再使用。循环检错方式比较简单，只需要单工信道。

（2）反馈重传纠错方式。发送端发出可检错码，接收端经检错译码判定有无错码，并通过反馈信道将判决结果告诉发送端。发送端根据反馈来的判决信号，把出错的码字重新发送，直到接收到正确的判决信号为止。这种方式仅用检错编码即实现了纠错，但需要全双工信道。如果干扰严重，重传次数增多，会影响通信的连贯性，降低了传输效率。

（3）信息反馈对比法。接收端把收到的数据信息，原封不动地通过反馈信道回送给发送端，由发送端将其与刚才所发送信息进行对比，如两者不一致，则将原来的发送信息再重发一次，直到返回信息与原发信息一致时为止。这种方式电路较简单，也需要双工信道。遥控返送校核常采用这种方式来确保遥控对象的正确。

（4）前向纠错方式。这种方式发送端发送的必须是能被纠错的纠错码，接收端收到数据信息后不仅能发现错误，并能指出是第几位错了，然后将该位“取反”，就纠正了错误，可以正确使用了。这种方式只需单向信道即可，但可纠错编码比只有检错能力的检错码复杂得多。

（5）混合纠错方式。它是前述方式的综合。发送端发送纠错码，接收端收到后首先检查错误情况，如果在码的纠错能力以内，即自动纠错并使用；若错误位数多，超过了码本身的纠错能力，则通过反馈信道要求发送端重发该信息。

三、调制和解调

数字信号在电路上的表达为一系列高低电平脉冲序列（方波），称为“基带数字信号”，这种波形所包含的谐波成分很多，占用的频带很宽。将这种基带数字信号直接在通信线路上传输不仅过多占用了有限的信道频率带资源，而且长距离传输会使信号波形畸变严重，接收端不能正确判读，从而造成通信失败。

为此，在数据通信中，必须先把基带数字信号用调制器（Modulator）转换成携带其信息的模拟信号（某种高频正弦交流波信号）。在长途传输线上传输的是这种经调制的模拟信号。到了接收端，再用解调器（Demodulator）将其携带的数字信息解调出来，恢复成原来的基带数字信号。图5-14为调制与解调的示意图。由于正弦波是最适宜于在通信线路上长途传输的波形，而作为正弦交流波特征值的是振幅、频率和初相位。相应地，调制方法也有三种，即振幅调制，频率调制和相位调制。

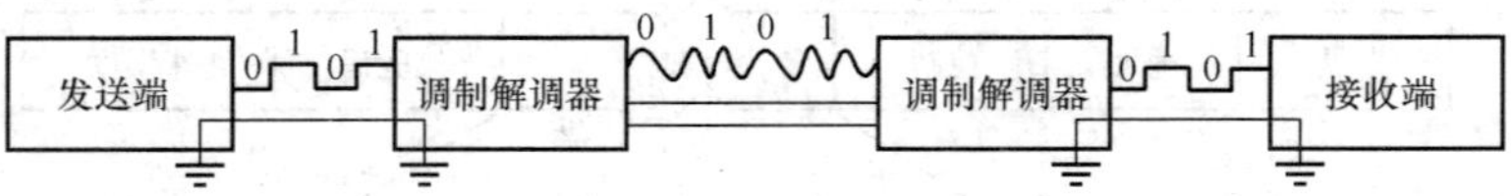

图5-14 调制与解调的示意图

1. 振幅调制

振幅调制又称振幅键控（ASK），这是最简单的调制方式。如图5-15（b）所示，在一固定频率的载波交流信号上用不同的振幅分别表示“1”和“0”。最特殊的振幅调制是在无信号时代表“0”，有信号时代表“1”。由于这种调制方式很易受传输过程中的干扰或衰减等作用影响其振幅而出现错误，所以现在一般很少采用。

2. 频率调制

频率调制又称移频键控（FSK），它利用载波信号的频率变化来传输数字信息。如图5-15（c）所示，“0”和“1”分别用两个不同的频率来表示，例如用较高频率 $f_1=f_0+\Delta f$ 表示“1”，用较低频率 $f_2=f_0-\Delta f$ 代表“0”。数字调频在电网调度自动化系统中应用较广，抗干扰性能较好。

3. 相位调制

相位调制又称移相键控（PSK），它利用载波信号的相位变化来传输数字信息，有绝对调相和相对调相之分。如图5-15（d）为二元绝对调相（PSK），以调制波初相位为0°代表“0”，而初相位为180°则代表“1”；图5-15（e）为二元相对调相（DPSK），以调制波在后一周波的相位继续与前一周波相同，代表“0”，相位相反的则代表“1”。

某些相位调制器中有几种不同的相位移，以便在一次相位变化中传输几位信息。这种调制方式在恒参数信道下具有很高的抗干扰性能，可更经济有效地利用频带，是比较优越的调制方式，特别在超过2400Bd的高速传输情况下。但相位调制的硬件和软件比较复杂。

四、信息传输通道

电力调度自动化系统的信息传输通道简称信道，包括调制器、通信线路和解调器。调制

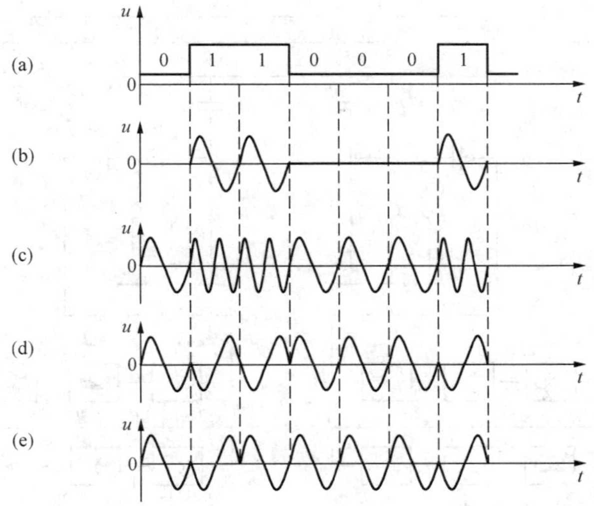

图 5-15　数字信号调制方式
(a) 基带数字信号；(b) 振幅调制；(c) 频率调制；(d)、(e) 相位调制

器的作用是把不适合在通信线路中远距离传输的数字脉冲信号加到载波上，变成已调制信号，以便在通信线路上远距离传输。解调器的作用是把通信线路传过来的已调制信号在接收端恢复成送端调制之前的信号。

1. 通信信道

目前电力系统调度自动化系统常用的信道媒介有以下几种：

(1) 远动与载波电话复用电力载波信道（载波通信）。图 5-16 是远动与载波电话复用电力载波信道的信息传输系统图。电话话路频率范围为 0.3～3.4kHz。为了使远动信号与载波电话复用，通常规定载波电话话路占用 0.3～2.3kHz 的音频段，远动信号占用 2.7～3.4kHz 的上音频段。远动的数字脉冲信号在送入载波机之前，要经过调制器调制成 2.7～3.4kHz 的正弦波数字信号，然后送入载波机与电话信号合并成 0.3～3.4kHz 的音频信号。这个合并后的信号经过电力载波机中频（12kHz）和高频（40～500kHz）二次调制之后，再经功率放大器将信号放大和用结合设备隔离高压，将信号送到高压输电线路上去。图 5-16中阻波器是为了阻止高频信号流向母线，防止已载波的高频信号产生功率损失，只让高频信号沿输电线路传向接收端。在接收端，已载波的信号经结合设备进入载波机，经 300kHz、12kHz 两次解调后变成 0.3～3.4kHz 的音频信号。0.3～2.3kHz 的滤波器将电话信号滤出，2.7～3.4kHz 滤波器将远动信号滤出，再经接收装置本身的解调器还原成数字脉冲信号。图 5-16 中，1、2、8 是远动装置的部件，其他是通信装置的部件。部件 2 是高通滤波器，用于防止远动信号与电话音频的上音频间的串扰。由于电力载波信息传输是利用电力线路作通信线路，不需另外增加线路投资，而且结构坚固、运用方便，所以被远动广泛采用。但是，它有频道拥挤、杂音电平高、频率特性差等缺点。

(2) 无线信道（微波通信）。无线信道是将远动信号调制成微波或其他无线电波在空间传送。目前电力系统远动主要与微波通信复用。

微波信息传输系统是用频率 300MHz～300GHz，波长 0.001～1.0m 的无线电波传输信息。微波是直线传播的。由于地球是个球体，使微波的直线传输距离受到限制。一般在平原

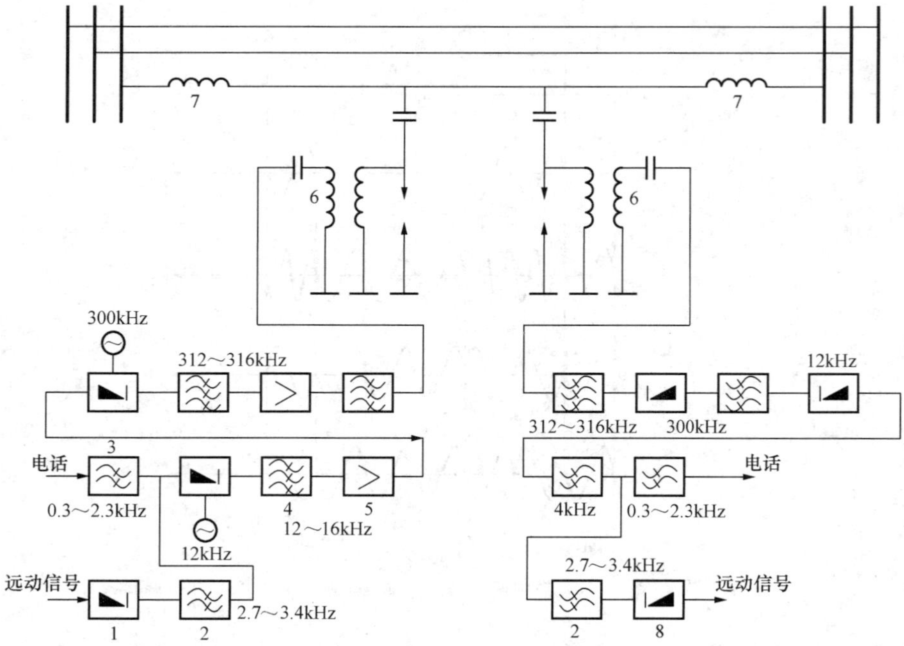

图 5-16　远动与载波电话复用电力载波信道的信息传输系统图

1—调制器；2—高通滤波器；3—低通滤波器；4—带通滤波器；

5—放大器；6—结合设备；7—阻波器；8—解调器

地区，一个 50m 高的微波天线通信距离为 50km 左右。为了增加传输距离要设立微波中继（接力）站。微波传输信息的优点是频带宽，一套设备可传输多路信息，信息传输稳定，方向性强，保密性好，目前已有成为电力系统信息传输网络主干线的趋势。图 5-17 为微波信息传输系统的构成示意图。电话和远动信号经过终端机形成多路复合信号，再经过信道机调制成微波，经波导管馈线，由抛物面天线向空间辐射微波。在微波中继站，中继机把在传播中损耗了的信号加以放大并向下一个微波中继站转发。在接收端，先用信道机将信号解调成多路信号，再用终端机进一步解调，分别取出电话和远动信号，各自传送给电话交换机、记录器或计算机系统。我国目前将 2GHz 频段用于电力系统微波信息传输的主干线，8GHz 频段用于分支线，11GHz 频段用于近距离的局部系统。

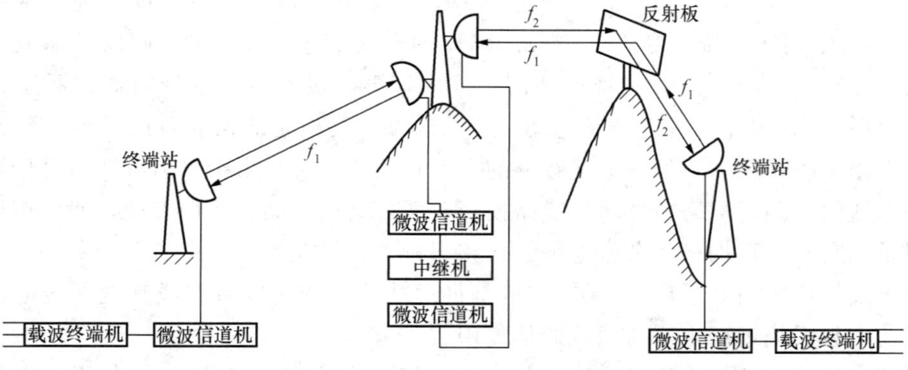

图 5-17　微波信息传输系统的构成示意图

卫星通信属于微波通信，其中继站设在地球同步卫星上。因而不受地形和距离的限制，通信容量大、覆盖面广、可靠性高。我国卫星通信频率上行（地球发往卫星）为5925～6425MHz，下行（卫星发往地球）为3700～4200MHz。

另外，还有用于视距范围内传输信息的特高频无线信息传输。

（3）光纤通信。光纤通信是以光纤为传输介质（信道）的通信方式。

光纤也称为光导纤维，是用于传输光信号的介质，由玻璃或塑料制成。用于通信系统的光纤的主要原料是纯度很高的二氧化硅玻璃。光纤主要由纤芯和包层组成。纤芯是很细的玻璃丝，纤芯的外面是包层。纤芯和包层是同心的玻璃圆柱体。光纤很细，直径在5～100μm。光纤虽然能传输光信号，但由于是由玻璃材料制成的，容易因表面损伤而断裂，而且直径过细，不能承受较强的力。因此，光纤不便直接使用，必须将光纤制成光缆。光缆是以一根或多根光纤制成，用于传输光信号，是符合一定光学、机械及环境要求的线缆。光缆一般由光纤、被覆层、加强芯、护套等部分组成。

光纤通信系统的基本构成如图5-18所示，主要由光发送机、光缆、光中继机和光接收机等组成。光发送机的作用是将电信号转换成适于在光缆中传输的光信号。光接收机的作用是将光缆中传来的光信号还原成电信号。光信号以光的形式在光缆中传输是会衰减的。为了补偿光信号在传输过程的衰减，在光通信的信道上需要设置光中继机。在光中继机中先将光信号转换成电信号，并进行放大、再生，然后再以光的形式将信号发送到下一段光缆中去，依此逐段传输直到终点。

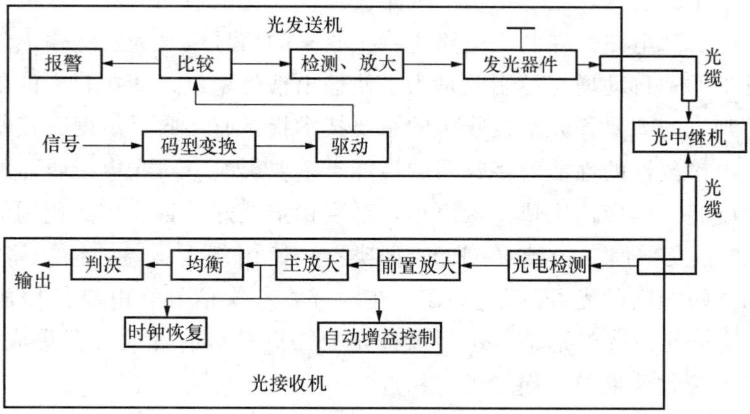

图5-18　光纤通信系统的基本构成示意图

按照信号的调制方式，光信号传输分为模拟式和数字式两种。模拟式传输方式是在光发送机中以模拟电信号对光源进行调制，光信号的强度与模拟电量（幅值、频率或相位）的瞬时值成正比。这种方式的电路比较简单、信息容量小，适用于短距离模拟电视及调频信号传输。数字式传输方式在光发送机中以数字脉冲电信号对光源进行调制，将光变成数字脉冲形式（即数字量光信号或称光脉冲信号）。数字式传输方式信息容量大、抗干扰能力强，适于长距离高速脉冲码制通信系统。目前，光纤通信系统多采用数字式。

图5-18所示光发送机中的“信号”是已经经过编码的电信号。该信号再经过“码型变换”变换成适合于在光缆中传输的归零信号。驱动电路的作用是使发光器件发出光脉冲（即对光源调制）注入光缆。发光器件的背向光由本机检测、放大、比较，控制驱动电路，实现

输出光功率及驱动电流的自动控制。发光器件采用半导体激光器（LD）或发光二极管(LED)。LD输出光功率大、光谱宽度窄、与光纤的耦合效率高，对控制、保护电路的要求高，适合于长距离、大容量的光纤通信系统。LED温度稳定性好，对保护电路要求低，光谱宽度宽，色散大，但与光纤的耦合效率低，输入光纤功率小，适合于短距离小容量光纤通信系统。发光波长一般为0.85μm或1.3μm，与光纤的两个低衰减窗口相对应。

光是以波的形式传播的，它的参数有振幅（即强度）、频率和相位。目前，只能对光的强度进行调制，还不能调制频率和相位。图5-19为用电信号对光源进行强度调制的示意图。

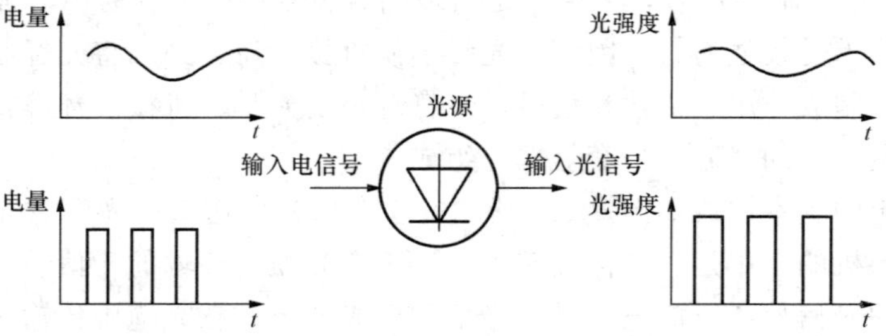

图5-19 对光源调制的示意图

图5-18光接收机中，从光缆传来的光信号由“光电检测”变换为电信号，经“放大”补偿信号传输过程中的衰减，用“均衡”电路去补偿“光电检测”和“放大”电路产生的失真，然后送入“判决”电路。在判决电路中将接收来的信号恢复为发送输入端原来的编码电信号。光接收机中的“自动增益控制”是为了使输出信号稳定；从接收来的信号中提取时钟信号是为了满足判决的需要。光电接收机的主要技术指标有接收灵敏度、接收信号动态范围及响应速度。光电检测器的性能对接收器的性能有重要影响。对光电接收器的要求是：对采用的光波长灵敏度高，响应速度快，噪声小，温度稳定性好。目前广泛使用的光电检测器有光电二极管（PIN）及雪崩二极管（APD）两类。PIN内部无增益，结构简单，灵敏度低，价格也低，适用于短距离的光纤通信。APD在内部将一次信号光电流倍增放大，使灵敏度提高，适用于中、长距离光纤通信。也可以将光电二极管与前置放大器集成在一块基片上，做成光集成电路，接收效果与雪崩二极管相近。

光纤通信的优点有：

1）可利用的频带宽，通信容量大、传输距离远；一根光纤的潜在带宽可达20THz。

2）抗电磁干扰能力强，保密性能好（无辐射，难于窃听）。

3）光纤是绝缘体，通信两端可以实现完全的电隔离（全电隔离）。

4）光纤损耗小，中继距离长。

5）光纤细，质量轻，构成光缆后容易敷设等。

由于光纤具有上述诸多优点，尤其光纤通信所具有的优秀抗干扰能力和可以实现通信两端的完全电隔离等优点，使得它在电力系统通信中获得了广泛应用。我国从1981年开始在电力系统内建设实用化的光纤通信线路。目前，光纤通信已不限于调度中心与发电厂和变电站之间的长途通信，即使变电站、发电厂和配电网自动化系统中自动化设备或装置之间的短距离通信也已使用光纤通信。

光缆主要由玻璃纤维芯线、包层和塑料保护套层组成，可以做成单芯或多芯。按光纤材料和结构的不同，又有多模光纤和单模光纤之分。单模光纤传输容量更大，但价格贵。目前应用的多数是多模光纤，虽容量较小，但价格较低。在电力系统中，利用现成输电线路走廊采用架空地线复合光缆（OPGW）最为经济实用。OPGW 是将高质量光缆放在架空地线多股导线中央的硬质气密复合管中，OPGW 具有架空地线和通信线的双重功能，无需单独铺设线路，性能好，运行可靠，很适于作为电力系统通信主干线。

（4）架空明线或电缆传输远动信息。架空明线或电缆传输信息时常用的传输介质有铜线、铁线或铅线。信息传输过程中，信息能量沿传输介质传输。这些能量被约束在传输介质周围有限的空间内，不易扩散，保密性较好。架空明线和电缆通信也称有线通信。在电力系统中，有线通信是一种重要的通信手段。它多用于地区通信或短距离通信枢纽站之间的通信。为了更多地传输信息，在有线通信中常将音频信号和直流脉冲信号调制成不同频带的高频信号或编码形成脉冲编码调制信号，然后将这些调制后的信号叠加起来在一对通信线路上传输，以实现通信线路的多任务。现在电力系统通信更多地使用架空或地下电缆线路。

2. 信道的工作方式

信道的工作方式可以分为单工、半双工和双工三种。单工方式是信息只能向一个方向传输［见图 5-20（a)］；半双工方式是信息可以上、下两个方向传送，但在同一时刻只能一个方向传送［见图 5-20（b)］；双工方式是同时可以在两个方向传输［见图 5-20（c)］。不同的传输方式其传输的效率是不同的。当然，使用双工方式最方便有效，但费用也最昂贵。

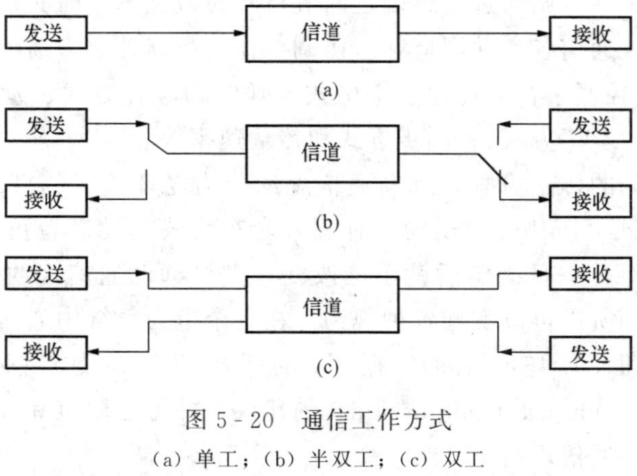

图 5-20　通信工作方式

（a）单工；（b）半双工；（c）双工

3. 信息传输网络的基本类型

电力系统中远动通信系统的主站（MS）与子站（RTU）之间通过信道传输远动信息。若干远动站通过通信线路连接起来，组成一个远动通信网络。远动通信网络有如图 5-21 所示的以下几种基本类型：

（1）点对点配置。一站与另一站通过专用的传输链路相连。这是一种最基本的一对一方式，如图 5-21（a）所示。

（2）多路点对点配置。调度控制中心或主站与若干被控站通过各自的链路相连，如图 5-21（b）所示。在这种配置中，主站能同时与各个子站交换信息。

（3）多点星形配置。调度控制中心或主站与若干被控站相连，如图 5-21（c）所示。在这种配置中，任何时刻只允许一个被控站向主站传送信息。主站可选择一个或若干个被控站传送信息，也可向所有被控站同时传送全局性的报文。

（4）多点共线配置。调度控制中心或主站通过共享线路与若干被控站相连，如图 5-21（d）所示。在这种配置中，同一时刻只允许一个被控站向主站传送信息。主站可选择一个或若干个被控站传送信息，也可向所有被控站同时传送全局性的报文。

（5）多点环形配置。所有站之间的通信链路形成一个环形，如图 5-21（e）所示。在这种配置中，调度控制中心或主站可用两个不同的路径与各个被控站通信。因此，当信道在某处发生故障时，主站与被控站之间的通信仍可正常进行，通信的可靠性得到提高。

将以上几种基本配置组合起来，可构成各种混合配置。

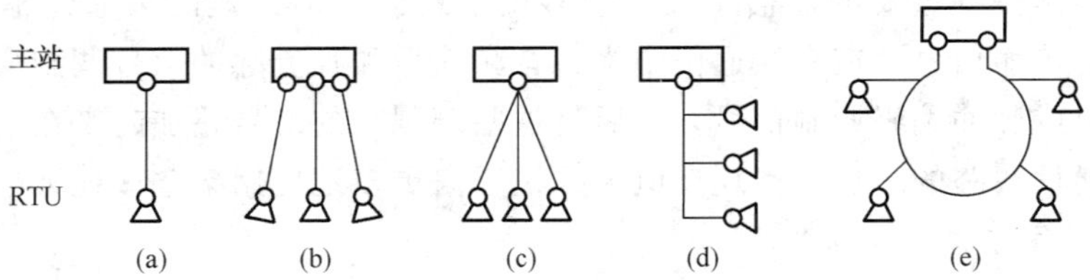

图 5-21　远动系统的配置

（a）点对点式；（b）多路点对点式；（c）多点星形式；（d）多点共线式；（e）多点环形式

五、通信规约

在电力系统运动中，主站与远方终端之间进行实时数据通信时必须事先做出约定，制定必须遵守的通信规约，通信各方共同遵守，协调工作、相互理解。通信规约的主要内容有数据编码（代码）、传输控制字符、传输报文格式、呼叫和应答方式、差错控制步骤、通信方式（指单工、半双工、双工方式）、同步方式和传输速率等。

按照远动信息不同的传送方式，远动通信规约分为循环式（CDT-Cyclic Digital Transmission）规约和问答式（Polling）规约两种。一套布线式远动装置可以按以上两种规约中的任一种进行通信，但是一旦确定后就不能改变。微机远动通信规约的实现取决于应用程序，与硬件相对独立，所以可以实现各种规约。在一个电力系统中通信规约必须统一。我国已经颁布电力行业标准 DL 451—1991《循环式远动规约》。它是参照国际电工委员会 IEC（International Electro technical Commission）的建议，并考虑微机和数据通信技术新成就而制定的全国统一的远动通信规约。

现在又有循环与问答兼容传送方式的研究，它兼有 CDT 和 Polling 两种方式的特点，是随着微机通信技术的发展针对上述两种制式的特点而出现的，实用推广还有待时日。

1. CDT 方式通信规约

在循环传送通信方式中，发送端将要发送的信息分组后，按双方约定的规则编成帧，从一帧的开头至结尾依次向接收端发送。全帧信息传送完毕后，又从头至尾传送。这种传送方式实际上是发送端周期性的传送信息帧给接收端，而不顾及接收端的需要，也不要求接收端给予回答。故称它为循环数字传送方式。这种传送方式对传输可靠性要求不很高，因为任一错误信息可望在下一循环中得到它的正确值。在电力系统中，采用循环数字传送方式以厂站的远动装置为主，周期性地采集信息，并周期性地以循环方式按事先约定的先后次序依次向调度端发送信息。

CDT方式通信规约适用于点对点的通信结构，信息以循环同步方式传送，传完一帧紧接着再传送新的一帧，如此循环不已。这种方式的主要缺点是只适用于单工条件，不管接收端的情况。若同时需要上行和下行传送，则需要双工通道。这种方式也不适用于共线式通道。

传送的格式采用帧结构和字结构。帧结构如图5-22所示。每一帧都以同步字开头，都有控制字，是否有信息字和多少信息字则依据不用的帧类别而定。有些帧可以没有信息字，而只有同步字和控制字。帧长可以是固定的，也可以是变化的，一般帧长由系统规模而定。根据信息的性质和重要程度，将相同类别的信息字安排在同一帧中，以帧的类别来区分。

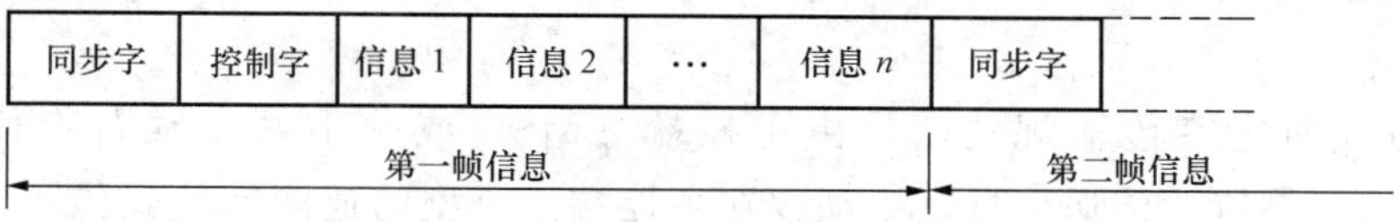

图5-22　帧结构示意图

字结构是帧结构中每个字的结构。每一个字也称为一个码字，由8位二进制元码为一个字节来构成。码字用（N，K）表示，其中N为码字的字长，K为信息位，一般是BCH（BCH是Bose、Chaudhuri和Hocguenghem三个人名字的缩写。他们在1959～1960年之间分别提出了一种最有效的纠多个独立随机错误的循环码，称为BCH码）码或其缩短码。对于远动装置，可用性好的码字为（48，40）、（40，32）、（32，24）等几种。下面以（48，40）为例来说明字的结构。

同步字是一帧开始的标志，同步字应当很特殊，不会与其后的控制字或信息字相同。同步字的结构如图5-23所示，每个同步字的编码为EB90H，共16位。规定同步字要连续发三遍，共占48位。

图5-23　同步字的结构

控制字用来说明本帧信息的有关情况，其结构如图5-24所示。控制字共占48位，分为6个字节。规约中对每个字节的内容都有明确规定，如控制字节的前四位以“1”或“0”代表后面的帧类别、帧长、源地址和目的地址是否有内容；帧类别以61H代表重要遥测帧（A帧），C2H代表次要遥测信息（B帧），F4代表遥信状态帧（D1帧）等等。帧的类别最多可达30种。

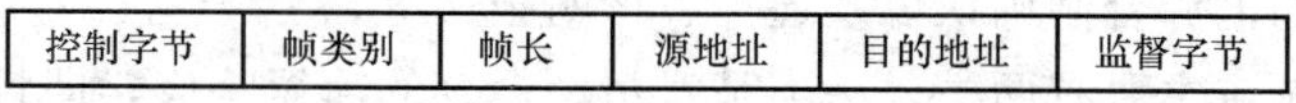

图5-24　控制字的结构

信息字的结构如图5-25所示。信息字共占48位，分为6个字节：1个功能码字节，4个信息码字节，1个监督码字节。功能码共有256种。信息码字节有时间字、遥测字、遥信字、事件记录字、水位字、频率字和电度字等等。根据不同的需要选择不同的信息字结构。

控制字、信息字中结构中各字节的格式的详细定义，可参阅DL 451—1991。

功能码	信息1	信息2	信息3	信息4	监督码

图 5-25 信息字的结构

2. Polling 方式通信规约

问答式传送方式的特点是由调度（主控）端向厂站（受控）端发送一定信息格式的查询（召唤）命令，厂站端按调度端发来的命令传送信息或执行调度命令。在未收到查询命令时，厂站端的远动装置处于静止状态。用这种方式，可以做到调度端需要什么，厂站端就送什么，即按需传送。对于遥控、遥调，无论循环方式还是问答方式，都是由主站掌握通信的主动权。

Polling 方式即应答传输规约，是由主控端（MS，或称主站）发召唤代码，受控端（RS，或称子站）响应后传送信息，主动权在主控端。典型的遥测问答式传送方式可以逐个信息地响应，即主控端发所需要的信息的地址，受控端送回相应的信息；也可以信息批量传送，即主控端发提取批量信息的命令，受控端按序连续整批传送信息，这类方式与 CDT 的帧传送相似。

主站轮流询问各子站 RTU。各 RTU 只有在接到主站询问后才可以回答（报送数据）。平时各 RTU 也与循环通信方式一样地采集各项数据。不同之处在于这些数据不马上发送，而是存储起来，当主站轮询到本站时才组装发送响应数据。

子站的远动数据种类不一，可按其特性和重要程度加以分类，对于重要的、变化快的数据，应勤加监视，采样扫描周期应短一些。对于不重要的变化缓慢的数据，采样扫描周期可以长些。各种远动数据可以选择相应的扫描周期。RTU 可提供几种类别的扫描周期，例如 8 种，这样也就把远动数据按扫描周期分成 8 个类别。划分为类别后，主站在需要时可以向子站查询某些类别的数据。

为了提高效率，通常遥信采用变位传送，遥测采用越阈值（即越死区）传送，因此对遥测量需要规定其死区范围。遥测量配有数字滤波，因而还要规定滤波系数。扫描周期、死区范围和滤波系数等参数应事先确定，使用时由主站给子站初始化时设定。

问答式规约中主站与子站的通信项目可按功能来划分。

主站向子站发送的命令大致可分为：

(1) 初始化设置参数类，有设置扫描周期、设置死区数值及滤波系数等。

(2) 查询类，询问各种类别的远动数据情况等。

(3) 管理控制类，控制 RTU 的投入或退出工作等。

(4) 其他类，如电源合闸确认以及遥控、诊断报文等。

子站对主站的响应主要有两类，一类是对主站命令的简短响应，即肯定性确认或否定性确认。肯定性确认表示已正确收到主站发来的命令，或主站询问中的数据无变化；否定性确认表示未能正确收到主站送来的命令。另一类是遵照主站命令回答相应的具体数据。

我国的 DL/T 634—1997《问答式远动规约》中规定信息传送采用异步通信方式，传送的报文以字节（8 位）为单位，附加起始位和停止位，但不带奇偶校验位。上行及下行报文格式如图 5-26 所示。

报文的地址部分通常为一个字节，下行报文中为目的站 RTU 地址；上行报文中为源站

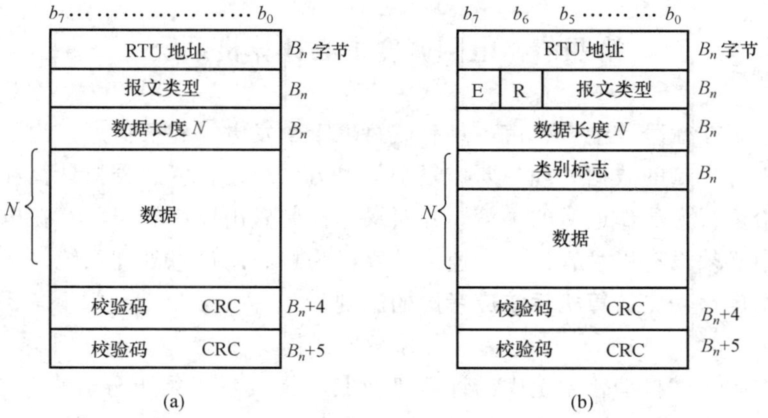

图 5-26 问答式规约的报文格式

(a) 下行报文（主站至子站的命令）；(b) 上行报文（子站至主站的响应）

RTU 地址。地址范围为 00H～FFH（0～254），其中 FFH 用作广播命令的地址，对所有 RTU 均有效。各 RTU 接到广播命令后不用回送应答报文。

报文类型用来说明报文的内容或类型，它用不同的代码来表示不同类型的报文，例如 01H（0000 0001）代表“复位 RTU”报文（RESET），1AH（0001 1010）代表“重复询问报文”等等。

数据长度表明报文中数据段的字节数。

在子站给主站的响应报文中都有 E 和 R 两位以及一个字节的类别标志。E（b_7 位）用来报告事件记录情况，有事件记录时 $E=1$，否则 $E=0$。R（b_6 位）用来报告 RAM 自检情况，自检有错时 $R=1$，否则 $R=0$。子站给主站的响应报文中用“类别标志”字节来报告哪些类别的数据有了变化（各种信息依其不同的扫描周期划分为 0～7 共 8 类）。类别标志中的每一位表示对应类别的情况，例如类别标志中的 b_1 位为 1，就表示类别 1 中有数据变化，b_1 位为 0，表示类别 1 中无数据变化。

主站也可设置类别标志，指明查询某些类别的数据。

校验码部分有三种情况：对于重要的报文采用 16 位校验码；对于不太重要的报文只用 8 位校验码；子站给主站的“肯定性确认”或“否定性确认”报文则不带校验码。

Polling 通信方式可以适应如图 5-21 所示的点对点、多点串接、多点环形、多点星形等各种类型通信网络。而循环 CDT 只适应于点对点（放射式）通信网络。

Polling 方式的缺点是受控端一旦发生故障，不能把这一紧急信息及时告知主控端。补救办法是可在遥测字中设置“呼叫”位作为主动传送“紧急情况”的信号。

为减轻信道的负担，对遥测量常采用越阈值（死区）传送方式，即当信息的变化不超过某一给定范围（死区）时则不传送，例如规定遥测量变化不超过 0.25%时不传送，则可减轻信息传输 90%的负担。遥信量则采用变位传送的方式，即当遥信量状态发生变化时才传送。当发生故障时，有大量的信息需要传送，这时常采用优先级传送。

我国目前 Polling 方式远动规约还在不断完善之中。这种规约比较复杂，具体内容可参见有关资料。

第四节 电网调度中心计算机系统

现代电力系统往往跨数个省、市，具有成百上千个发电厂和负荷点，为了实现自动监视和控制功能需进行大量的数据处理，要作复杂的电力系统运行状态分析计算和逻辑判断，然后将结果提供给运行人员作最后的决策，并对操作控制做出反应。因此，在电力系统控制调度自动化系统中必须设有以大容量、高速度计算机为核心的信息处理系统。

一、设计调度自动化计算机系统应考虑的原则

1. 可靠性

电力系统控制调度自动化系统中的计算机及其外围设备必须十分可靠。必须从各部件、单机、系统等多层次来保证较高的可靠性，提高硬件和软件的抗故障能力。因为任何一个环节的故障都会影响整个电力系统的正常供电，所以除了要求硬件设备本身很可靠外，在计算机系统设计中必须考虑充分的备用，使在任何一台计算机发生故障或检修时都不致造成整个系统失去作用。计算机外围设备的可靠性一般比主机的可靠性低，所以为了提高整个计算机系统的可靠性，也必须使外围设备有充分的备用。

计算机系统中每个设备的可靠性一般用平均故障间隔时间（即两次偶然故障的平均间隔时间）来表示，而整个计算机系统的可靠性通常用“可用率”来表示

$$系统可用率=\frac{运行时间}{运行时间+停用时间}\times 100\%$$

上式中停用时间包括故障时间和维修时间。影响可用率的主要因素有设备硬件和软件模块的质量、维护检修情况、环境条件、电源供应、备用的程度等。为了确保较高的可用率，应在单个设备零件故障时，仍能保持重要的系统功能，即使在严重的双重故障情况下，也应尽可能限制全部功能的丧失。结构的模块化使系统各部分相对独立，可以减轻故障的影响。

2. 可用性

不仅要从可靠性上来提高系统的可用率，并且要使系统的功能符合每个实际电力系统的运行特点和要求，适应实时控制的环境。例如，在我国的自动化系统中实现全汉化，可使画面和打印记录便于阅读和保存，人机会话操作步骤减少而且方便等，这样更能充分调动运行人员使用自动化系统的积极性，也有利于减少人为失误。

3. 可维护性

在系统结构中有一定的装置冗余度和功能转移能力，以确保故障装置在检修时或在改进功能时不影响系统运行。其次，从逻辑设计上考虑，既可对系统进行离线检修，也可利用备用机进行在线检修。在线检修时应隔离对主机系统的可能干扰。此外，采用硬件和软件的模块化设计，可便于故障时更换模块，迅速清除故障。

4. 可扩充性

利用软件及硬件的模块化可保证系统的可扩充性（逐步扩大容量和功能）。选用有发展前途的系列化机型，可保证向上的可扩充性。

5. 高速性

调度自动化系统是工作于实时环境中，所以要求有尽可能快的反应速度（从要求完成某一功能开始到得到结果的时间），以适应系统变化和控制的要求。从运行人员来看，反应速

度往往是系统性能的主要表现。

影响反应时间的因素有计算机及其附件设备的性能及其结构，计算机的工作负荷，操作系统的性能，数据库和数据存取，应用软件的结构和组织等。特别在电力系统发生故障时，由于增加了事件的数目和运行人员的活动，所以增加了系统信息传输和信息处理的负荷，这将影响反应速度，所以反应时间常常是对某特定负荷条件而言的。

二、实时调度计算机系统的硬件配置

根据需要调度控制的对象及控制功能的要求不同，实时调度计算机系统的硬件配置也不同。一般有下列几种配置形式：

1. 无备用的单机系统

对于小型的调度中心，可以只用一台小型机或高档微机并配置简单的信息收集和监控设备。这种系统有两种不同的设计方法。第一种是主机直接与控制系统的各种设备相连［见图5-27（a）］，担负数据采集和处理的任务。这种设计的主要问题是：当外围设备完成一信息请求，或者要求存储或调用数据时，主机需要中断去处理与外设有关的数据传递任务，使得主机的负担很重。为了减轻主机的负担，加快主机的响应时间，也可以采用第二种设计方式，即让通信与显示系统有专用的处理设备。典型的配置是用一台前置机作为与通信系统的接口［见图5-27（b）］，完成数据采集、部分数据处理和人机联系等简单而频繁的功能，而通过直接访问内存（DMA-Direct Memory Access ）方式，将数据高速存入主机内存，减少主机中断。处理人机联系的计算机则用以就地存储显示内容，处理数据更新，以尽量减少改变显示内容所需的时间，也可用DMC方式访问内存。人机联系部分也有用专门的计算机或微机处理数据，使画面能快速调出。

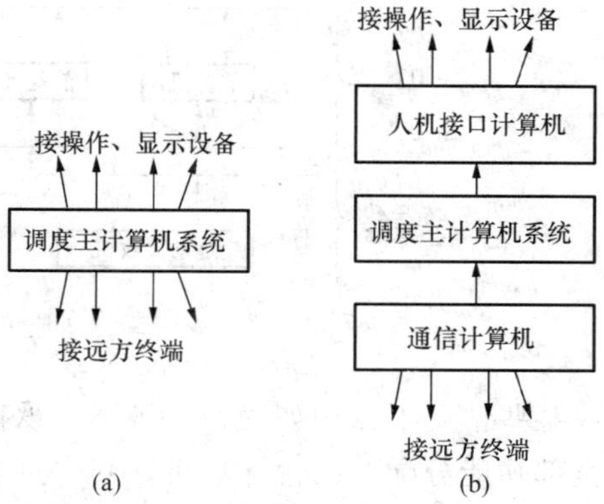

图5-27　单机系统的不同设计方法
（a）主机直接与控制系统设备相连；（b）有前置机

2. 双（多）重化系统

为了提高运行的可靠性，重要的措施是采用多重化系统，即设置几台相同的计算机（同类型机，能共享资源及相互兼容）及相应的外围设备。因为外围设备的可靠性一般比计算机的可靠性低，所以为了提高整个计算机系统的可靠性，必须充分考虑外围设备的备用。在大部分情况下，这种双重化只包括计算机本机系统、前置机、显示器等，而通信设备、远方终端设备等有双重化当然很好，但不一定在所有情况下都有。

典型的双机系统如图5-28所示。纵向两套系统完全相同，两台相同的计算机都有各自的CPU、内存和外存以及输入/输出设备。所以，两台主机的功能完全相同。但在运行时，两台计算机的分工可以不同，主要根据可用性的要求来确定。两台计算机可采用主机—备用机方式或双机并行方式。

（1）主机—备用机方式。主机—备用机方式是用得较多的工作方式。它采用一台机作为主机在线运行，另一台机处于离线热备用状态，备用机必须保存与主机相同的某些数据，所以，主机应定时或连续地将数据库的数据通过两机间的通信联络向备用机传送；备用机上的程序和主机上的相同，只不过不是处于运行状态而是休眠状态。当通过监视定时器（Watch dog）检测出主机发生故障时，备用机立即自动投入运行，承担起主机的全部功能。这一般应在30～60s内完成，如果时间过长就会丢失重要数据。采用这种运行方式时，备用机还可以用于其他目的，如可以用来开发程序和维护软件，对运行人员进行培训（使运行人员熟悉实际的控制调度自动化系统的功能），模拟各种系统故障，通过显示器进行仿真操作等。一旦主机故障，备用机的这些工作立即停止，使其全部承担主机的功能。

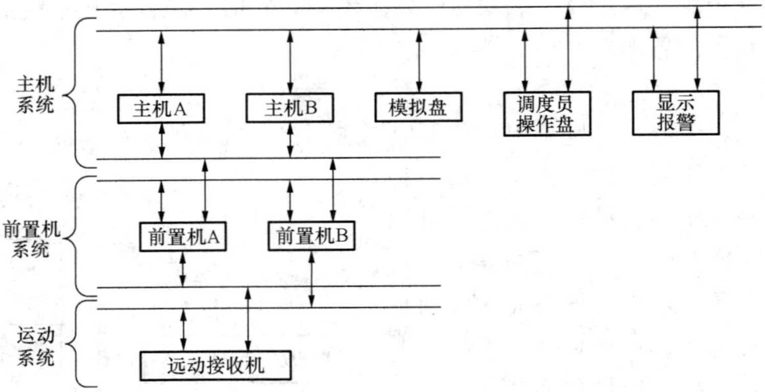

图5-28　典型的调度计算机双机系统

在某些情况下（例如一台主机不能承担全部功能，包括重要的、不重要的或辅助功能），可将全部功能分配给两台计算机，其中重要的实时功能分配给一台主机，而将一些不重要的实时功能和离线功能分配给另一台副机。当主机发生故障时，能自动或手动地使副机立即承担主机的全部实时功能，而暂停一些离线和辅助的处理功能。对于这种系统的配置，为了保证在一台机故障时仍能保证系统完整功能，也可以再增加一台备用机。

（2）双机并行方式。双机并行方式是两机同时完成同样的工作，并可互相核对各自的结果。这种工作方式的优点是十分可靠，任何一台机发生故障，都不会影响系统的正常工作，没有主机向副机转换的时间和主机向副机传送数据时可能出现的误差。其缺点是在正常工作时两机都忙于工作，不能利用一台机进行程序的开发和维护，以及人员的培训，除非再增加第三台备用机。

计算机系统的双重化将大大增加可用率。但是，仅仅使用计算机双重化还不能保证系统很高的可靠性，因为其他因素如电源、信道等都会影响可用率。

和单机系统一样，为了加快主机的响应时间，减轻主机的负担，增设前置机来完成数据收集和处理、人机联系等简单而频繁的功能。前置机也可以是双机，有的系统用四台前置机。

3. 分布式系统

20世纪90年代初的电力系统调度自动化系统主要是基于CISC（Complex Instruction Set Computer）技术的集中式系统。这类系统存在严重问题，即系统升级非常困难，当需要扩充某些功能，而其他部分功能仍然可用时，也往往导致整个系统的更新。分布式系统通常采用客户-服务器（Client/Server）分布式网络结构，是把系统的各项功能分散到多台计算机中去，各台计算机之间用局域网相连，并通过局域网高速交换数据。人机联系的处理机也以工作站方式接在局域网上，各种备用机也同样连接在局域网上，并可随时承担同类故障机的任务。通过局域网可将实时数据或人工输入的数据定点传送到其他计算机的实时数据库中。在系统扩充功能时，只需增加新的处理机或把原有的处理机升级，无需改变整个系统。典型的系统结构如图5-29所示。

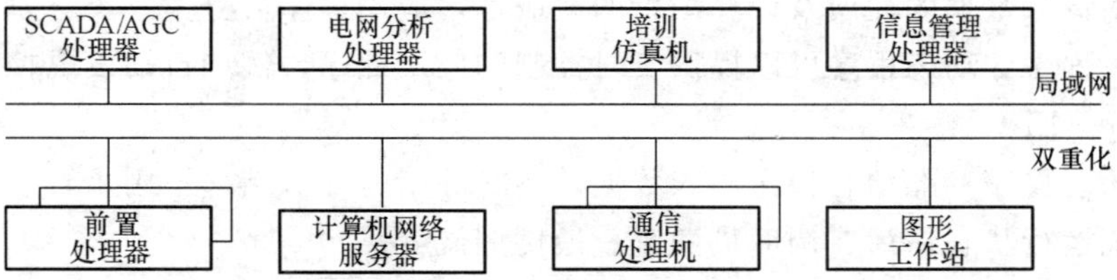

图5-29 分布式系统配置

三、调度计算机系统的基本软件

软件的功能直接决定了调度中心计算机系统所能发挥的功能。软件开发的费用一般比硬件费用高，改进更新比硬件的快。实时调度计算机系统的软件有以下特点：

(1) 软件系统庞大复杂，执行速度要求很高。在线任务很多，各任务的执行要在统一的管理程序指挥下协调工作。

(2) 一般采用分时操作系统，例如VMS各任务有自己的优先级，分时地被执行。目前流行采用UNIX和Windows NT、XP操作系统。

(3) 有很强的人机联系能力。

(4) 控制功能可以不断改进和增加，可修改原有程序或增加新程序而不影响其他程序。

调度计算机系统的基本软件分系统软件、支撑软件、应用软件、高级管理软件与分析软件。

1. 系统软件

(1) 实时操作系统：实时分配计算机资源，分时操作系统可同时处理几个任务，但同一时刻只执行一个任务。每个任务都有自己的优先级，操作系统按优先级决定先执行哪个任务，对时间响应要求很高的任务可用中断方式处理，中断处理优先级很高。

(2) 程序语言：TURBO C，C++，VC++，FORTRAN语言等。

(3) 公用系统程序：编辑程序，编译程序，连接程序，文件管理程序，调试程序等。

2. 支撑软件

在调度计算机系统中，还有一个介于操作系统和应用软件之间的支撑软件，它为电力系统调度自动化的各种应用程序以及数据库的结构提供了一个面向用户的框架。在这个支撑系统的支持下，电力系统的工程师在编制应用软件时就更为方便。它也给用户提供了一个实时数据库系统，用户可以共享数据，也可以建立自己的数据库。支撑软件包括：

(1) 任务调度程序：控制应用程序的执行，使之更适合实时应用。

(2) 画面管理程序：完成所有显示程序的公共功能，处理显示请求，控制画面更新速度，处理显示信息的格式等。

(3) 数据库管理程序：完成检索和存放数据的任务，完成数据在内外存储器中的交换，数据库的管理在实时应用软件开发中起重要作用，设计一个好的数据库是整个调度自动化系统水平的标志。数据库的修改和应用程序的修改应互相独立。

3. 应用软件

应用软件是完成各种电网在线分析计算功能的程序。它要求执行速度快，程序维护量小，使用方便，有较强的人机会话功能。

按计算用输入数据的性质及计算结果的适应性，应用程序可分为三类：

（1）动态程序。动态程序可以提供实时控制的应用程序，例如自动发电控制和经济调度控制程序 AGC/EDC。

（2）准动态程序。准动态程序输入数据是实时的，但分析结果不用于直接控制，属静态信息，如系统运行状态估计、调度员潮流、最优潮流等。

（3）静态程序。静态程序输入数据是预测的或经过处理的，计算结果提供系统未来运行状态的信息，如负荷预测，发电计划、检修计划等。

大型应用程序需大量人力的劳动，需要许多人平行进行开发工作，系统设计是关键，这方面需要对整个系统的功能，各子系统之间的联系都要有所了解。需要计算机、电力系统等全面的知识。系统设计师在开发应用软件中起着关键作用。另外，应用软件程序必须是模块化的，这样便于组装、拆拼。应用软件还要经过长期运行考验才能够商品化。

4. 高级管理与分析软件

随着电力系统的发展，对其管理水平和管理手段都提出了越来越高的要求。各级调度中心先后建立了各种高级管理与分析软件，以提供科学的管理依据和调度策略。这些高级管理与分析软件主要有以下几种：

（1）管理信息系统（Management Information System，MIS）。这个系统主要是对各种现场实时数据与信息进行管理，产生各种形式的统计数据，并以文档、表格、画面等多种形象的方式显示出来，为决策者提供决策依据。

（2）能量管理系统（Energy Management System，EMS）。这个软件系统充分利用调度自动化系统的各种现场数据，应用多种数学方法和电力系统理论进行分析。它可以提供多种结果，为电力系统的安全运行、经济调度、最优调度等高水平调度管理提供决策依据。

（3）调度员培训仿真系统（Dispatcher Training Simulator，DTS）。这个系统通过软件模拟的方式，提供对调度员的培训手段。它模拟实时现场情况，接收调度员的调度策略，然后计算电力系统的变化情况，以验证调度策略的正确性、安全性和有效性。

几种软件系统的目标不同，功能各异。但是，它们都需要从调度自动化系统获取电力系统的实时数据与信息，有时还需要将分析结果反馈给调度自动化系统。因而它们在与调度自动化系统的通信上，采用了计算机网络技术，实现不同软件系统间的数据共享。

第五节 SCADA/EMS 系统

SCADA 系统是调度自动化系统应有的最基本功能，它完成电力系统实时数据的采集和对电力系统运行状态的监控。EMS 系统是在 SCADA 的基础上开发的一系列电网调度自动化高级应用软件，以提高电网调度自动化的功能和效果。前面几节从调度自动化系统方面详细介绍了 SCADA 系统的原理和架构，本节进一步分析 SCADA/EMS 系统的各项调度控制功能及其实现。

一、SCADA 系统的基本功能

1. 数据采集

数据采集的主要任务是和各 RTU 交换信息。它是调度端远动和计算机内处理远动信息的软件功能的集合。它包括调度端远动装置和厂站端 RTU 交换信息功能，调度端远动处理厂站 RTU 或主机送来的信息，调度端远动和主机交换信息等功能。

SCDAD 系统进行数据采集的过程为：厂站内部 RTU 或综合远动装置扫描并快速更新厂站 RTU 内部数据库，调度端或主站主控端周期查询厂站 RTU，厂站 RTU 向调度端或主站主控端计算机传送所要求的数据，调度端或主站主控端计算机进行校核数据、检错、纠错，将数据换成标准形式并送入主机数据库。

2. 数据预处理

在电力系统信息的收集和传输过程中，测量装置和传输设备的误差以及传输过程中的各种外界干扰使得通过信息传输系统传送过来的数据具有不同程度的误差和不可靠性。如果直接利用这些原始数据进行电力系统监视和控制，就有可能做出错误的判断和决策。因此，由信息传输系统直接送来的信息被存入数据库以前，必须对这些数据进行合理性检查和可信性校验及处理等。数据预处理一般有以下几方面：

（1）测量合理性校验。当遥测值超过某一合理的限度时则认为该数据不合理，予以摒弃。

（2）遥测值变化率合理性校验。对本次得到的遥测值与前次的进行比较，如发生不合理的突变，则可以认为本次的遥测值有错，予以摒弃。

（3）测值的平滑滤波。采用数字滤波的各种方法对遥测值进行数字滤波，以减少测量误差和干扰对遥测值的影响。

（4）开关变位可信性校验。有的 RTU 对变位开关信号进行多遍传送，调度中心收到后，可以进行校核，半数以上信息相同时才予以接收。也可以由调度端计算机对变位信号进行多帧校验，还可以和相关的线路潮流进行核对，不合理时不接收开关变位信号。

数据的预处理有些可在厂站端 RTU 分散进行，在主控端还配置有专门状态估计软件对 RTU 传来的大量“生”数据进行纠偏、纠错、补齐等。

3. 信息显示和报警

调度端将系统运行值和设备状态进行显示，供调度员监视系统的运行状态用。当运行值越限或设备状态发生非预定变化时及时向调度员告警。对电力系统监视的内容一般有：

（1）电能质量监视。监视系统的运行频率、各选定点的电压值，观察系统是否运行在给定的频率和电压范围。

（2）安全限制监视。监视系统的频率和各选定点的功率、电压、电流、水位等是否超出给定的安全限值。

（3）开关状态监视。监视开关当前的开合状态，检查是否有非计划动作。

（4）停电监视。线路和母线的停电状况监视。

（5）计划执行情况监视。监视地区用电、电厂功率、区域交换功率等是否超计划值。

（6）设备状态监视。监视各电厂机炉的启、停、备用、检修和各变压器的运行或检修状态。

（7）保护和自动装置监视。监视系统的主要设备的保护动作情况和自动装置的动作情况。

信息显示的方法有模拟盘和彩色CRT。用CRT显示时画面分成背景画面和实时数据两部分，背景画面是死的，实时数据是活的，画面上变化的数据是和数据库通过指针相连的。当数据库内的数据变化时，画面上的数据也对应发生变化。如图5-30为显示的某系统接线图。显示时，系统接线图、开关编号、厂站名等是背景图，不变化，而潮流数据、反映潮流方向的箭头、开关状态等是实时数据，将根据系统的运行状态而发生变化。

常用的画面有厂站接线单线图、系统接线图、表格（包括运行值表）、曲线（用于显示负荷、频率、中枢点电压等随时间的变化过程）、棒图/饼图（直观显示运行值、备用值等靠近上下限的程度）、目录（画面、打印表格或各项任务启停执行等画面的目录检索）。这些画面的调用和修改或命令的执行大多采用鼠标。

报警的方法很多，可使画面的某处闪光、变色，也可发出音响。有的在画面固定地方显示报警信息（厂站、设备号、画面号、报警性质）；有的自动推出报警画面，调度员可对报警信息进行确认。

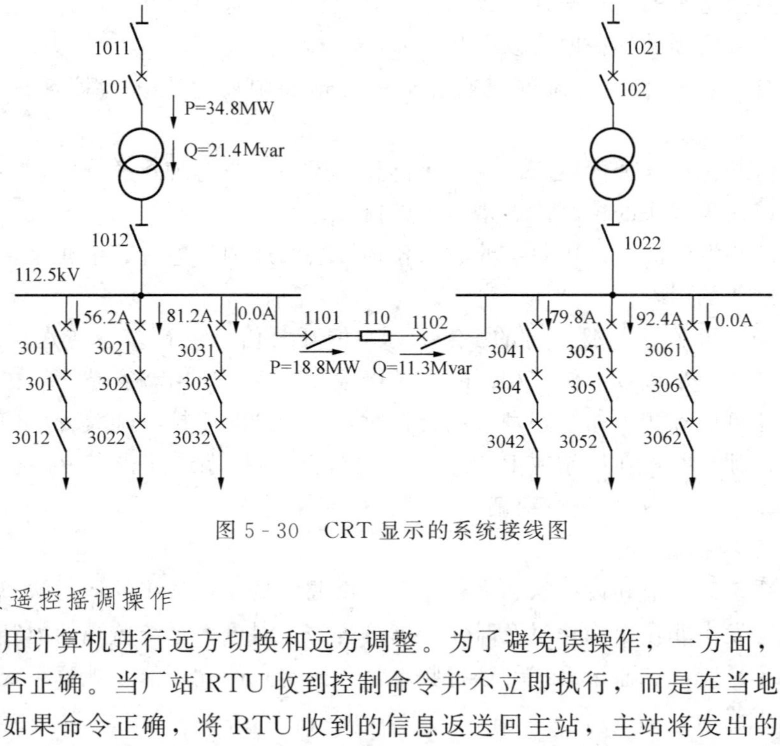

图5-30 CRT显示的系统接线图

4. 调度员遥控摇调操作

调度员利用计算机进行远方切换和远方调整。为了避免误操作，一方面，通过返信校验法检查命令是否正确。当厂站RTU收到控制命令并不立即执行，而是在当地先校核一下命令是否合理，如果命令正确，将RTU收到的信息返送回主站，主站将发出的信息和回收的信息进行比较，当两者一致时再发出执行命令。RTU执行了遥控命令后再发回确认执行信息。另一方面，在画面上开窗口或者在另一屏上显示操作提示信息，按此提示信息一步一步地操作。每步操作结果都在画面上用闪光、变色、变形等给出反应，不符合操作顺序或操作有错则拒绝执行。

5. 信息统计、储存和打印

统计是对实时数据进行一些简单的算术运算。例如累计地区的和全网的负荷、区域交换电量、全网发电量、水火电量比、频率不合格时间、合格率、越限数据的限值及其发生时间、事故分类统计等。

数据保存是系统运行的一项任务。根据要保存的数据的性质，存储的时间长短也不同。例如月、年累计数据，典型日的实时和统计数据、负荷预计用的负荷样本、事故历史资料等，这些数据应能很方便地检索和修改。这些历史数据可提供给财务及设计和规划部门使用。例如为了负荷预测的需要，可以依次记录系统每小时的负荷，即每天记录 24 小时的负荷，连续记录 40 天，超过 40 天自动删除。需要记录打印的内容有：①报警和事故记录；②调度员操作记录，对机组、开关的操作，计算机硬件连接情况的变化，各种运行方式的指令、数据输入；③各种运行报表、工作日志；④画面硬拷贝，包括潮流图等。

6. 事故追忆和事故顺序记录

事故追忆（Post Disturbance Recording，PDR）和事故顺序记录（Sequence Of Events，SOE）主要用于记录系统发生异常情况和事故发生的顺序，以便事故后分析事故用。

事故追忆功能用于记录电力系统事故前后的量测数据和状态数据，保留事故前和事故后若干数据采集周期的部分重要实时数据或全部量测值，如频率、中枢点电压、主干线潮流等。RTU 可以周期性地定时（每 5s 一次）将部分重要量测量记入 RTU 缓冲存储器，在那里保留 1min，定时更新。状态量的变化和量测值越限均可引起事故追忆动作（数据冻结），当有事故发生时，将它记录的数据送到调度中心计算机，并且打印记录。事故追忆数据可以倒到磁带上，如果状态标志记录齐全的话，以后可以在单线图上“实时”再现一次事故过程。

事故顺序记录可以对事故时各种开关、继电保护装置、自动装置的状态变化信号按时间顺序排队，并进行记录。为此，主站应召唤各 RTU 的记录并进行分辨。RTU 的时间基值或时钟必须一致并十分精确；另外，不同厂站 RTU 的时间同步是靠主站发出的时间信息码实现的，也可以各厂站接收广播时间码来实现同步。现在更多地用 GPS（Global Position System）来实现时钟同步。主站记录的顺序事件的分辨率应不大于 5ms。

7. 调度控制系统的状态监视和控制

调度控制系统包括厂站 RTU、信道、主站主控端计算机系统和运行的主备用机及各种外设等。监视整套系统运行情况十分重要。SCADA 系统具有监视每个设备工作正常、故障、异常、离线、在线、可用、停用等状态的功能。在画面上可以用不同的颜色显示不同的设备状态，设备异常或故障时应报警。

控制系统中的各种设备的运行状态也可以人工改变，例如主备机组切换，磁盘、CRT、打字机、网卡、远动通道、电源等的切换，都可以在画面上操作。

二、SCADA 系统的运行原理

1. 查询问答方式

现代 SCADA 系统越来越多地采用了查询问答的工作方式。主站控制所有的活动，而 RTU 只对查询要求应答。

一般由主站辐射出多条通讯回路，每条都是独立的，以半双工方式工作。这些回路有的是点对点式的，更多的是共线式。在共线式通道上，主站发请求和厂站回答两者时间先后不同，主站与终端以独立的，非同步方式工作。

工作时，主站依次向各厂站发出查询请求，厂站 RTU 按请求回答，同一回路上有几个 RTU 时，回答信息是依次接收的。

查询周期根据不同的需要来确定，自动发电控制（AGC）要实现闭环控制，周期要短，一般为 2～6s，给调度员的潮流量等 10s 就可以。有时各量测值并不是在同一周期内取得的值，有时可以在数个采样周期内取得。周期短，所取得的值同时性好，但计算机的负担会加重。一般按信息的性质决定查询及响应的时间长短。一般对异常情况及报警，其响应时间应短，周期一般为 2～3s。正常情况下，可以在几个周期内查询一遍所有信息。

现代 RTU 内部扫描各个点的速度比主站查询周期快得多，所以响应时间主要由主站的查询周期决定。

2. 数据输入

由 SCADA 采样的信息主要是模拟量和开关量。

模拟量在进入厂站 RTU 前需转换成 0～1mA 或 0～5V 的直流信号，并带有符号位；开关量由两态表示，“0”表示断开、“1”表示闭合；电量由电能表发出的脉冲数来计算，一个脉冲代表一个确定的千瓦时数。当地 RTU 应能快速检测开关状态的变化，尤其是在事故时，开关可能会反复变位，这些细节都应及时发现，并传给主站。为了在统计系统电量时不致因时间的不一致（非同时性）造成误差，主站也可以对各 RTU 发出冻结信息，各 RTU 保持同一时间断面的信息，然后主站再发出登记要求信息，各 RTU 将这一冻结时刻的信息依次传送到主站。

3. 控制输出

主控端向厂站端发出的控制输出有：变电站断路器分/合、电动隔离开关分/合、变压器分接头切换、保护整定值调整、RTU 内部登记、冻结控制、发电机组启停、水电厂闸门限值设定、机组功率升降命令、机组功率设定值。

发电机有功的远方设置及调整方式有：①直接发送升降命令，立即执行；②发送设定值，当地由外部回路按设定值进行调整。

4. 数据库

现代 SCADA 系统有很强的数据库功能，数据库的规模也不是固定的，可以扩充。数据库有设计良好的层次结构，可以通过不同途径访问数据库。数据库中的数据通过链表和指针建立起互相的联系，实时调用时，可以通过指针直接查找和提取，速度很快。而且数据库访问的读写是相对独立的。

数据库中的信息包括以下几种类型：实时的数据、参数的数据、计算的数据、应用的数据。数据库的数据一般还有质量特征位等许多特征位，以说明数据的性质，例如新数据还是老数据，远传的还是非远传的等等。上画面时根据特征位决定用何种颜色显示出来。

SCADA 的数据库可以认为是 SCADA/EMS 系统的核心，这个数据库设计的好坏直接影响 SCADA/EMS 系统性能的发挥和水平的高低。

5. 人机接口

人机接口软件指挥计算机的各种外设以各种方便醒目的方式将 SCADA 数据库中的信息显示给调度员。人机接口软件的设计和系统软件功能有关，和各种外设的功能也有关。用于人机接口的各种外设包括鼠标、键盘、CRT、彩色图形终端、控制台操作盘、模拟屏、打印机、音响系统、绘图系统等。

6. 外部接口

外部接口主要用于和外部系统交换信息，例如和相邻系统的 SCADA 系统交换信息、向自己的上级调度部门传送信息等。这往往通过计算机的通信来实现。

现代电力系统的运行不仅要安全、可靠，同时对其运行的科学性和经济性的要求也被提到了空前的高度，在开放电力市场环境中，电力市场运营系统必须有功能完善的交易管理、电能计量、结算、合同管理、燃料管理等功能。因此，电力系统的管理水平要不断地提高，以适应这种要求。许多现代化的调度中心，充分利用计算机软硬件技术飞速发展的优势，已经在调度自动化系统上建立了各种高级的分析与管理系统，如MIS、EMS、GIS、DTS等高级软件。它们的目的均在于充分利用调度自动化系统中电力系统的实时数据与信息，提供先进的管理手段和科学的调度策略。利用计算机网络技术达到与调度自动化系统共享实时数据的目的。

三、能量管理系统EMS

现代计算机及网络技术发展迅速，新技术新设备层出不穷，如精简指令集计算机（RISC）、高速CPU、面向对象技术、Internet技术、大规模商用数据库、超大容量硬盘和内存、100M/1000M高速交换以太网、IEC-61970开放式系统接口标准等，为电网调度自动化系统发展提供了强有力的技术支持。现代电网调度自动化系统除SCADA基本功能和自动发电和经济调度控制（AGC/EDC）之外，又增加了许多调度高级应用软件（PAS），如网络拓扑、电力系统状态估计、负荷预测、系统安全分析、调度员在线潮流、最优潮流等，还开发了调度管理信息系统（DMIS）、调度员仿真培训系统（DTS）等。由此形成了新一代电网调度自动化系统——能量管理系统EMS。以下简介EMS的典型高级应用软件功能。

1. 网络拓扑

网络拓扑又称为网络结构分析，是电力系统分析、各种调度高级应用软件的基础。网络拓扑的基本功能是根据开关的开合状态（遥信信息）和电网一次接线图来确定电网的拓扑关系，即待分析的电网各节点—支路的连通关系，为其他分析应用软件做好准备。

网络模型分为物理模型和计算模型。物理模型又称为节点（node）模型，是对网络的原始描述；计算模型又称为母线（bus）模型，它与网络方程相联系，随着开关状态变化，用于网络分析计算。网络拓扑就是根据开关状态和电网元件关系，将电网的物理模型转化为数学计算用模型。运用堆栈原理，搜索网络图的树支，来判断支路的连通状态，划分电网中的各拓扑岛。

当电网解列时，网络拓扑分析可以给出各子系统的拓扑结构。此外，利用网络拓扑结果可以标识电网元件的带电状态，进行网络跟踪着色，用直观形象的方式表示网络元件的运行状态和网络接线的连通性。EMS中的网络拓扑分析可以用于电网实时模式或研究模式，由开关变位事件驱动或召唤启动。

2. 电力系统状态估计

（1）SCADA采集的生数据缺陷。SCADA系统采集了全电网的实时数据汇成实时数据库。但无论多么完善的SCADA采集的生数据都可能存在以下缺点：

1）采集的数据不齐全。由于技术及经济两方面的原因，实际系统中总有一些相对次要的节点和支路没有装设RTU，其运行参数采集不到。

2）采集和传输的数据不精确。数据采集和传送的多个环节如互感器、传感器、A/D转换等都会产生误差。

3）受干扰时会出现不良数据。除误差之外，由于采集和远传通道的干扰，个别数据还可能出现“谬之千里”的错误，或者丢失。

4）数据不和谐，即数据相互之间关系不符合建立数学模型所依据的基尔霍夫定律或其他基本电路定律。

（2）状态估计的基本原理。电力系统状态估计是电力系统高级应用软件的一个程序模块，它针对SCADA生数据的上述缺陷，依据状态估计原理进行分析计算，能够把不齐全的数据填平补充，不精确的数据“去粗取精”，同时找出错误的数据“去伪存真”，使整个数据系统和谐严密，质量和可靠性得到提高。例如，辨识和检测状态信息和遥测信息中的错误、估计变压器分接头位置、估计量测值偏差等等。EMS的许多安全和经济控制功能都必须用完整的可靠的数据集作为输入数据集。而可靠数据集就是状态估计程序的输出结果。所以，状态估计是其他调度高级应用软件的基础，真正的能量管理系统必须有状态估计功能。

定义：系统的冗余度＝系统独立测量数/系统状态变量数。系统状态变量是描述系统特征所需最小数目的一组变量。电力系统一般取各节点电压幅值及其相位角为状态变量。若电网有N个节点，则有$2N$个状态变量。由于可以设某一节点电压相位角为零，所以对于一个电力系统，其未知的状态变量数为$2N-1$。

状态估计的实现必须建立在对电力系统的量测有一定的冗余度的基础之上，一般在1.5～3.0为宜。状态估计的依据是这些量测和待估计数据必须符合基本的物理机理和电路定律，譬如说必须满足基尔霍夫电路定律、支路的开断状态必须与该支路潮流为零对应、量测数据都有一定合理范围等等。电力系统状态估计数学方法有加权最小二乘法、快速分解法、正交化方法和混合算法等。

（3）状态估计的方法步骤。

1）建立数学模型：在假定没有结构误差、参数误差和不良数据的条件下，确定计算所用的数学方法。可选用的数学方法有加权最小二乘法、快速分解法、正交化法和混合法等。目前在电力系统中用的较多的是加权最小二乘法。最小二乘法是将目标函数J定义为实际测量值与按设定的数学模型计算出来的对应值之差的平方和。当目标函数J有最小值时，求得的状态变量值即为最佳估计值。如果再考虑到各测量设备精确度的不同，可令目标函数中对应测量精确度较高的测量值乘以较高的“权值”，使其对估计的结果影响大一些。这就是加权最小二乘法。状态变量一般取各母线电压幅值和相位角，测量值选取母线注入功率、支路功率和母线电压数值。测量不足之处可使用预报和计划型的“伪测量”，同时将其权重设置得较小以降低对状态估计结果的影响。另外，无源母线上的零注入测量和零阻抗支路上的零电压测量，也可以为伪测量值。这样的测量值完全可靠，可取较大的权重。

2）状态估计计算：根据所选定的数学方法，计算出使“残差”平方和最小的状态变量估计值。所谓残差，就是各测量值与计算的相应估计值之差。

3）监测：检查是否有不良测值混入或有结构错误信息。如果没有，此次状态估计即告完成。如果有，转入下一步。

4）识别：亦称辨识，是确定具体的不良数据或网络结构错误信息的过程。在除去或修正已识别出来的不良测值和结构错误后，重新进行第二次状态估计计算，这样反复迭代估计，直至没有不良数据或结构错误为止。图5-31示出状态估计的流程图。

【例5-3】 已知某系统各支路有功功率P_i的测量值如图5-32所示，忽略线路功率损耗。试求各支路有功功率的最佳估计值$\hat{P}_i$。

解 估计后的各$\hat{P}_i$值应是和谐的，即应满足下列方程（网络约束条件）

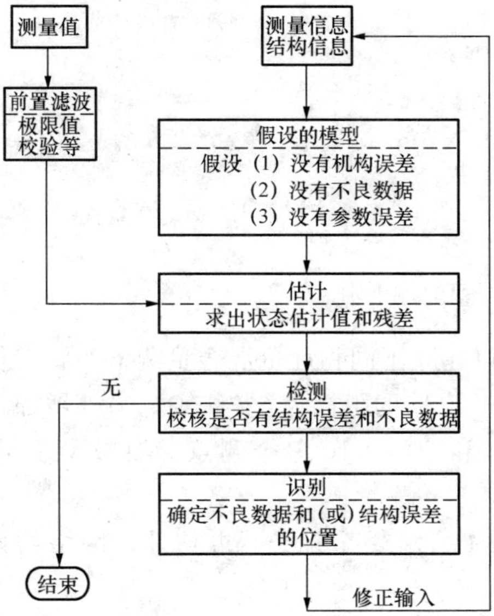

图 5-31　状态估计流程图

$$\hat{P}_1 = \hat{P}_2 + \hat{P}_3$$
$$\hat{P}_2 = \hat{P}_4 + \hat{P}_5$$
$$\hat{P}_6 = \hat{P}_3 + \hat{P}_4$$

（1）认为无结构错误和坏数据时的正常估计。列写目标函数

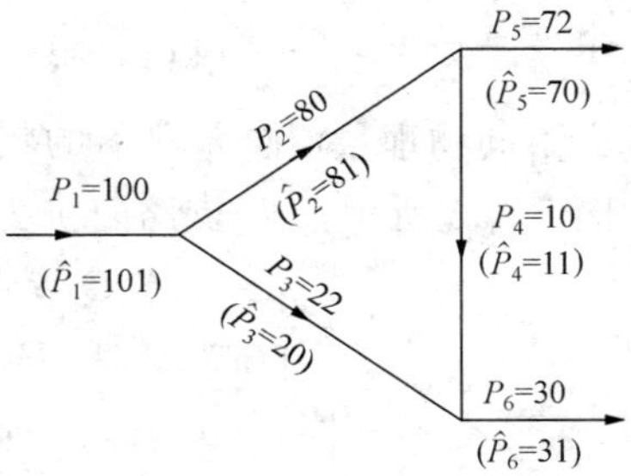

图 5-32　无不良数据时的三节点功率测量值和估计值

$$J = (\hat{P}_1 - 100)^2 + (\hat{P}_2 - 80)^2 + (\hat{P}_3 - 22)^2 + (\hat{P}_4 - 10)^2 + (\hat{P}_5 - 72)^2 + (\hat{P}_6 - 30)^2$$

将约束条件代入，则

$$J = (\hat{P}_2 + \hat{P}_3 - 100)^2 + (\hat{P}_2 - 80)^2 + (\hat{P}_3 - 22)^2 + (\hat{P}_4 - 10)^2 + (\hat{P}_2 - \hat{P}_4 - 72)^2 + (\hat{P}_3 + \hat{P}_4 - 30)^2$$

J 是包括$\hat{P}_2$、$\hat{P}_3$、$\hat{P}_4$ 的函数。为求 J 的最小值可令$\frac{\partial J}{\partial \hat{P}_2}=0$，得

$$2(\hat{P}_2 + \hat{P}_3 - 100) + 2(\hat{P}_2 - 80) + 2(\hat{P}_2 - \hat{P}_4 - 72) = 0$$

即

$$3\hat{P}_2 + \hat{P}_3 - \hat{P}_4 = 252$$

令$\frac{\partial J}{\partial \hat{P}_3}=0$，得

$$2(\hat{P}_2 + \hat{P}_3 - 100) + 2(\hat{P}_3 - 22) + 2(\hat{P}_3 + \hat{P}_4 - 30) = 0$$

即

$$\hat{P}_2 + 3\hat{P}_3 + \hat{P}_4 = 152$$

令$\frac{\partial J}{\partial \hat{P}_4}=0$，得

$$2(\hat{P}_4 - 10) + 2(\hat{P}_2 - \hat{P}_4 - 72) + 2(\hat{P}_3 + \hat{P}_4 - 30) = 0$$

即

$$\hat{P}_2 + \hat{P}_3 + \hat{P}_4 = 112$$

联立求解

$$\begin{cases} 3\hat{P}_2 + \hat{P}_3 - \hat{P}_4 = 252 \\ \hat{P}_2 + 3\hat{P}_3 + \hat{P}_4 = 152 \\ \hat{P}_2 + \hat{P}_3 + \hat{P}_4 = 112 \end{cases}$$

解得

$$\hat{P}_2=81,\hat{P}_3=20,\hat{P}_4=11,\hat{P}_1=101,\hat{P}_5=70,\hat{P}_6=31$$

残差平方和（即目标函数）为

$$\begin{aligned}J&=(101-100)^2+(81-80)^2+(20-22)^2+(11-10)^2+(70-72)^2+(31-30)^2\\&=1^2+1^2+2^2+1^2+2^2+1^2\\&=12\end{aligned}$$

量测冗余度$=\dfrac{6}{3}=2.0$，合适。估计结果仍标注在图 5-32 中。

（2）考虑不同物理量混合量测值的状态估计。可以建立不同物理量混合量测下的状态估计模型。如图 5-33 所示，S_2 支路阻抗为 $7+j15\Omega$，P_3 支路的阻抗为 $6+j10\Omega$，另外增加了 $Q_2=40$，$U_1=120$ 和 $U_2=110$ 三个测点，但减少了 P_4 和 P_6 两个测点。

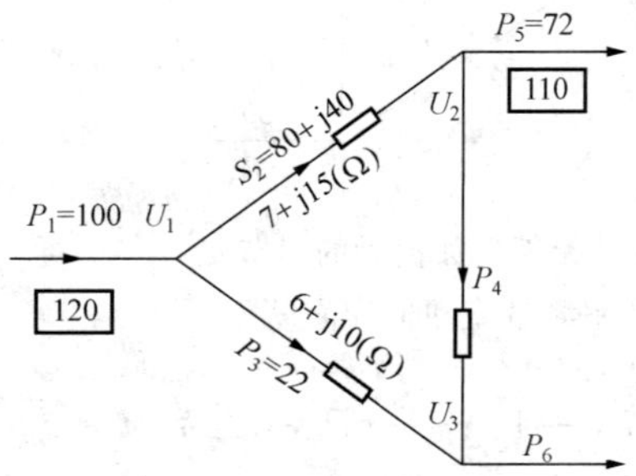

图 5-33 无不良数据时的三节点混合测量值示意图

此时，可先设 U_1 为参考电压不再估计，网络约束条件变为

$$\hat{P}_1=\hat{P}_2+\hat{P}_3$$
$$\hat{P}_2=\hat{P}_4+\hat{P}_5$$
$$\hat{P}_6=\hat{P}_3+\hat{P}_4$$
$$\hat{U}_2=U_1-\frac{\hat{P}_2R_2+\hat{Q}_2X_2}{U_1}$$

目标函数为

$$J=(\hat{P}_2+\hat{P}_3-100)^2+(\hat{P}_2-80)^2+(\hat{Q}_2-40)^2+(\hat{P}_3-22)^2+(\hat{P}_5-72)^2+\left(U_1-\frac{7\hat{P}_2+15\hat{Q}_2}{U_1}-110\right)^2$$

令$\dfrac{\partial J}{\partial \hat{P}_2}=0$，得

$$2(\hat{P}_2+\hat{P}_3-100)+2(\hat{P}_2-80)+2\left(120-\frac{7\hat{P}_2+15\hat{Q}_2}{120}-110\right)\left(\frac{-7}{120}\right)=0$$

即

$$2.003\hat{P}_2+\hat{P}_3+0.007\hat{Q}_2=180.6$$

令$\dfrac{\partial J}{\partial \hat{P}_3}=0$，得

$$2(\hat{P}_2+\hat{P}_3-100)+2(\hat{P}_3-22)=0$$

即

$$\hat{P}_2+2\hat{P}_3=122$$

令$\dfrac{\partial J}{\partial \hat{P}_5}=0$，得

$$2(\hat{P}_5-72)=0$$

即

$$\hat{P}_5=72$$

令$\dfrac{\partial J}{\partial \hat{Q}_2}=0$，得

$$2(\hat{Q}_2-40)+2\left(120-\frac{7\hat{P}_2}{120}-\frac{15\hat{Q}_2}{120}-110\right)\left(\frac{-15}{120}\right)=0$$

即

$$\hat{Q}_2-40-15+0.007\hat{P}_2+0.016\hat{Q}_2+13.75=0$$
$$0.007\hat{P}_2+1.016\hat{Q}_2=41.25$$

$\hat{P}_5=72$ 已求得，其余为 3 个未知数、3 个方程，联立求解

$$\begin{cases}2.003\hat{P}_2+\hat{P}_3+0.007\hat{Q}_2=180.6\\ \hat{P}_2+2\hat{P}_3=122\\ 0.007\hat{P}_2+1.016\hat{Q}_2=41.25\end{cases}$$

解得

$$\hat{P}_2=79.4,\ \hat{P}_3=21.3,\ \hat{P}_1=100.7,\ \hat{P}_5=72,\ \hat{P}_4=7.4,\ \hat{P}_6=28.7,\ \hat{Q}_2=40.05$$

$$\hat{U}_2=120-\frac{7\times79.4+15\times40.05}{120}=110.36$$

残差辨识过程略。考虑混合量测值模型的估计结果见图 5-34。

(3) 出现偶尔不良数据时的状态估计。设 $P_5=72$ 在传输中因干扰出现偶然性错误，变成 400，量测数据如图 5-35 所示。

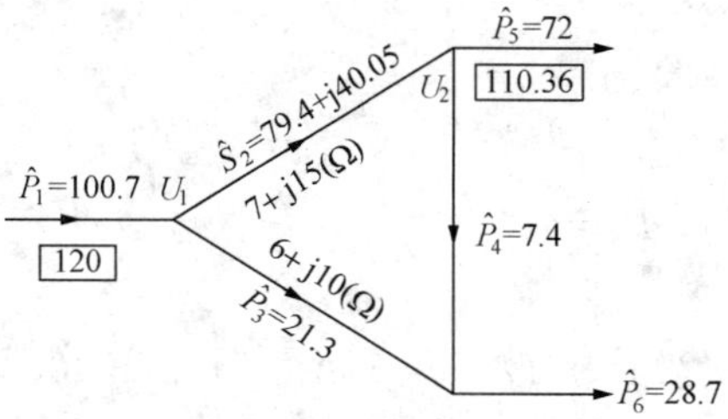

图 5-34　三节点混合测量状态估计值

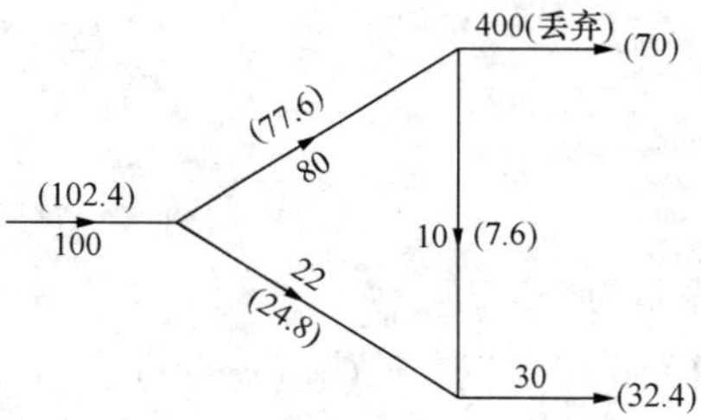

图 5-35　含不良数据时功率测量值和估计值

1) 首先可用合理性检查将 $P_5=400$ 丢弃不用，在冗余度 $=\frac{5}{3}=1.67$ 的情况下，仍然可以进行状态估计。

目标函数

$$J=(\hat{P}_1-100)^2+(\hat{P}_2-80)^2+(\hat{P}_3-22)^2+(\hat{P}_4-10)^2+(\hat{P}_6-30)^2$$
$$=(\hat{P}_2+\hat{P}_3-100)^2+(\hat{P}_2-80)^2+(\hat{P}_3-22)^2+(\hat{P}_4-10)^2+(\hat{P}_3+\hat{P}_4-30)^2$$

令 $\frac{\partial J}{\partial \hat{P}_2}=0$，得

$$2\hat{P}_2+\hat{P}_3=180$$

令 $\frac{\partial J}{\partial \hat{P}_3}=0$，得

$$\hat{P}_2+3\hat{P}_3=152$$

令 $\frac{\partial J}{\partial \hat{P}_4}=0$，得

$$\hat{P}_3+2\hat{P}_4=40$$

解得

$$\hat{P}_2=77.6,\ \hat{P}_3=24.8,\ \hat{P}_4=7.6,\ \hat{P}_5=\hat{P}_2-\hat{P}_4=77.6-7.6=70,$$

$$\hat{P}_1=77.6+24.8=102.4,\ \hat{P}_6=23.8+7.6=31.4$$

检验残差平方和为 $J=2.4^2+2.4^2+2.8^2+2.4^2+2.4^2=30.88$，虽然残差看起来稍大些，这是由于数据缺失一项，冗余度有所降低，估计的精确度亦有所降低，但错误数据被纠正了。

估计的功率分布结果标注在图 5-35 中的括弧内。

2）若不能用合理性检查排除不良数据，未丢弃不合理数据，直接采用检测方法，则有

$$J=(\hat{P}_2+\hat{P}_3-100)^2+(\hat{P}_2-80)^2+(\hat{P}_3-22)^2+(\hat{P}_4-10)^2+(\hat{P}_2-\hat{P}_4-400)^2+(\hat{P}_3+\hat{P}_4-30)^2$$

令 $\dfrac{\partial J}{\partial \hat{P}_2}=0$，得

$$3\hat{P}_2+\hat{P}_3-\hat{P}_4=580$$

令 $\dfrac{\partial J}{\partial \hat{P}_3}=0$，得

$$\hat{P}_2+3\hat{P}_3+\hat{P}_4=152$$

令 $\dfrac{\partial J}{\partial \hat{P}_4}=0$，得

$$\hat{P}_2+\hat{P}_3+\hat{P}_4=440$$

解得

$$\hat{P}_2=327,\ \hat{P}_3=-144,\ \hat{P}_4=257$$

此时残差为

$$\begin{aligned}J&=(183-100)^2+(327-80)^2+(-144-22)^2+(257-10)^2+(40-400)^2+(113-30)^2\\&=83^2+247^2+166^2+247^2+360^2+83^2=272252\end{aligned}$$

残差值太大，可见混入了坏数据，估计值不可信。

3）由于不确定哪个是坏数据，只能用逐个排除法进行估计，最后进行残差识别。

首先丢弃 $P_1=100$，进行建模估计，解得

$$\hat{P}_2=327,\ \hat{P}_3=-61,\ \hat{P}_4=174,\ \hat{P}_1=266,\ \hat{P}_5=153,\ \hat{P}_6=113$$

残差为

$$\begin{aligned}J&=(266-100)^2+(327-80)^2+(-61-22)^2+(174-10)^2+(153-72)^2+(113-30)^2\\&=166^2+247^2+83^2+164^2+81^2+83^2=135800\end{aligned}$$

残差仍然太大，估计不可信。此时再应将 $P_1=100$ 补回，再试着丢弃 $P_2=80$，重新进行估计。如此依次进行估计和残差辨识。只有当将 $P_5=400$ 丢弃掉时，残差值才会下降到 30.88 的较小值，说明坏数据就是 $P_5=400$，而估计出来的 $\hat{P}_5=70$ 是比较可靠的。

［例 5-3］计算中对各功率测量的准确度看作是相同的。但实际上各种测量点的准确度往往是不同的（TV、TA 的误差，变送器的准确级以及 A/D 变换精确度等不同），应当让准确度较高的测量值对计算结果有较大的影响（给予较大权重），而让准确度较低的测量值影响较小（给予较小权重），这才比较合理，这就是加权最小二乘法的出发点。

实际的电力系统有几十至几百个节点，必须采用计算机状态估计程序进行矩阵运算。

3. 系统负荷预测和母线负荷预测

电网未来某个时段负荷变化趋势是调度部门必须掌握的基本信息之一。系统负荷预测功能是根据电网负荷构成特点、历史负荷记录和其他相关信息，用适当的数学模型和算法预测未来某时段的负荷变化。它是EMS的重要应用功能之一。

（1）根据应用的目的和时间的长短，负荷预测可分为以下几种：

1）中长期负荷预测。预测未来数年、至数十年逐年最大负荷值，主要用于电源和电网发展规划。

2）年负荷预测。预测下一年度每日（或周）最大负荷，用于确定年度设备检修计划、水库运行计划、年度电量交换计划和燃料计划等。

3）日负荷预测和周负荷预测。预测未来一日或一周负荷按小时变化曲线，分别用于安排日调度计划和周调度计划，包括确定机组启停、联络线交换功率、水火电协调、负荷经济分配和设备检修等。

4）短期负荷预测。预测未来10min～1h的负荷，用于实时电网经济调度、安全运行的预防性控制和紧急状态处理。

5）超短期负荷预测。预测未来5～10s或1～5min的负荷值，用于电网安全监视。

（2）影响负荷变化的因素很多，大体可分为以下几类：

1）负荷构成。负荷可分为城市民用负荷、商业负荷、工业负荷、农业负荷及其他负荷等类型，每类负荷还可以细分。不同类型的负荷有不同的变化规律，而一个地区往往有多种类型且比例不同的负荷。

2）气象条件。气象变化对负荷会有明显的影响。气温、雨水、风暴等都会引起负荷变化，且不同地区、不同类型负荷对各种气象因素的敏感程度也是不相同的。

3）季节变化。各地区负荷在夏季、冬季、春秋季等不同季节会各不相同。

4）节日和重大事件。国家和地区的传统节日，有重大的政治、文体活动等，都会使用电负荷明显不同于平时。

5）随机波动。随机波动是指某些未知的不确定因素引起负荷的变化。

4. 电力负荷预测的数学方法

预测的数学方法可分为传统预测法、经典预测法和现代预测法。传统预测法主要包括多元线性回归分析法、时间序列法、趋势分析法和卡尔曼滤波法等；经典预测法主要包括单耗法、弹性系数法、分区负荷密度法、人均电量法等；现代预测法主要包括人工神经网络法、模糊预测法、灰色预测法、专家系统预测法、小波分析法和数据挖掘法等。这些预测模型和算法各有特色和适用场合，不能绝对地肯定或否定某种算法。

在EMS中的一些网络分析软件如潮流计算等还需要用到系统中未来某时段每一母线的负荷值，而且同时需要有功负荷和无功负荷，这是母线负荷预测的任务。母线负荷预测原则上也可以采用系统负荷预测的一些方法，但由于往往不可能实时量测到系统中每一母线上的负荷，所以常常是将量测到或预报出来的地区系统负荷近似地分配到该地区各母线上。

5. 调度员潮流和最优潮流分析

电力系统潮流的计算方法有高斯—赛德尔法、牛顿—拉夫逊法、*PQ*分解法等，“电力系统分析”课程应有详细论述。调度员潮流计算和最优潮流计算都是电力系统能量管理系统

(EMS）中最基本的高级网络分析软件。前者的着眼点是灵活地改变并适应各种不同初始条件下的潮流计算；后者的着眼点则是在满足系统可行性和安全性约束条件下，寻找使给定的目标函数最优化的潮流解。

（1）调度员潮流（Dispatcher Power Flow，DPF)。DPF 又称为在线潮流，是在给定（或假设）的运行方式下计算系统的潮流，分析潮流分布特性。调度员和运行方式人员根据潮流结果确定运行方式的合理性、进行系统解合环等重大操作前预演，从而使得系统运行方式安排具有科学依据。

调度人员可以使用DPF来研究当前电力系统可能出现的运行状态，运方人员可以使用它来校核调度计划的安全性和合理性，同时它还可以对历史运行方式的变化进行分析。调度员潮流也是其他一些高级网络分析软件的前置模块，维护一个收敛性良好的潮流数据，是高级网络分析软件正确应用的基本前提条件。

调度员潮流软件的主要技术要求：

1）数据来源，应能够方便地获取在线实时（经状态估计）、历史、未来或设定运行方式及参数，作为潮流计算的初始条件。在单线图上直接进行人工调整和计算。

2）多种灵活手段模拟预想的潮流运行方式，如发电机组投切、变压器投切和调挡、线路投切、负荷增减等。

3）对潮流的计算结果进行分析，包括各种重载监视、限值检查、网损分析、静态安全分析等。

4）提供完善的实用化功能，包括误差统计，历史信息的保存、查询等。

5）支持多用户功能，各用户可以同时进行计算而互不影响。

6）提供与EMS其他功能模块的接口，为其他模块提供潮流方式，还可以调用母线负荷预测结果和发电计划，计算预想方式的潮流。

（2）最优潮流（Optimal Power Flow，OPF)。OPF是指当系统的结构参数和负荷情况都已给定时，调节可利用的控制变量（如发电机输出功率、可调变压器分接头、无功补偿设备等）来找到能满足所有运行约束条件的，并使系统的某一性能指标，如总发电成本或网络损耗，达到最优值下的潮流分布。

经典最优潮流常常在满足可行性约束和安全性约束的条件下追求目标函数的最优，如最小运行费用，或者最小网损、最小甩负荷、最高电压水平等。20世纪90年代后，电力市场的开放为最优潮流注入了强劲的动力。根据应用方面的不同，将最优潮流分析分为以下几类：

1）满足电力市场交易应用的最优潮流；

2）考虑电压与暂态稳定安全约束的最优潮流；

3）动态最优潮流；

4）含FACTS元件的最优潮流；

5）随机最优潮流；

6）考虑能源资源与环保的最优潮流。

由于最优潮流是同时考虑网络的安全性和经济性的分析方法，因此在电力系统的安全运行、经济调度、电网规划、复杂电力系统的可靠性分析、电力市场交易、传输阻塞的经济控制等方面得到广泛的应用。

最优潮流问题的基本数学描述为：

目标函数

$$\min O_{bj} = f(X,U)$$

约束条件

$$g(X,U) = 0 \quad h(X,U) \leqslant 0 \tag{5-8}$$

式中：$f(X, U)$ 为优化的目标函数，可以为系统的发电费用函数、发电燃料、系统的有功网损、无功补偿的经济效益等；$g(X, U)$ 为等式约束条件，即各节点和支路潮流平衡方程；$h(X, U)$ 为不等式约束条件，即系统的各种安全约束，包括节点电压约束、发电机节点的有功、无功功率约束、支路潮流约束、变压器变比、可变电容器约束等。

电力系统的最优潮流计算是一个典型的有约束非线性规划问题。由于电力系统的规模日益扩大，其节点数可以成百上千，最优潮流计算模型中包含的变量数及等式约束方程数目极为巨大，不等式约束的数目则更多，兼以变量之间又存在着复杂的函数关系，这些因素都导致最优潮流计算成为大规模非线性规划问题。寻找计算速度更快、收敛性更好、鲁棒性更强的求解大电力系统规模的最优潮流计算问题，特别是能够满足实时调度应用的方法，仍然是电力系统分析的重要研究课题。

6. 自动发电控制和经济调度控制 AGC/EDC（Automatic Generating Control/Economic Dispatcher Control）

AGC/EDC 又称为自动发电和经济调度控制，是现代电力系统运行调度中一个基本而重要的实时在线控制功能。AGC/EDC 的目的就是监测发电厂输出功率和系统负荷变化，按事先设定的准则实现对区域内的调频发电机功率的调整，使系统功率和系统负荷相适应，从而保持系统频率在允许范围内和通过联络线的交换功率等于计划值，并尽可能实现机组（电厂）间负荷的经济分配。在联合电力系统中，AGC/EDC 是以区域系统为单位。AGC/EDC 能实现发电机组功率的自动调节，是电力调度 EMS 系统中最重要的控制功能。具体地说，自动发电控制有五个基本目标：

（1）使全系统的发电出力和负荷功率相匹配；

（2）将电力系统的频率偏差调节到零，保持系统频率为额定值；

（3）控制各区域间联络线的交换功率与计划值相等，实现各区域内有功功率的平衡；

（4）对周期性的负荷变化按发电计划调整发电功率，对偏差预计的负荷，在区域内在线地实现各发电厂间负荷的经济分配；

（5）监视和调整备用容量，满足电力系统安全要求。

上述的第一个目标与系统中所有发电机的调速器有关，即与频率的一次调整有关。第二和第三个目标与频率的二次调整有关，也称为负荷频率控制。通常所说的 AGC 是指前三项目标，包括第四项目标时，往往就称为 AGC/EDC。

AGC/EDC 是由自动装置和计算机程序对频率和有功功率进行二次调整实现的。所需的信息（如频率、发电机的实发功率、联络线的交换功率等）是通过 SCADA 系统经过上行通道传送到调度控制中心，然后根据 AGC/EDC 的计算机软件功能形成对各发电厂（或发电机）的 AGC/EDC 命令，通过下行通道传送到各调频发电厂（或发电机）。

第四章第四节已从电力系统频率和功率的自动调节角度对 AGC/EDC 进行了较详细分析，调度 EMS 中的 AGC/EDC 的结构可用图 4-12 描述。其控制回路有三个：

（1）机组控制回路；

（2）区域调节控制回路；

（3）区域跟踪控制回路。

机组控制回路提供发电机输出的闭环控制，使发电机功率等于机组给定功率。同时参照系统的实际频率，计及调速器的频率响应、机组控制的输出给出调频器的驱动信号。机组控制环节还要计及约束条件，如机组允许功率限制、功率变化率限制等。

区域调整控制是互联电网 AGC/EDC 的基本控制环节，它根据区域控制误差（Area Control Error，ACE）的大小决定如何改变机组功率的设定值，它的动作时间在 10～30s，使区域控制误差 ACE 维持为零，完成负荷频率控制功能。

区域跟踪控制实际上是完成经济功率分配的功能，即 EDC 功能。它给出机组发电功率的计划值和交换功率的设定值，其动作时间为数分钟到十多分钟。

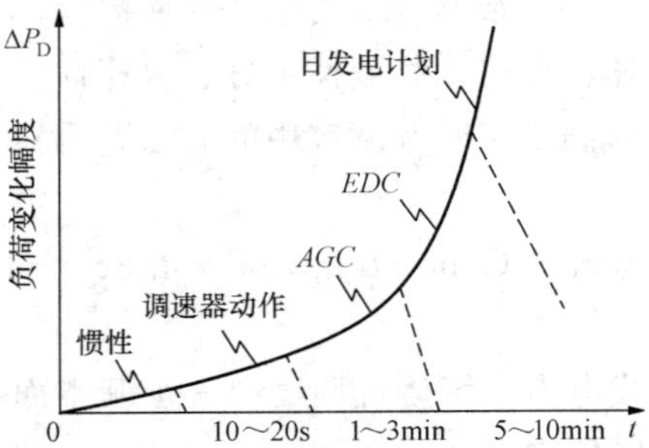

图 5-36 不同周期变化负荷对应的调频作用

实际上，系统发电功率跟踪系统负荷变化并保持频率稳定的过程，可以看作是由四项互相衔接的控制作用完成的，可用图 5-36 加以说明。图中纵坐标表示负荷波动的幅值，横坐标表示负荷波动的周期。

（1）对于变化周期在 10～20s 以内且变化幅度又很小的负荷波动，可以由发电机组的惯性和负荷本身的调节效应自然地平衡，此时机组调速器因有死区不会动作。

（2）对变化周期在 30s～2min 且幅度稍大的负荷波动，发电调速器会自动调节各发电机组功率来共同分担（即一次调频，随时都在进行）。

（3）对于变化周期在 3～10min 左右且幅值较大的负荷变化，先由自动发电控制（AGC）调节发电机组功率进行跟踪（即二次调频，十数秒钟调控一次）。然后每过几分钟（如 5min）再由实时经济调度（EDC）调控一次，重新分配各发电机组功率，以恢复系统运行的经济性，同时也使调频机组恢复其功率调节裕度，这已属于频率的三次调整。

（4）更长周期持续性的负荷变化，就由日发电计划（包括开停机、机组经济组合、水火电负荷经济分配、联络线功率交换计划等）来平衡。按日发电计划进行的发电机组功率调节，又被称为区域跟踪控制，也属于频率的三次调整。

7. 安全分析与安全控制

电力系统在运行中始终把安全作为最重要的目标，就是要避免发生事故，保证电力系统能以质量合格的电能充分地对用户连续供电，这也是电网调度的最重要的功能之一。在电力系统中，干扰和事故是不可避免的，不存在一个绝对安全的电力系统。重要的是要尽量减少发生事故的概率，在出现事故以后，依靠电力系统本身的能力、继电保护和自动装置的作用和运行人员的正确控制操作，使事故得到及时处理，尽量减少事故的范围及所带来的损失和影响。

（1）电力系统在扰动下的安全稳定标准。电力系统中的扰动可分为小扰动和大扰动两类。

1）小扰动下的安全稳定标准。小扰动是指由于负荷正常波动、功率及潮流控制、变压器分接头调整和联络线功率突然波动等引起的扰动。电力系统在承受小扰动时应保持静态稳定并留有一定储备。

电力系统的静态稳定储备标准如下：

a）在正常运行方式下，对于不同的电力系统，按功角判据计算的静态稳定储备系数 K_P 应为 15％～20％，按无功电压判据计算的静态稳定储备系数 K_Q 为 10％～15％；

b）在事故后运行方式和特殊运行方式下，K_P 不得低于 10％，K_Q 不得低于 8％。

2）大扰动下的安全稳定标准。大扰动指系统元件短路、切换操作和其他较大的功率或阻抗变化引起的扰动。电力系统承受大扰动能力的安全稳定标准分为三级。

第Ⅰ级标准：保持稳定运行和电网的正常供电。扰动类型为出现概率较高的单一故障。

第Ⅱ级标准：保持稳定运行，但允许损失部分负荷。扰动类型为出现概率较低的单一严重故障。

第Ⅲ级标准：当系统不能保持稳定时，必须防止系统崩溃并尽量减少负荷损失。扰动类型为出现概率很低的多重严重故障。

（2）电力系统安全分析与控制的任务与分层。电力系统安全控制的主要任务，包括对各种设备运行状态的连续监视；对能够导致事故发生的参数越限等异常情况及时报警并进行相应预调整控制；发生事故时进行快速检测和有效隔离，以及事故时的紧急状态控制和事故后恢复控制等。电力系统安全分析与控制可以分为以下几个层次：

1）安全监视。安全监视是对电力系统的实时运行参数（频率、电压和功率潮流等）以及断路器、隔离开关等的状态进行监视。当出现参数越限或开关变位时即进行报警，由运行人员进行适当的调整和操作。安全监视是 SCADA 系统的主要功能。

2）安全分析。安全分析是在安全监视的基础上，对电力系统的运行状态做出安全评价。即对各种可能发生的假想事故进行快速的计算分析，如发现在可能发生的事故中会出现不安全的状态，则由运行人员根据显示出的分析结果进行必要的调整控制，以改善运行水平。

安全分析包括静态安全分析和动态安全分析。静态安全分析只考虑假想事故后稳定运行状态的安全性，不考虑当前的运行状态向事故后稳态运行状态的动态转移。动态安全分析则是对事故动态过程的分析，着眼于系统在假想事故中有无失去稳定的危险。

3）安全控制。安全控制是为保证电力系统安全运行所进行的调节、校正和控制。安全控制又分为下列三种状态下的安全控制。

a）正常运行状态（包括警戒状态）的安全控制。为了保证电力系统正常运行的安全性，首先在编制运行方式时就要进行安全校核；其次，在实际运行中，要对电力系统进行不间断的严密监视，对电力系统的运行参数如频率、电压和线路潮流等不断地进行调整，始终保持尽可能的最佳状态；同时，还要对可能发生的假想 $N-1$ 事故进行后果模拟分析；当确认当前属警戒状态时，可对运行中的电力系统进行预防性的安全校正。

b）紧急状态时的安全控制。紧急状态时的安全控制的目的是迅速抑制事故及电力系统异常状态的发展和扩大，尽量缩小故障延续时间及其对电力系统其他非故障部分的影响。在紧急状态中的电力系统可能出现各种"险情"，例如频率大幅度下降、电压大幅度下降、线路和变压器严重地过负荷，系统发生振荡和失去稳定等。如果不能迅速采取有效措施消除这些险情，系统将会崩溃瓦解，出现大面积停电的严重后果，造成巨大的经济损失。紧急状态的安全控制可分为三个阶段：第一阶段的控制目标是事故发生后快速而有选择地切除故障，这主要由继电保护和自动装置完成，目前最快可在一个周波内切除故障；第二阶段的控制目标是防止事故扩大和保持系统稳定，这需要采取各种提高系统稳定性的措施；第三阶段是在上述努力均无效的情况下，将电力系统在适当地点解列。

c）恢复状态时的安全控制。重大事故后的电力系统恢复过程是一个有序的协调过程。恢复状态的安全控制首先要使各独立运行部分的频率和电压都正常，消除各元件的过负荷状态，然后再将各解列部分重新并列，并逐个恢复停电用户的供电。

（3）提高电力系统安全稳定性的各种控制措施。提高电力系统稳定性的控制措施，按照装置安装的地点可以分成以下三类：

1）电源端的控制措施，主要调节发电机有功、无功输出和发端电压。其主要内容有：①发电机励磁控制，包括主变压器高压侧电压控制和二次电压控制；②电阻制动及其控制；③汽门快关及控制；④机端的无功补偿；⑤超导储能改善角度稳定性等。

2）线路上的控制措施，主要调节线路参数，如串联电容强制补偿及控制，并联无功设备的控制，直流输电的功率调制，采用移相器、统一潮流控制器等。

3）受（负荷）端的控制措施，主要调节有功、无功负荷，如受端联切负荷；受端发电机的控制（包括汽门及励磁）；储能和负荷调制技术；电压和无功综合控制等。

上述各项措施中，有些控制如统一潮流控制器等，尚在研究之中；有些控制需要增加一次设备，投资很大。而发电机励磁控制投资小又效果显著，而且容易实现，已普遍应用，成为保证电力系统稳定性的一项基本措施。

8. 调度员培训仿真（Dispatcher Training Simulator，DTS）

现代大电力系统对运行的安全可靠性提出了越来越高的要求。这就要求电力系统运行操作人员必须具备丰富的专业知识、经验和能力。调度员培训仿真系统是培训电力系统运行操作人员的有效工具。DTS 作为调度 EMS 的功能子系统，应能对电力系统的动态行为进行逼真的模拟，严格模拟调度室中人机会话和操作过程，表现调度 EMS 的全部功能。

可见，DTS 应从 SCADA 系统取得电网的实时数据和历史数据，并且与实际电网调度的环境完全一致，受训学员在真实的操作环境中接受调度培训，进行“准实战”考核，能够尽快熟悉其所在电网的特性和薄弱环节，掌握保证电能质量和防止重大事故的能力，积累迅速正确判断和处理各种故障的经验。

（1）DTS 的主要功能。DTS 不仅能培训调度员，还可以对运行支持人员、规划和决策人员、软硬件研发人员和控制中心设计人员等进行培训。其主要功能有：

1）正常运行条件下的操作培训。正常情况下的基本操作训练，如开关操作、倒闸操作、变压器分接头的调节、发电机的投切及功率调节、负荷的投切与增减、系统的并列与解列等；还包括对系统状态监视、负荷频率控制、经济调度、调度员潮流等 EMS 工具的使用，警报显示的处理等。

经济运行方面的培训，使调度员了解各种情况下经济调度的方法，了解对旋转备用的要求，以及电压支持、稳定极限、联络线潮流影响等，增长有关经济调度的经验。

2）紧急状态下的事故处理培训。其内容是在联络线投切，发电机紧急处理，事故甩负荷，线路单重或多重故障，保护误动或拒动，震荡状态及系统解列等紧急状态下，培训调度员处理事故的能力。实时的调度员培训仿真系统，能使控制人员达到技术和心理上的真实感，是培训调度员处理严重事故的有效工具。通过事故状态下的培训，可以增强调度员在紧急状态下的自信心，权衡形势，快速决断，增长有关动态或解列运行状态下系统技术特性方面的知识，以及有关处理事故时所需工具和操作步骤等方面的知识。

3）事故后电力系统的恢复操作培训。如重新安排有功、无功功率，调整负荷等操作处理，使系统在最短时间内恢复正常。

4）预防性操作及操作后的分析重演。对系统或学员操作中潜在的静态、动态不安全性进行评价，并能图示预防控制的方法和结果。此外还能对学员的处理过程及系统状态利用快照形式记录下来，培训结束后可再现其过程，从而对其操作进行思考和评价，制定出最佳的操作规程，使学员熟练地运用正确的规程对系统进行正确的操作。

5）运行方式研究，继电保护和自动装置的整定配合分析。利用DTS还能研究电力系统运行方式，研究继电保护和安全自动装置的配置和整定。

（2）调度员培训仿真的基本构成。DTS通过模拟电力系统和控制中心为调度员提供了一个逼真的环境，其基本组成包括控制中心模型、电力系统模型和教练员系统三部分。

1）控制中心模型。控制中心CCM（SCADA/EMS仿真子系统）应当是能量管理系统的完整复制，应与实际控制中心的环境一致，并具有EMS的各项功能。在模拟SCADA系统时，也应实现控制中心SCADA的全部功能。DTS中的SCADA仅与电力系统模型相互作用，而不与实际电力系统通信，因而不会输出遥控遥调指令。

2）电力系统模型。电力系统模型（电网仿真子系统）用来模拟电力系统在各项工况（正常、事故、检修等）下的机电特性。它包括学员所在电力系统的网络模型和各种设备模型。电力系统模型要求真实，要协调好计算速度和模型精度之间的关系。

3）教练员系统。调度员培训仿真系统的培训和使用过程都是由教练员控制的。培训前，教练员先制作教案。培训中，教练员控制着整个培训仿真过程，监视和查询电网的运行状态，设置电网事故，并充当厂站值班员，执行由学员下达的调度命令。培训后，教练员可以对学员的调度能力进行评估，内容包括系统越限情况、失电压情况、网损情况、保护和自动装置的动作情况，以及误操作情况等。

四、典型EMS实例

我国在电力系统EMS的研发技术方面已居世界先进水平。我国目前电力系统综合型能量管理系统的主流产品OPEN－3000是在总结和借鉴OPEN－2000和SD－6000系统的开发经验与工程实践的基础上，采用当前最新计算机技术和电力系统新标准，与各级电力调度，特别是网调、省调以及地调密切配合开发研制的新一代EMS系统。

OPEN－3000系统的设计遵循IEC 61970等国际标准，统一支持调度中心的各种应用，可以在支撑平台之上构架各种应用从而构成不同的应用系统。如在平台上构架SCADA、AGC、PAS、DTS等应用组成一个网省级的EMS系统，或在其上构架SCADA、DA、GIS、FM/AM等应用构成一个DMS系统；同时，平台还可以支持广域测量系统与公共信息平台系统。OPEN－3000支撑平台为各应用子系统提供统一的运行管理、数据访问、模块间通信、图形工具、报表工具、权限管理、告警处理、WEB信息发布等公共服务，使各应用子系统只需专注于各自业务逻辑的实现。

OPEN－3000系统的典型逻辑结构如图5－37所示，将整个系统分为三个区：安全Ⅰ区、安全Ⅱ区、安全Ⅲ区。其中安全Ⅲ区放置Web服务子系统，可与企业MIS及外网相连，用物理隔离装置与Ⅰ区隔离；安全Ⅱ区放置DTS子系统，用防火墙与Ⅰ区隔离；安全

Ⅰ区是EMS系统的主体和核心，包括前置系统FES、数据采集与通信子系统、商用数据库服务器、SCADA服务器、AGC/EDC服务器、PAS服务器和若干工作站。

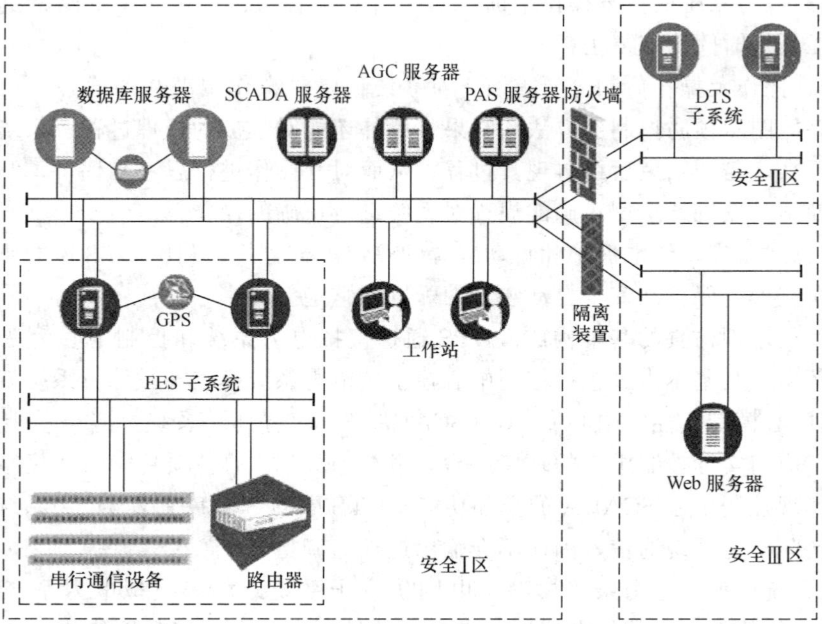

图5-37 OPEN-3000 EMS系统的结构配置图

安全Ⅰ区中前置系统（Front End System，FES）作为OPEN-3000系统中实时数据输入、输出的中心，主要承担了调度中心与各所属厂站之间、各个上下级调度中心之间、与其他系统之间以及与调度中心内的后台系统之间的实时数据通信处理任务，也是这些不同系统之间实时信息沟通的桥梁。实时监控子系统SCADA是架构在OPEN-3000统一支撑平台上的最基本应用，接收前置子系统FES送来的实时数据，实现完整的、高性能的实时数据监控与处理，为EMS其他应用提供可靠的数据服务。

OPEN-3000系统已成功应用于中国南方电网、华东电网、华中电网、西北电网和江苏、浙江、陕西、湖北、吉林、广东、贵州等十多个省级以上调度系统以及六十余个大、中型地调系统，并正在逐步开拓国际市场。

EMS系统也是现代电力企业中其他非实时系统的实时数据源，尤其在电力市场环境中，需要EMS提供大量数据，而且能够通过电力企业综合总线（UIB）采用服务器层、Web层、客户层三层结构实现与电力交易管理系统、电能计量系统、合同管理系统、结算系统、燃料管理系统、GIS系统、办公自动化系统等的互联，它们只交换和共享数据，功能各自独立。

五、基于WAMS/PMU的电网同步监测和控制

随着电力系统的发展，大容量机组接入电网、特高压互联大电网的扩展，电网可能会出现更多不可预知的问题，系统的运行条件可能会变得更加难以预测。掌握系统的实时运行信息，对电网的运行状态进行动态监视和预警，对于电力系统的安全稳定运行显得十分迫切。

广域测量系统（Wide Area Measurement System，WAMS）是以同步相量测量单元PMU（Phase Measurement Unit）技术为基础。借助于GPS技术的应用，使得分散在广大区域内的PMU装置在同一时刻采样成为可能，对分布于电网各个不同地点的采样数据进行离散傅里叶变换（DFT）分析，就能获得相量值，而每个这样的相量都带有精确的时标。处于调度中心的主站系统就能从全网的高度对相同时间断面的所有有关电气量的相量数据进行分析，从而掌握大电网的动态变化过程。WAMS是近年来大互联电网调度自动化系统的标志性发展。基于PMU的WAMS基本原理结构如图5-38所示。

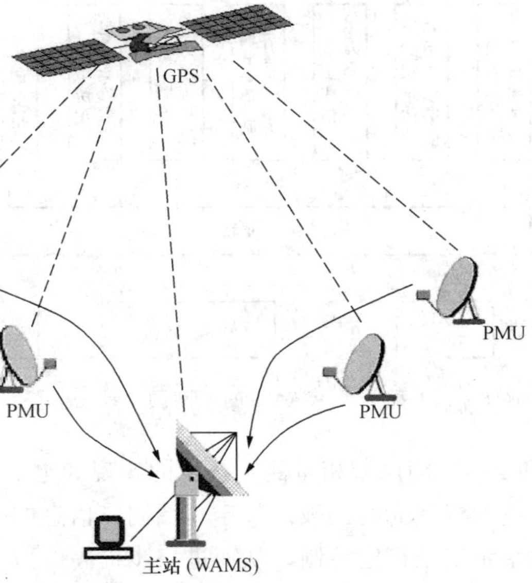

图5-38　基于PMU的WAMS原理结构图

在发电厂和变电站安装相量测量单元PMU，对母线电压和线路电流进行三相交流采样，采用相量算法计算正负零序相量、频率和功率，对于发电厂还得到机组的内电动势相量；然后由GPS接收器提供的高精度时钟信号将测量结果打上时标，继而遵循共同的接口协议（如IEEE-1344标准）将带有精确时标的相量数据打包并通过高速通信网络传送到数据中心，数据中心对各子站的相量进行同步处理和存储，并计算系统惯性中心角度和各机组、母线的相对相角；进一步由相应的应用程序，对相量数据执行实时评估以动态监视电网的安全稳定性，或进行离线分析为系统的优化运行提供依据；再进一步与电网调度控制结合起来，从而提高电网的安全稳定水平和传输能力。

WAMS的主要功能包括：

（1）系统运行状态估计与稳态分析；

（2）全网动态过程记录、事故分析与事故“重演”；

（3）电网动态模型辨识和模型校正；

（4）系统暂态稳定预测与控制；

（5）电网电压、频率稳定监视与控制；

（6）电网低频振荡分析及抑制；

（7）继电保护、故障定位及线路参数在线测量；

（8）全局（或者全网）反馈控制与系统保护。

配置了WAMS的电网调度实时动态监控系统的功能结构如图5-39所示。系统通过支持平台接收来自于 SCADA/EMS、WAMS 及故障信息管理系统的电力系统稳定、动态、暂态运行信息，各功能模块通过支持平台获取各自所需的信息，并对信息进行相应的分析与处理形成输出信息，输出信息分别通过 SCADA/EMS、动态调节与紧急控制通道、协调控制命令通道和调度值班人员人机界面对电力系统进行遥调、遥控、动态调节、预防控制、紧急控制、协调控制，并对调度值班人员提供操作指导和发出预警信号。

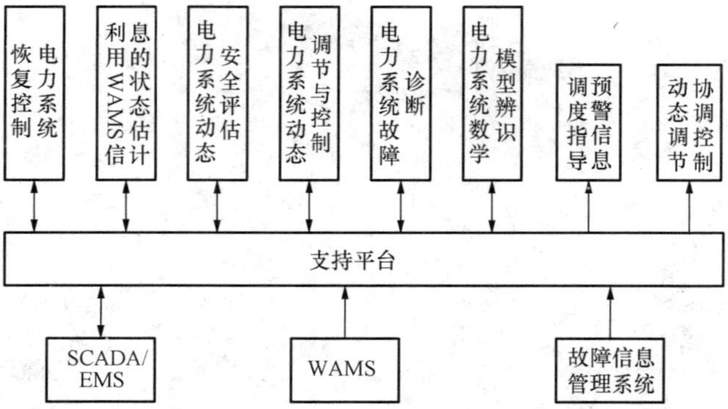

图 5-39 配置了 WAMS 的电网调度动态监控系统功能图

随着基于 GPS 和 PMU 的广域相量测量技术的实现和电力通信系统的完善和更加可靠，电力系统的动态监控技术将有大的突破。基于广域同步信息的、分层分布的、可以在局部及全局实现协调的电力系统安全稳定控制，从而进一步提高电力系统调度自动化系统的水平。

思考题

1. 电力系统的运行状态一般分为哪五种状态？各状态的概念及其相应的转换关系是怎样的？

2. 简述电力系统调度控制的主要目标和基本内容。

3. 分别写出电力系统运行的等式约束条件、不等式约束条件，并说明式中各符号含义。

4. 为什么现代电力系统调度应当采用分层分级调度方式？

5. 电网调度自动化系统按功能分为哪些类？各类型的主要功能特点？

6. 调度自动化系统的基本结构分为哪四个子系统？各子系统的主要任务？

7. 什么是调度计算机的统一时钟接口，如何实现其对时功能？

8. 简述远动终端（RTU）的任务和多 CPU 结构。

9. 数据通信系统的主要质量标准有哪些？如何定义和衡量？

10. 简述分组码、线性分组码、循环冗余校验码（CRC）的定义及其检错、纠错原理。

11. 简述信号的调制和解调以及信号的调制三种方法。

12. 分别画出基带数字信号“0110100011”及其数字调相 DPSK、数字调频 FSK 的调制波形图，说明数字调相和数字调频的特点。

13. 简述电力调度自动化系统的信道有哪些类型？各种信道有何特点？

14. 简述 CDT 方式通信和 Polling 方式两种通信规约的基本概念、报文格式。

15. 论述电网调度 SCADA 系统的主要基本功能。

16. 新一代电网调度自动化系统——能量管理系统EMS，在调度SCADA基础上增加了哪些新的功能？这些新功能对电力系统安全稳定经济运行有什么意义？

17. 简述电力系统状态估计在EMS中的作用，熟悉其算法和步骤。

18. 什么是调度员潮流，什么是最优潮流？两者有什么异同？

19. 简述广域测量系统WAMS的概念，其主要的功能有哪些？

20. 本章的新名词新概念很多，比如分布式系统、黑启动、通信信道、帧和帧结构、字和字节构、误码率、波特率、编码、码距、调制、解调、分组码、循环码、检错和纠错、SCADA、RTU、CDT、Polling、CRC、AGC/EDC、DTS、EMS、PDR、SOE、GPS、WAMS、PMU……。不妨归纳一表，看看自己熟悉了多少？

21. 已知图5-40所示系统各支路功率测量值，忽略线路功率损耗。试完成：

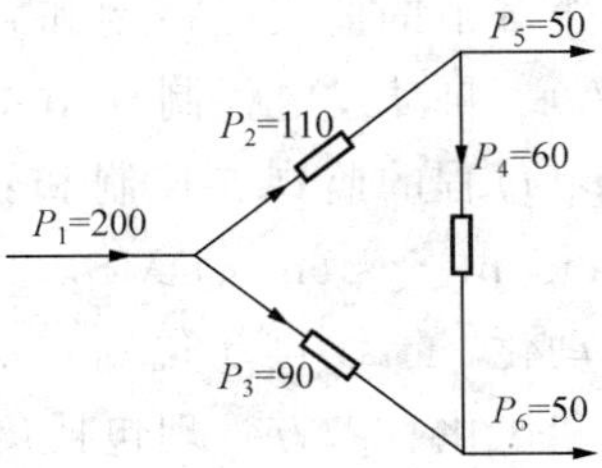

图5-40　题21图

(1) 请用合理性检查将错误数据丢弃；

(2) 丢弃错误数据后，按最小二乘法建立对各支路有功功率进行状态估计的目标函数；

(3) 写出可对各支路有功功率进行状态估计的一组状态变量，并计算量测冗余度，判断其是否满足测量冗余度的一般要求；

(4) 求出各支路功率的最佳估计值；

(5) 求出最佳估计值下的残差平方和，检查估计精度是否可以接受。

第六章 配电自动化技术

第一节 配电管理系统概述

一、配电管理系统的概念

电力系统是由发电、输电、变电、配电和用电五个环节组成的。其中发电、输电、变电几个环节的监视、控制和管理属能量管理系统（EMS），包括监视控制和数据采集（SCADA）、自动发电控制（AGC）和其他名目繁多的EMS高级应用软件。而把从变电、配电到用电过程的监视、控制和管理的综合自动化系统，称为配电管理系统（Distribution Management System，DMS）。其包括配电网数据采集和监控（配网进线监视、配电变电站综合自动化、馈线自动化等）、地理信息系统（Geographic Information System，GIS）、网络分析和优化、需方管理包括负荷监控及管理、远方抄表及计费自动化和调度员培训模拟系统几部分。一般认为，DMS是和EMS处于同一层次，二者不同之处是EMS管理发电和输变电，而DMS管理配电和负荷。

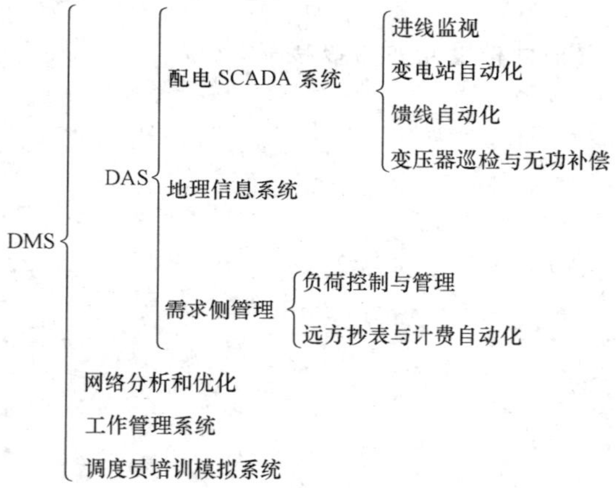

图6-1 配电自动化系统和配电管理系统的涵盖关系

配电自动化系统（Distribution Automation System，DAS）是DMS系统中最重要的部分，是一种可以使配电企业在远方以实时方式监视、协调和操作配电设备的自动化系统。其内容包括配电网数据采集和监控（SCADA）、配电地理信息系统（GIS）、工作管理系统（Work Management System，WMS）和需方管理（Demand Side Management，DSM）等。DAS是和输电网的调度自动化系统（SCADA）处于同一层次的，配电自动化系统和配电管理系统的涵盖关系如图6-1所示。

二、配电管理系统的特点和功能

1. 配电管理系统的特点

配电控制中心的DMS与电网调度控制中心的EMS相比，具有一些类似之处，但更具有不同的特点。

（1）DMS与EMS的类似之处：

1）两者均通过RTU来收集电网中设备的状态和测量信息，并实现监视控制的远方操作——SCADA功能。

2）两者均具有基于彩色屏幕显示的图形用户界面GUI。

3）两者均具有自动控制功能，但EMS控制的是发电设备（AGC/EDC），DMS控制的是用电负荷。

4）两者均具有计算机辅助调度的高级应用软件，但内容和方法却不尽相同。

5）两者均存储有历史数据，供制表、检索和分析历史事件用。

6）两者均能和其他计算机应用系统（MIS）相连，共享数据和应用成果。

（2）由于两者存在一次接线和二次设备的差别，使得 DMS 具有更多不同于 EMS 的特点：

1）典型的配电网多为辐射型结构，而输电网通常是网状连接。

2）配电网的许多设备（如分段器、重合器、补偿电容器、调压变压器等）是按配电线路长度安放的，往往装在电线杆上。而输电网的设备（如互感器、断路器、静止补偿器等）一般都是安装在变电站内。

3）配电网内 RTU 的站点数量，通常比相连输电网的 RTU 站点数要多一个数量级。

4）一处配电网 RTU 设备的总数据量（如线路调压变压器上所采集的三相运行工况参数），约比一个输电变电站的数据量少一个数量级。

5）配电网的数据库规模，一般比所连输电网的数据库大一个数量级。

6）配电网内大多数的现场设备都是人工操作，而输电网的现场设备多数都可以远方控制。

7）配电网的网络接线变化，常常发生在事故地点而不是在开关安装处。如由于交通事故而碰断某相线路，这样的接线变化就很少会发生在输电网上。

8）配电网设备种类繁多，数量极大，且面临经常变动的需方负荷，检修更新频繁。因此设备管理和规划设计任务，较输电网繁琐。

9）配电网除供方的设备外，还连有大量需方的用电设备，有时还有包括联合循环发电在内的自备电源。而输电网基本上全是供方的发、输、变电设备。

10）配电网通信系统承担传送数据和通信任务，包括各种类型的负荷控制和远方抄表装置，具有多种通信方式的特点。但其通信速率和可靠性不如输电系统要求高。

2. 配电管理系统的功能

配电自动化的范围是从为配电网供电的 110kV 主变电站的 10kV 部分监视，到 10kV 馈线自动化以及 10kV 开闭所、配电变电站和配电变压器的自动化，其核心是配电 SCADA 系统（见图 6-1）。

（1）进线监视。进线监视一般完成对配电网进线变电所的断路器位置、母线电压、线路电流、有功和无功功率以及电量的监视。

（2）馈线自动化。馈线自动化（Feeder Automation，FA）是指在正常情况下，远方实时监视馈线分段断路器与联络断路器的状态和馈线电流、电压情况，并实现线路断路器的远方合闸和分闸操作；在故障时获取故障记录，并自动判别和隔离馈线故障区段以及恢复对非故障区域供电。从而通过改变馈线分段断路器和联络断路器的闭合状态，实现配电网的重构。

（3）开闭所和配电变电站自动化。开闭所和配电变电站自动化（Substation Automation，SA）完成对配网中 10kV 开闭所、配电变电站的开关位置、保护动作信号、小电流接地选线情况、母线电压、线路电流、有功和无功功率以及电量的远方监视、开关远方控制、变压器远方有载调压等。

（4）变压器巡检。变压器巡检系统是指对配电网中箱式变压器、变压器台的参数和补偿电容器的投切进行远方监视等。

(5) 需方管理。需方管理（Demand Side Management，DSM）实际上是电力的供需双方共同对用电市场进行管理，以达到提高供电可靠性，减少能源消耗及供需双方的费用支出的目的。其内容包括负荷监控与管理、远方抄表与计费自动化两方面。

1）负荷监控与管理（Load Control Management，LCM）是根据用户的用电量、分时电价、天气预报以及建筑物内的供暖特性等进行综合分析，确定最优运行和负荷控制计划，对集中负荷及部分工厂用电负荷进行监视、管理和控制，并通过合理的电价结构引导用户转移负荷，平坦负荷曲线。

2）远方抄表与计费自动化（Automatic Meter Reading，AMR）是通过各种通信手段读取远方用户电表数据，并将其传至控制中心，自动生成电费报表和曲线等。

(6) 地理信息系统。地理信息系统（GIS）的引入是配电自动化的主要特点之一，因为配电网节点多、设备分散，其运行管理工作常与地理位置有关，将 GIS 与一些属性数据库结合，可以更加直观地进行运行管理。

配电 GIS 的内容主要包括：

1）设备管理（Facilities Management，FM）是指将变电站、馈线、变压器、开关、电杆等设备的技术数据反映在地理背景图上。

2）用户信息系统（Customer Information System，CIS）是指借助 GIS，对大量用户信息，如用户名称、地址、账号、电话、用电量和负荷、供电优先级、停电记录等进行处理，便于迅速判断故障的影响范围，而用电量和负荷的统计信息还可作为网络潮流分析的依据。

SCADA 功能是指将 SCADA 和 DSM 上报的实时数据信息与 GIS 相结合，以便于操作和管理人员更方便地动态分析配电网的运行情况。

3）停电管理系统（Outage Management System，OMS）是指接到停电投诉后，GIS 通过调用 GIS 和 SCADA 功能，迅速查明故障地点和影响范围，选择合理的操作顺序和路径，显示处理过程中的进展，并自动将有关信息转给用户投诉电话应答系统。

此外，配电自动化中的 GIS 还具有辅助配电网发展规划设计的功能等。

(7) 网络分析和优化（Network Analyse，NA）包括潮流分析和网络拓扑优化，目的在于通过以上手段达到减少线损，改善电压质量等目的。此外，还包括降低运行成本、提高供电质量所必须的分析等。

(8) 工作管理系统（Work Management System，WMS）是指对设备进行监测，并对采集的数据进行分析以确定设备实际磨损状态，并据此安排计划检修。

(9) 调度员培训模拟系统（Dispatcher Training System，DTS）是指通过用软件对配电网的模拟仿真的手段，对调度员进行培训。当 DTS 的数据来自实时采集时，也可帮助调度员在操作前了解操作的结果，从而提高调度的安全性。

三、配电自动化的应用及发展前景

配电自动化是电力系统现代化发展的必然趋势，其主要意义在于：在正常运行情况下，通过监视配网运行工况，优化配网运行方式；当配网发生故障或异常运行时，迅速查出故障区段及异常情况，快速隔离故障区段，及时恢复非故障区域用户的供电，缩短对用户的停电时间，减少停电面积；根据配网电压合理控制无功负荷和电压水平，改善供电质量，达到经济运行目的；合理控制用电负荷，从而提高设备利用率；自动抄表计费，保证抄表计费的及时和准确，提高了企业的经济效益和工作效率，并可为用户提供自动化的用电信息服务等。

配电自动化在人力尽量少介入的情况下完成大量的重复性的工作。这些重复性的手工操作通常有查抄用户电能表、监视和记录变压器油温、检查核对配电变电站的负荷、沿配电线路合或分开关、投入或撤除补偿电容器、升或降有载调压装置分接头以调节电压等。

配电自动化系统的主要目的之一在于尽量减少停电面积和缩短停电时间，为此必须能够采集配电网上的实时数据（即遥测和遥信），并对其进行分析，从而使调度员能够随时监视网上运行情况和作出明智的决策。此外，还要求能够通过遥控和遥调在控制中心就能对配电网进行必要的操作，从而缩短故障处理时间和降低劳动强度。

配电自动化系统有助于使配电网的潜力得以最大限度地利用，并且确保提供给用户的电能质量满足要求。因此，电力企业和用户都能从配电自动化中得到收益。

配电自动化系统通常都设计成开放的积木块式结构，因此可以采用分期实施的策略。在建设初期可以先控制在适当的规模和实现基本的功能，然后根据需要逐步扩容和全面实现期望的功能，这样既能够获得看得见的和看不见的收益，又便于实施。比如，电力企业可以先实现对于进线变电站和开闭所的数据采集与监控，然后再扩展到对馈线上分断开关的远方测控，逐步实现远方抄表和负荷控制等功能，最终全面实现配电自动化。

根据对国内外发展动态的研究，配电自动化技术的发展呈现以下特点：

（1）多样化。基于自动化开关设备相互配合的馈线自动化系统适合于农网等负荷密度低、供电半径长、故障较多而供电可靠性较差的区域；基于人工智能具有丰富高级应用的配电自动化系统适合于大城市和重要园区。

（2）集成化。配电自动化的主站不再是单一的实时监控系统，而是将多个与配电有关的应用系统集成起来形成综合应用的系统。为了规范应用系统间集成和接口，国际电工委员会制定了 IEC 61968 系列标准，提出运用信息交换总线（即企业集成总线），可将若干个相对独立的、相互平行的应用系统整合起来，在实现信息交换的同时，使每个系统继续发挥自己的特色，形成一个有效的应用整体。

（3）智能化。配电系统是智能电网的重要环节，配电系统智能化则是配电自动化的发展方向。因此，配电自动化与实现智能电网密切相关，主要表现在：

1）自愈配电技术。配电自动化系统中馈线自动化的故障诊断、定位、隔离以及恢复供电的基本功能，在智能电网的背景下需要进一步升级为适应分布式发电的双向能量流下的馈线自动化功能。

2）高效运行技术。配电自动化系统中高级应用软件功能。在智能电网的背景下需要进一步升级为考虑设备全生命周期的资产优化与智能调度业务功能。

3）分布式电源和储能系统的接入技术。这是配电自动化系统面临的新要求，尤其是涉及配网潮流计算和分析以及分布式电源对电网的影响。

4）定制电力技术。根据电能质量的相关标准，以不同的技术和价格提供不同等级的电能质量，以满足不同用户对电能质量水平的需求。配电自动化系统是其技术支撑手段之一。

5）用户互动技术。这就是配电自动化系统中停电管理功能，在智能电网的背景下需要进一步升级为适应用户双向互动的业务功能。

第二节 馈线自动化技术

一、概述

馈线自动化（Feeder Automation，FA）是配电网自动化中的一项重要功能。在一定意义上可以说配网自动化指的就是馈线自动化。不管是国内还是国外，在实施配网自动化时，都是从实施馈线自动化开始的。通过实施馈线自动化，使馈线在运行中发生故障时，能自动进行故障定位，实施故障隔离和对非故障段线路及早恢复供电，以提高供电可靠性。

所谓馈线自动化是指在正常情况下，远方实时监视馈线分段断路器与联络断路器的状态和馈线电流、电压情况，并实现线路断路器的远方合闸和分闸操作；在故障时获取故障记录，并自动判别和隔离馈线故障区段以及恢复对非故障区域供电。也就是说，馈线自动化的主要功能分三方面：一是配电线路负荷监测；二是实时调整、变更配电系统的运行方式；三是配电线路故障时，将故障区段隔离，减少停电区域和停电持续时间。

由于配电网络的一次接线不同，如放射形线路、环网接线、“手拉手”接线等，以及各类用户对供电可靠性的要求有所不同，因此必须通过配网自动化规划来研究、分析配网自动化方案、馈线自动化方案，进行网络优化，以及选择恰当的配电网开关设备等过程来达到上述目的。

馈线自动化有两种实现方式：当地控制方式和远方控制方式。20 世纪 60 年代，国外就采用重合器或断路器与分段器、熔断器的配合使用来实现馈线自动化，它对提高供电可靠性、减小运行费用具有一定作用。但是这种方式的自动化程度不高，并且存在许多不足。在户外分段断路器处安装柱上 RTU，并建设有效而且可靠的通信网络将其和配电网控制中心的 SCADA 计算机系统连接起来，从而构成一种高性能的配电网自动化系统，这是目前馈线自动化的发展主流。

当地控制方式又叫电压型实现方式，通过重合器来实现，馈线失电压时断路器跳开，然后依时间延时顺序试合分段断路器，最后确定故障区段再隔离故障并恢复非故障区供电。远方控制方式，又叫电流型实现方式，通过负荷开关、馈线终端（Feeder Turminal Unit，FTU）加主站系统来实现。由 FTU 检测电流以判别故障，故障信息传送到主站，由主站确定故障区段，然后由主站系统发遥控命令控制断路器动作，完成故障隔离并恢复非故障区供电。

当地控制方式的优点是，故障隔离和自动恢复送电由重合器自身完成，不需要主站控制，因此在故障处理时对通信系统没有要求，所以投资省见效快。其缺点是，这种实现方式只适用于相对较简单的配电网，而且要求配电网运行方式相对固定。另外，这种实现方式对断路器性能要求较高，而且多次重合对设备及系统冲击较大。早期的配网自动化只是单纯地为了隔离故障并恢复非故障区供电，还没有提出配电系统自动化或配电管理自动化，当地控制方式是一种普遍的馈线自动化实现方式。

远方控制方式由于引入了配电自动化主站系统，由计算机系统完成故障定位，因此故障定位迅速，可快速实现非故障区段的自动恢复送电，而且断路器动作次数少，对配电系统的冲击也小。其缺点是，需要高质量的通信通道及计算机主站，投资较大，工程涉及面广、复杂；尤其是对通信系统要求较高，在线路故障时，要求相应的信息能及时传送到上级站，上级站发送的控制信息也能迅速传送到FTU。

二、柱上馈线自动化

柱上馈线自动化一次设备分为重合器与分段器两种，其构成如图6-2所示，具有故障检测与识别功能、测量与控制功能、计量功能、通信功能和维护功能。

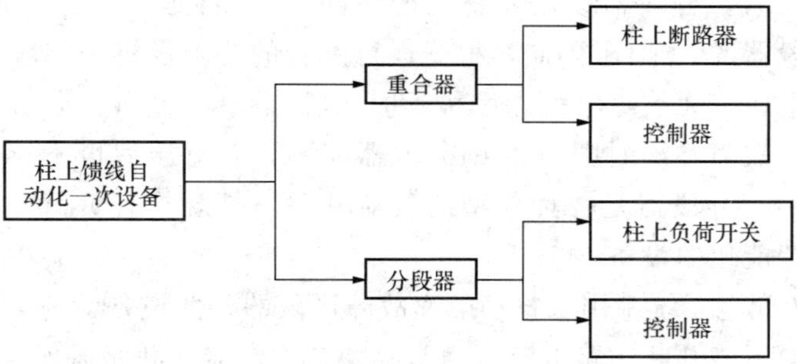

图6-2　柱上馈线自动化设备构成

1. 重合器的功能和分类

交流高压自动重合器（简称重合器），是一种自具控制及保护功能的高压开关设备。它能够按照预定的开断和重合顺序对交流线路自动进行开断和重合操作，并在其后自动复位和闭锁。所谓“自具”即本身具备故障电流（包括过电流及接地电流）检测和操作顺序控制与执行功能，无需附加继电保护装置和提供操作电源。该设备适合于户外和野外安装。

不同类型重合器的闭锁操作次数、分闸快慢动作特性、重合间隔等特性一般都不相同，其典型的四次分断（O）三次重合（C）的操作顺序为：$O \xrightarrow{t_1} CO \xrightarrow{t_2} CO \xrightarrow{t_2} CO$，其中$t_1$、$t_2$可调，且随不同的产品而异；它可以根据运行中的需要调整重合次数及重合闸间隔时间。比如整定$t_1=15s$，以躲开暂时性故障的燃弧时间$t_2=5s$。

重合器的故障开断都采用反时限特性，以便与熔断器的安秒特性相配合。

重合器按相数分有单相、三相。按灭弧介质分有油、SF_6、真空；按控制方式可分为电子控制和液压控制。

图6-3中所示为不同型式的重合器控制器。现代的重合器控制器无疑将选用微机式，且由于高速单片微机、EPLD技术、DSP技术的成熟、重合器控制器可以完全满足配电自动化的要求。需要解决的问题是温度特性（−40～+80℃）、电池寿命（10年）、抗强电磁干扰的能力。

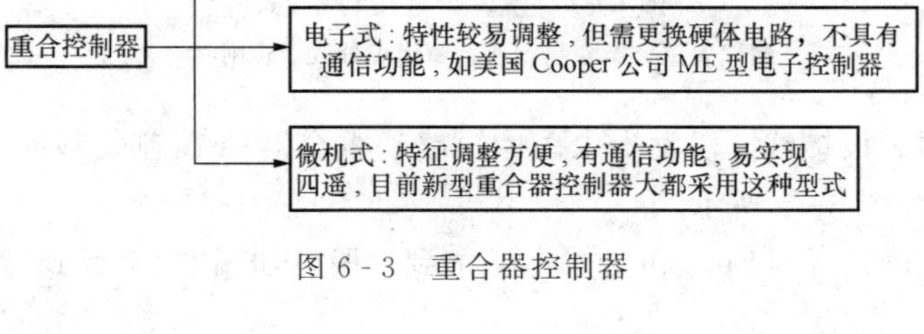

图6-3　重合器控制器

2. 分段器的功能和分类

分段器是配电网提高可靠性和自动化程度的又一重要设备，它广泛地应用在配电网线路的分支线或区段线路上，用来隔离永久性故障。

由于分段器无严格的配合要求，应用十分方便，且简单可靠。分段器有自动操作和手动操作两种。当有电压时，分段器按预先整定的时间 x_1 进行延时闭合，x_1 称为合闸延迟时间，馈线上同组分段器的 x_1 时限不同，根据运行配合的要求设定，一般在 5～10s。当重合器跳闸，分段器失电压（无故障电流）后稍延时（0.5～1s）断开。若分段器闭合后又失去电压的时间间隔小于故障检测时限 y_1，则分段器闭锁，有电压后也不再合闸。整定应满足 $y_1 < x_1$，比如 $y_1 = 1s$。分段器是一种新型的负荷开关，是既具有负荷开关的开断、关合等性能，同时又具有智能化的设备。

分段器是 10kV 配电系统中用来自动隔离故障区段的开关设备，适合户外柱上安装。分段器可开断负荷，但不能开断短路电流，通常必须与重合器或断路器配合使用，不单独作为主保护开关设备。

分段器按相数分为单相、三相，按灭弧介质分为油、空气、六氟化硫；按控制方式分为液压控制、电子控制；按动作原理分为跃落式、重合式分段器等。

3. 重合器与分段器配合实现故障区段隔离

馈线每段故障由自动重合分段器根据关合故障时间来判断故障。在时间的设置上，应保证变电站内断路器跳开后，线路断路器再延时断开，然后站内断路器（或重合器）进行重合，保证从电源侧至负荷侧送电，当再次合上故障点时，站内断路器（或重合器）再次跳开，同时故障点两侧线路断路器将故障段锁定断开，确保再次送电成功。

（1）辐射状网故障区段隔离。

图 6-4～图 6-10 为一个典型的辐射状网在采用重合器与分段器配合时，隔离故障区段的过程示意图。

1）馈线正常运行状态。在正常状态下，重合器 A 和线路上所有开关闭合，如图 6-4 所示。

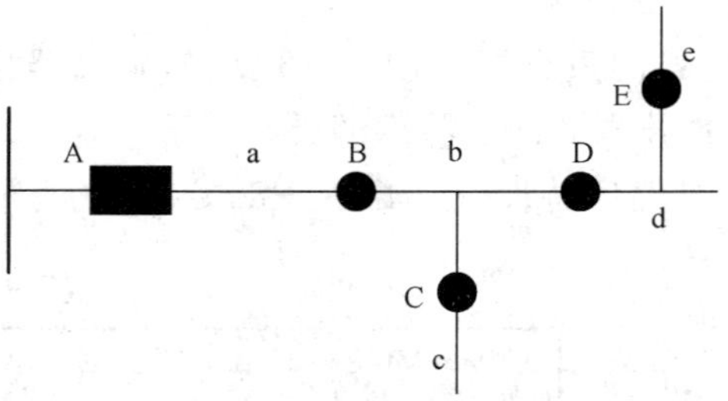

图 6-4 馈线正常运行状态

■代表重合器合闸状态；●代表分段器合闸状态

2）第一次跳闸。设馈线 c 段发生永久性短路，重合器 A 跳闸，线路上所有分段器因失电压而同时断开，如图 6-5 所示。

3）第一次重合闸。A 延时 t_1 重合，电源加到 a 段，如图 6-6 所示。

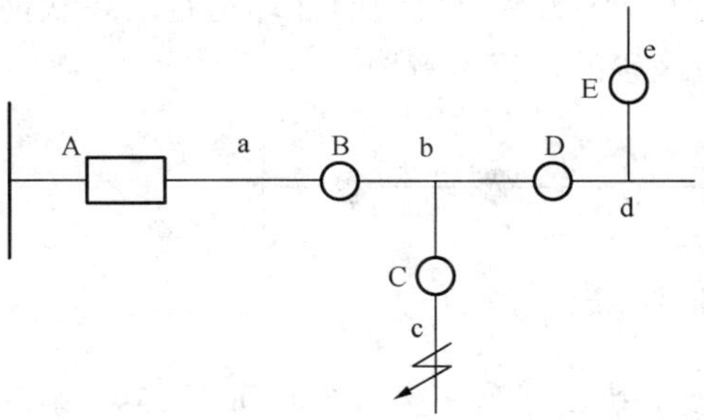

图 6-5　第一次跳闸

□代表重合器断开状态；○代表分段器断开状态

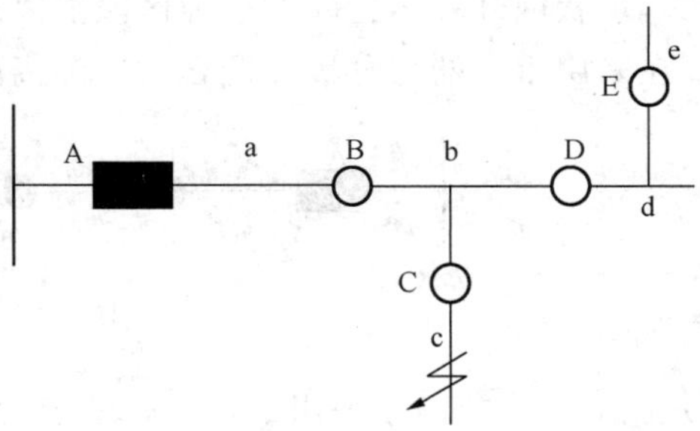

图 6-6　第一次重合闸

4）分段器 B 自动闭合。分段器 B 有电后延时 x_1 闭合，电源加至 b 段，如图 6-7 所示。

5）分段器 D 自动闭合。分段器 D 有电延时 x_1 后闭合，电源加至 d 段，如图 6-8 所示。

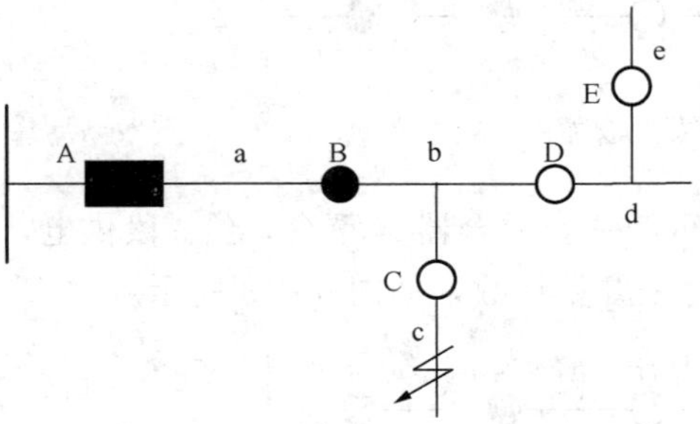

图 6-7　分段器 B 自动闭合

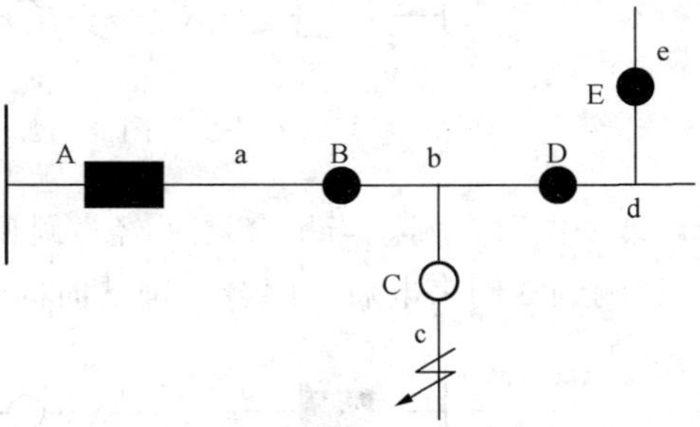

图 6-8　分段器 D 自动闭合

6）因分段器 C 闭合引起重合器 A 第二次跳闸。分段器 C 有电后延时 $x_1+\mu$ 闭合至 c 支线，因合到故障段 c 引起断路器 A 再次跳闸。分段器 C 合闸后未达到 y_1 时限就又失电压，因此判断 c 段有故障，分段器 C 闭锁，如图 6-9 所示。

7）第二次合闸。重合器 A 再次合闸，然后分段器 B、D、E 依次延时 x_1 闭合。由于分段器 C 已经闭锁，故障已隔离，从而恢复了健全区段的供电，如图 6-10 所示。恢复供电时间可能需要几十秒至过百秒，依馈线分段数多少和重合器、分段器合闸延时而不同。

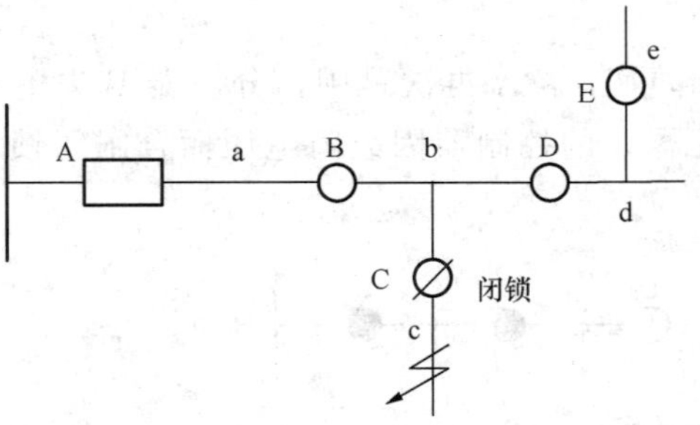

图 6-9　分段器 C 闭合后引起重合器 A 第二次跳闸

∅代表分段器闭锁状态

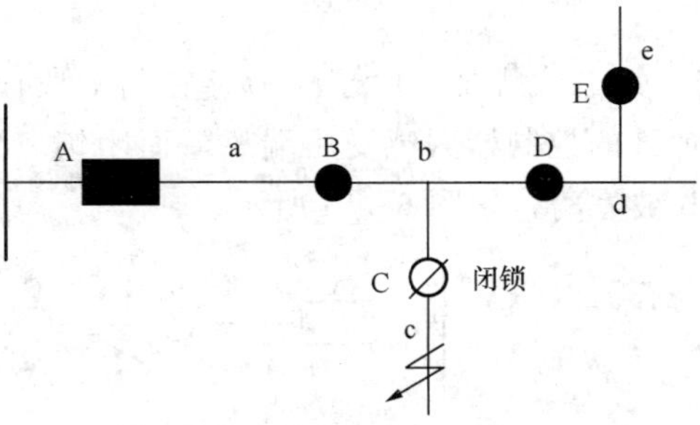

图 6-10　第二次合闸

（2）环状网开环运行时的故障区段隔离。图 6-11 为一个典型的开环运行的环状网（手拉手）在采用重合器与分段器配合时，隔离故障区段的过程示意图。

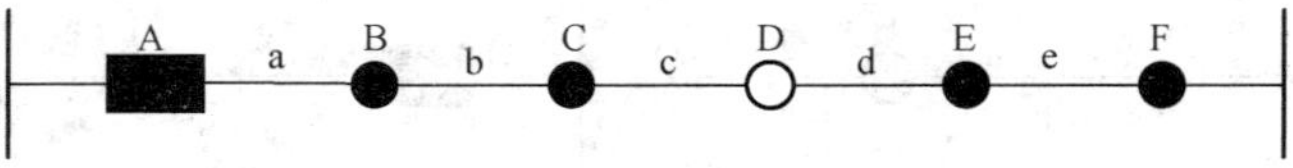

图 6-11　正常状态

1）图 6-11 中，A 采用重合器，整定为一慢一快，即第一次重合时间为 15s，第二次重合时间为 5s。B、C 和 D 采用分段器。其中 D 作为两条线路的联络开关，处于常开状态，开环运行。

2）发生故障。当 b 段发生故障时，重合器 A 跳闸，分段器 B、C 因失电压而断开。联络开关 D 的控制器因感受到一侧停电后开始启动联络开关投入确认时间，如图 6-12 所示。

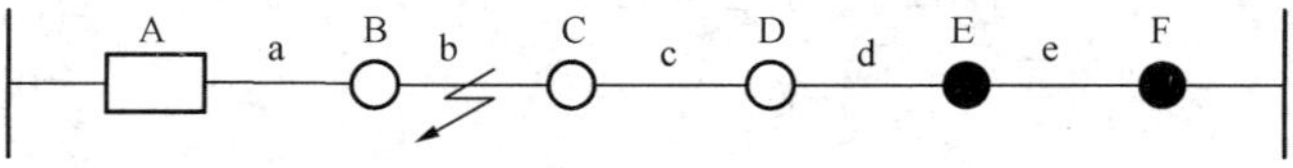

图 6-12　b 段发生故障

3）第一次重合闸。当重合器 A 经过跳闸时间 t_1 后，重合器 A 重合，给 a 段供电，当分段器 B 检测到 a 侧来电后，闭合前确认时间 x_1 时限开始计数，如图 6-13 所示。

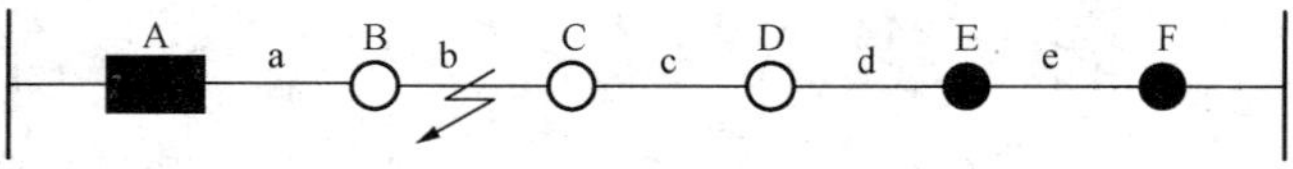

图 6-13　第一次重合闸

4）分段器 B 闭合。经过 x_1 延时后，分段器 B 自动闭合，给区段 b 供电，分段器 B 启动合闸后确认时间 y_1 时限，同时，分段器 C 准备启动 x_1 时限计数，如图 6-14 所示。

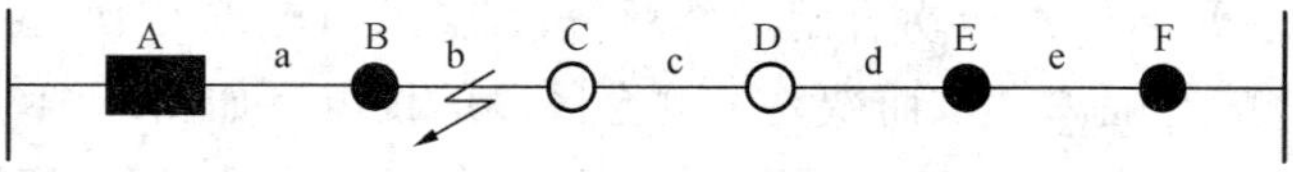

图 6-14　分段器 B 闭合

5）第二次跳闸。由于故障存在与 c 段而引起重合器 A 再次跳闸，分段器 B 失电压跳开，而 B 的控制器因感受后端故障而闭锁，分段器 C 的控制器因故障电压而合闸闭锁，故障段 b 被隔离，如图 6-15 所示。

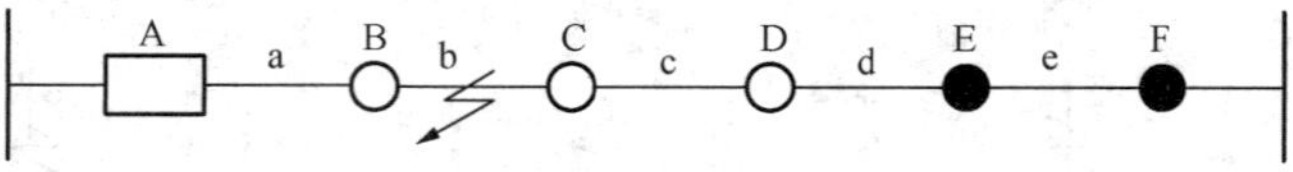

图 6-15　第二次跳闸

6）第二次合闸。经 t_2 后，断路器 A 第二次合闸，因分段器 B 已合闸闭锁，电源送到 a 段。分段器 D 在经过 x_1 时限延时后，合闸恢复 c 段的供电。至此，故障的隔离、非故障段的恢复供电过程全部完成，如图 6-16 所示。

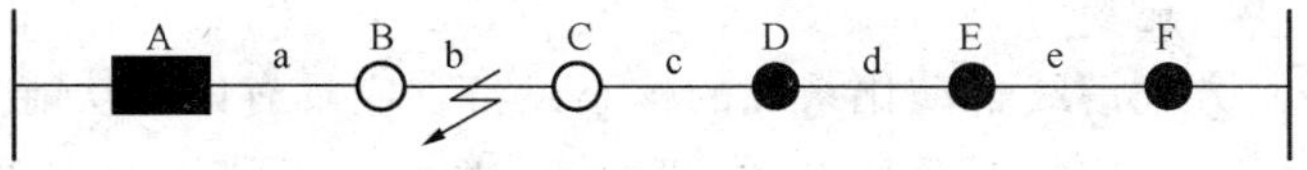

图 6-16　第二次合闸

三、集中控制方式馈线自动化

1. 集中控制方式馈线自动化系统组成

集中控制方式馈线自动化系统由配电 SCADA 集控站、区域工作站和馈线终端组成，如图 6-17 所示。

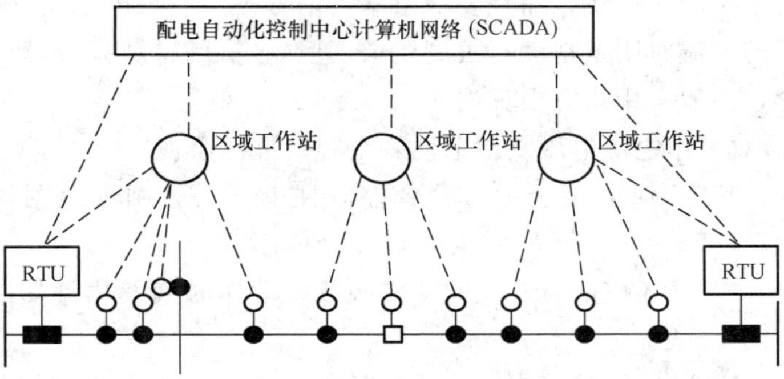

图 6-17　集中控制方式馈线自动化系统组成

OFTU；●分段开关；□联络开关；■断路器；

……通信线；——馈电线

馈线终端单元（Feeder Terminal Unit，FTU）是集中控制方式馈线自动化方案的重要组成部分。正常运行中，FTU 及时将配电网结构数据和开关运行情况，如开关位置、状态、负荷、电压、功率等信息通过通道传给集中控制站并接受集控站发来的远方操作命令，实现配电网运行方式的优化。当发生故障时向控制站发送故障前和故障时信息，控制站根据故障信息和配电网拓扑结构，经过计算机系统析计算，作出正确的故障定位并确定最佳故障恢复方案，发出命令遥控相应的开关动作，实施故障隔恢复非故障区段供电。

图 6-18 是通过集中控制方式馈线自动化的简单环网示意图。图 6-18 中 A、I 分别为变电站 S1、S2 内断路器，具有保护和重合闸功能；B、C、D、F、G、H 为分段开关；E 为联络开关，正常时开断，使配电网运行在开环状态；集中控制站具有接收 FTU 信息、分析计算、向 FTU 发送控制命令等功能。若 c 段馈线发生永久性故障，由断路器 A 的一次重合功能检测出永久性故障，同时各 FTU 将故障的测量结果送到集控站，由于 C 处 FTU 检测到故障电流，D 处 FTU 检测不到故障电流，所以集控站可以确定 C、D 之间为故障区段，自动遥控分段开关 C、D，二次闭合断路器 A 及联络开关 E，从而完成故障区段 c 的隔离，及时恢复其他区域的供电，且 d 区段改由 S2 站供电。

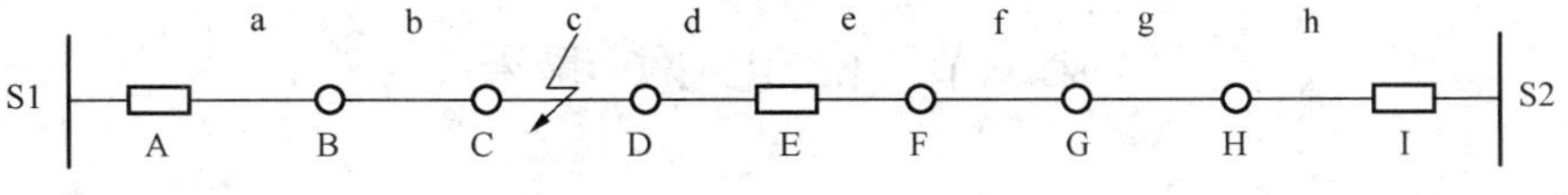

图 6-18　集中控制方式馈线自动化故障判断示例

2. FTU的功能和性能要求

FTU是集中控制方式馈线自动化系统的核心设备，应具有以下功能和性能：

（1）遥信功能。FTU应能对分段开关（联络开关）的当前位置、通信是否正常、储能完成情况等重要状态量进行采集。如果FTU自身有微机继电保护功能，则还应对保护动作情况进行遥信。

（2）遥测功能。FTU应能采集线路的电压、开关经历的负荷电流和有功功率、无功功率等模拟量。一般线路的故障电流远大于正常负荷电流，要采集故障信息必须能适应输入电流较大的动态变化范围。测量故障电流是为了进行继电保护和判断故障区段，因此对测量精度要求不高，但要求响应速度快，而且要滤出基波信号，一般采用全波或半波傅氏算法；测量正常运行情况下的电流对测量精度有很高要求，但响应可以慢些，并且要求的电流有效值是一种平均的概念，一般采用均方根算法。

FTU一般还应对工作电源电压及蓄电池剩余容量进行监视。

（3）遥控功能。FTU应能接受远方命令控制柱上开关合闸和跳闸，以及启动储能过程等。

（4）统计功能。FTU还应能对开关的动作次数和动作时间及累计切断电流的水平进行监视。

（5）对时功能。FTU应能接受主系统的对时命令，以便和系统时钟保持一致。

（6）事件顺序记录（SOE）。记录状态量发生变化的时刻和先后顺序。

（7）事故记录。记录事故发生时的最大故障电流和事故前一段时间（一般是1min）的平均负荷，以便分析事故，确立故障区段，并为恢复健全区段供电时进行负荷重新分配提供依据。

（8）定值远方修改和召唤定值。为了能够在故障发生时及时地启动事故记录等过程，必须对FTU进行整定，并且整定值应能随着配网运行方式的改变而自适应。为此，应使FTU能接收DAS控制中心的指定修改定值，并使DAS控制中心可以随时召唤FTU的当前整定值。

（9）自检和自恢复功能。FTU应具有自检测功能，并在设备自身故障时及时告警；FTU应具有可靠的自恢复功能，一旦受干扰造成死机，则通过监视定时器（WDT）重新复位系统恢复正常运行。

（10）远方控制闭锁与手动操作功能。在检修线路或开关时，相应的FTU应能具有远方控制闭锁的功能，以确保操作的安全性，避免误操作造成的恶性事故。同时，FTU应能提供手动合闸/分闸按钮，以备当通道出现故障时能进行手动操作，避免上杆直接操作开关。

（11）远程通信功能。FTU具有远程通信功能，只需提供标准的RS-232或RS-485接口就能和各种通信传输设备（DCE）相连。IEC已有针对配电网自动化通信的专门国际标准。

（12）抗恶劣环境。FTU通常安装在户外，因此要求它具备防雷电、防雨、防潮等性能，在恶劣环境下仍能可靠地工作。

第三节 配电网重构

一、概述

配电系统具有闭环设计、开环运行的特点。线路之间一般配置有分段开关，通常情况下是闭合的；不同的供电区域之间配置有联络开关，通常情况下是断开的。配电网的运行状态可以分为正常运行、故障前、故障和故障恢复四个状态。配电网络正常运行时通过改变联络开关和分段开关的分/合状态来改变网络拓扑，从而改变网络中的功率流，以达到降低网损、平衡负荷和提高供电电压质量的目的。故障时对配电网的重构一般称为故障恢复，主要是为了快速恢复非故障区域供电，找到一种既能满足网络运行条件，又能满足目标最优的开关运行方案。

配电网重构的作用主要体现在以下三点：①降低配电网的网损，提高配电网运行的经济性；②平衡各馈线的负荷，消除过负荷；③在故障情况下恢复供电，提高供电的可靠性。

二、配电网重构方法

配电网重构是一个多目标、多时段、多组合、多约束的非线性优化问题。由于配电网中存在大量的分段开关和联络开关，最终优化的结果是一系列开关的组合，因此会出现大量的开关组合方案。再加上优化过程中非线性等式约束和不等式约束、网络拓扑结构约束，潮流计算求得目标函数等，使该问题变得更加复杂。因此难以用单纯的数学方法得到满意的解。最优配电网重构技术包括从早期的传统优化手段到启发式和近全局寻优技术，再到近期的人工智能技术。这些算法主要有数学优化技术算法、最优流模式算法、开关交换算法和人工智能算法等。

1. 数学优化技术算法

早期人们采用数学优化技术算法来处理配电网重构，主要包括分支定界法和单环网优化法等。分支定界法首先闭合网络中的全部联络开关，将辐射网络变成包含环网的网络，然后采用启发式规则逐一打开开关，使形成的新辐射网的网损不再减小，此时得到最优网络结构。该方法的优点是最终的优化网络结构不依赖于初始开关状态，可寻到最优或次最优解；缺点是没有考虑网络约束，并且用直流潮流算法计算潮流，负荷以恒定的纯有功功率表示。传统的数学优化法，有较强的数学理论基础支撑，算法比较成熟，能够准确地建立配电网重构的数学模型，理论上能得到不依赖于配电网初始结构的全局最优解，但对于复杂的大规模网络，计算时间长，不能处理。

2. 最优潮流模式算法

该方法首先将所有联络开关闭合，形成有几个环网的配电网络。以有功网损最小为目标，在满足边界条件下求得最优潮流；然后打开电流最小的支路开关，解开一个环，重新计算最优潮流。如此重复计算，直到网络恢复为辐射网。该方法的优点是将开关组合的复杂问题转化为优化潮流的计算这一相对简单的问题，使计算方法得到简化；且重构结果不依赖于初始网络开关状态，容易收敛于最优解。其缺点是初始闭合所有联络开关形成含有多个环网的网络，各环网电流相互影响，对求解最优潮流造成困难；且计算量大，每得到一个打开开关的状态需要计算一次网络潮流；打开开关的顺序不同产生的结果有较大差别；重构过程中可能会出现孤立节点。

3. 开关交换算法

该算法通过计算初始潮流，得到网络损耗，将负荷用恒定电流表示；然后通过负荷转移，实现负荷均衡化和降低网络损耗的目的。负荷转移可通过闭合两端节点电压差最大的联络开关和断开相同数量的分段开关，将负荷从电压降落大的节点侧转移到电压降落小的节点侧，最终配电网恢复为辐射网的方法实现。该算法优点是通过启发式规则减少了开关组合，利用开关操作前后网损变化的估算方法快速确定降低网损的开关组合结果；缺点是每次只能考虑一对开关的操作，不能保证全局最优，且重构结果会受到初始网络结构的影响。

4. 人工智能算法

近年来，基于随机寻优的人工智能优化算法得到迅速发展，并在各个领域广泛应用。在电力系统领域的配电网重构中，应用的智能优化算法主要有人工神经网络算法、遗传算法、蚁群算法、粒子群优化算法、模拟退火算法和禁忌搜索算法等。由于单一算法在全局解的获得和计算时间耗费上存在矛盾，因此综合两种或者多种算法优点的混合算法越来越得到重视。

三、配电网简化模型

配电网重构的主要对象是开关，通过打开和闭合开关，改变网络结构，实现优化目标。实际配电网重构主要是针对城市10kV配电网，由变电站母线、站内出线开关、柱上分段开关、柱上联络开关、馈线线段、配电变压器、负荷等组成，是一个庞大的复杂网络。而且10kV配电网中，配电线路的长度长且分支多；负荷和电源以及各种配电装置（如开关、电容器等）沿馈线分支线分散分布；各种小型电源，如小水电、风力发电、柴油机发电机组、热电联产机组等的分布也很分散，拓扑关系十分复杂。在进行配电网重构时，与各个元件的具体特性无关，与网络元件的连接关系和等效参数等相关。

根据实际需要，配电网重构的主要评价目标不同，因此所选择的目标函数模型也不相同。下面列出了几种常见的目标函数模型，在重构算法中，需要某一个或多个目标函数结合，寻求最佳网络运行方案。

1. 配电网的拓扑结构

配电网中与节点 n 相连支路的数目称为此节点 n 的度，记为 $\deg(n)$。节点根据节点的度数可以分为根节点、叶子节点、T节点和普通节点四种类型。电源节点为根节点；度数为1的节点为叶子节点；度数大于2的节点为T节点；绝大多数节点度数为2，称为普通节点。

在配电网的一条支路上，流入功率的节点称为父节点；流出功率的节点称为子节点；具有相同父节点的子节点称为兄弟节点。沿功率流动的方向，通过某节点的两条相邻支路，上游支路称为父支路，下游支路称为子支路，具有相同父支路的子支路称为兄弟支路。

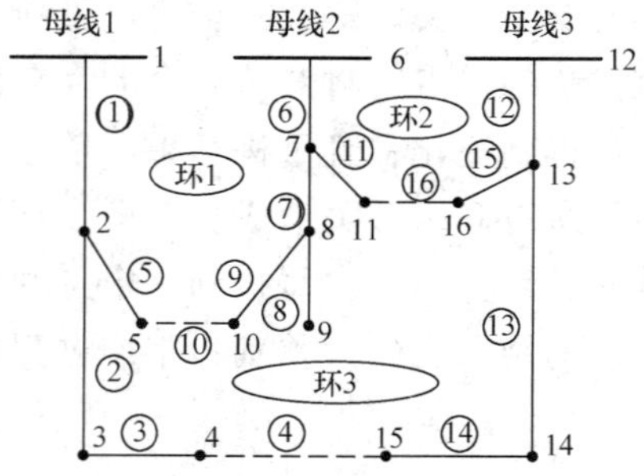

图6-19 IEEE 16节点配电网

如图6-19所示的IEEE 16节点配电网中，根节点为节点1、6、12，也称为电源节点；T节点为节点2、7、8、12；普通节点为节点3、14；叶子节点为节点4、5、9、10、11、13、15。在支路5中，节点2为父节点，节点5为子节点；节点3和节点5为兄弟节点。支路①为支路②和支路⑤的父支路，支路②和支路⑤为支路①的子支路，支路②和支路⑤为兄弟支路。

配电网在正常运行中形成图论中最重要的树状结构。辐射状的配电网可看成是若干个根节点形成的树。树是由一个节点或多个节点组成的有限集，它满足两个条件：一是存在根节点；二是将除根节点外的所有节点划分为若干个互不相交的有限集，每个有限集都为根节点的子树。该定义具有递归性，每一棵树存在子树，而子树又有更小的子树。由以上定义可知，树是由根节点开始的节点集合；树的每个非叶子节点至少有一棵子树；一个节点既是某节点的子节点，同时也是另一节点的父节点；某个节点由于存在多个分支，因此一个父节点可能对应多个子节点。当闭合所有开关时，配电网中存在若干个闭合回路。其中将包含支路数最少的闭合回路定义为基本环路。

根据图论理论，设图中任一条支路为 b，其中的每个节点和支路连接的交替序列为 $\eta=v_0e_1v_1e_2\cdots v_{n-1}e_nv_n$。若序列中支路 e_i 的两个端点分别为节点 v_{i-1} 和节点 v_i（$1\leqslant i\leqslant n$），则称 η 是节点 v_0 到节点 v_n 的一条路径。将所有节点和支路均不相同的路径称为道路，并将其分为公共道路和独立道路。公共道路是指被至少两个基本环路包含、连接相邻两个 T 形节点的道路；独立道路是指只包含在一个基本环路中、连接相邻两个 T 形节点的道路。

图 6-19 所示的配电网中，共有 3 个基本环路，由支路⑤—⑩—⑨组成的支路序列是一条公共道路；而由支路②—③—④—⑭—⑬组成的支路序列是一条独立道路。

2. 简化模型

配电网拓扑分析的第一步就是建立拓扑模型。将配电网的接线图映射为拓扑图，最终归结为一个点和线组成的图的问题。

按照模型建立的规则，将所有的开关看作是图的边，其余的所有设备看作是图的节点。配电网中所有馈线的起始点为变电站母线，当闭合所有的分段开关、打开所有联络开关时，配电网可以看作是一个有 n 个节点的树。配电网通过分段开关和联络开关的闭合实现重构，因此将开关看作图的边，将配电变压器、开关之间的馈线段端点、负荷等看作图的顶点，整个配电网络就可以看作是一个有唯一确定的两个顶点与顶点之间的边相连的图。

图 6-20（a）所示是一个实际配电网中的一部分，图中包含了 4 条馈线，分段开关 76、92、84 和 104 分别在四条馈线上，164、165、166、167、180 为联络开关。图 6-20（b）中所有馈线的起始点（变电站母线）如节点 58、73、57、88 等效为一个节点（根节点），各个开关如支路 76、92、84、104、164、165、166、167 等效为边，配电变压器、开关之间的馈线段端点、负荷等如节点 60、75、68、96、150、151 等效为顶点，就可形成图 6-20（b）所示的方便解决配电网络重构问题的简化络拓扑模型。

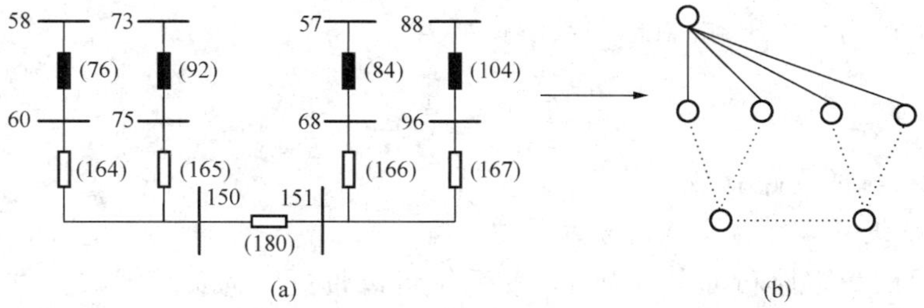

图 6-20 配电网及简化拓扑模型

以图 6-19 中的 IEEE 16 节点网络为例，在配电网结构进行化简时需考虑以下两点：

（1）不在任何环路内的支路上的开关必须闭合。如图 6-19 中支路⑧所对应的开关必须闭合，否则就会出现孤岛。

（2）与电源节点相连的开关一般也应闭合，如图 6-19 中支路①、⑥、⑫所对应的开关，因此该类开关需给网络供电。

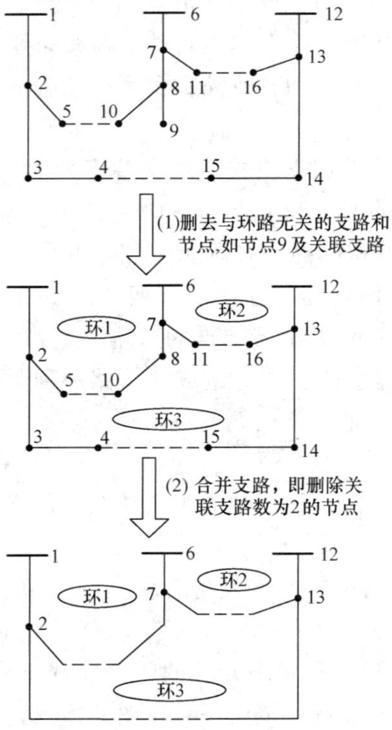

图 6-21 配电网化简示意图

为了快速方便地产生初始种群、降低优化过程中形成的新粒子对应配电网违反辐射状和无孤岛的结构约束条件的比例，结合配电网闭环设计开环运行的特点，根据图论中的同胚图理论得到配电网的简化拓扑模型，以图 6-19 网络结构为例，简化过程如图 6-21 所示。

将化简后网络的支路称为广义支路，其相关联的节点称为 T 节点，每一条广义支路含有多条原网络的支路。如图 6-21 中，广义支路有 B_{2-7}、B_{7-13} 和 B_{2-13}，其中 B_{2-13} 含有原始网络支路 B_{2-3}、B_{3-4}、B_{4-15}、B_{15-14}、B_{14-13}，T 节点有节点 2、节点 7、节点 13。

四、配电网重构的目标函数和约束条件

1. 以网损最小为目标函数的数学模型

以网损最小为目标的配电网优化重构目标函数 $f_{p.\mathrm{loss}}$ 可表示为

$$\min f_{p.\mathrm{loss}} = \sum_{b=1}^{B} k_b R_b \frac{P_b^2 + Q_b^2}{U_b^2} \tag{6-1}$$

式中：B 代表配电网支路总数；k_b 代表支路 b 上开关的状态变量，0 表示打开，1 表示闭合；R_b 代表第 b 条支路的电阻；P_b、Q_b 分别代表支路 b 末端节点上的有功功率和无功功率；U_b 代表支路 b 末端的节点电压。

2. 以平衡负荷为目标函数的数学模型

配电网正常运行时，同一条馈线在不同的时段出现的负荷波动或者馈线所带不同性质的负荷都可能出现负荷不平衡的情况。以负荷均衡为目标的目标函数 $f_{p.\mathrm{bal}}$ 为

$$\min f_{p.\mathrm{bal}} = \sum_{i=1}^{N_b} \left| \frac{S_i}{S_{i.\mathrm{N}}} \right|^2 \tag{6-2}$$

式中：S_i 表示支路 i 的负荷；$S_{i.\mathrm{N}}$ 分别代表支路 i 的额定容量。

基于负荷平衡指针 LB_{sys} 的目标的数学模型为

$$\min LB_{\mathrm{sys}} = \frac{1}{N_b} \sum_{i=1}^{N_b} \frac{S_i}{S_{i.\mathrm{N}}} \tag{6-3}$$

式中：N_b 代表系统的支路总数。

3. 以提高系统可靠性为目标函数的数学模型

以提高系统的稳定性和可靠性为目标使系统可以带更多的负荷，减少甩负荷的可能性。典型的可靠性目标函数 f_{sta} 为

$$\min f_{\mathrm{sta}} = \sum_{i=1}^{N_P} S_{i.\mathrm{av}} T_{i.\mathrm{u}}(R) \tag{6-4}$$

式中：N_p 为系统负荷点数目之和；$S_{i.\mathrm{av}}$ 为负荷点 i 的年平均负荷；$T_{i.\mathrm{u}}$ 为负荷点 i 的年停运时间；R 是网络中所有间隔开关的状态。

通常在重构过程中，提高可靠性更为直观地表现为甩负荷量最小。目标函数 $f_{p.\mathrm{cut}}$ 为

$$\min f_{p.\mathrm{cut}} = \sum_{i} P_{\mathrm{cut}.i} \tag{6-5}$$

式中：$P_{cut.i}$为损失的负荷节点 i 的有功功率。

4. 以提高电压质量为目标函数的数学模型

定义环路中联络开关 $TS_{i,j}$处（节点 i 和节点 j 之间的联络开关）的电压平衡指数 $VBL_{i,j}$为

$$VBL_{i,j} = \max[U_i, U_j]/\min[U_i, U_j] \tag{6-6}$$

式中：$\max[U_i, U_j]$、$\min[U_i, U_j]$ 分别表示 U_i、U_j 中的最大值和最小值。

由电压平衡指数 $VBL_{i,j}$得到的以提高电压质量的目标函数 $f_{v.bal}$为

$$\min f_{v.bal} = \sum_{i,j \in a} VBL_{i,j} \tag{6-7}$$

式中：a 为联络开关 $TS_{i,j}$两端的节点集合。

5. 开关操作次数最少为目标函数的数学模型

开关操作次数最少是在配电网发生故障后为了快速恢复供电而常用的目标函数。多次开关操作不仅降低开关的寿命，同时会增加故障恢复的时间，对故障排除后网络拓扑的恢复也不利。开关操作次数 f_{sw}最少可以表示为

$$\min f_{sw} = \sum_{j=1}^{N_s} |SW_j - SWR_j| \tag{6-8}$$

式中：N_s 为配电网分段开关和联络开关的总数目；SW_j 为故障隔离后第 j 个开关的状态，SWR_j 为供电恢复后第 j 个开关的状态，0 表示打开，1 表示闭合。

6. 配电网重构的约束条件

配电网重构中需要同时满足一下约束条件：

1）节点电压约束

$$V_{i.\min} \leqslant V_i \leqslant V_{i.\max} \tag{6-9}$$

式中：$V_{i.\max}$、$V_{i.\min}$分别为节点 i 的允许电压的最大值和最小值，$i=1$，2，…，N，N 为节点总数。

2）支路电流约束

$$S_j \leqslant S_{j.\max} \tag{6-10}$$

式中：$S_{j.\max}$为支路 j 允许传输的最大容量，$j=1$，2，…，B，B 为支路总数。

3）配电网潮流约束

$$\begin{cases} P_i = \sum_{j=1}^{N} [e_i(G_{ij}e_j - B_{ij}f_j) + f_i(G_{ij}f_j + B_{ij}e_j)] \\ Q_i = \sum_{j=1}^{N} [f_i(G_{ij}e_j - B_{ij}f_j) - e_i(G_{ij}f_j + B_{ij}e_j)] \end{cases} \tag{6-11}$$

式中：P_i、Q_i 分别为节点 i 的注入有功和无功功率；e_i 和 f_i 分别为节点 i 节点电压的实部和虚部；G_{ij}、B_{ij}分别为节点 i、j 之间的电导、电纳。

4）网络结构约束：配电网一般为闭环设计、开环运行，优化后的网络应满足连通，呈辐射状，不存在孤岛。

五、配电网重构算例

以配电网络有功网损最小为目标，其数学模型如下

$$\min f_{p.loss} = \sum_{b=1}^{B} k_b R_b \frac{P_b^2 + Q_b^2}{U_b^2} \tag{6-12}$$

$$\text{s.t.}\begin{cases}P_i=\sum_{j=1}^{N}[e_i(G_{ij}e_j-B_{ij}f_j)+f_i(G_{ij}f_j+B_{ij}e_j)]\\Q_i=\sum_{j=1}^{N}[f_i(G_{ij}e_j-B_{ij}f_j)-e_i(G_{ij}f_j+B_{ij}e_j)]\end{cases}\tag{6-13}$$

$$U_{n.\min}\leqslant U_n\leqslant U_{n.\max}$$

$$I_b\leqslant I_{b.\max}$$

$$g_i\in G$$

式中：B 代表配电网支路总数；k_b 代表支路 b 的开关状态变量，1 和 0 两个状态分别表示开关闭合；R_b 代表支路 b 的电阻；P_b、Q_b 分别代表支路 b 末端流过的有功功率和无功功率；U_b 代表支路 b 末端的节点电压幅值；N 代表节点总数，P_i、Q_i 分别流入节点 i 的有功功率和无功功率；e_j、f_j 分别代表节点 i 的电压的实部和虚部；G_{ij} 和 B_{ij} 分别代表节点导纳矩阵中元素的实部和虚部；U_n、$U_{n.\max}$ 和 $U_{n.\min}$ 分别代表节点 n 的实际电压值和电压的最大、最小限值；I_b 和 $I_{b.\max}$ 分别代表支路 b 的实际电流值和最大允许电流值；g_i 代表重构后第 i 个网络结构；G 为所有可行的辐射状网络结构集合。

二次插值粒子群优化（QIPSO）算法的参数设置如下：粒子群规模为 20；惯性权重因子 $\omega_{\max}=0.9$，$\omega_{\min}=0.4$；加速因子 c_1 和 c_2 均为 2.05；收缩因子 $\eta=0.729$；速度最大值取环路开关总数的一半；最大迭代次数为 100。

图 6-22 为 IEEE 33 节点配电网结构图。图中共有 33 个节点，37 条支路，其中有 5 条联络开关，分别位于支路 33、34、35、36、37 上（如图中虚线所示），其他支路上均装上分段开关。该系统的额定电压为 12.66kV，总负荷为 5084.26+j2547.32kVA。取基准容量为 100MVA，基准电压为 12.66kV。经简化后为五个环组，粒子长度为 5。

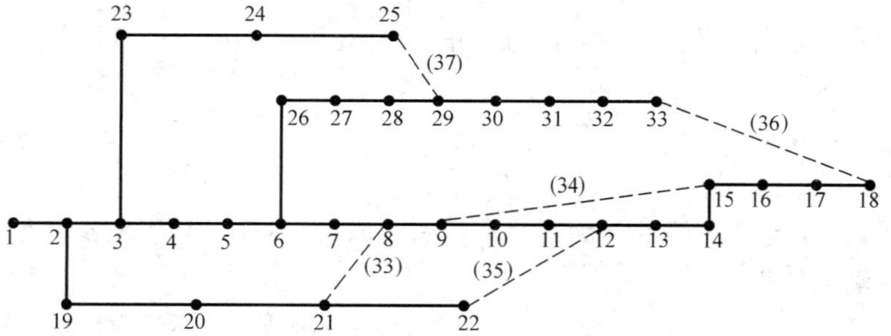

图 6-22 IEEE 33 节点配电系统结构图

IEEE 33 节点配电网络在重构前，断开的支路为支路 33、34、35、36、37，重构前网络的有功损耗为 201.10kW；重构后，得到的最优解断开支路为支路 7、9、14、32、37，重构后网络的有功损耗为 139.53kW。

重构结果见表 6-1。

表 6-1 IEEE 33 节点配电网网络重构结果

状态	打开的开关支路	有功损耗（kW）	最低节点电压（p. u.）
重构前	33、34、35、36、37	201.10	0.9131（18）
标准粒子群算法	7、9、14、32、37	139.53	0.9378（32）
本文算法	7、9、14、32、37	139.53	0.9378（32）

通过对比上表数据，重构优化后，该网络的有功损耗减小为原来的 31.15%，网络最低节点电压由 0.9131p.u. 提高到 0.9378p.u.。

图 6-23 为重构前后系统节点电压对比图，从图中可以看出，重构后，各个节点的电压有所提高，可以显著提高供电的电压质量。

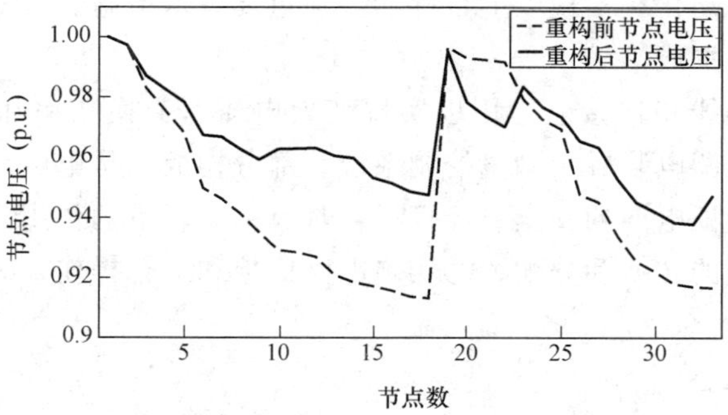

图 6-23　IEEE 33 节点系统重构前后电压图

QIPSO 算法在收敛速度上也得到了改进。图 6-24 给出了 IEEE 33 节点系统在标准粒子群算法和 QIPSO 算法迭代过程中的收敛曲线。由图可见，QIPSO 算法的收敛速度更快，收敛过程更平稳。

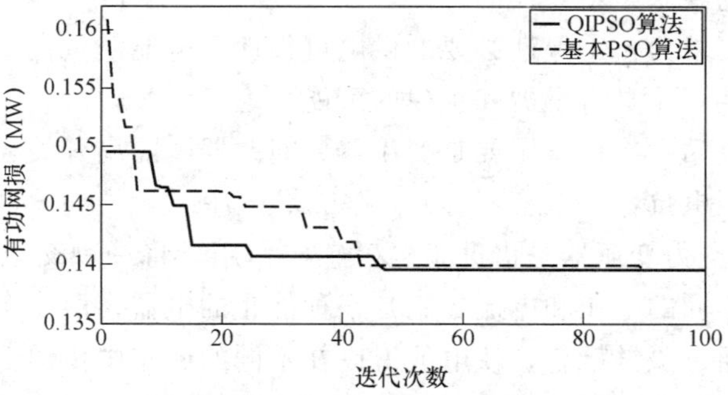

图 6-24　IEEE 33 节点系统收敛曲线

第四节　变电站综合自动化

变电站是配电网的重要组成部分，因此变电站的自动化程度的高低，直接反映了配电自动化的水平。同时，综合自动化变电站和传统的变电站相比较，还具有以下优势：

（1）变电站综合自动化系统利用当代计算机的技术和通信技术，提供了先进技术的设备，改变了传统的二次设备模式，信息共享，简化了系统，减少了连接电缆，减少占地面积，降低造价，改变了变电站的面貌。

（2）提高了自动化水平，减轻了值班员的操作量，减少了维修工作量。

（3）随着电网复杂程度的增加，各级调度中心要求各变电站能提供更多的信息，以便及时掌握电网及变电站的运行情况。

（4）提高变电站的可控性，要求更多地采用远方集中控制、操作、反事故措施等。

(5) 采用无人值班管理模式，提高劳动生产率，减少人为误操作的可能。

(6) 全面提高运行的可靠性和经济性。

实现变电站综合自动化的目标是提高变电站全面的技术水平和管理水平，提高安全、可靠、稳定运行水平，降低运行维护成本，提高经济效益，提高供电质量，促进配电系统自动化。实现变电站综合自动化是实现以上目标的一项重要技术措施。

一、变电站作用及构成

变电站是电网中的线路连接点，用以实现变换电压、交换功率和汇集、分配电能的设施，主要由主变压器、配电装置及测量控制系统等部分构成，是电网的重要组成部分和电能传输的重要环节，对保证电网的安全、经济运行具有举足轻重的作用。变电站的主要作用体现在：①实现电力传输的转换和分配；②实施电网监控和运行操作；③提供电网运行、维护的关键信息。

1. 变电站一次系统

(1) 主接线。变电站电气主接线是由变压器、断路器等高压电气设备通过连接线，按其功能要求组成的变换电压等级及汇集和分配电能的电路，又常被称为变电站的一次接线或电气主系统。主接线代表了变电站电气部分的主体结构，是电力系统网络结构的重要组成部分，它直接影响运行的可靠性、灵活性，并对电气设备选择、配电装置布置、继电保护、自动装置方案和运行方式的制定都起着决定性作用。不同主接线对于变电站运行特点、运行方式、操作和运行维护的要求是不一样的。

对电气主接线的要求为：①保证必要的供电可靠性和电能质量；②具有一定的灵活性和方便性；③具有经济性；④具有发展和扩建的可能性。

(2) 主设备。变电站一次设备主要是变压器、断路器、隔离开关、互感器、无功补偿设备（高压电抗器、低压电抗器、电容器等）、避雷器、GIS 等。

1) 电力变压器。电力变压器是借助于电磁感应作用，将一种交流电压和电流变成频率相同的另一种或几种不同的电压和电流。它是一种静止的电器，由一个或几个绕组套于铁心上组成，不同绕组间通过磁链耦合，使电能得以在不同的回路中传递，以实现传输和分配电能的目的。在变电站，这种变压器通常称为主变压器。主变压器是变电站最重要的电气设备，在电网中承担着电压转换和功率传递的作用。因其不同的用途、相数、绕组数及其结构形式、调压方式、绝缘介质、冷却方式可分为多种类别和形式。

2) 断路器。断路器是变电站重要的控制设备，担负着接通和断开电路的功能，可以切、合负荷电流和各种设备的充电电流以及额定遮断容量以内的故障电流，是电网实施控制的重要元件。断路器按其选用的灭弧介质可分为油断路器、空气断路器、真空断路器、SF_6 断路器等多种类型。SF_6 断路器因其优良的灭弧性能已逐渐取代其他类型断路器而得到广泛应用，断路器主要由灭弧室和操动机构组成。

3) 隔离开关。隔离开关也是一种用于通断电路的开关设备，与断路器的区别在于没有复杂的灭弧装置，因此不能用于切断负荷电流和故障电流。正常分开位置时，隔离开关两端之间有符合安全要求的可见绝缘距离，其主要用途：①隔离有电设备，在电路中构成明显的断开点，建立可靠的绝缘间隙，保证检修人员及设备的安全。②根据系统或设备运行方式的需要，进行改变设备连接方式的切换操作。③投切小电流设备或分合小电流电路。

4) 互感器。互感器的作用就是将高电压和大电流按严格的比例关系转换成可以用仪表进行测量的低电压和小电流，作为信号源供继电保护、自动装置等系统进行采集和测量，互感器分为电流互感器和电压互感器两大类。

a）电流互感器。电流互感器是一种根据电磁感应原理制成的用作电流变换的特种变压器，电流互感器的一次绕组串联在电力线路中，线路电流就是互感器的一次电流，二次绕组外部接有测量仪表和保护装置作为二次绕组的负荷。

b）电压互感器。电压互感器是专门用作变换电压的特种变压器。电压互感器分电磁式与电容式两大类。电磁式电压互感器也是根据电磁感应原理制成的高阻抗高变比特种变压器，由于仅是借助电磁感应作用传递电压信息其容量很小，因此，正常工作时不得短路。目前在500kV电力系统中，大量使用的都是电容式电压互感器，这种电压互感器结构简单，造价低廉，维护量小，除具有一般电磁式电压互感器的作用外，还可代替耦合电容器兼作高频载波用。

5）无功补偿设备。无功补偿装置是对变电站供电范围内的无功功率不足或过剩情况进行补偿的设备或装置。目前在变电站内应用比较普遍的有能输出无功的并联电容器组，能吸收无功的高、低压并联电抗器以及既能输出也能吸收无功的静止补偿装置或调相机等。为了增强系统稳定性，提高线路输电能力，有时还需要在变电站内装设串联电容器组。

6）避雷器。避雷器是变电站保护设备免遭雷电冲击波袭击的设备。当雷电冲击波沿线路传入变电站超过避雷器保护水平时，避雷器首先放电，将雷电压幅值限制在被保护设备雷电冲击水平以下，使电气设备受到保护。其中，氧化锌避雷器因其理想的伏安特性、简单的构造、低廉的价格而成为首选，具有无间隙、无续流、残压低等优点。氧化锌避雷器除能限制雷电过电压外，还具有限制电力系统内部过电压的能力。

7）GIS。组合电器气体全封闭组合电器（Gas Insulated Switchgear，GIS）由断路器、隔离开关、快速或慢速接地开关、电流互感器、电压互感器、避雷器、母线及这些元器件的封闭外壳、伸缩节和出线套管等组成，内充一定压力的气体作为GIS的绝缘和灭弧介质，通常GIS是指充SF_6气体的全封闭组合电器。

2. 变电站二次系统

通常所说的变电站二次系统主要包含：①用于电网故障快速跳闸的继电保护系统；②用于电网正常运行信息传输和操作控制的测控/远动；③用于电网事故分析的故障录波/故障测距及近年来故障信息系统；④用于电费计量、经济结算的计量系统等。

（1）继电保护系统。继电保护作为电网安全运行的第一道防线，必须在电网发生事故时以最快的时间有效隔离故障点，反映继电保护性能基本要求“可靠性、快速性、灵敏性、选择性”。继电保护针对电网中的突发异常情况，要求迅速、准确、可靠切除故障，计算主要针对电力系统的暂态故障信息，使用基波来进行故障判别，不同故障时刻，采用的算法也不同，需要有严格的滤波环节。

（2）远动/测控系统。为了实现对于电网运行过程的监视和控制，完成电力系统功率交互参数的监视，需要在变电站配置包括对必需的过程信息的采集、处理、传输和显示、执行等设备与功能，通常指“四遥”。

变电站自动化系统发展初期，变电站的“四遥”主要通过远动系统实现，构成远动系统的设备包括厂站端远动装置、调度端远动装置和远动信道，典型技术实现体现为远动装置（Remote Terminal Unit，RTU）的应用，RTU的功能面向全站实现信息的集中式处理。随着微电子技术、计算机技术的发展，尤其微机保护技术的发展，基于间隔的功能实现成为一种共识，测控装置也应运而生。测控的应用体现了面向间隔、分散布置的设计理念。测控装置通过远方/就地人为操作断路器、隔离开关等。测控装置一般每个间隔配置一套，不采取双重化配置。目前变电站自动化系统已经基本将测控取代 RTU，在 110kV 及以下系统采用保护测控一体化应用模式。

（3）故障分析系统。电网事故发生后需要借助于故障时所记录的电流、电压及断路器动作信息，分析保护动作行为，电网事故分析的“黑匣子”故障录波器系统是事故分析和保护动作行为判断的重要手段。随着微机保护和数字式故障录波器应用，为进一步提高事故分析手段，集成微机保护/故障录波器信息的故障信息系统成为一种基本配置需求。

3. 变电站辅助系统

变电站辅助系统是指为变电站一、二次设备运行提供支持、支撑和保障的设备系统以及针对某些不安全因素而设置的专用设备系统。

（1）站用交流系统。站用交流系统是保证变电站安全运行的重要组成部分，起着为一次设备操作、主变风冷系统工作、保护及自动装置运行提供动力和能源的重要作用。站用交流系统由若干台站用变压器、低压交流配电装置及相应的测量、控制回路组成，具有较高的可靠性和灵活性。

（2）站用直流系统。站用直流系统为变电站控制、保护、测量、信号等装置或系统提供可靠的工作电源。直流系统由蓄电池组、充电机、直流主配电屏、直流分屏、绝缘监测装置等设备和回路组成。在特别重要的 500kV 变电站通常具有完全独立的两套直流系统和单独的信号回路直流系统，并配置较大容量的 UPS 电源，成为更为可靠的工作电源。

（3）视频监控系统。视频监控系统是运行人员通过远程终端对无人值班变电站现场情况进行观察和监视的重要手段之一。系统主要由摄像头、云台、图像服务器、实时录像装置、监视终端等部件组成。目前的应用主要是防盗以及现场出现火警信号时通过图像加以确认。

二、变电站自动化的基本概念

变电站自动化是应用控制技术、信息处理和通信技术，利用计算机软件和硬件系统或自动装置代替人工进行各种运行作业，提高变电站运行、管理水平的一种自动化系统。变电站自动化的范畴包括综合自动化技术、远动技术、继电保护技术及变电站其他智能技术等。

变电站综合自动化是将变电站的二次设备（包括测量仪表、信号系统、继电保护、自动装置和远动装置等）经过功能的组合和优化设计，利用先进的计算机技术、现代电子技术、通信技术和信号处理技术，实现对全变电站的主要设备和输、配电线路的自动监视、测量、自动控制和微机保护，以及与调度通信等综合性的自动化功能，改变了常规的继电保护装置不能与外界通信的缺陷。因此，变电站综合自动化是自动化技术、计算机技术和通信技术等高科技在变电站领域的综合应用。变电站综合自动化系统可以采集到比较齐全的数据和信息，利用计算机的高速计算能力和逻辑判断功能，可方便地监视和控制变电站内各种设备的运行和操作。变电站综合自动化是将变电站中的微机保护、微机监控等装置通过计算机网络和现代通信技术集成为一体化的自动化系统。它取消了传统的控制屏台、表计等常规设备，因而节省了控制电缆，缩小了控制室面积。传统的 35kV 及以上电压等级变电站的二次回路部分是由继电保护、当地监控、远动装置、故障录波和测距、直流系统与绝缘监视及通信等各类装置组成的。以往它们各自采用独立的装置来完成自身的功能且均自成系统，由此不可避免地产生各类装置之间功能相互覆盖，部件重复配置，耗用大量的连接线和电缆。由于微机技术的发展，远动终端、当地监控、故障录波等装置相继更新换代，实现了微机化。这些微机化的设备虽然功能各异，但其数据采集、输入/输出回路等硬件结构大体相似，因而统一考虑变电站二次回路各种功能的集成化自动化系统，自然受到人们的青睐。但当时的变电站自动化系统实际上是在RTU基础上加上一台微机为中心的当地监控系统，不但未涉及继电保护，就连原有的传统的控制屏台仍予保留。这是国内变电站自动化技术的第一阶段。

20世纪90年代，由于数字保护技术（即微机保护）的广泛应用，使变电站自动化取得实质性的进展。90年代初研制的变电站自动化系统是在变电站控制室内设置计算机系统作为变电站自动化的心脏，另设置一数据采集和控制部件用以采集数据和发出控制命令。微机保护柜除保护部件外，每柜有一管理单元，其串行口与变电站自动化系统的数据采集及控制部件相连接，传送保护装置的各种信息和参数，整定和显示保护定值，投/停保护装置。此类集中式变电站自动化系统可以认为是国内变电站自动化技术的第二阶段。

20世纪90年代中期，随着计算机技术、网络技术及通信技术的飞速发展，同时结合变电站的实际情况，各类分散式变电站自动化系统纷纷研制成功和投入运行。分散式系统的特点是各现场输入/输出单元部件分别安装在中低压开关柜或高压一次设备附近，现场单元部件可以是保护和监控功能的二合一装置，用以处理各开关单元的继电保护和监控功能，也可以是现场的微机保护和监控部件分别保持其独立性。在变电站控制室内设置计算机系统，对各现场单元部件进行通信联系。通信方式可以采用常用的串行口如RS232-C、RS422-485，但近年推出的分散式变电站自动化系统更多地采用了网络技术，如Lan Works或CAN等现场总线型网。至于变电站自动化的功能，则将遥测遥信采集及处理，遥控命令执行和继电保护功能等均由现场单元部件独立完成，并将这些信息通过网络送至后台主计算机。而变电站自动化的综合功能均由后台主计算机系统承担。此类分散式变电站自动化系统可视为第三阶段。

三、变电站综合自动化系统的功能和特征

变电站综合自动化是多专业性的综合技术，它以微型计算机为基础，将变电站的监视控制、继电保护、自动控制装置和远动通信等功能组合在一起，通过计算机硬件、模块化软件和数据通信网构成一个完整的系统。

1. 变电站综合自动化系统功能

（1）继电保护的功能。变电站综合自动化系统中的微机继电保护主要包括输电线路保护、变压器保护、母线保护、电容器保护、小电流接地系统自动选线、自动重合闸。由于继电保护的特殊重要性，综合自动化系统绝不能降低继电保护的可靠性，因此要求：

1）系统的继电保护按被保护的电气设备单元（间隔）分别独立设置，直接由相关的电流互感器和电压互感器输入电气量，然后由触点输出，直接操作相应断路器的跳闸线圈。

2）保护装置设有通信接口，供接入站内通信网，在保护动作后向变电站层的微机设备提供报告等，但继电保护功能完全不依赖通信网。

3）为避免不必要的硬件重复，以提高整个系统的可靠性和降低造价，可以配给保护装置其他一些功能，但不应降低保护装置可靠性。

4）除保护装置外，其他一些重要控制设备，例如备用电源自动投入装置、电容器投切和变压器分接头有载切换的无功电压控制装置等，也不依赖通信网，而设备专用的装置放在

相应间隔屏上。

继电保护是变电站综合自动化系统的关键环节，其最重要的功能就是要有独立的、完整的继电保护功能，在此基础上还必须具备如继电保护的通信、系统统一时钟对时、存储各种保护整定值等功能。

（2）监视控制的功能。变电站综合自动化系统取代常规的测量系统，如变送器、录波器、指针式仪表等；改变常规的操动机构，如操作盘、模拟盘、手动同期及手控无功补偿等装置；取代常规的告警、报警装置，如中央信号系统、光字牌等；取代常规的电磁式和机械式防误闭锁设备；取代常规远动装置等。现将其基本功能分述如下：

1）实时数据采集与处理。采集变电站运行实时数据和设备运行状态，包括各种状态量（如断路器的状态、隔离开关状态、有载调压变压器分接头的位置）、模拟量（如母线电压、线路电流、电压和功率值）、脉冲量、数字量和保护信号，并将这些采集到的数据去伪存真后存于数据库供计算机处理之用。

2）运行监视功能。运行监视功能主要是指对变电站的运行工况和设备状态进行自动监视，即对变电站各种状态量变位情况的监视和各种模拟量的数值监视。

通过状态量变位监视，可监视变电站各种断路器、隔离开关、接地开关、变压器分接头的位置和动作情况、继电保护和自动装置的动作情况以及它们的动作顺序等。

模拟量的监视分为正常的测量和超过限定值的报警、事故模拟量变化的追忆等。

当变电站有非正常状态发生和设备异常时，监控系统能及时在当地或远方发出事故音响或语音报警，并在CRT显示器上自动推出报警画面，为运行人员提供分析处理事故的信息，同时可将事故信息进行打印记录和存储。

对于一个典型的变电站，应报警的参数有母线电压报警、线路负荷电流越限报警、主变压器过负荷报警等。

异常状态报警的是非正常操作时，断路器变位信号、保护故障动作信号、监控和保护设备异常状态信号以及数据采集的状态量中其他报警和异常信号。

报警方式主要有自动推出画面、报警、音响提示（语音或可变频率音响）、闪光报警、信息操作提示，如控制操作超时等。

3）故障录波与测距功能。变电站的故障录波和测距可采用两种方法实现：①由微机保护装置兼作故障记录和测距，再将记录和测距的结果送监控机存储及打印输出或直接送调度主站，这种方法可节约投资，减少硬件设备，但故障记录的量有限；②采用专用的微机故障录波器，并且录波器应具有串行通信功能，可以与监控系统通信。

4）事故顺序记录与事故追忆功能。事故顺序记录就是对变电站内的继电保护、自动装置、断路器等在事故时动作的先后顺序自动记录。记录事件发生的时间应精确到毫秒级。自动记录的报告可在CRT显示器上显示和打印输出。顺序记录的报告对分析事故、评价继电保护和自动装置以及断路器的动作情况是非常有用的。

5）控制及安全操作闭锁功能。操作人员可通过CRT屏幕对断路器、隔离开关进行分闸、合闸操作；对变压器分接头进行调节控制；对电容器组进行投、切控制，同时要能接受遥控操作命令，进行远方操作；并且所有的操作控制均能就地和远方控制、就地和远方切换相互闭锁，自动和手动相互闭锁。

操作管理权限按分层（级）原则管理。监控系统设有专用密码的操作口令，使调度员、遥调、遥信操作员、系统维护员和一般人员能够按权限分层（级）操作和控制。

操作闭锁应包括以下内容：操作系统出口具有断路器跳合闸闭锁功能；根据实时信息，自动实现断路器、隔离开关操作闭锁；适应一次设备现场维护操作的"电脑五防操作及闭锁系统"。

6）数据处理与记录功能。监控系统除了完成上述功能外，数据处理和记录也是很重要的环节。历史数据的形成和存储是数据处理的主要内容。此外，为满足继电保护专业和变电站管理的需要，必须进行一些数据统计与记录。

7）人机联系功能。变电站采用微机监控系统后，无论是有人值班还是无人值班站，最大的特点之一是操作人员或调度员只要面对 CRT 显示器的屏幕通过鼠标或键盘，就可对全站的运行情况和运行参数一目了然，可对全站的断路器和隔离开关等进行分、合操作，彻底改变了传统的依靠指针式仪表和依靠模拟屏或操作屏等手段的操作方式。

8）自诊断、自恢复和自动切换功能。

（3）自动控制装置的功能。变电站综合自动化系统必须具有保证安全、可靠供电和提高电能质量的自动控制功能。为此，典型的变电站综合自动化系统都配置了相应的自动控制装置，如电压、无功综合控制装置、低频率减负荷控制装置、备用电源自投控制装置、小电流接地选线装置等。

（4）远动及数据通信功能。变电站综合自动化的通信功能包括系统内部的现场级间的通信和自动化系统与上级调度的通信两部分，分别负责自动化系统内部各子系统与上位机（监控主机）和各子系统间的数据和信息交换，完成 RTU 的全部"四遥"功能。

2. 变电站综合自动化系统特征

（1）功能综合化。变电站综合自动化技术是在微机技术、数据通信技术、自动化技术基础上发展起来的，是个技术密集，多种专业技术相互交叉、相互配合的系统。它综合了变电站内除一次设备和交、直流电源以外的全部二次设备。在综合自动化系统中，微机监控系统综合了变电站的仪表屏、操作屏、模拟屏、变送器屏、中央信号系统等功能、远动的 RTU 功能及电压和无功补偿自动调节功能；微机保护（和监控系统一起）综合了故障录波、故障测距、小电流接地选线、自动按频率减负荷、自动重合闸等自动装置功能。

（2）结构分布、分层化。综合自动化系统是一个分布式系统，其中微机保护、数据采集和控制以及其他智能设备等子系统都是按分布式结构设计的，每个子系统可能有多个 CPU 分别完成不同功能，这样一个由庞大的 CPU 群构成了一个完整的、高度协调的有机综合（集成）系统。这样的综合系统往往有几十个甚至更多的 CPU 同时并列运行，以实现变电站自动化的所有功能。另外，按照变电站物理位置和各子系统功能分工的不同，综合自动化系统的总体结构又按分层原则来组成。

（3）操作监视屏幕化。变电站实现综合自动化后，不论是有人值班还是无人值班，操作人员不是在变电站内，就是在主控站或调度室内，面对彩色屏幕显示器，对变电站的设备和输电线路进行全方位的监视与操作。庞大的模拟屏被 CRT 屏幕上的实时主接线画面取代；常规的在断路器安装处或控制屏进行的跳、合闸操作，被 CRT 屏幕上的鼠标操作或键盘操作所取代；常规的光字牌报警信号，被 CRT 屏幕画面闪烁和文字提示或语言报警所取代，即通过计算机上的 CRT 显示器，可以监视全变电站的实时运行情况和对各开关设备进行操作控制。

（4）通信局域网络化、光缆化。计算机局域网络技术和光纤通信技术在综合自动化系统中得到普遍应用。因此，系统具有较高的抗电磁干扰的能力，能够实现高速数据传送，满足实时性要求，组态更灵活，易于扩展，可靠性大大提高，且大大简化了常规变电站繁杂量大的各种电缆，方便施工。

（5）运行管理智能化。变电站综合自动化另一特征是运行管理智能化。智能化不仅表现在常规的自动化功能上，如自动报警、自动报表、电压无功自动调节、小电流接地选线、事故判别与处理等方面，还表现在能够在线自诊断，并不断将诊断的结果送往远方的主控端。这是区别常规二次系统的重要特征。

运行管理智能化极大地简化了变电站二次系统，取消了常规二次设备，功能庞大，信息齐全，可以灵活地按功能或间隔形成集中组屏或分散分层安装的不同的系统组态。进一步说，综合自动化系统打破了传统二次系统各专业界限和设备划分原则，改变了常规保护装置不能与调度（控制）中心通信的缺陷。

（6）测量显示数字化。传统变电站采用指针式仪表作为测量仪器，其准确度低、读数不方便。采用微机监控系统后，彻底改变了原来的测量手段，常规指针式仪表全被 CRT 显示器上的数字显示所代替，直观、明了。而原来的人工抄表记录则完全由打印机打印、报表所代替。这不仅减轻了值班员的劳动强度，而且提高了测量精度和管理的科学性。

四、变电站综合自动化系统的硬件结构

根据综合自动化系统设计思想和安装的物理位置的不同，综合自动化系统硬件结构形式可以分成很多种类。但从国内外变电站综合自动化系统的发展过程来看，其结构形式有集中式、分布式、分散（层）分布式；从安装物理位置上来划分有集中组屏、分层组屏和分散在一次设备间隔上安装等形式。

1. 集中式变电站综合自动化系统

集中式结构的变电站综合自动化系统是指采用不同档次的计算机，扩展其外围接口电路，集中采集变电站的模拟量、开关量和数字量等信息，集中进行计算与处理，分别完成微机监控、微机保护和一些自动控制等功能。集中结构也并非指由一台计算机完成保护、监控等全部功能。多数集中式结构的微机保护、微机监控和与调度等通信的功能也是由不同的微型计算机完成的，只是每台微计算机承担的任务多一些。例如监控机要负担数据采集、数据处理、开关操作、人机联系等多项任务；担任微机保护的计算机，可能一台微机要负责几回低压线路的保护等。这种结构形式主要出现在变电站综合自动化系统问世的初期，如图 6 - 25所示。

这种结构形式是按变电站的规模配置相应容量、功能的微机保护装置和监控主机及数据采集系统，它们安装在变电站主控室内。主变压器、各种进出线路及站内所有电气设备的运行状态通过电流、电压互感器经电缆传送到主控制室的保护装置或监控计算机上，并与调度控制端的主计算机进行数据通信。当地监控计算机完成当地显示控制和制表打印等功能。

2. 分层分布式结构集中式组屏的变电站综合自动化系统

所谓分布式结构，是在结构上采用主从 CPU 协同工作方式，各功能模块（通常是各个从 CPU）之间采用网络技术或串行方式实现数据通信，多 CPU 系统提高了处理并行多发事件的能力，解决了集中式结构中独立 CPU 计算处理的瓶颈问题，方便系统扩展和维护，局部故障不影响其他模块（部件）正常运行。如微机型变压器保护主要包括速断保护、比率制

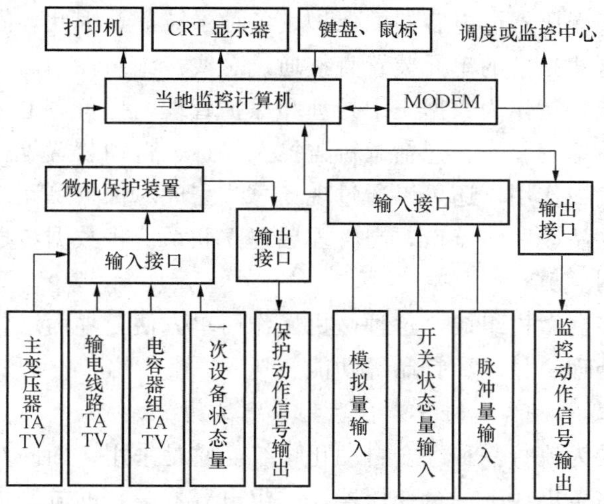

图 6-25　集中式变电站综合自动化系统结构框图

动型差动保护、电流电压保护等，主保护的功能由一个 CPU 单独完成；后备保护主要由复合电压电流保护构成，过负荷保护、瓦斯保护触点引入微机，经由微机保护出口；轻瓦斯报警；温度信号经温度变送器输入微机，可发超温信号并据此启动风扇，后备保护功能也由一个 CPU 单独完成，主保护 CPU 和后备保护 CPU 分开，各自完成各自功能，增加了保护的可靠性。

在变电站综合自动化系统中，通常将继电保护、自动重合闸、故障录波、故障测距等功能综合在一起的装置称为保护单元，而将测量和控制功能综合在一起的装置称为控制或 I/O 单元，两者通称为间隔级单元。各种类型的间隔级单元与变电站的中央单元相结合，并利用间隔级单元搜集到的状态量和测量值，通过软件来实现各种保护闭锁，取消或大大简化传统设计中为实现闭锁功能所需要的二次回路，以组成变电站综合自动化系统。

所谓分层式结构，是将变电站信息的采集和控制分为管理层、站控层和间隔层三个级分层布置，如图 6-26 所示。

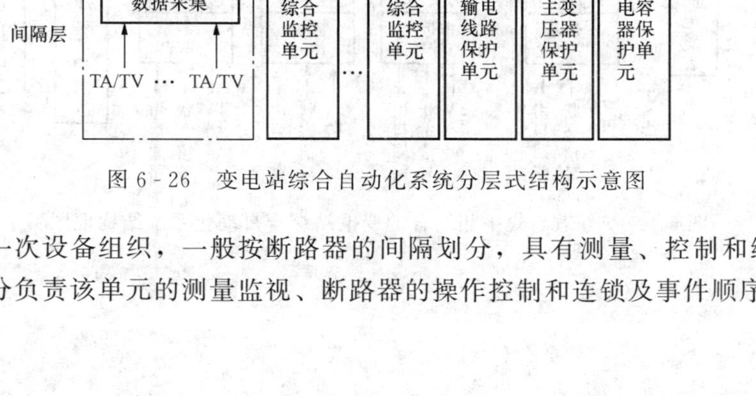

图 6-26　变电站综合自动化系统分层式结构示意图

间隔层按一次设备组织，一般按断路器的间隔划分，具有测量、控制和继电保护部分。测量、控制部分负责该单元的测量监视、断路器的操作控制和连锁及事件顺序记录等；保护部分负责该单元线路或变压器或电容器的保护、各种录波等。因此，间隔层本身是由各种不同的单元装置组成，这些独立的单元装置直接通过总线接到站控层。

站控层的主要功能就是作为数据集中处理和保护管理，担负着上传下达的重要任务，对下它可以管理各种间隔单元装置，包括微机监控、保护、自动装置等，收集各种数据并发出控制命令，起到数据集中作用，还可以通过现场总线完成对保护单元的自适应调整；对上则通过设立开放式结构的站级网络接口，与管理层建立联系。将数据传送给管理后台机或调度端，起到数据处理作用。

管理层由一台或多台微机组成，这种微机操作简单方便，界面汉化，使运行值班人员容易掌握，具体有数据处理、显示、打印等功能。

3. 分散分布式与集中相结合的综合自动化系统结构

这是目前国内外最为流行一种综合自动化系统。它是采用“面向对象”即面向电气一次回路或电气间隔（如一条出线、一台变压器、一组电容器等）的方法进行设计的，间隔层中各数据采集、监控单元和保护单元做在一起，设计在同一机箱中，并将这种机箱就地分散安装在开关柜上或其他一次设备附近。这样各间隔单元的设备相互独立，仅通过光纤或电缆网络由站控机对它们进行管理和交换信息。这是将功能分布和物理分散两者有机结合的结果。通常，能在间隔层内完成的功能一般不依赖通信网络，如保护功能本身不依赖于通信网络，这就是分散式结构。

这种组态模式集中了分布式的全部优点，此外还最大限度地压缩了二次设备及其繁杂的二次电缆，节省土地投资。这种结构形式本身配置灵活，从安装配置上除了能分散安装在间隔开关柜上以外，还可以实现在控制室内集中组屏或分层组屏，即一部分集中在低压开关室内分别组屏（如 10kV 的配电线路）等。这种将配电线路的保护和测控单元分散安装在开关柜内，而高压线路保护和主变压器保护装置等采用集中组屏的系统结构称为分散和集中相结合的结构，如图 6-27 所示。

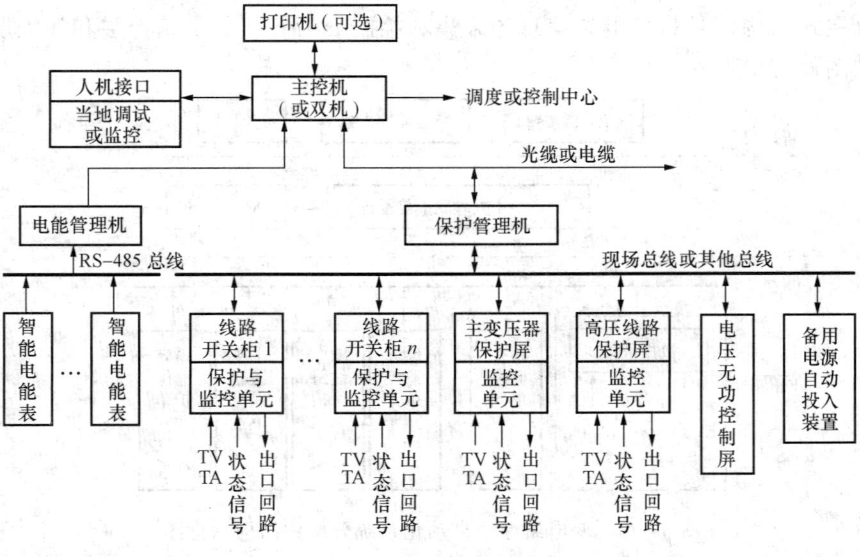

图 6-27 分散与集中相结合的变电站综合自动化系统结构框图

第五节 智能变电站

一、智能变电站发展

智能变电站是近年来变电站自动化技术发展的新阶段。智能变电站定义为“采用先进、可靠、集成、低碳、环保的智能设备，以全站信息数字化、通信平台网络化、信息共享标准化为基本要求，自动完成信息采集、测量、控制、保护、计量和监测等基本功能，并可根据需要支持电网实时自动控制、智能调节、在线分析决策、协同互动等高级功能，实现与相邻变电站、电网调度等互动的变电站”。

变电站自动化的发展经历了以下几个阶段：

1. 中央信号屏控制

最初的变电站控制全部靠电缆和继电器完成，当时的保护和控制系统完全由继电器串联回路构成。不但继电器的可靠性（尤其是时间继电器的可靠性）很差，而且大量的二次电缆很容易造成过热、绝缘破坏，甚至引发火灾等。这时的变电站测量控制主要是观察中央信号屏。

2. 微机综合自动化系统（总线方式）

在计算机技术尤其是单片机技术的发展下，发展出了微机继电保护装置，才有了继电保护的精确实现。随着计算机技术的进步，变电站测控技术逐步实现了由计算机串口联网组成的总线式自动化系统，通信靠 RS-485 或 RS-422 串行总线完成。实现了变电站的基本遥信、遥测、遥脉和遥控的自动化。但由于串行总线的通信速率问题，信息交换较为简单。

3. 微机综合自动化系统（网络方式）

随着网络技术和装置硬件技术的发展，在间隔层装置内部集成网口得以实现。由于以太网的通信速率大大提升，变电站通信技术采用了对等式的网络传输模式，这时间隔层可以实现装置间的通信，从而发展出一系列像间隔五防等利用网络平台实现多台装置协作完成某一功能。这时的变电站自动化系统开始采用分层分布式的概念。保护和测控等装置被划归间隔层，把监控、远动系统划归站控层。

4. IEC 61850 及数字化变电站

在网络方式的控制系统中，各个变电站自动化厂家采用的通信规约都不相同，导致厂家间的通信成为一大难题。在变电站实践过程中规约转换成了一大问题。采用统一规约的呼声逐渐强烈。此时号称要“一个世界，一个标准”的 IEC 61850 标准出现了。最初采用 IEC 61850 标准的变电站被称为“61850 变电站”。

其实 IEC 61850 标准的最大特点是已纳入电子式互感器，并且为了实现分布式采样和就地控制而引入了“过程层”的概念，这就构成了数字化变电站。过程层就是由电子式互感器、合并器和智能终端组成的，它们之间全部采用光缆连接，取消了电缆的联系，彻底实现了装置间和装置与主控室的电气隔离。

5. 智能化变电站的应用

为了在数字化变电站的基础上，提高变电站自动化系统的信息应用水平，实现智能电网的跨越，提出了智能电网的目标。统一数字化变电站的信息标准，加强变电站的管理水平，实现由变电运行一区向二、三、四区的资源整合，在站控层增加综合应用服务器、图形网关机和通信网关机等实现变电站信息平台的一体化，实现了全站信息数字化。智能变电站作为变电站发展的新的里程碑，也是科学技术发展的必然。

二、智能变电站典型应用特征

智能变电站的主要应用环节体现为：①一次设备的智能化，其技术发展路径图如图6-28所示。②变电站自动化系统，如信息采集就地化、信息共享网络化、信息应用智能化等。③辅助系统信息集成化。

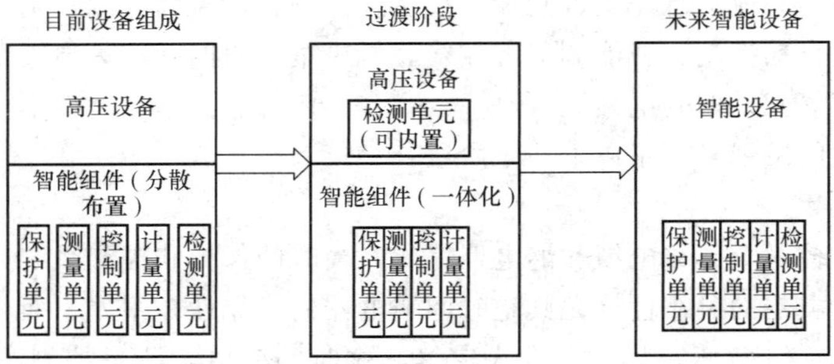

图6-28 一次设备智能化发展趋势图

1. 基于智能组件的状态监测及状态检修

智能高压设备由高压设备和智能组件组成。高压设备与智能组件之间通过传感器和控制单元连接。三者之间可类比为“身体”、“大脑”和“神经”的关系，即高压设备本体是“身体”，智能组件是“大脑”，传感器和控制单元是“神经”。三者合为一体就是智能设备，或称高压设备智能化。

根据高压设备的类别和现场要求，控制单元和智能组件的部分功能可以相互转移，或将控制单元的功能全部集中到智能组件中。对于没有控制内容的高压设备，没有控制单元。传感器根据需要，或置于高压设备内部，或置于高压设备外部。传感器是智能组件的设备状态感知元件。控制单元则是基于测量信息来控制设备或设备附属组件的指令收发元件，通常已是数字化的，且与智能组件之间由光纤网络连接。

智能组件的核心功能是对宿主设备状态进行就地实时检测和诊断，以智能电网相关系统可识别的状态描述语言广播设备的状态，智能组件可实现与宿主设备相关的测量、控制、检测、计量、保护的融合设计，为电网的优化运行提供支撑。

变压器状态监测示意图如图6-29所示。变压器的状态监测主要是：采用色谱柱技术或复合膜技术进行油中溶解气体分析和油中含水量分析；采用线圈耦合式（传感器外置）或天线接收式（传感器内置）进行局部放电监测，其他如铁心接地电流、绕组温度、顶层油温等。

GIS/SF_6 断路器的状态监测参量主要是：分合闸线圈电流波形、分合闸时间、速度特性，SF_6 气体密度（压力/温度）、气体水分，储能泵工作状态等。

智能组件根据先进的状态监测和诊断技术提供的设备状态信息，判断设备的异常，预知设备的故障，在故障发生前进行检修的方式，即根据设备的健康状态来安排检修计划，实施设备检修。

2. 基于IEC 61850的自动化系统

国际电工委员会（IEC）2004年正式颁布的IEC 61850是基于网络通信平台的变电站自

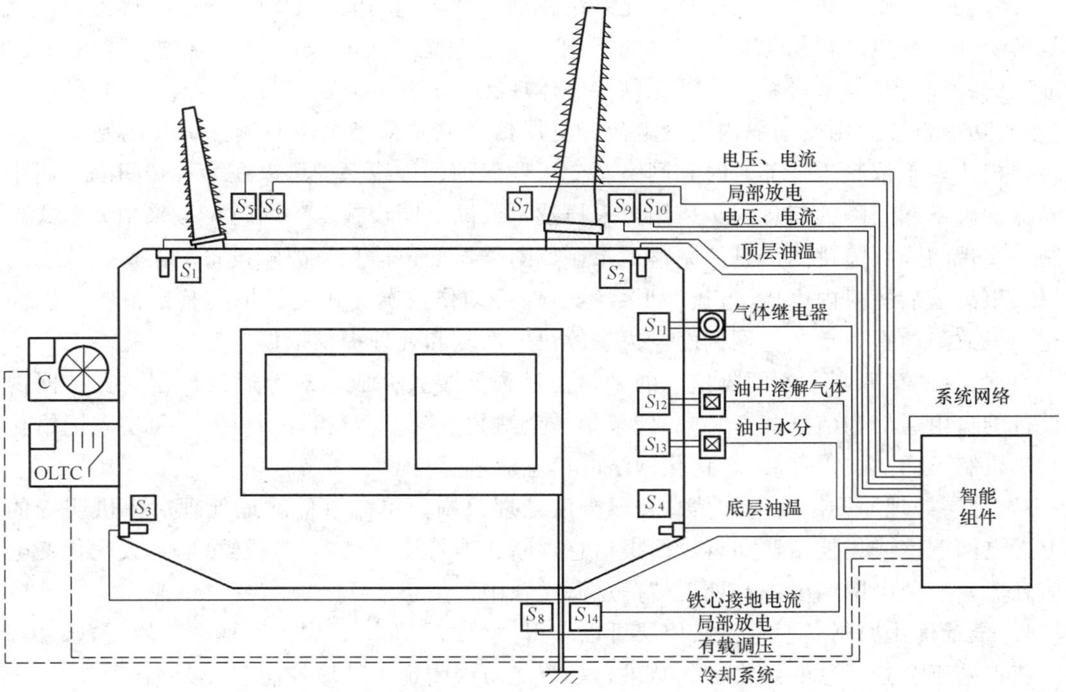

图 6-29　变压器智能化示意图

S_1、S_2—顶层油温；S_3、S_4—底层油温；S_5、S_6、S_9、S_{10}—电压、电流；S_7、S_8—局部放电；S_{11}—气体继电器；S_{12}—油中溶解气体；S_{13}—油中水分；S_{14}—铁心接地电流；C—冷却系统；OLTC—有载调压系统

动化系统的唯一国际标准，规范统一了变电站内、变电站之间、变电站与控制中心之间自动化系统装置模型和通信规约，实现不同厂家的各类自动化智能电子设备（IED）的互操作能力。从而为数字化和智能变电站的发展搭建了良好的平台。

（1）系统定义。变电站自动化系统是由基于微电子技术的智能电子装置（Intelligent Electronic Device，IED）和后台控制系统所组成的变电站运行控制系统，包括监控、保护、电能质量自动控制等多个子系统。在各个子系统中，往往又由多个智能模块组成。例如，在微机保护子系统中有变压器保护、电容器保护、各种线路保护、母线保护等。在 IEC 61850 标准中对智能电子设备 IED 的定义如下：由一个或多个处理器组成，具有从外部源接收和传送数据或控制外部源的任何设备，即电子多功能仪表、微机保护、控制器，在特定环境下在接口所限定范围内能够执行一个或多个逻辑接点任务的实体。

IEC 对变电站自动化系统定义为："变电站自动化系统就是在变电站内提供包括通信基础设施在内的自动化"，变电站自动化系统的功能是指变电站必须完成的任务。这些功能包括控制、监视和保护变电站的设备及其馈线；同时还包括变电站自动化系统的维护功能，即系统组态、通信管理和软件管理等多种功能。这些功能分为 7 个功能组：①远动功能，即传统"四遥"，遥测、遥信、遥控、遥调；②自动控制功能；③计量功能；④继电保护功能；⑤保护相关功能，如接地选线、低频减载、故障录波、故障测距等；⑥接口功能，如微机防误、GPS、站内空调、火警等其他系统的接口；⑦系统功能，如当地监控、调度端通信等功能。

（2）设计原则。智能变电站自动化系统在继承基于“间隔”的设计思想基础上，必须能有效解决现有变电站自动化系统存在的问题。体现信息采集和应用的“全站、唯一、同步、标准”的特征，具体来讲系统设计原则主要体现在以下几个方面：

1）功能自治原则。间隔内实现电流、电压信息完整采集，本间隔保护跳闸基于“直采直跳”模式，不依赖于外部对时和网络。变压器保护、母线保护可以视为特殊间隔，属于跨间隔保护，不同间隔的信息同步采用再采样技术或网络同步技术。同时，拟采用分布式录波机制，实现间隔故障跳闸信息的完整记录，如断路器变位信息、故障设备、类型、故障测距结果、事故前后短时内电压/电流波形数据、保护动作情况、相关保护的整定值等，以便于快速形成故障简报，上送电网调度，为事故快速恢复和处理提供依据。

2）信息共享原则。本间隔信息的采集由过程层装置完成，对等通信机制，支持网内任何设备的自由通信和信息共享，“一处采集，全站共享”。发布和订阅机制，可实现网络化信息共享机制下的“按需订阅”，优化网络的信息流量。

3）分层处理原则。变电站信息按照分层处理原则，单一事件就地处理后提供明确的结果上送电网调度或集控站，如事故简报信息，断路器打压信息等。这样可以大大优化变电站的信息流，避免电网调度中心处于“信息海洋”中。

4）全景优化原则。变电站站控层可以获得“全站、唯一、同步、标准”的信息，因此，可以获得基于全景信息的优化控制结果，如智能防误闭锁，站域控制。

（3）典型特征。

1）信息采集就地化。智能变电站技术发展过程中作为过程层的智能组件将起到关键作用，智能组件包含合并单元/智能终端的功能，实际上执行间隔的信息采集和执行功能。

过程层智能组件在智能变电站初期将靠近一次设备安装，过程层就地化体现为“缩短电缆，延长光缆”。目前主要以户外柜的方式应用，GE Brick 方案将有可能进一步缩短电缆，与一次设备的接口变成标准连接，最终智能组件将成为智能化一次设备的组成部分。

2）信息共享网络化。过程层就地化后解决了间隔信息采集的唯一性问题，以往变电站自动化系统各个 IED 装置分别采集的现象将能得到有效解决。智能变电站保护采取“直采直跳”的模式，在高压系统符合继电保护对于“四性”的要求。除保护功能实现外，信息的应用模式是智能变电站有别于综自站的重要特点，智能变电站信息传输以光纤替代电缆，端子连接以虚端子代替物理端子、逻辑连接替代物理连接。同时，IEC 61850 标准为信息共享提供了技术体系的支持，设备之间支持互操作，不同厂家的 IED 装置可以自由交换信息。在此基础上可以建立基于全站信息的数据中心和面向对象的故障录波分析平台。真正建立电力系统运行分析“黑匣子”，为事故分析的可追忆提供完整数据支撑。

3）信息应用智能化。智能变电站的站控层可以获得“高质量”的数据，体现在“全站、唯一、同步、标准”。基于 IEC 61850 标准的信息具有“自我”描述功能，变电站的数据源是非常有序、标准，因此，可以比较容易地突破常规变电站自动化系统的“信息孤岛”现象，通过对于数据的有效处理，提升应用功能的智能化程度，如源端数据维护、基于规则的智能防误、基于实时模拟量信息的智能操作票、顺序控制、基于全站信息共享的站域控制等。

三、智能变电站一次设备技术

1. 电子式互感器技术

（1）常规互感器主要问题。

1）电压互感器存在的问题。电压互感器的工作原理与一般变压器相同，不同点是由于它们用途不同，从而在结构、容量、误差以及运行情况等方面有较大差异。电压互感器的工作状态接近于变压器的空载状态，二次电压接近于空载电动势，从而使二次电压和一次电压成正比。电压互感器在运行中二次侧不能短路，否则，二次电压会降为零，在一、二次绕组中会流过很大的短路电流，有可能会烧毁电压互感器。

传统的电压互感器具有显著的变比—频率特性，即对于一次侧某种频率在二次侧会有明显的放大效应，其主要原因在于互感器绕组的分布参数，而对于电容式互感器主要由于二次回路形成过程中串接了电容、电感等元件。同时，由于一、二次绕组的分布参数，当一次侧电压突然下降为零时，由于绕组的内部振荡有可能在二次侧出现短时的高频电压，并在10～24ms 内降到零。另外，电压互感器的二次绕组必须有一个端子直接接地以保证安全。影响电压互感器误差的因素有以下几种：①电压互感器各绕组的电阻和漏抗；②励磁电流；③一次电压和系统频率的影响；④二次负载的大小。

2）电流互感器存在的问题。传统的电流互感器是电磁感应式的，一次绕组串联在电力线路中，二次绕组外部回路接有测量仪器、继电保护及安全自动控制装置等。电磁型的电流互感器有铁心，并具有非线性特征，当电力系统发生短路时，高幅值的短路电流使互感器饱和、输出的二次电流严重畸变，有可能造成保护拒动或误动，使电力系统事故扩大。而且频带响应特性较差、频带窄，系统高频响应特性差。

继电保护用的电流互感器在电力系统的故障状态下，故障电流一般大大超过额定电流，或者说是在电磁暂态过程中需要完成对于故障状态的准确判断，在电磁暂态过程中，一次侧电流可分解为周期分量和非周期分量两部分，非周期分量对于电流互感器的工作具有很大的影响。这一分量衰减越慢，变换到电流互感器二次回路中的误差就越大。因此，随着衰减时间常数的加长，大部分一次电流非周期性分量将作用于电流互感器铁心的励磁。

现有电流互感器的闭合铁心会由于电流的非周期性分量作用而高度饱和，磁导率急剧降低，从而使电流互感器的误差在电磁暂态过程中增大到不能允许的程度。当电流互感器铁心中有剩磁通，并且这一剩磁通与励磁电流非周期性分量的磁通方向一致时，产生的误差特别大。

在电力系统的应用过程中针对充油电磁式电流互感器的上述缺点，采取了如铁心开口（带气隙），用充 SF_6 气体来代替充油等措施。但由于仍采用电磁感应原理，因而不能完全克服电磁感应式电流互感器的缺点。

（2）电子式互感器分类。电子式互感器依其变换原理可以分为半常规电压及电流变换器、电光变换器两大类。采用光学测量原理的电光效应互感器与采用线圈测量方式的半常规电流互感器是电子式互感器的两个重要分支。通常又将电子式互感器分为有源和无源两大系列，有源电子式互感器又称为电子式电压/电流互感器（EVT/ECT），其特点是需要向传感头提供电源，主要是以罗柯夫斯基（Rogowski）线圈（简称罗氏线圈）为代表；无源电子式互感器主要指采用法拉第效应（Faraday Effect）光学测量原理的电流互感器，又称为光电式电压/电流互感器（OVT/OCT），其特点是无需向传感头提供电源。

半常规变换器主要基于小功率输出的传统电磁感应、电容和电阻分压技术，通常又称为电子式互感器。电流变换既可用微型 TA，也可用罗氏线圈，但由于后者具有更好的暂态响应特性，故一般采用后者作为电流变换。在户外、空气绝缘变电站中应用时，要解决处于高电位电子设备的供电问题和信号从高电位到地电位的传送问题。

电光效应的变换器电流变换主要是利用石英晶体的法拉第效应，即光束通过磁场作用下的晶体产生旋转，测量光线旋转角度来量测电流，电压变换主要是利用石英晶体的普克尔效应测量电场强度来量测导线的对地电压。

1）有源式互感器系统。有源式互感器又称为电子式电压/电流互感器（EVT/ECT），其特点是需要向传感头提供电源，目前成熟产品均采用光纤供能方式。

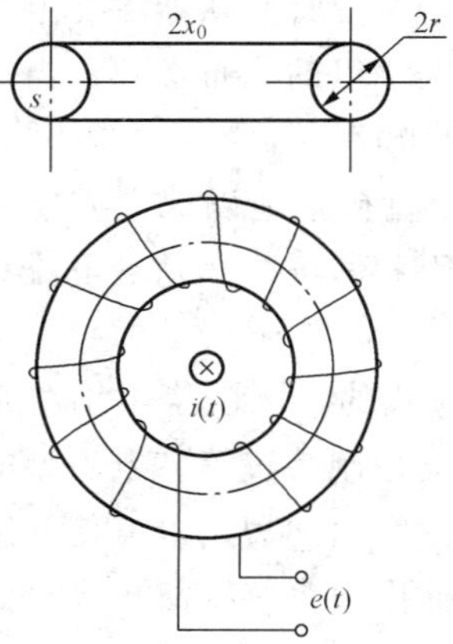

图 6-30　罗氏线圈结构示意图

a）罗氏线圈原理。罗氏线圈是一种较成熟的测量元件，实际上是一种特殊结构的空心线圈，将测量导线均匀地绕在截面均匀的非磁性材料的框架上，就构成了罗氏线圈，如图 6-30 所示。它可根据被测电流的变化，感应出被测电流变化的信号，其特点在于被测电流几乎不受限制，反应速度快，可以测量前沿上升时间为纳秒级的电流，且精度可高达 0.1%。从测量大电流的观点来看，罗氏线圈是一种较理想的敏感元件。由于它不与被测电路直接接触，可方便地对高压回路进行隔离测量，当被测电流从线圈中心通过时，在线圈两端将会产生一个感应电压，该感应信号与被测电流的微分成正比，经积分变换等信号处理便可获知被测电流的大小。

有源电子式电流互感器高压侧有电子电路构成的电子模块，电子模块采集线圈的输出信号，经滤波、积分变换及 A/D 转换后变为数字信号，通过电光转换电路将数字信号变为光信号，然后通过光纤将数字光信号送至二次侧供继电保护、测控和电能计量等 IED 设备用。有源电子式电流互感器高压侧的电子模块需工作电源，利用激光供电技术实现对高压侧电子模块的供电是目前普遍采用的方法，这也是有源电子式互感器的关键技术之一。

b）低功耗电流互感器（LPCT）。采用带铁心线圈的低功率电流互感器（LPCT）是常规感应式电流互感器的发展，由于变电站二次系统的电子设备要求的输入功率很低，LPCT 可以满足体积很小但测量范围却很广的要求。LPCT 包含一次绕组、较小的铁心和损耗极小的二次绕组，后者连接分流电阻。二次电流在分流电阻上产生的电压，在幅值和相位上正比于一次电流，分流电阻集成于 LPCT 中，分流电阻选取得使其对互感器的功耗近于零。LPCT 的输出电压信号由位于高压侧的信号处理电路转换为数字光脉冲信号，经由光纤传至低压端，然后由低压侧信号处理电路将光信号还原为电信号。

c）有源电子式电压互感器。根据使用场合不同，有源电子式电压互感器一般采用电容分压或电阻分压技术，利用与有源电子式电流互感器类似的电子模块处理信号，使用光纤传输信号。

2）无源式互感器系统。无源型互感器主要指采用光学测量原理的电流互感器，后者又称为光电式电压/电流互感器（OVT/OCT），其特点是无需向传感头提供电源。无源式互感器主要分为两大类，即基于磁光效应的开环互感器 MOCT 及纯光纤原理的闭环互感器。

(3) 电子式互感器应用。计算机和数字技术的发展使数字式控制和保护装置已广泛应用于电力系统。装置的输入仅需要±5V电压和mw级功率，电力计量与继电保护已日渐实现自动化、微机化。电磁式电流互感器的5A或1A输出必须经过相应的隔离变换才能与数字化保护和测控设备接口，而电子式互感器本身就是利用光电技术的数字化设备，可直接与数字化保护和测控设备接口，避免中间环节。

与传统电磁感应式电流互感器相比，电子式互感器具有如下一系列优点：

1) 高低压完全隔离，安全性高，具有优良的绝缘性能。电磁式互感器的高压侧信号与二次线圈之间通过铁心耦合，绝缘结构复杂，其造价随电压等级呈指数关系上升。电子式互感器将高压侧信号通过绝缘性能很好的光纤传输到二次设备，这使得其绝缘结构大大简化，电压等级越高其性价比优势越明显。电子式互感器利用光缆而不是电缆作为信号传输媒质，实现了高低压的彻底隔离，不存在电压互感器二次回路短路或电流互感器二次开路给设备和人身造成的危害，安全性和可靠性大大提高。

2) 不含铁心，消除了磁饱和和铁磁谐振等问题。电磁式电流互感器由于使用了铁心，不可避免地存在磁饱和及铁磁谐振等问题。电子式互感器在原理上与传统互感器有着本质的区别，一般不用铁心做磁耦合，因此，消除了磁饱和及铁磁谐振现象，从而使互感器运行暂态响应好，稳定性好，保证了系统运行的高可靠性。

3) 抗电磁干扰性能好，低压边无开路高压危险。电磁式电流互感器二次回路不能开路，低压侧存在开路危险。电子式互感器的高压侧与低压侧之间只存在光纤联系，信号通过光纤传输，高压回路与二次回路在电气上完全隔离，互感器具有较好的抗电磁干扰能力，低压侧无开路引起的高电压危险。

4) 动态范围大，测量精度高。电网正常运行时，电流互感器流过的电流并不大，但短路电流一般很大，而且随着电网容量的增加，短路电流越来越大。电磁式电流互感器因存在磁饱和问题，难以实现大范围测量，一台互感器很难同时满足测量和继电保护的需要。电子式互感器有很宽的动态范围，一台电子式互感器可同时满足测量和继电保护的需要。

5) 频率响应范围宽。电子式互感器的频率范围主要取决于相关的电子线路部分，频率响应范围较宽。电子式互感器可以测出高压电力线上的谐波，还可进行电网电流暂态、高频大电流与直流的测量，而电磁式互感器是难以进行这方面的工作的。

6) 没有因充油而潜在的易燃、易爆炸等危险。电子式互感器的绝缘结构相对简单，一般不采用油作为绝缘介质，不会引起火灾和爆炸等危险。

7) 体积小、质量轻。电子式互感器无铁心，其质量较相同电压等级的电磁式互感器小很多。美国西屋公司公布的345kV油浸式电流互感器的质量达2t左右，而相同电压等级的OCT质量仅为一百多公斤，这给运输和安装带来了很大的方便。

2. 智能断路器技术

(1) 断路器基本特点。断路器在电力系统中担负运行控制和故障隔离的重要任务，其运行直接影响着整个电力系统的稳定性和可靠性。常规的变电站中断路器和二次设备如测控、保护之间的断路器位置信号，控制信号等信息的传输通过控制电缆完成，形成了变电站内电缆沟和电缆层中庞大的二次电缆群。通常由继电保护装置和操作人员对断路器发出控制信号，命令断路器合闸或分闸，而断路器接到分合闸信号后就按预定的单一分合闸运动特性操作，动作结束后将状态信号返回主控室。

IEC 61850标准提出了变电站分层的概念，断路器属于过程层设备，可通过IEC 61850标准的通信报文实现断路器状态信息和控制跳合闸命令的传递。或者说智能断路器必须具备过程层通信接口，接收和发送符合IEC 61850标准的通信报文。

智能变电站技术的发展对于断路器控制回路的智能化提出了必然的要求，符合数据通信要求的断路器接口设备应运而生，或可称为智能断路器控制装置，主要实现目前保护系统中操作箱的基本功能，并实现就地化布置。同时，由于智能操作箱引入了微电子技术、计算机技术，因此，除完成基本操作功能外，还可以有效地实现对于断路器状态的监视。如断路器跳合闸回路的完好性，断路器操作次数统计，弹簧储能状态，SF_6气体压力等。同时具备监视数据的分析功能，如机械磨损、电气磨损、气体泄漏、趋势图、线圈监视等。如果从合并单元引入电流、电压量就可以具备断路器单元控制功能，实现断路器最佳时刻的分合闸操作，并更好地判断断路器的运行状态。

（2）断路器监视技术。

1）断路器主要监测量。智能设备的核心和目标利用传感器对关键设备的运行状况进行实时监控，进而实现电网设备可观测、可控制和自动化。断路器的在线监测是断路器状态检修的前提和关键，随着传感器技术和信号处理技术的发展，使得断路器一些原本不容易在线监测的状态量的监测得以实现，尤其采用光缆作为连接媒介后，以往电缆引起的干扰问题得以有效解决，可以将表征断路器微量信息变化的信号传递出来，以便于判断设备的健康状态。

2）断路器状态监测。断路器检测方法可分为五个步骤：①故障类型分析；②选取合适的监测对象来发现最可能发生的故障；③对设备可能发生的故障进行风险分析；④进行利益分析来确定是采用在线监测还是周期检测；⑤制定方法。

此外，对于断路器监测所用的传感器应与开关设备进行一体化设计，内置传感器不能降低气室的绝缘强度和密封性能，外置传感器不能影响组合电器的外绝缘及美观，且便于运行、维护。小电流传感器宜采用穿心式电流互感器，局部放电传感器应在不影响设备绝缘性、密封性要求的前提下加装。位移传感器应紧固于操动机构的某一合适位置，确保不影响操动机构的机械运动并便于维护。SF_6压力传感器和漏点传感器安装在本体外壳并通过导管和气室连通，传感器应满足高压开关设备对其密封性、绝缘性要求。

采用断路器监视技术可以有效地监测断路器的运行工况，并根据所记录的数据分析断路器的健康状况，确保断路器处于良好的状态。智能控制技术的实现将意味着变电站二次系统全数字化应用具备实现的可能，整个变电站信息的应用实现“可控、在控”，提高智能变电站运行的可靠性、安全性。

（3）断路器智能操作技术。所谓智能操作就是“动触头从一个位置到另一个位置的自适应控制的转换”。断路器的智能操作则可根据电网中所发出的不同开断信息，自动调整操动机构和选择灭弧室的工作条件，从而改变现有断路器的单一空载分闸特性。

具有智能操作功能的断路器是在现有断路器的基础上引入智能控制单元，由数据采集、智能识别和调节装置三个基本模块构成。智能识别模块是智能控制单元的核心，由微处理器构成的微机控制系统，能根据操作前所采集到的电网信息和主控制室发出的操作信号，自动地识别当次操作时断路器所处的电网工作状态，根据对断路器仿真分析的结果决定出合适的分合闸运动特性，并对执行机构发出调节信息，待调节完成后再发出分合闸信号；数据采集模块主要由新型传感器组成，随时把电网的数据以数字信号的形式提供给智能识别模块，以进行处理分析；执行机构由能接收定量控制信息的部件和驱动执行器组成，用来调整操动机构的参数，以便改变每次操作时的运动特性。此外，还可根据需要加装显示模块、通信模块以及各种检测模块，以扩大智能操作断路器的智能化功能。

智能断路器基本工作模式是根据监测到的不同故障电流，自动选择操动机构及灭弧室预先设定的工作条件，以获得电气和机械性能上的最佳分闸效果。

智能操作断路器的工作过程是：当系统故障由继电保护装置发出分闸信号或由操作人员发出操作信号后，首先启动智能识别模块工作，判断当前断路器所处的工作条件，对调节装置发出不同的定量控制信息而自动调整操动机构的参数，以获得与当前系统工作状态相适应的运动特性，然后使断路器动作。

智能断路器的一个重要功能就是实现重合闸的智能操作，根据监测系统的信息判断故障是永久性的还是瞬时性的，确定断路器是否重合，提高重合闸的成功率，减少对于断路器的短路合闸冲击和对于电网的冲击。智能断路器的另一个重要功能就是分合闸相角控制，实现断路器选相合闸和同步分断。选相合闸指控制断路器在不同相别的弧触头在各自零电压或特定电压相位时刻合闸，这样可以避免系统的不稳定，克服容性负载的合闸涌流与过电压。同步分断指控制断路器在不同相别的弧触头在各自相电流为零时实现分断，可以从根本上解决过电压问题；同时，大幅度提高断路器的开断能力。

3. 变压器状态监测技术

（1）变压器基本特征。根据历年来的统计分析，变压器故障的主要原因是绝缘损坏，绝缘损坏往往开始表现为局部放电，若没有监测系统，微弱的放电将逐渐增强，最后表现为绝缘击穿。在局部放电时会产生特征量，如脉冲电流、超声信号、光信号、各种气体含量、超高频电磁波等。因此，采取一定的技术手段，及时捕获上述五种类型信号，将有助于及时发现变压器缺陷，避免变压器故障。

（2）变压器故障类型及特征。

1）变压器故障类型。变压器典型故障类型见表 6-2。

表 6-2　变压器典型故障类型

故障类型	故障原因
局部放电	由不完全浸渍、高湿度纸、油过饱和或空腔造成的充气空腔中的局部放电
低能量放电	不良连接形成不同电位或悬浮电位，造成火花放电或电弧；夹件间、套管与箱壁、线圈内的高压和地端的放电
高能量放电	局部高能量或由短路造成的闪络，沿面放电或电弧；低压对地、接头之间、线圈之间、套管和箱体之间、铜排和箱体之间、绕组和铁心之间的短路。环绕主磁通的两个邻近导体之间的放电
过热<300℃	绕组中油流被阻塞；铁轭夹件中的杂散磁通量
过热 300～700℃	绕组中平行的相邻导体之间的绝缘磨损；铁轭夹件和螺栓之间、夹件和铁心叠片之间的环流，接地线中的环流、套管引线和电缆连接接触不良
过热>700℃	油箱和铁心上大的环流；油箱壁未补偿的磁场过高，形成一定的电流；铁心叠片之间的短路

2）变压器油色谱分析。变压器内部故障时会引起油绝缘的分解，绝缘油是有许多不同分子量的碳氢化合物分子组成的棍合物，分子中含有 CH_3、CH_2 和 CH 化学基团，并由C－C键结合在一起。电或热故障的结果可以使某些C－H键和C－C键断裂，并生成少量的氢原子和不稳定的碳氢化合物的自由基，通过化学反应迅速重新化合，生成氢气和低分子烃类。故障初期形成的气体溶解于油中，当故障能量较大时聚集成游离气体。因此，可以根据产生的气体判断充油电气设备内部故障。

色谱法又称为层析法，是一种物理分离技术。分离原理是使混合物中各组分在两相间进行分配，其中一相是不动的，称为固定相，另一相则是推动混合物流过此固定相的流体，称为流动相。当流动相中所含的混合物经过固定相时，就会与固定相发生相互作用。由于各组分在性质与结构上的不同，相互作用的大小强弱也有差异。因此在同一推动力作用下，不同组分在固定相中的滞留时间有长有短，从而按先后顺序从固定相中流出。这种借在两相分配原理而使混合物中各组分获得分离的技术，称为色谱分离技术或色谱法；当用液体作为流动相时，称为液相色谱；当用气体作为流动相时，称为气相色谱。

离线油色谱的特点是分析准确，但分析周期长，很难及时预测分析变压器运行状态，无法满足设备运行状态监测的要求，因此在线油色谱分析技术应运而生。

（3）变压器在线监测系统。

1）系统组成。变压器在线监测系统构成包含传感器、控制单元、智能组件、系统层，如图6－31所示，其中智能组件是体现一、二次结合的关键环节。智能组件包括测量、控制和监测等基本功能，通过传感器的信息采集将反映变压器主要状态信息以满足IEC 61850标准的模式上送系统层，并接收来自本体保护或系统层的控制调节命令，如油位变化、油温度、环境温度，同时根据需要控制冷却系统；接收来自系统层的有载调压命令，实现变压器分接头的调整，或接收非电量的跳闸命令，快速隔离故障。

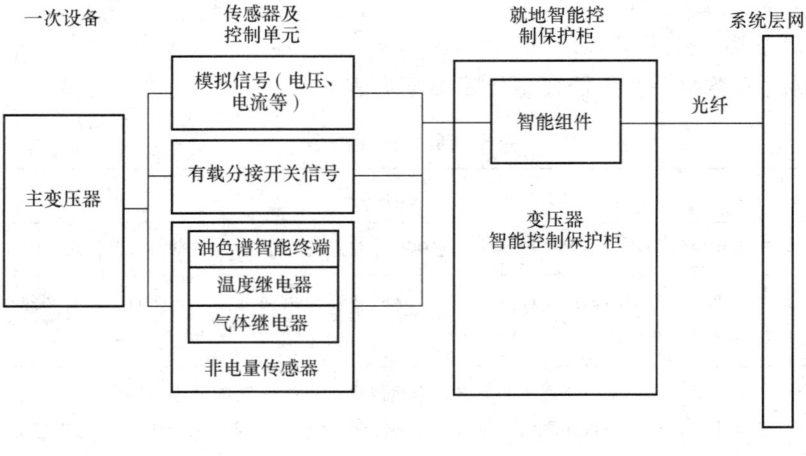

图6－31　变压器在线监测系统示意图

2）基本特点。变压器在线监测系统分为传感器层、智能组件层、站控层。其中传感器负责采集变压器相关信息，并以符合IEC 61850标准的信息送给智能组件，原则上应该采取内嵌式传感技术。智能组件实现监测信息的就地化处理，并根据站控层分析软件的需要以确定的格式和模式上送站控层。同时，根据站控层下达的控制命令实行分接头的调节、冷却系统控制和非电量的跳闸等。站控层依据变压器分析模型，对于智能组件上送的监测信息进行分析，判断变压器的健康状态及劣化趋势，并以可视化技术予以展示，为变电站运行和设备检修提供决策支持。

变压器在线监测系统有不同的智能组件，需按照功能进行组合分类，体现“传感设备内置化、功能划分模块化、智能组件就地化、信息传输光缆化、信息建模标准化、信息展示可视化”等特点。

第六节　分布式发电与微电网控制

可再生能源与电网的有机结合是智能电网的重要标志之一，利用可再生能源发电的形式可以是分布式发电的形式，也可以是集中式发电的形式。集中式发电（如大规模风电场、大型光伏电站等）通常并入高压输电网，进行统一调度；分布式发电通常接入低压配电网。由于分布式发电技术具有投资小、清洁环保、供电可靠和发电方式灵活等优点，它作为可再生能源利用的理想方式得到了快速发展。然而随着分布式电源渗透率的提高，分布式电源对配电网的一些不利影响也逐渐显现出来。

为了最大限度地发掘分布式发电技术在经济、能源和环境中的优势，同时协调配电网与分布式电源之间的矛盾，提出了三级电网的概念，即输电网、配电网和微电网，将密切相关的分布式电源、负荷、储能装置及控制装置结合起来作为一个微电网。微电网可以并网运行，也可以孤岛运行。分布式发电技术和微电网技术的发展可以对大电网提供有力补充和有效支撑，是未来电力系统的重要发展趋势之一。

一、分布式发电

1. 分布式发电的概念

分布式发电（Distributed Generation，DG）是指为满足用户特定的需要、支持现存配电网的经济运行两方面的要求，在用户现场或靠近用户现场配置功率为数千瓦到50MW的小型、与环境兼容的发电系统。现在新出现的很多分布式发电大部分采用的是天然气、沼气、太阳能、生物质能、风能或者水能，通常采用热电联产或者热冷电联产的方式。

2. 分布式发电技术

分布式发电技术主要包括太阳能光伏发电技术、风力发电技术、燃料电池发电技术、燃气轮机/内燃机/微型燃气轮机发电技术、生物质能发电技术以及分布式发电的储能技术等。

（1）太阳能光伏发电。太阳能光伏发电的基本原理是利用太阳能电池的光生伏打效应直接把太阳的辐射能转变为电能，太阳能光伏发电的能量转换器就是太阳能电池，也叫光伏电池。当太阳光照射到由P、N型两种不同导电类型的同质半导体材料构成的太阳能电池上时，其中一部分光线被反射，一部分光线被吸收，还有一部分光线透过电池片。被吸收的光能激发被束缚的高能级状态下的电子，产生“电子—空穴”对，在PN结的内建电场作用下，电子、空穴相互运动（见图6-32），N区的空穴向P区运动，P区的电子向N区运动，使太阳电池的受光面有大量负电荷（电子）积累，而在电池的背光面有大量正电荷（空穴）积累。若在电池两端接上负载，负载上就有电流通过，当光线一直照射时，负载上将源源不断地有电流流过。单片太阳能电池就是一个薄片状的半导体PN结。标准光照条件下，额定输出电压为0.5V左右。为了获得较高的输出电压和较大的功率容量，往往要将多片太阳能

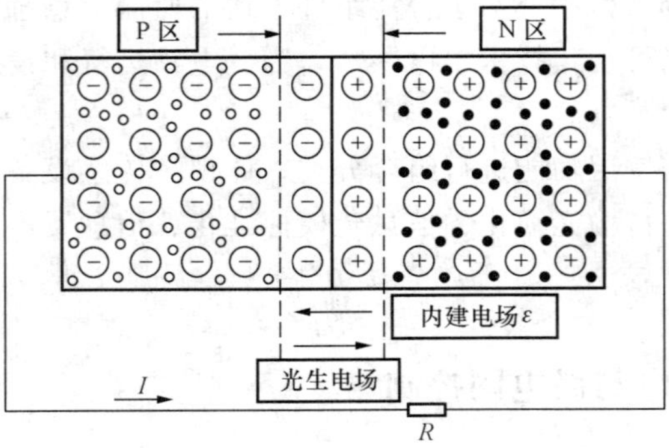

图6-32　太阳能电池的工作原理

电池连接在一起使用。太阳能电池的输出功率随光照强度不同呈现随机性特征，在不同时间、不同地点、不同安装方式下，同一块太阳能电池的输出功率也是不同的。

(2) 风力发电。风力发电技术是一种将风能通过风力发电机转换为电能的发电技术。我国在新疆、内蒙古、吉林、辽宁等地建立了一些容量在10kW以下的小型风电场，还在西藏、青海等地建立了一些由小型风力发电、光伏发电和柴油机发电共同构成的联合发电系统。在国外，也有在城市郊区建设少量大单机容量（1MW以上）的风力发电机组，接入低压配电网。

速度为v的风流过面积为A的流面时，风中所蕴含的功率为

$$P=\frac{1}{2}\rho Av^3 \tag{6-14}$$

动能

$$E=\frac{1}{2}mv^2 \tag{6-15}$$

而空气质量

$$q_m=\rho A\frac{dx}{dt}=\rho Av \tag{6-16}$$

由此可得功率为

$$P=\frac{1}{2}q_m v^2=\frac{1}{2}\rho Av^3 \tag{6-17}$$

设$A=1m^2$，$\rho=1.2kg/m^3$，$v=10m/s$，则

$$P=\frac{1}{2}\times 1.2\times 1\times 10^3=600(W) \tag{6-18}$$

如果要增大风功率，就需要增大面积。

风力机正常运行中，忽略尾流损失、叶尖损失和轮毂损失后，风轮吸收的风功率主要受三个因素影响，即风速v、桨距角β和叶尖速比λ。

风力机吸收的功率P_{WT}为

$$P_{WT}=\frac{1}{2}C_P(\beta,\lambda)\rho\pi r^2v^3 \tag{6-19}$$

式中：P_{WT}为风轮吸收的风功率，单位为W；ρ为空气密度，单位为kg/m^3；r为风轮半径，单位为m；v为风速，单位为m/s；$C_P(\beta,\lambda)$为风能利用系数；β为桨距角，即半径r处叶片旋转平面与桨叶截面弦长之间的夹角；λ为叶尖速比，$\lambda=\omega r/v$。

相应的风机转矩方程为

$$T_{WT}=\frac{P_{WT}}{\omega}=\frac{1}{2}C_P(\beta,\lambda)\rho\pi r^3v^2/\lambda \tag{6-20}$$

理论上可获得的最大功率为

$$P_{\max} = \frac{1}{2} C_{P.\max} \rho A v^3 \tag{6-21}$$

式中：$C_{P.\max}$为功率系数最大值，$C_{P.\max}=16/27\approx 0.59$。

可见，在完全没有损失的情况下，风能的最高利用率为59%，即风力机从自然风中能索取的能量是有限的，其功率损失部分可以理解为留在尾流中的旋转动能。贝兹理论的风能利用系数只是在理想情况下取得的，实际中根据叶片的数量、叶片翼形以及叶片表面粗糙度等情况，C_P 还要小一些，一般取0.25～0.45。阻力风机的功率系数低于 $C_P=0.2$，而叶型好的升力风机可达到 $C_P=0.5$。C_P 与 β、λ 的函数关系式为

$$C_P(\beta,\lambda) = 0.22\left(\frac{116}{\lambda_i} - 0.4\beta - 5\right)e^{-\frac{12.5}{\lambda_i}} \tag{6-22}$$

$$\lambda_i = \frac{1}{\dfrac{1}{\lambda + 0.08\beta} - \dfrac{0.035}{\beta^3 + 1}} \tag{6-23}$$

$$\lambda = \frac{\omega r}{v} = \frac{2\pi r n}{60 v} \tag{6-24}$$

式（6-24）中：ω 为风轮角速度，单位为 rad/s；n 为风轮转速，单位为 m/s。

（3）燃料电池发电。燃料电池是一种电化学设备，它直接、高效地将反应物的化学能转换为电能。燃料电池发电技术在电动汽车等领域中广泛应用，这种静止型发电技术的发电效率与容量大小几乎无关，因此在小规模分布式发电的应用中有一定的优势，是一种很有前途的发电技术。

燃料电池由一个负充电的电极（阳极）、一个正充电的电极（阴极）和一个电解质膜组成。氢在阳极氧化，氧在阴极减少。质子经电解质膜从阳极传送至阴极，电子经外部电路传送至阴极。在阴极，氧与质子和电子发生反应，形成水并产生热量。阳极和阴极都含有催化剂，以加速电化学过程。反应物通过扩散和对流传送至含有催化剂的电极表面，在此之上发生电化学反应。

目前，根据所使用的电解质和燃料的不同可分为：聚合物电解质膜燃料电池（Proton Exchange Membrane Fuel Cell，PEMFC）、碱性燃料电池（Alkaline Fuel Cell，AFC）、磷酸型燃料电池（Phosphoric Acid Fuel Cell，PAFC）、固体氧化物燃料电池（Solid oxide Fuel Cell，SOFC）、熔融碳酸盐型燃料电池（Molten Carbonate Fuel Cell，MCFC）、直接甲醇燃料电池（Direct Methanol Fuel Cell，DMFC）、锌空气燃料电池（Zinc Air Fuel Cell，ZAFC）、质子陶瓷燃料电池（Proton Ceramics Fuel Cell，PCFC）和生物燃料电池（Biomass Fuel Cell，BFC）等。

（4）燃气轮机/内燃机/微型燃气轮机发电技术。燃气轮机/内燃机/微型燃气轮机发电技术是以天然气、煤层气或沼气等为燃料，以燃气轮机、内燃机、微型燃气轮机为发电动力。燃气轮机由压缩机、燃烧室和涡轮发电机组组成，燃气轮机技术已经十分成熟，其性能也在逐步改善。内燃机的工作原理是将燃料与压缩空气混合，点火燃烧，使其推动活塞做功，通过气缸连杆和曲轴驱动发电机发电。微型燃气轮机是指发电功率在几百千瓦以内，以天然气、甲烷、汽油、柴油为燃料的小功率燃气轮机。微型燃气轮机可长时间工作，且仅需很少的维护量，可满足用户基本负荷的需求。另外，微型燃气轮机体积小、结构简单、安装方便、发电效率高、燃料适应性强、燃料消耗率低、噪声低、环保性好、使用灵活、启动快、

运行维护简单。基于以上这些优势，微型燃气轮机正在得到越来越多的应用，特别适合于微电网。

(5) 生物质能发电技术。生物质能是太阳能以化学能形式储存在生物质体内的一种能量形式，它以生物质为载体，直接或间接地来源于植物的光合作用：在太阳辐射能的作用下，吸收空气中的二氧化碳和土壤中的水最终合成碳水化合物，转化为化学能而固定下来的一种自然资源。生物质能发电技术主要包括生物质直接燃烧发电、气化发电、沼气发电、垃圾焚烧发电、混合燃烧发电的技术和生物质能电池等。

3. 储能技术

分布式发电并网方式运行时，一般不需要储能系统，但在孤岛运行时，为保持小型供电系统的频率和电压稳定，储能系统往往是必不可少的。分布式发电的储能技术主要包括蓄电池储能、飞轮储能、超级电容储能、压缩空气储能和抽水蓄能等。

(1) 抽水储能电站。抽水储能电站能大规模解决电力系统的峰谷困难。它需要高低两个水库，并装有能双向运转的水轮发电机组。当电力系统处于谷值负荷时，抽水储能设备工作在电动机状态，让电动机带动水泵把低水库的水通过管道抽到高水库以消耗一部分电能。当峰值负荷来临时，高水库的水通过管道使水泵和电动机逆向运转而变成水轮机和发电机，发出电能供给用户，从而起到“削峰填谷”的作用。这种方案的优点是技术上成熟可靠，容量可以做得很大，仅受到水库库容的限制；缺点首先是电站选址受到地理条件的限制，具有合适的高低水库的储能电站厂址一般都远离负荷中心，当系统出现重大事故而不能工作时，它也将失去作用；其次，在抽水和发电过程中均有较大的能量损失。

(2) 超导储能。超导磁储能系统（Supercnnducting Magnetic Energy Storage，SMES）是利用超导材料制成的线圈，由电网（经变流器）提供励磁，在线圈中产生磁场而储存能量，在需要时可将此能量（经逆变器）送回电网或作其他用途。与其他储能技术相比，SMES具有很高的转换效率（可达95%）和很快的反应速度（可达几毫秒）。所以，SMES不仅可用于调节电力系统的峰谷，也可用于降低甚至消除电网的低频功率振荡，从而改善电网的电压和频率特征以及稳定性。

但是，超导储能的最大缺点是成本太高，其次就是需要压缩机和泵来维持液化冷却剂的低温，使系统变得更加复杂，需要定期维护。超导线圈浸泡在温度极低的液体（液态氮等）中，然后封闭在容器内。所以，超导储能装置包括冷却装置、密封容器以及作为控制用的电子装置。超导储能装置的超导线圈放置在温度极低的环境中，这是目前利用超导储能的瓶颈。

(3) 蓄电池储能。铅酸蓄电池是最老也是最成熟的，可组成蓄电池组来提高容量。其优点是成本低，缺点是电池寿命比较短，在制造过程中存在一定的环境污染。此后各种新型蓄电池相继研发成功，典型的有如下几种：①镍镉电池效率高、循环寿命长，但随着充放电次数的增加容量将会减少，荷电保持能力仍有待提高。②锂离子电池自放电小、对环境友好，但由于工艺和环境温度差异等因素的影响，系统指标往往达不到单体水平，使用寿命较单体缩短数倍甚至十几倍。③钠硫和液流电池被视为新兴的、高效的且具广阔发展前景的大容量电力储能电池。目前，钠硫和液流电池均已实现商业化运作，兆瓦级钠硫和100kW级液流电池储能系统已步入试验示范阶段。

(4) 超级电容器储能。超级电容器是近年来广为关注的新型能源器件。所谓的“超级电容器”，其存储容量为普通电容器的20～1000倍。它是通过一种多孔电解质加大两极板的面积，从而使储能能力得到提高。根据电极材料的不同，可以分为碳类和金属氧化物超级电容器。超级电容器不仅具有常规电容器功率密度大、充电能量密度高的优点，还可快速安全充放电，使用寿命长，安装简易，可适应各种不同的环境。超级电容器功率密度大、能量密度高的特性使得它成为处理尖峰负荷的最佳选择，采用超级电容器只需存储与负荷相当的能量，而采用蓄电池储能需要存储几倍于尖峰负荷的能量，采用SMES成本又太高。

(5) 飞轮储能。飞轮储能的一个突出优点就是几乎不需要运行维护，设备寿命长，对环境没有不良的影响。飞轮具有优秀的循环使用以及负荷跟踪性能，可以用于时间和容量介于短时储能应用和长时储能应用之间的场合。微电源与储能技术的结合可以大大提高微电网的稳定性、经济性和能源利用率。它们接在用户侧，具有低成本、低电压、低污染等特点。在接入问题上，微电网的入网标准只针对微电网与大电网的公共连接点，而不针对各个具体的微电源。这不仅解决了分布式电源接入的问题，还充分发挥了它们的优势。可以预见，随着储能技术的不断发展，储能单元必将在微电网中得到更加广泛的应用。

4. 分布式发电并网技术

分布式电源接入配电网时，除基本要求外，还需满足一些其他要求，主要包括对配电网事故情况下的响应要求、电能质量方面的要求、控制和保护方面的要求等。

(1) 分布式电源接入配电网的基本要求：

1) 与配电网并网时，可按系统能接受的恒定功率因数或恒定无功功率输出的方式运行。公共连接点（Point of Common Coupling，PCC）处的电压调节不应由分布式电源承担，该点的电压调节应由电网企业来负责，除非与电网企业达成专门的协议。

2) 采用同期或准同期装置与配电网并网时，不应造成电压过大的波动。

3) 分布式电源的接地方案及相应的保护应与配电网原有的接地方式相协调。

4) 容量达到一定大小（如几百千伏安至1MVA）的分布式电源，应将其连接处的有功功率、无功功率的输出量和连接状态等信息传送给配电网的控制调度中心。

5) 分布式发电应配备继电器，以使其能够检测何时应与电力系统解列，并在条件允许时以孤岛方式运行。

(2) 与分布式发电相关的电能质量问题应考虑以下几方面：

1) 供电的短暂中断。当分布式电源作为主供电源的备用电源时，主供电源向备用电源的转移往往不是一种无缝切换，所以可能仍存在极短时间的电力中断。

2) 电压调节。分布式电源可以提高配电馈线的电压调节能力，而且调节的速度可能比调节变压器分接头或投切电容器快。

3) 谐波问题。采用晶闸管和线路换相逆变器并网的分布式电源会产生谐波问题，但随着绝缘栅双极型晶体管（Insulated Gate Bipolar Transistor，IGBT）和电压源换相逆变器的增多，谐波问题得到大大缓解。

4) 电压暂降。分布式发电是否有助于减轻电压暂降取决于其类型、安装位置以及容量的大小。

二、微电网

1. 微电网的概念

微电网的定义：微电网是指由分布式电源、储能装置、能量变换装置、相关负荷和监控、保护装置汇集而成的小型发配电系统，是一个能够实现自我控制、保护和管理的自治系统，既可以与配电网并网运行，也可以与配电网断开独立运行。

从系统的观点看，微电网是将分布式发电、负荷、储能装置及控制装置结合，形成一个单一可控的独立供电系统，也可以看成是管理局部能量关系的基于分布式发电装置的小电网。它采用了大量的现代电力电子技术，将微型电源和储能装置并在一起，直接接在用户侧。对于大电网来说，微电网可被视为一个可控单元，可以在数秒钟内动作以满足外部输配电网络的需求；对用户来说，微电网可以满足特定的需求，如降低馈线损耗、增加本地可靠性、保持本地电压稳定、通过余热提高能量利用的效率等。微电网与配电网之间通过公共连接点 PCC 进行能量交换，双方互为备用，从而提高了供电可靠性。

在微电网中，为防止微电网与配电网解列时对微电网内负荷的冲击，微电网的配电结构需要重新设计。美国可靠性技术解决方案协会（CERTS）提出的微电网结构如图 6 - 33 所示，3 条馈线呈辐射状结构，将可中断负荷接在同一条馈线上（如馈线 C），重要负荷或敏感负荷接在另外的馈线上（如馈线 A 和馈线 B），并安装分布式电源、储能装置及相应的控制、调节和保护设备。安装在每个微电网出口处的功率和电压控制器可在能量管理系统或本地控制下调整各自的输配及馈线潮流控制。外部配电网故障时，微电网解列，并通过隔离装置切除一些可中断负荷，保证重要负荷或敏感负荷的正常运行；故障消失后，微电网重新并网运行。

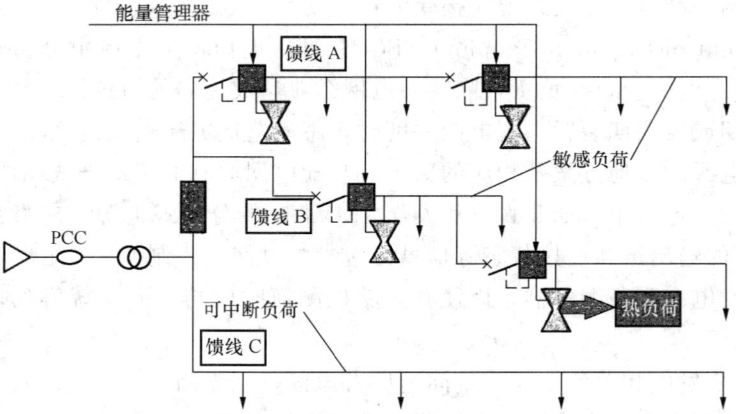

图 6 - 33　CERTS 提出的微电网结构

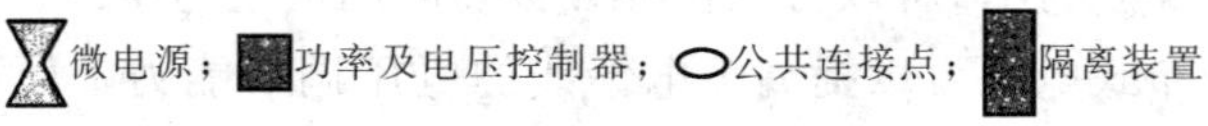

2. 微电网技术

微电网或与配电网并网运行或孤岛运行。微电网的灵活运行方式使其不但可以避免分布式发电并网所带来的负面影响，还能对配电网起到支撑作用，另外也使得微电网的结构、控制、保护、能量管理系统和能量存储技术等与常规分布式发电技术有较大不同。

相对于电力系统而言，微电网类似于一个独立的控制单位，其中每一个微电源都具有简单的即插即拔功能。对每一个微电源，最关键的是它本身的接口、控制、保护以及对微电网的电压控制、潮流控制和维持其运行稳定性，其次是它的并网运行和孤岛运行方式的无缝切换控制。微电网的控制、保护、管理功能分别由微电源控制器、保护协调器、微电网管理系统来实现。

（1）微电网的控制技术。微电网主要依靠微电源控制器来调节馈线潮流、母线电压以及与配电网的解列或并网运行。由于微电源具有即插即拔功能，其控制主要依赖于就地信号，响应是毫秒级的。微电网的控制功能包括如下几种：

1）$P-Q$ 控制。微电源大多通过逆变器并网，其有功功率和无功功率可以解耦控制。

2）电压控制。当微电网中接入大量分布式电源时，为防止微电源间出现大的无功环流，需要对各个微电源进行就地电压控制。根据微电源所发电流是容性的还是感性的来决定电压的整定值，发容性电流时电压整定值要低些，发感性电流时电压整定值要高些。

3）快速负荷跟踪和储能。由于微电网中的发电机的惯性较小，有些微电源的响应时间常数又很长，因此当微电网与主网解列成孤岛运行时，必须提供储能设备，相当于增加了系统的惯性，使微电网维持正常运行。

4）频率调差控制。在微电网孤岛运行时，要采取频率调差控制，改变各个微电源承担负荷的比例，使其在调节中按一定的比例输出功率。

（2）微电网的保护技术。分布式发电以微电网的形式并入配电网，会对配电网中原有的继电保护产生影响，影响的因素主要有：

1）辐射状的配电网在并入微电网之后，保护装置上流经的电流可能由单向变为双向；

2）微电网孤岛运行时，短路容量会有较大变化；

3）分布式发电构成微电网运行的目的之一是尽可能地维持一些重要负荷在电网故障时能正常运行，这些重要负荷往往对电压敏感，即不允许电压变动过大、时间过长，为此必须采用一些快速动作的开关代替原有的动作相对慢的开关。

微电网运行时，要根据对电压变化的敏感程度和控制标准来配置保护，而且微电网中保护装置的协调尤为重要。保护协调器既适用于主网的故障，也适用于微电网的故障。若故障发生在主网中，则要将微电网中的重要敏感性负荷尽快与故障隔离，一旦配电网恢复正常，就应将微电网重新并网运行。若故障发生在微电网中，该保护应使隔离的故障区尽可能小。由于微电网中的电源大多通过逆变器并网，短路电流较小，难以启动常规过电流保护装置，因此，保护装置和策略应相应修改。还必须配置反孤岛保护装置，对于微电网内部的非计划孤岛运行，必须及时切除。

（3）微电网管理系统。能量管理系统（EMS）是以计算机为基础的现代电力系统的综合自动化系统，主要针对发电和输电系统用于大区级电网和省级电网的调度中心。根据能量管理系统技术发展的配电管理系统（Distribution Management System，DMS）主要针对配电和用电系统。随着未来三级电网的划分，有必要开发出微电网管理系统（Microgrid Management System，MMS），使它能向微电网中的器件提供统一的控制、保护和能量管理平台。

3. 微电网的典型结构

典型的微电网结构如图 6-34 所示。它由电/热负荷、微电源和储能装置构成，连接到一个低压配电网。负荷（尤其是热负荷）和电源距离很近，这是为了尽量减少热传导过程中的热损耗。微电源具有即插即用的特性，它们通过电力电子接口实现孤岛运行和并网运行模式下的控制、测量和保护功能。这些功能有助于实现微电网两种模式间的无缝切换。

图 6-34 所示的微电网包含 3 条辐射型馈线以及两个热电联产（Combined Heat and Power，CHP）源、两个非 CHP 源和储能设备。微电源和储能设备通过微电源控制器（Mi-

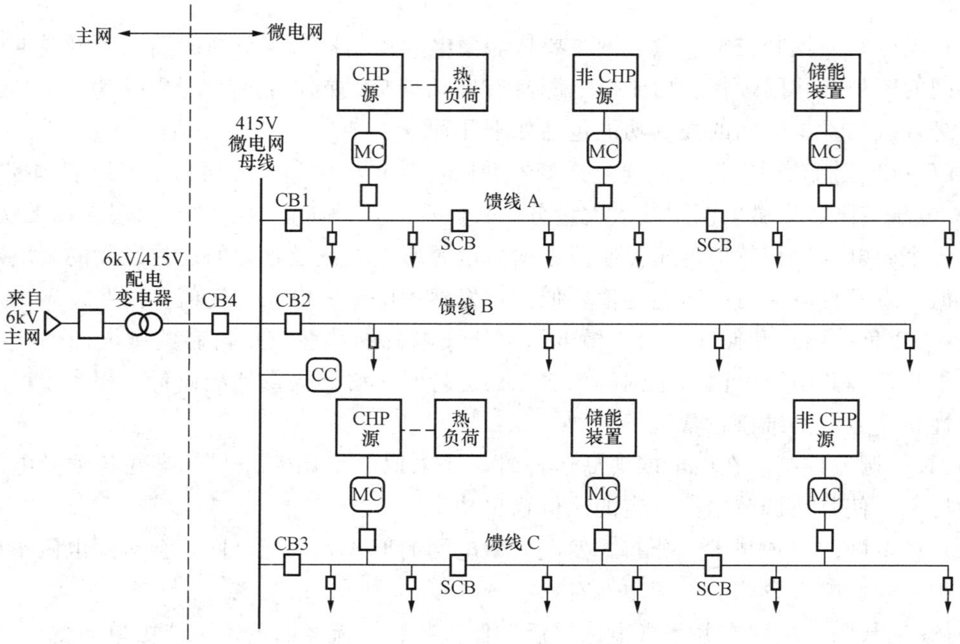

图 6-34 典型的微电网结构

CC—中央控制器；MC—微电源控制器；CB—断路器；SCB—分段断路器；CHP—热电联产

crosourse Controller，MC）连接到馈线 A 和 C。馈线 A 和 C 上的一些负荷是优先负荷，而其他负荷为非优先负荷。馈线 B 上只包含非优先电力负荷。

微电网通过公共连接点断路器 CB4，按照规定的接口标准，与中压主网进行连接。CB4 的开合可以实现整个微电网与主网的断开或连接。馈线 A、B 和 C 的通断可以分别通过操作断路器 CB1、CB2 和 CB3 来完成。馈线 A 和 C 上的微电源装设在离微电网母线较远的位置，以降低线路损耗，保证电压水平，充分利用余热。当几个微电源连接到一条辐射式馈线，而不是发电机节点上时，其潮流和电压控制会变得很复杂，但该结构能实现微电源即插即用的特性。

微电网有两种运行模式：①并网运行模式；②孤岛运行模式。在并网运行模式下，微电网与主网部分或全部连接，能与主网之间实现功率的双向流通。当主网有任何的扰动异常时，微电网都能及时切换到孤岛运行模式，并能继续对优先负荷供电。实现方法有两种：①直接打开 CB4 将整个微电网从主网断开；②打开 CB1 和 CB3，断开馈线 A 和 C。对于方法①，微电网将成为一个自治系统，其内部的微电源给馈线 A，B 和 C 上的负荷供能；对于方法②，馈线 A 和 C 只对优先负荷供电。

4. 微电网的特点

（1）一般通过单点接入大电网，即从电网端看进去，微电网是一个可控发电一单元或者负荷。这样可以充分利用微电网内各种分布式电源的互补性，更加充分地利用能源，减少了各类分布式电源直接接入电网后对大电网的影响。

（2）能运行在两种模式，即并网模式和孤岛模式。在并网模式下，负荷既可以从电网获得电能也可以从微电网获得电能，同时微电网既可以从电网获得电能也可以向电网输送电能。当电网的电能质量不能满足用户要求或电网发生故障时，微电网与主电网断开，运行于孤岛模式。在孤岛模式下微电网必须满足自身供需能量平衡。

（3）微电网中的分布式电源之间一般有一定的地理距离。由于微电网常采用多种分布式能源，而太阳能发电、风力发电等形式受天气条件的制约，一般要根据实际地理条件选择分布式电源的安装位置，所以因地制宜是分布式电源安装的基本原则之一。

（4）微电网一般连接在低压配电网侧，其输电线路的阻抗一般呈阻性。在传统电网中，线路阻抗特性的 X/R 一般大于 1，而在低压配网中，线路阻抗特性的 X/R 一般小于 1。

（5）微电网中使用大量的电力电子装置作为接口，使得微电网内的分布式电源相对于传统的发电机惯性很小或无惯性，在能量需求变化的瞬间，分布式电源无法满足需要，所以微电网需要依赖储能装置来达到能量平衡。

微电网具有单点接入、灵活的运行模式等特点，能给大电网和电力用户分别带来一些益处，可能给大电网带来的好处主要有：

（1）通过与储能装置相配合，微电网将不同类型的 DG 优势互补，减少了单个分布式电源可能给电网造成的影响，同时方便配电网的运行管理。

（2）微电网通过本地 DG 或中、小型传统发电方式的优化配置，向附近负荷提供热能或电能，减小了输配电线路投资，降低了输电损耗。

（3）减少大容量发电站的发电备用需求。

（4）提供负荷侧电压支持。

给用户侧带来的好处主要包括：

（1）微电网运行模式灵活，便于 DG 的接入或断开，且在上级网络发生故障时可以独立运行，继续保持供电，提高了用户侧的供电可靠性。

（2）多个 DG 联网的微电网增加了系统容量，并有相应的储能系统，使系统惯性增大，减弱电压波动和电压闪变现象，提高了电能质量。

（3）微电网采用的分布式电源大部分都是可再生能源和清洁能源，减少了环境污染，可实现能源的可持续发展。

三、微电网管理与控制

微电网灵活的运行方式与高质量的供电服务，离不开完善稳定的控制系统。其主要思想是将微电网控制分为分布式电源原动机控制、分布式电源接口控制和微电网及多微电网上层管理系统的控制，也有从微电网对电网的影响及灵活性方面考虑提出即插即用式控制方案。目前的微电网控制方案，从整体控制策略上可分为主从控制（Master-Slave）和对等控制（Peer-to-Peer）。从微电网控制层次上，可以分为底层分布式电源的控制和上层的管理系统。本质上，该分层控制属于主从控制策略。微电网控制应该做到能够基于本地信息对电网中的事件做出自主反应，而不是像传统方式那样由电网调度统一协调。具体来讲，微电网控制应当保证：①任意微电源的接入不对系统造成影响；②平滑实现与电网的解并列；③有功、无功的独立控制；④具有校正电压跌落和系统不平衡的能力。

1. 微电源接口类型

传统的同步电机发电系统如图 6 - 35 所示，原动机与同步发电机同轴连接，通过线路连接到大电网，其转子运动方程为

$$\frac{2J}{p}\frac{\mathrm{d}\omega_{\mathrm{r}}}{\mathrm{d}t}=T_{\mathrm{m}}-T_{\mathrm{e}} \tag{6 - 25}$$

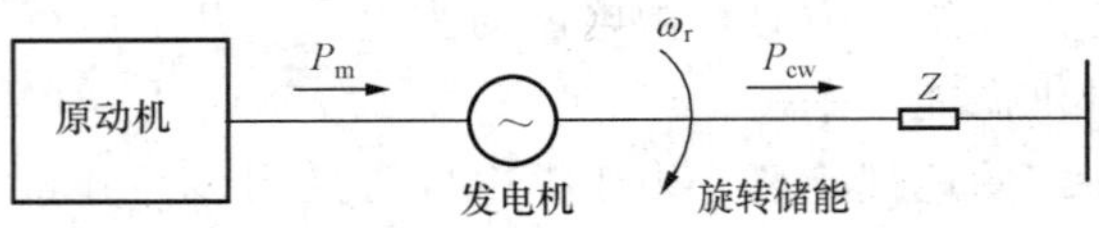

图 6-35 同步电机发电系统

式中：T_m 为发电机输入的机械转矩；T_e 为发电机输出的电磁转矩；J 为发电机转动惯量；p 为发电机转子极数。

图 6-36 所示为逆变器接口分布式电源发电系统，其中图 6-36（a）是通过背靠背逆变器接口的交流分布式电源发电系统，图 6-36（b）是通过逆变器接口的直流分布式电源发电系统。

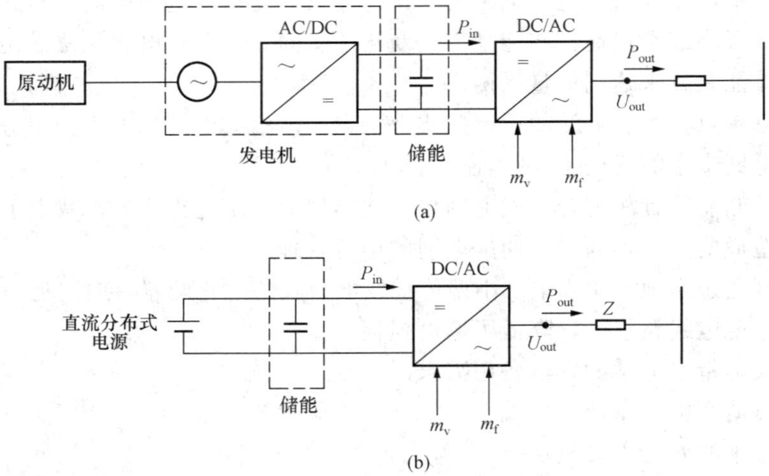

图 6-36 逆变器接口分布式电源发电系统

（a）交流分布式电源；（b）直流分布式电源

图 6-36 中，位于逆变器前的电容在暂态时可以提供电能，其作用相当于同步发电机转轴提供的旋转储能，维持暂态能量平衡，但是电容器能提供的能量要少得多。采用逆变器接口的分布式电源输出电压电流的频率由接口逆变器的控制策略决定，而其输出电压幅值由其直流侧电容电压幅值和接口逆变器的控制策略共同决定。含有电力电子接口的分布式电源输出电压和电流的频率由接口逆变器的控制策略决定，这是逆变器接口系统与发电机直接并网系统的区别。另外一个不同之处在于电容的存储能量远少于旋转轴的旋转储能，所以微电网中通常配备储能装置。因此，合理控制策略的选择对于逆变器接口分布式电源的正常运行至关重要。

2. 微电网基本控制策略

（1）微电网控制的特殊性。微电网的电源相对电网范围来说距离较短，整个系统中输配电的电压等级为低压或者同时带有低压和中压两个等级。由于微电网中分布式电源多采用电力电子装置并入微电网，且与负载相距很近，不需要远距离传输。因此，传统电力系统分析方法在应用于微电网之前需要修正。

如图 6-37 所示，微电网输出复功率的表达式为

$$S = P + jQ = U_2 I^* = U_2 \left(\frac{U_1 \angle \delta - U_2}{R + jX} \right)^* \tag{6-26}$$

对于中高压传输线（$X \gg R$），电阻 R 可以忽略不计。若功率角 δ 很小，则 $\sin\delta \approx \delta$，$\cos\delta \approx 1$。式（6-26）可简化成

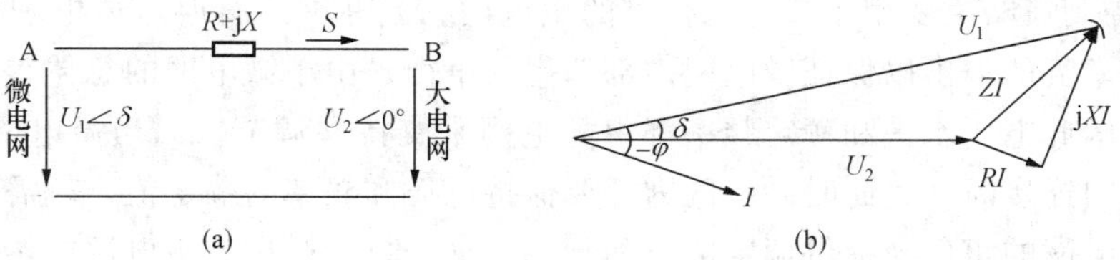

图 6-37　功率传输关系图

(a) 微电网到大电网的功率传输示意图；(b) 相位关系图

$$S \approx U_2\left(\frac{(U_1-U_2)-\mathrm{j}U_1\delta}{-\mathrm{j}X}\right)=\frac{U_1U_2\delta}{X}+\mathrm{j}\,\frac{U_2(U_1-U_2)}{X} \tag{6-27}$$

将实部与虚部分开，得到

$$P \approx \frac{U_1U_2}{X}\delta \tag{6-28}$$

$$Q \approx \frac{U_2(U_1-U_2)}{X}=\frac{U_2}{X}\Delta U \tag{6-29}$$

由式（6-28）、式（6-29）可以看出，在感性线路（$X \gg R$）和功率角 δ 很小的前提下，有功功率 P 主要取决于功率角 δ 及频率 f，而无功功率 Q 主要取决于电压降 U_1-U_2。

对于以低压为主的微电网，系统呈现阻性（$R \gg X$）。因此，基于频率—电压的公式在这里不再适用，需要进行修正。仍然设 δ 很小，则 $\sin\delta \approx \delta$，$\cos\delta \approx 1$。式（6-26）可简化成

$$S \approx U_2\left(\frac{(U_1-U_2)-\mathrm{j}U_1\delta}{R}\right)=\frac{U_2(U_1-U_2)}{R}-\mathrm{j}\,\frac{U_1U_2\delta}{R} \tag{6-30}$$

同样地，将实部与虚部分开，得到

$$P \approx \frac{U_2(U_1-U_2)}{R}=\frac{U_2}{R}\Delta U \tag{6-31}$$

$$Q \approx -\frac{U_1U_2}{R}\delta \tag{6-32}$$

由式（6-31）、式（6-32）可以看出，在阻性线路（$R \gg X$）和功率角 δ 很小的前提下，有功功率 P 主要取决于电压降 U_1-U_2，无功功率 Q 主要取决于功率角 δ 及频率 f。因此，基于高压线路的频率下垂控制策略在基于低压线路的微电网中不再适用。

根据线路参数特性，低压、高压的功率传输表达式有所不同，从而下垂控制的表达式也有所不同。当线路阻抗中电抗远远大于电阻时，采用有功—频率（P-f）和无功—电压（Q-V）控制方式；反之采用有功—电压（P-V）和无功—频率控制（Q-f）反调差控制。根据线路的阻抗特性，选择正确的下垂控制方式才能实现有功和无功的解耦控制。

目前，微电网常用的两种基本控制策略为主从型（Master-Slave Operation）和对等型（Peer-to-Peer Control）。前者是将 DG 赋予不同的职能，并有一个主单元来协调控制其他 DG；后者是基于外特性下降法的控制策略，各个 DG 之间采用相同的控制方法，它们之间是平等关系。其他的控制策略都可归为这两类，或者是基于这两类控制策略的改进。

（2）主从控制法。主从控制法是对各个微电源采取不同的控制方法，并赋予不同的职能。其中，一个（或几个）作为主电源，来检测电网中的各种电气量，根据电网的运行情况采取相应的调节手段，通过通信线路来控制其他“从属”电源的输出来达到整个微电网的功率平衡，使电压频率稳定在额定值。

1）主从控制策略主要用于孤岛运行时的微电网。当并网运行时，微电网内的各个微电源只需控制功率流的输出以保证微电网内部功率的平衡。由于微电网的总体容量相对于配电网来说较小，因此电压水平和额定频率都由配电网来支持和调节。而当微电网孤岛运行时，微电网与配电网连接断开，此时微电网内部要保持电压和频率的额定值，就需要某个或者几个电源担当配电网的角色来提供额定电压和频率。这个单元被称为主电源或参考电源。参考电源用 V-f 控制方法，输出额定电压和频率值，而其他的处于从属地位的微电源根据需要采取 P-Q 或者 P-V 控制法，控制输出的功率和电压来维持微电网内部的功率平衡。

2）微电网通过中央控制器（Central Controller，CC）以及连接到各个微电源和储能装置的本地微电源控制器（Microsource Controller，MC）来实现前面所述的控制目标的。微电源控制器主要负责本地微电源的控制，而中央控制器则是通过微电源控制器管理整个微电网的运行和安全。中央控制器的主要功能是通过有功—频率（P-f）控制、无功—电压（Q-V）控制和保护协调来满足电能质量要求，保证微电网的可靠运行。此外，它还掌控微电网的经济调度，辅助维持从主网吸收的功率。因此，中央控制器不仅能协调整个微电网的保护机制，还能调节功率分配和电压设定值，从而保证能量的优化配置，使系统维持在指定的频率和电压水平。

3）微电源控制器 MC 的主要功能是在发生任何干扰和负荷变化时，能够独立地控制微电源的潮流和负荷端电压水平。此外 MC 还参与经济调度、负荷跟踪/管理和需求侧管理。当切换到孤岛模式时，它必须保证每个微电源能快速识别自身的负荷分配；切换到并网模式时，在 CC 的协助下，它又必须能及时恢复。MC 可以与 CC 配合运行，也可以在没有 CC 参与的情况下独立运行。这种控制特性使微电源成为了一种“即插即用”设备，能方便地融入微电网，而不影响现有系统的控制和保护功能。

在微电网中，MC 统一管理微电源和储能装置，使这些设备能平滑灵活地运行，以满足用户和电网的需求。MC 的运行状况与微电源和储能设备提供的电力电子接口有很大的关系。具体来讲，MC 实现的功能主要有：①新的微电源可以在不改变现有微电网配置的前提下加入系统；②微电网可以实现与主网的快速、灵活连接或断开；③有功和无功功率可以独立控制；④电压骤降和系统失衡可以得到修正；⑤故障可以在无失稳状况下得到处理；⑥微电网能满足用电负荷的动态要求。

4）中央控制器 CC。MC 主要负责本地微电源的控制，而 CC 则是通过 MC 实现微电网运行和保护的总体控制。中央控制器的主要功能是：①功通过功率—频率（P-f）控制和电压控制，使负荷端维持在指定的电压和频率；②优化微电网的能源结构。中央控制器的控制功能由两个基本模块来实现：①能量管理模块（Energy Manager Module，EMM）；②保护协调模块（Protection Coordination Module，PCM）。

a）能量管理模块（EMM）主要控制功能包括：①为每个微电源控制器提供独立的功率和电压设定点；②满足电和热负荷需求；③确保微电网与输电系统的通信；④使排放量和系统损耗最小；⑤最大限度地提高微电源的运行效率；⑥在微电网与主网断开和连接时提供逻辑控制信号等。

b）保护协调模块（PCM）负责监测整个微电网的保护，它必须既能处理主网的故障，又能处理微电网的故障。如果故障发生在主网内部，应该尽快将微电网从主网断开，以保护微电网中的负荷。微网从主网断开的速度取决于微电网中的负荷。某些情况下，如果微电网不从配电网断开，可以采用下垂补偿的方法来保护重要负荷。

尽管微电网和传统的配电网都是辐射状结构，但微电网的保护原则有别于传统配电网，两者存在以下差异：①微电网同时含有发电机和负荷，这导致辐射状系统中的保护设备会有双向功率流动。②微电源的存在使得配电网从无源网络变成了有源网络。③当微电网从并网运行切换到孤岛运行时，它能承受较大的短路容量变化。这对传统的基于短路电流检测的过流继电器有很大的影响。

PCM 的一个重要特点是它能够区分两种并网与孤岛运行模式的保护需求，并作相应的应急处理。

主从控制策略也存在一些缺点：首先，主电源采用 V-f 控制法，其输出的电压是恒定的，要增加输出功率，只能增大输出电流；而且负荷的瞬时波动通常首先是由主电源来进行平衡的，因而要求主电源有一定的容量。其次，由于整个系统是通过主电源来协调控制其他电源的，一旦主电源出现故障，整个微电网也就不能继续运行。另外，主从法依赖于通信，因此通信的可靠性对系统的可靠性有很大的影响，而且通信设备会使系统的成本和复杂性增大。

（3）对等控制法。所谓对等控制就是各微电源之间是“平等”的，不存在从属关系。所有的微电源以预先设定的控制模式参与有功功率和无功功率的调节，维持系统电压频率的稳定。对等控制策略基于外特性下降法，分别将频率和有功功率、电压和无功功率关联起来，通过一定的控制算法，模拟传统电网中的有功—频率特性曲线和无功—电压曲线，实现电压、频率的自动调节而无需借助于通信。

有功和频率的关系曲线如图 6-38 所示，其中 a 和 b 分别指代两个微电源。正常运行时，a 和 b 均运行于额定角频率 ω_0，输出功率分别为 P_{a0} 和 P_{b0}。当负荷功率增加时，a 和 b 的输出功率分别增加到 P_{a1} 和 P_{b1}，同时系统角频率从 ω_0 降到 ω_1，系统在新的频率值下继续运行。同样地，当负载功率减小时，a 和 b 的输出功率会以同样的比例减小，系统频率升高到额定频率，甚至高于额定频率，整个过程是可逆的。这样当负载变化时，微电源输出功率也随之变化，使得频率在额定角频率上下波动。

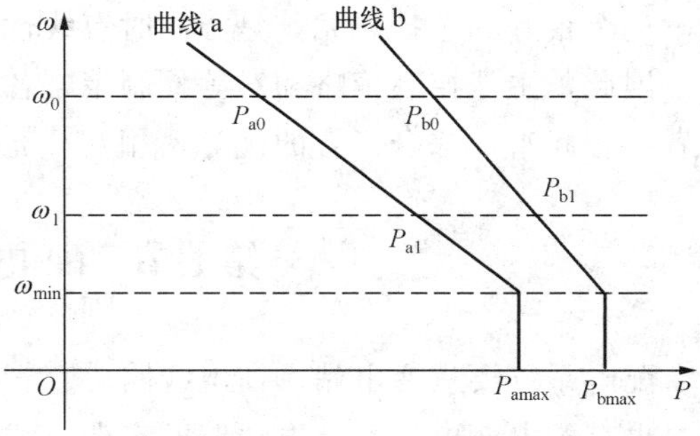

图 6-38 有功—频率曲线

根据图中曲线写出功率—频率变化的动态方程

$$\omega = \omega_0 - m(P - P_0) = \omega_0 - m\Delta P \tag{6-33}$$

$$m = -\frac{\omega_0 - \omega_{min}}{P_{max}} \tag{6-34}$$

上两式中：m 为曲线斜率；ω_{min} 是频率允许下降的最低值。

类似地，电压和无功功率的关系曲线如图 6-39 所示。

同样，根据曲线写出如下方程

$$E_0 = E_{req} - mQ \tag{6-35}$$

$$m = \frac{\Delta E}{Q_{max}} \tag{6-36}$$

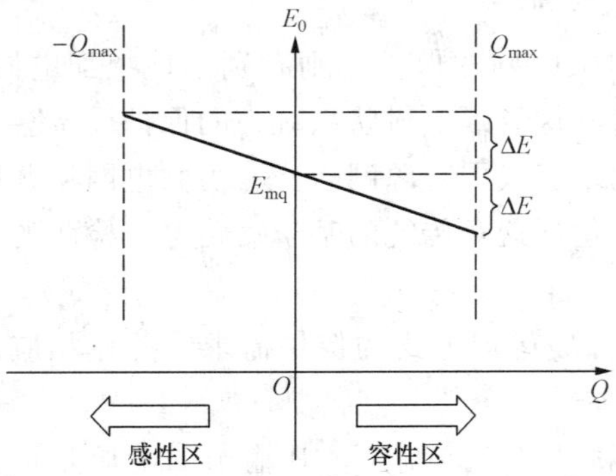

图 6-39 无功—电压曲线

式中：E_{req}为额定参考电压值；Q_{max}是电源的无功输出容量；m为曲线斜率。

只有当注入无功功率为 0 时 E_0 等于 E_{req}。

可以看出，采用对等控制策略时，只需测量微电源输出端的电气量，独立地参与到电压和频率的调节过程中。当某一个微电源因故障退出运行时，其余电源仍然能够不受影响地继续运行，系统可靠性高。当需要增加新的发电单元时只需要对新的电源设置同样的控制策略，直接接入系统而不用对系统中的其他地方进行改动，实现"即插即用"，方便系统扩容。

对等控制策略的缺点如下：

1）由于负载瞬时变化，输出电压和频率与额定值总是存在一个小的误差，稳态误差不能达到 0。

2）不能正确地调节非线性负载及线路造成的谐波分布。

3）低压配电网不同于输电网。输电网中，$X \gg R$，频率主要受有功功率影响，电压主要受无功功率影响；而配电网中，$R \gg X$，线路电阻的影响不可忽视，其对无功功率的影响也很显著，外特性下降法不能很好地解决。

4）对于三相系统中由于拓扑结构变化（如主动孤岛运行）引起的控制模式变化，对等法不是个很好的选择，尤其是当同时有线性和非线性负载时。

因此，主从控制策略和对等控制策略各有优缺点，分别适用于不同的运行情况，可以把二者结合起来，综合二者的优势，相互补充形成新的控制方法。

第七节 配电地理信息系统

配电系统要从变电站、馈电线路一直管到千家万户的电能表为止。变电站既有输电变电站，也有配电变电站；馈电线路既有架空线路，也有地下电缆。至于用电，既有公用的市政用电，又有情况各异的大、中、小用户用电。可见，设备管理任务十分繁重，且均与地理位置有关。此外，配电系统的正常运行、计划检修、故障排除、恢复供电以及用户报装、电量计费、馈电增容、规划设计等，都要用到这些信息。因此，一个完整的配电系统模型，不管其自动化程度如何，都离不开设备和地理信息，这就是配电图资系统为什么是配电系统开展各种自动化（如电量计费、投诉电话热线、开具操作票以及 CAD 接口等）的基础。

一、地理信息系统的结构和特点

地理信息系统（Geographic Information System，GIS）是地理信息学方法的一种实用手段，是以多学科技术集成的基础平台。它是代表用各种现代化方法，来采集、测量、分析、存储、管理、显示、传播和应用与地理空间分布有关的数据的一门综合和集成的信息科学和技术，是测绘、遥感、计算机、应用数学以及各种应用学科的有机结合。

地理信息系统产生于 20 世纪 60 年代中期，最初主要是用于土地资源的管理。在国内则起步较晚。20 世纪 80 年代初一些科研单位与大学才开始这方面的研究。1988 年，美国国家地理信息与分析中心曾给地理信息系统下过一个定义：为了获取存储、检索、分析与显示空间定位数据而建立的计算机化的数据库管理系统，就是地理信息系统。这已经成为美国的地理信息系统研究工作者和专业工作者普遍接受的标准定义。

地理信息系统在我国电力行业的应用虽然起步较晚，但发展速度较快。目前，国内很多供电企业均在建设（有的已投入运行）相应的地理信息系统。所建系统的基本指导思想，利用地理信息系统进行配电设备管理（包括电线杆、架空/电缆、电气设备等），以期达到和丰富对设备查询、编辑和统计等功能。

下面结合电力系统的实际情况，对地理信息系统 GIS 进行分析。电力系统的设备管理与分析设计人员一般面对两类资料；一类是地图，地图上标注的地物和地理坐标紧密联系在一起，如变电站、配电柜、用户及杆塔等电气设备的位置，称为空间定位数据；第二类是电气设备运行情况与潮流分布等数据，它们和地理坐标无直接联系，是非空间定位数据；一般称为属性数据，即表示事物的某些特性的数据。GIS 系统的主要功能就是能综合分析与检索空间定位数据，利用数据库技术可以把地物的空间数据与属性数据一一对应联系起来，从而提高调度员与设备维护人员了解设备工况与处理设备故障的能力。

由地理信息系统的定义可知，地图是地理信息系统的重要数据源，这里的地图指的是数字地图。所谓数字地图是一种以数字形式表示的地图，它将地图上的地理实体的分布范围分别用点、线、面来描述。

“点”是地面上的水井、高程水准点那样的物体；采用一对（x，y）坐标来表达地理实体的位置，这对（x，y）坐标，既可以是地表的经纬度坐标，也可以是数字化输入过程中的平面坐标系统所提供的相对位置。用于 EMS 和 DMS 的地理信息系统，一般都是采用数字化输入过程中的平面坐标系统所提供的相对位置坐标，来定位设备位置；至于设备实际的地表经纬度坐标，则作为设备属性数据存储于数据库中，以备查询。

“线”表示河流和道路之类的线状地物。它采用一组有序的（x，y）坐标来表达这类物体的位置。换句话说，“线”是用一组有序的点来描述的，这些点是在一条光滑的曲线上间隔采样所获得的。数字地图上的线，具有起始点和中止点，因此它们是有方向性的，称为矢量数据。

“面”是指地图上具有边界和面积的区域。常见的面状地物有建筑群、湖泊、土壤类型、土地利用类型等。它采用一组有序的线段来表达地理实体的边界位置。即“面”是由一组有序线段包围所构成的区域。这组有序的线段，其首尾位置必须重合。

根据上述“点”、“线”、“面”的定义，就可以利用数字格地图上的各种地物的空间分布信息有效、准确地表示出来。因而，地图数字化是建立地理信息系统的重要环节。这是一项重要的系统工程，数字化的地理底图如同字模一样，可以一次制作，多次使用，从而降低成本。各种地理底图（不同区域、不同比例，如世界、国家、省、市等），在国家权威部门的监督下，由具备资格和条件的单位或公司统一制作，向社会有偿地、有控制地（因为涉及保密问题）销售。用户可以利用这些数字地图方便地产生各种新的地图、报表和各种应用系统。

一般的 GIS 系统由 GIS 软件包、数据库和硬件三部分组成，其中硬件的配置与三个互相关联的变量有关：

（1）范围：包括用途数量、应用软件数量和用户数量。

（2）数据规模：要求的地图越详细，所需硬件的能力要越强。

（3）功能：对数据所进行的运算的数量以及运算的复杂程度。

GIS的基本结构如图6-40所示。

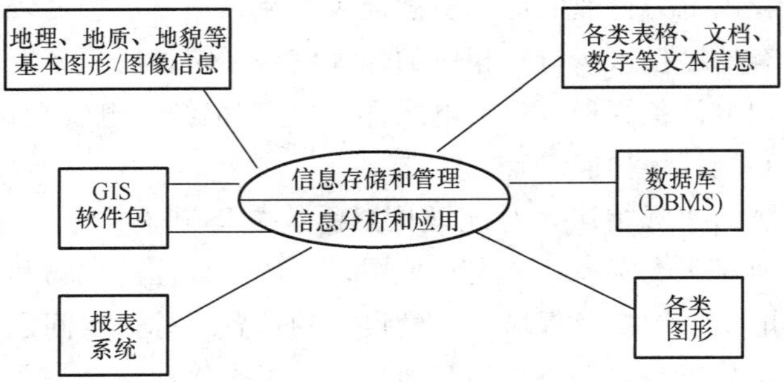

图6-40 GIS的基本结构

AM/FM/GIS系统具有以下特点：

（1）可以利用地理信息和电力系统信息进行叠加分析或邻域分析。例如，要在某一地区建造一个大型变电站，在做规划设计时，可能要利用三种专题图，即土地利用现状图，工程地质分区图，洪水淹没分区图和已有电气设备数据。将这些图输入计算机后，就可以利用叠加分析功能（相当于把上述三种同一比例尺的硫酸纸图纸，对准，叠在一起）进行分析。通过计算机的运算，即可以分析出这一地区是否适于建设变电站以及变电站的容量。另一个例子是通常要计算某一区域内的用电负荷利用GIS的相邻地区分析功能可以非常方便地完成。

（2）在AM/FM/GIS系统中，画面上显示的某一设备的图符不仅仅取决于其设备类型，还与其属性如当前状态有关。例如，可以让所有的在2005年夏天被汽车撞倒的电线杆用蓝色的x图符表示，所有其他的电线杆用其默认图符（一个空心的圆圈）表示。

（3）各种商用数据库是GIS系统的一个有机的组成部分，因而可以把设备属性数据存放在关系数据库中，而把图形数据存放在GIS数据结构中。

（4）在这个系统中，像线段、弧线或方框等图符特性均以坐标点的形式保存。这些图符的特性以属性的形式保存，用于查询和用来管理图形画面。图形系统允许对地图文件进行编辑、整理、显示和一般性的管理。设备的符号以及设备属性均在模式表中定义。图形特性和属性之间的关系可以是一对一的，也可以是多对一的，也就是说，几个图形记录可以对应一个属性记录，以节省磁盘空间和记录修改的工作量。图6-41所示为图形和非图形文件记录存储模式。

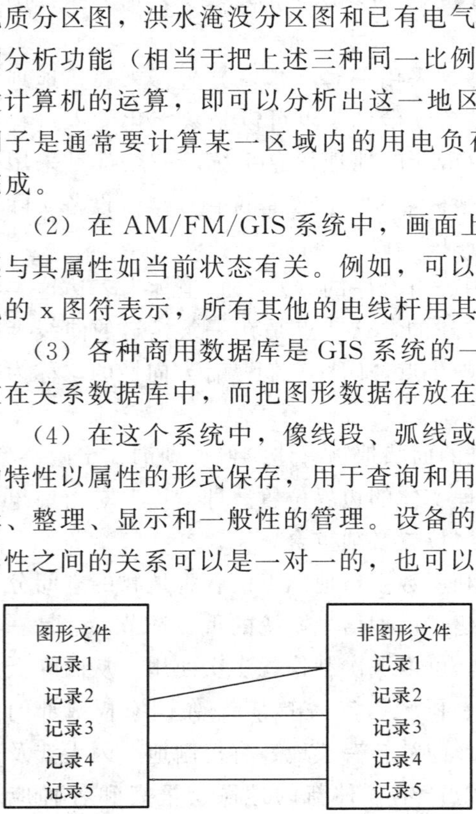

图6-41 GIS记录的存储模式

在AM/FM/GIS系统中，广泛使用表驱动模式。表驱动系统用来在其数据文件中存储基本的绘图信息，允许用户从地图数据库外部定义属性信息。这一点就是通过系统表实现的，可以使用各种系统表来定义GIS数据库。这些系统表指定各种数据模式、数据类型和函数可以在指定的应用中通过画面显示出来。图6-22给出了系统表之间的逻辑关系。模式表是GIS系统中的主表，与数据库中的主索引相似。各种数据类型的图形和属性文件的记录格式在模式表中定义，用来告诉GIS系统寻找什么、到哪去找、找哪个名以及记录的长度等。符号表、线路表、注释表和线路符号表均由用户定义以满足用户的不同需要。对于数据库中的所有地图和图形，图形文件和非图形文件将与这些表对应，这样可以非常容易地实现特殊查询或按属性查询。在GIS中选择一个特性（对象）要在关系数据库中查询其属性就是一个特殊查询。例如，在画面上选择一条导线，在关系数据库中就可查到这条导线的属性，如导线的材料、绝缘特性和电压等级等信息。在关系数据库中根据属性进行查询并把查询结果显示出来称为按属性查询。

（5）在AM/FM/GIS中，数据的组织是层次化的，层次是根据自然的仿射关系确定的，即背景一层，街道一层，建筑物和土地特性在另一层。由于地理数据是基于严格的平面坐标系统的，在现有的系统中可以根据需要增加其他层，配电馈线在一个层次，变压器设备在只一个层次。这样有利于电力设施的管理。

（6）AM/FM/GIS系统综合了GIS系统和AM/FM系统的特点，具有极强的图形编辑与管理功能，例如，可以对地理信息图中菜单图形信息方便地进行动态消隐与恢复。AM/FM/GIS数据库中的数据应根据所要完成的DMS功能确定，其中许多数据是多个系统共享的，并且都与地理位置信息有密切的关系，因而可以把这些信息作为AM/FM/GIS数据库要描述的数据。

地理数据包括地图以及其他地理信息。将这些数据与用户数据库结合起来，就可以实现负荷侧管理、负荷控制、故障电话处理以及环境污染的策略评价等DMS功能。借助于GIS，还可以对过去难于用其他方法进行分析的数据进行相关分析。利用了GIS以后，还可以向其他部门提供有关的数据产品或服务，如向规划部门提供用电负荷的地理分布信息等。

借助于AM/FM/GIS系统管理与维护DMS系统中的公用数据库，至少有下列好处：

（1）为全公司所有应用提供一个规范统一、协调一致、准确的数据库可以大大地改进对用户的服务质量。

（2）减少设备和地理信息等数据维护的费用。

（3）生成一个十分灵活的系统，允许对它进行改进、修改以及与其他系统集成。

二、配电GIS的功能分析

根据GIS的特点和配网运行的基本需求，配电网GIS应具备如下功能。

1. 电网建模功能

对电网接线、配电线路和设备等进行图形数据录入，可以输入用户配电网信息，如变电站、开闭所、配变站、杆、电缆、架空线、联络开关、母线及用户自定义设备类型等。配电网数据可以深入到站房内电气接线和具体电气元件，制作接线图，并对接线图作带电状况分析，进行显示、维护及修订或打印、绘制输出。

（1）配电网编辑建模。GIS系统提供面向电网设施对象的各种电网建模工具，并在复杂的编辑操作环节里提供面向应用规则的自动成图（AM）等辅助功能。

1）架空线建模。GIS系统提供架空线电杆、架空线路、架空线设备、辅助设备编辑并支持同杆并架、自动布线等自动成图功能；在编辑线路的过程中，系统实时计算显示档距。

2）电缆建模。GIS系统提供电缆线路、电缆接头、电缆井、各种电缆沟道等编辑功能；提供电缆沟剖面图编辑模板，供用户灵活编辑电缆沟剖面图；提供电缆入沟、出沟功能，方便进行电缆定位。

3）电站、配电室建模。GIS系统提供变电站、配电室模型建立及其接线图、平面图。

（2）编辑功能。基于接线图完成电站、配电室建模过程中，系统提供面向电网运行原理及规则的设备或母线间连接关系自动捕捉和建立工具，以提高建模的工作效率和保证模型数据质量；在编辑接线图、平面图时，可根据需要设置“锚定”坐标网格提高图形编辑效率，并提供具有自动成图特色的、高效率的、工程化图纸编辑工具；提供方便的接线图复制功能，并可制定相应的模板以提高数据录入速度；编辑接线图时，提供实体集编辑功能，方便地进行批量数据的修改。

（3）专题图自动生成（线路接线图、网络图）。在供电企业生产管理过程中，虽然电网是唯一的，信息也是唯一的，但不同的部门从自身管理的需要出发，对电网关心的程度不同，对信息的表现形式也不同。系统针对用户这一重要需求，应用多空间映射技术，实现单一数据源的多形式表现功能，GIS系统可根据用户的需要自动生成专题图。在用户实际应用系统的过程中，对专题图的种类和专题图的信息、形式等需求会不断变化，因此，提供单一的专题图生成工具不足以满足用户的真正需求。系统可采用规则驱动技术，为用户提供若干基础专题图生成规则，如配电室是否展开成接线图形式、电缆头是否显示、没有杆上设备的电杆是否要显示等。用户根据实际需要应用配置工具进行配置，定制专用的专题图。在专题图的需求变化后，可方便进行调整。通常情况下，专题图生成主要是根据生成规则对数据的显示进行调整，只保证拓扑关系的正确性，生成后布局比较混乱，需要进行人工调整，对一些专题图如线路接线图，调整的工作量比较大。系统提供智能化的专题图自动布局功能，生成的专题图能够保证变电站配电室等的分布比较合理，配电室、杆上设备之间不会相互重叠，架空线、电缆横平竖直等，用户只需简单调整或完全不调整即可应用。

专题图是完全根据规则和基础数据生成的电网数据的一种特殊表现形式，在实际工作中，经常需要在专题图上添加一些标注，或进行一定的修改。系统提供专有的修饰工具，可在专题图上临时进行各种编辑、修改、调整工作，以满足实际工程的需要。临时编辑的内容还可以保存供下次装入专题图时调用。

2. 综合查询统计

将配电线路和设备的图纸、资料等同馈线图结合起来，进行综合管理，在馈线图上用多种灵活方便的方式查询各种数据图像信息。

（1）图数查询。GIS系统可通过以设备数据为中心，对设备的各种操作，包括点图查询、逻辑查询；数据修改、设备显示、设备定位等都通过设备数据集结合在一起，使用户可以方便、灵活地进行各种查询统计和管理工作。

（2）查询统计。系统提供多种灵活的查询统计工具，为各生产管理部门提供了强大的设备资料管理工具。

1）空间查询。在地理背景图上，通过点选、圈选、框选多种方式，统计选中范围内的电气设备，并用简单明了的方式显示。

2）两点统计。统计电网中两点之间的设备。

3）线路统计。查询统计整条线路的设备。

4）多种统计。可任意指定在某一地图范围内或某条馈线上，按不同电压等级和不同导线规格对导线长度进行统计；按不同型号和不同规格对杆塔、变压器等设备的数量及各种参数进行统计等。

3. 电网分析

电网分析有供电电源分析和供电范围分析两种。

(1) 供电电源分析。给出操作者点取的线路或设备的供电电源并突出显示。

(2) 供电范围分析。给出操作者点取的线路或设备的供电范围并突出显示。

4. 配电网业务应用功能

配电网业务应用功能有如下几点:

(1) 配电线路理论线损计算。系统可按照一定的线损计算模型，在系统中能够对单条线路、整个变电站的出线、整个网络的线损进行计算，并生成线损图。

(2) 停电管理、停电分析、负荷转供及线路搭接。系统可处理任何电气主接线方式，并根据断路器、隔离开关以及线路、发电机的状态形成正确的电气连通状态和母线模型。对供电状况可使用不同颜色通过单线图进行网络动态着色，给出设备的电气状态，如带电/不带电、电气连通提示、设备接地提示等。对于网络不对称时，进行分相着色。系统可提供因为线路停电和设备停电、线路故障而导致的停电用户信息，并打印出停电通知单，生成故障隔离方案并为负荷转供提供辅助决策方案。

1) 线路停电。统计并显示停电线路的用户和设备信息，并在地理背景上突出显示，并且打印停电通知单。

2) 设备停电。统计并显示因设备停电而导致停电的用户和设备信息，并在地理背景上突出显示；并且打印停电通知单。

3) 线路故障。统计并显示因故障而导致停电的用户和设备信息，并在地理背景上突出显示，并且打印停电通知单。

4) 提供故障隔离方案，为负荷转供提供辅助决策方案。

通过已建立起来的设备之间的连接关系，用户可点屏操作选择待停电线路及需要转供电线路：系统自动根据负荷情况和线路代供能力计算生成可行的转供电方案供用户选择。生成的转供电方案包括倒闸操作步骤及方案计算结果和说明。用户可自行调整倒闸操作步骤，并进入模拟方式查看倒闸操作的过程及结果。

(3) 供电可靠性分析。系统能够生成供电可靠性统计需要的“基础数据”。供供电可靠性计算程序使用，并且能够按照时间参数存储一定时期的供电可靠性计算结果以供随时查询。

(4) 生产统计报表。系统可自定义报表格式，生成配电设备台账及月、季、年度设备统计报表并打印输出。

(5) 操作票、工作票管理。工作票、操作票可在系统中自动生成，可以Web方式建立流程，使工作票管理规范化、科学化。

(6) 配电管理。实时监测配电网络工况、负荷状况，在线运行监控界面和各种实时信显示，在线运行状态下完成四遥功能。

三、GIS在配电网自动化中的应用

GIS在配电网自动化中的应用可分为离线和在线两个方面。

1. 离线应用

离线方面的应用主要包括如下内容:

（1）图形的操作。在以地理为背景的配电网分布图上，可分层显示变电站线路、变压器、开关直到电杆、接户线、用户的地理位置。由于这些图形均为矢量图，可完成无级放大缩小、漫游并且地图的比例尺及视野可任意设定。

（2）空间测量数据。测量两点、多点之间的距离和任意自定义区域的面积。通过鼠标定位，即可得该点的坐标，可完成配电线路长度的测量、统计以及供电区域面积的测量。

（3）设备档案管理。管理所有的配电系统设备档案和用户档案，根据要求进行各种查询统计。主要根据属性数据与空间数据的关系进行双向查询，即条件查询。

（4）设备检修管理。根据检修管理指标，自动进行校核，自动列出各项指标的完成情况。

对所有配电设备的大修、试验、事故障碍、缺陷、设备鉴定、10kV线路的交叉跨越等运行情况的进行登记处理。设备范围包括：①变电设备。以10kV配电站（包括开关站）的穿墙套管为分界点，站内的所有设备主。②线路设备。以10kV配电站（包括开关站）的穿墙套管为分界点，站外所有设备属线路设备（包括10kV、380V线路及其上所有设备）。③用户设备。10kV线路上的供电线路上的所有设备，包括用户自备变压器、开关、表计等。

（5）用户报装辅助决策。当接收到营业系统用户报装信息后，采用交互式的辅助设计手段帮助完成用户报装设计。先确定新用户报装的地点，自动分析新用户距离最近的配变（高压用户）或者电杆（低压用户），或者给出指定范围内可用的配变或电杆，同时给出配变的额定容量和现有负荷信息，自动计算、分析、判断出现有的配变是否满足用户报装要求及可能的用户接入方案，并自动寻找最优布线路径（或通过交互操作），同时给出工程预算信息。

（6）开具操作票。把开操作票的任务放入GIS界面上完成，直观、简单地在地图上用鼠标点击选取操作对象，自动把操作对象的名称及其当前状态填入相应的操作票表单中，再在标准动作库及术语库选择操作目标结果，就能方便、准确地开具操作票。

（7）模拟操作。配网中不同开关的拉开或闭合，将改变有关线路和设备的带电状态，同时将改变电网的供、停电范围。配网GIS中开关操作模拟分析，即是对配网中任意断路器、隔离开关等设备进行拉开和闭合模拟（假定）操作，并通过网络拓扑分析显示操作后有关线路和设备的带电/不带电状态的改变情况，同时对开关操作引起的电网供停电范围进行分析。可作计划内停电检修前的预演。分为拉开关停线段、停馈线等不同方式。根据不同的操作自动搜索停电范围，预演操作结果，确认后打印相应的停电通知单。

2. 在线应用

在线方面的应用主要包括如下内容：

（1）反映配电网的运行状况和故障定位。读取SCADA系统实时状态量，通过网络拓扑着色，反映配电网实时运行状况。对于模拟量，通过动态图层进行数据的动态更新，确保数据的实时性。当配网发生故障时，根据开关跳闸即遥信变位信息自动确定故障地段，并在电子地图上进行标注和报警显示；同时，在确定了故障地段后，系统通过对网络拓扑关系的分析，排出可能的故障点顺序，自动给出故障隔离方案（即提示运行人员拉开相关开关），同时给出负荷转移方案（即提示运行人员合上相关开关），为运行人员进行实际的开关操作提供决策依据。另外，可根据维修队伍的当前位置，给出到达故障地点的最佳调度路径，迅速准确地找到并隔离故障点，恢复供电。

（2）在线操作。在地理接线图上可直接对开关进行遥控，对设备进行各种挂牌、解牌操作。

（3）负荷管理。根据地图上负荷控制点位置，结合独立运行的负荷监控实时系统，以用户的负荷控制终端的基本数据为依据，实现各种查询、分析功能，用图表方式显示结果。根据负荷点的地理分布及其各种实测数据，进行区域负荷密度分析，制作负荷量专题图，通过不同时期的对比，辅助电网规划。

（4）停电管理。它是配电网自动化中管理系统的重要组成部分，通过对配网停电进行模拟分析，即在假定该停电事件后，通过网络拓扑分析，自动计算出最佳停电隔离点和最佳负荷转移方法，同时即对该停电事件所涉及的供电可靠性、停电用户数、停电将产生的售电损失情况等进行模拟计算，为制定停电计划提供科学依据。

（5）与用户抄表与自动计费系统接口。远方抄表与自动计费系统向 GIS 传送用户地址、用户名称、用电负荷等信息，GIS 可以显示抄表区域和区域的负荷情况，使数据更加直观。

四、配电网 GIS 的建立和开发

目前，开发配电网 GIS 有两种方案：一种是将 GIS 作为整个配电网自动化的基础平台；另一种是将 GIS 作为其中的组成部分，与 SCADA 等其他系统共同完成整个配电网自动化的功能。

从实际操作上看，第二种方案比较可行，这是因为：目前大部分地方 SCADA 系统的功能已经完成，并且投入运行，作为新添加的 GIS 只要通过数据库的关联，就能实现信息的共享，而且又能保证各子系统的独立性，使整个系统的可维护性增强，同时减少了开发 GIS 子系统的工作量，免去了资金的重复投入。

配电网 GIS 系统的开发应根据 GIS 在配电网自动化中的应用功能进行模块划分；由于 GIS 数据量大，维护工作比一般管理系统复杂，需要一定的专业知识；另外，根据供电企业部门的职能划分，对 GIS 也提出了不同的要求。因此，对建立整个配电网 GIS 而言，根据功能大致可分为以下三个子系统：

（1）系统编辑、菜单子系统。其主要完成配电网图形的编辑和数据库的维护。

（2）实时运行子系统。其能够对配电设备进行各种操作，并实时反映操作结果。

（3）浏览、查询子系统。查看当前电网状况，完成各种查询、统计、分析。

从宏观角度看，GIS 呈集成—分散—再集成—再分散这样一个螺旋上升规律发展。具体地讲，在 GIS 发展初期，由于技术水平所限，GIS 软件只是一些满足某些功能的小模块，并没有形成完整的系统；随着理论和技术的发展，各种 GIS 模块趋向集成化，逐步形成大规模 GIS 开发平台，称为集成式 GIS，主流产品如 Arc Info、MapInfo、GenaMap 等。集成式 GIS 的优点在于其集 GIS 各项功能于一体，形成了功能完整的系统；缺点在于系统复杂、庞大、成本高，不易与其他系统集成。

继集成式 GIS 后出现了模块化 GIS，如 Intergraph 的 MGE 等。模块化 GIS 是按照功能将 GIS 划分为一系列模块，同时又运行于统一的基础平台之上。模块化 GIS 的模块被有目的地划分，因此模块化 GIS 具有较强的针对性，便于开发和应用，用户可以根据需求选择所需模块。但模块化 GIS 同样很难与其他系统集成以形成有效、无缝的 GIS 软件。

针对以上两种模式的缺点，提出了核心式 GIS。核心式 GIS 被设计为操作系统的基本扩展。核心式 GIS 提供了一系列动态连接库（DLL），因此，可采用高级编程语言通过应用程序接口（API）访问内核所提供的GIS功能来开发GIS应用系统。另外，实现各种功能的动态连接库可以被重组和拆分，核心式GIS提供的动态连接库更底层的组件化方式能给用户提供更大的灵活性。但是，由于核心式GIS提供的组件过于底层，给开发者带来一定难度，也不适应当今可视化及面向对象程序设计的潮流。

随着计算机软件技术的发展，组件化方式使GIS发展到了一个全新的阶段，产生了组件式GIS（Component GIS，ComGIS）。组件式GIS基于标准的组件式平台，各个组件之间不仅可以自由、灵活地重组，而且具有可视化的界面和使用方便的标准接口。组件式平台主要有以下两种：

（1）Microsoft的COM（Component Object Model，组件对象模型）/DCOM（Distributed Component Object Model，分布式组件对象模型）。

（2）OMG的CORBA（Common Object Request Broker Architecture，公共对象请求代理体系结构）。

基于COM/DCOM，Microsoft推出了ActiveX技术，ActiveX控件是当今可视化程序设计中应用最为广泛的标准组件。目前，组件式GIS大都是ActiveX控件或者其前身OLE控件。

组件式GIS不需要专门的GIS二次开发语言，只需实现GIS的基本功能函数，按照Microsoft的ActiveX控件标准开发接口。这有利于减轻GIS软件开发者的负担，而且增强了GIS软件的可扩展性。GIS应用开发者只需熟悉基于Windows平台的通用集成开发环境，以及组件式GIS各个控件的属性、方法和事件，就可以完成应用系统的开发和集成。目前，可供选择的开发环境很多，如Visual C＋＋、Visual Basic、Visual FoxPro、Borland C＋＋、Delphi、C＋＋Builder以及Power Builder等。

第八节　自动抄表计费

配电管理的重要任务之一是需求侧管理。提高需求侧管理水平和效益的重要措施是支持与电力用户的互动、实行动态实时电价、实现远程自动抄表计费等。

传统抄表方式是人工抄取用户电能表数据，不可避免地存在以下问题：抄读数据存在误差，操作难以规范化，数据采集不及时、耗费人工多、成本高、效率低，也难以实现与用户的互动和动态实时电价。远程自动抄表计费系统将用户电能表计量数据自动抄收采集，利用公用电话网络、低压配电线载波或负荷控制信道等传输到供电营销部门的计算机电能计费管理中心进行处理，用户也可以通过它参与用电权选择。远程自动抄表计费成为配电自动化系统的重要组成部分。

一、电子式电能表

传统的机械式电能表也称感应式电能表，其制造技术已相当成熟，价格较低并且经久耐用，特别是这类电能表对电源瞬变及各种频率的无线电干扰不敏感。但由于受其原理和结构等因素的制约，要进一步提高机械式电能表的测量精度是困难的。此外，随着用电量的增长及能源供需矛盾的加剧，电能管理成为实现计划用电、合理配电和提高电网负荷率的重要手段，而功能单一的机械式电能表已不适应现代电能管理的要求。

在机械式电能表基础上发展起来的机械电子式多功能电能表，给现代化电能管理带来许多方便，但是其测量精度仍不能突破机械式电能表的水平，且功能不够丰富。从结构上，机械电子式多功能电能表可分为整体式和分体式两种类型。整体式机械电子式多功能电能表是将电路集中在表壳内，其突出优点是外观整洁，安装方便，密封容易，但会对原机械式电能表的性能有轻微影响。分体式机械电子式多功能电能表因为部分电路安放在表外，对原机械表的性能影响小，且便于对机械表进行调整和维护，但是结构上不如整体式表整洁，安装也不如整体式表方便。

电子式电能表因其没有机械转动部分和计数机构，又称之为静止式电能表或固态电能表。电子式电能表与机械式电能表相比，除具有测量精度高、性能稳定、功耗低、体积小和质量轻等优点外，它还可以实现更丰富的功能，如复费率、最大需量、有功电能和无功电能记录、失电压记录、事件记录、负荷曲线记录、功率因数测量、电压合格率统计和串行数据通信等。

电子式电能表对用户用电采样方式主要有两种形式：一种是用互感器采样，另一种为直接采样。用互感器采样即利用电压互感器和电流互感器分别来采集用户的电压信号和电流信号；直接采样则是用热稳定性高的电阻分压网络来取得电压信号，而用电阻温度系数非常小的锰铜片进行电流直接采样。用互感器采样，启动电流、线性范围、功耗和精度等指标皆不如直接采样有优势，尤其是小电流时更为突出。例如，额定电流为20A时，直接采样的启动电流为20mA，互感器采样的启动电流为40mA。又如，采用专用的锰铜片进行直接电流采样的全电子电能表误差可调整到+0.5%，而采用电流互感器采样，由于励磁电流存在，若不采取补偿措施，互感器本身误差就可能超过5%。用互感器采样的优点是抗干扰性较强，线路简单，成本低。

根据转换原理，电子式电能表可分为热电转换型、模拟乘法器型和数字乘法器型三类。

1. 热电变换型电子式电能表

典型的热电变换型电子式电能表是通过热电转换电路，使热电偶的输出与平均功率成正比，从而达到计量目的的。与其他类型的电能表相比，热电变换型电子式电能表能在很低的功率因数和波形畸变严重的情况下获得精确的测量结果。

2. 模拟乘法器型电子式电能表

模拟乘法器主要有时分割乘法器、跨导型乘法器和霍尔效应乘法器三种。

（1）国产表大多采用时分割乘法器方式，时分割乘法器又称为PWM乘法器，它的带宽较小，一般仅几百赫兹，但是其精度可高达0.02级。时分割乘法器实质是一个脉冲宽度和幅度调制器，其输入的电压和电流信号分别对一个脉冲的宽度和幅度进行调制。时分割乘法器的输出就是该脉冲信号的直流分量，它正比于输入电压和电流信号的乘积，反映了输入均功率的情况。

（2）跨导型乘法器一般是由单片模拟乘法器集成电路构成，准确度约为0.5级，工作带宽达数兆赫兹。

（3）霍尔效应乘法器的特点是电流、电压回路各自分开，电路简单，便于检测和校准。但是其灵敏度较低，精度也较差。霍尔效应乘法器的输出反映的是瞬时功率信号，具有很宽的频率响应（0～100kHz），可用于畸变较大的情形。但是霍尔效应乘法器在轻载时误差较大，且零点偏移和温漂较明显。在实际使用当中，必须采取平衡电桥消除零点偏移并采用热敏器件补偿温漂。

3. 数字乘法器型电子式电能表

数字乘法器型电子式电能表是以微处理器为核心，采用A/D转换对来自电流、电压互感器的电流和电压进行交流采样和数字化处理。利用微处理器的强大处理能力，使这种电能表的功能更加丰富，并且能完成许多其他原理的电能表无法完成的功能，如复费率、最大需量和各种统计功能等。采用数字滤波处理后，测量的精度可不受高次谐波影响。这种电子式电能表便于管理串行口，因此特别适合于实现远方抄表。

二、多功能电子式电能表的功能

由于大部分多功能电子式电能表采用了微处理器技术，一般可以具有十余种基本功能，再加上辅助功能，某些型号的产品的功能多达上百种。

多功能电子式电能表的功能可分为以下几类。

1. 用电计测功能

用电计测功能包括累计计量和实时计量两类功能。

(1) 累计计量：累计双向供电的有功电能、无功电能和视在电能的消耗量。其他累计功能还有累计掉电时间、累计掉电次数和累计超过功率时间等。

(2) 实时计量：实测各相电流、相电压及线电压和三相有功功率、无功功率、视在功率和功率因数，以及供电频率等。

2. 监视功能

监视功能可设计成有最大需量设定和监视（计算窗口通常为15min，滑差为1min）和防窃电监视等。其他功能还有缺相指示、断电、恢复供电时间记录和电压异常报警等，以确保用电安全。

3. 控制功能

控制功能主要包括复费率分时计费的时段控制，有的电能表还具有负荷控制功能。

4. 管理功能

管理功能主要包括按时段/费率进行计费、抄表以及组网管理等，电费费率可根据日负荷峰谷期或季节、星期日或特殊节假日而有所不同。

5. 存储功能

将一段时间采集到的各项参数及事件打上时标存储在存储器中，并做到掉电仍不消失。

6. 自恢复与自检测

对于基于微处理机的多功能电能表，应加监视定时器（WDT）以确保其在程序出现异常导致死机后，能够及时复位电能表，同时还要尽可能地通过程序进行硬件部分的自检测。

三、全电子式预付费电能表

预付费电能表是先购电后用电的电能表，完全按照市场商品交换的原则进行。随着市场经济发展完善，采用预付费电能表实行先付费、后用电更有现实意义。预付费电能表发展已经历了投币式、磁卡式、电卡式、IC卡式、射频式及直接购电式六个阶段。目前，IC卡式预付费电能表占据着市场的主流，但由于IC卡表存在着一个面向用户完全开放的插口，用户可用多种方法攻击IC卡而造成死机，数据混乱。此外由于受到成本限制，IC卡使用的密码容量有限，而容易解密，出现伪造窃电。直接购电式预付费电能表，需要用户到供电营业部门去买电，而供电营业部门采用远控或手持售电机，将购电量直接注入到用户的电能表内，用户表头可显示出购电数。当显示电量减到一定值时，可发出光（或声）报警，提示用户购电；否则，当电量用完时会立即断电。直接购电预付费式表不仅用于电能表，同时也可用于水表、气表等。它完全可取代 IC 卡式表，且售价也将低于 IC 卡表，具有很好的市场前景。

四、自动抄表技术（AMR）

自动抄表有本地自动抄表和远程自动抄表两种方式。

（1）本地自动抄表主要采用携带方便、操作简单可靠的抄表微机来自动完成抄表编程工作。而操作简单方便的首选信息媒体就是红外线，它能够非接触地完成数据传输，且实现起来方便可靠。可以利用本地总线将某一区域内电能表的各项数据集中到抄表集中器，再用便携电脑或其他远程通信手段将数据抄回。

（2）远程自动抄表系统是指管理人员可以坐在远距表的办公室里，应用微机通过公共电话网络、负荷控制信道或低压配电线载波、光纤等作为通道，将电能表的数据自动传输到计算机电能计费管理中心进行处理。自动抄表技术在 20 世纪 80 年代诞生于美国，90 年代初引进到我国，近几年来国内城市供电 AMR 技术发展迅速。

在功能上也不局限于远程抄表计费功能，根据国际电工委员会 IEC 62051-9 系列标准，它同时还应具有监测供电运行状态报警、电量冻结功能、参数设置、负荷控制、自定义等功能。

远程自动抄表系统不但大大降低了劳动强度，而且还大大地提高了抄表的准确性和及时性，杜绝了抄表不到位、估抄、误抄、漏抄电表等问题。远程自动抄表系统不仅适用于工业用户，也可用于商业服务和居民用户。

远程自动抄表系统主要包括，具有自动抄表功能的电能表、抄表集中器、抄表交换机和中央信息处理机四部分，如图 6-42 所示。抄表集中器是将多台电能表连接成本地网络，并将它们的用电量等数据集中处理的装置，其本身含有特殊软件，且具有通信功能。抄表交换机是当多台抄表集中器需再联网时采用的设备，它可与公用数据网接口，有时抄表交换机和抄表器也可合二为一。中央信息处理机是利用公用或专用数据网，将抄表集中器所集中的电

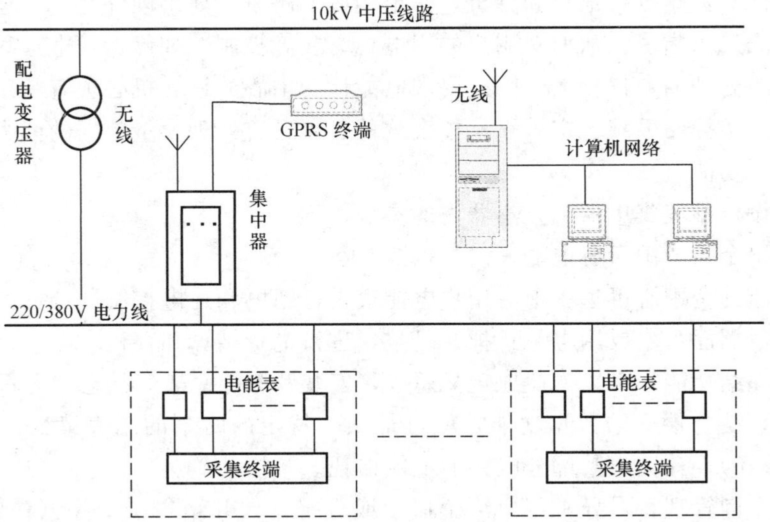

图 6-42　远程抄表系统结构图

表数据抄回并进行处理的计算机网络。

1. 采集终端

采集终端是系统的数据收集单元，直接采集电能表数据，数据终端中的数据将被送到集中器，然后送回到控制中心。

采集终端主要功能及特点如下：

（1）可同时对16路或32路电能表的电能量信息进行采集。

（2）与集中器、手持机、便携机通信，进行电能量的传递及命令的接收。

（3）可通过电力线载波或RS-485接口，与数据集中器构成自动抄表网络。

（4）采样灵活，可采样多种电能表、脉冲电能表、机械电能表（需装光电采集头）。

（5）具备掉电保护功能，断电情况下，数据可以保持十年不丢失。

（6）可记录断电时间与掉电小时数，提供供电可靠性依据。

（7）能锁存整点数据，以供供电企业进行数据分析。

（8）现场具备RS-232通信功能，可将数据通过RS-232接口直接传回便携机。

2. 集中器

抄表集中器是汇聚电能表电量数据的装置，由单片机、存储器和接口电路等构成。集中器将远程抄表系统中的电能表的收据进行一次集中后，再通过电力载波或其他方式将数据继续向上传送。抄表集中器可以处理来自脉冲电能表的输出脉冲信号，或通过RS-485方式读取智能电能表数据，它通常具有RS-232、RS-485或红外通道用于与外部交换数据。电力载波通道一般采用半双工方式，调制后的载波信号需经过功率放大再耦合到电力线上，接收载波信号经耦合后，需进行放大处理后，才能送CPU存储器用来存放电能表数据。目前，有成熟的集中器可以管理2000块及以上的电能表。

3. 电能计费中心的计算机网络

电能计费中心的计算机网络是整个远程自动抄表系统的管理层设备，通常由单台计算机或计算机局域网再配合相应的抄表软件构成。所有用户的用电信息通过信道汇集到这里，管理人员利用软件对数据进行汇总和分析，作出相应的决策。如果硬件允许，还可直接向下级集中器或电能表发出指令，从而对用户的用电行为实施控制，如停、送电远程操作。

由于抄表要处理的数据量大，因此要求电能计费中心的计算机必须有一定的运算和存储能力。软件上要求操作系统稳定可靠，抄表软件必须具有处理大量数据的能力。典型的抄表软件应具有如下功能：

（1）远程设定抄表集中器和采集器内的参数。

（2）抄收整个系统中所有电能表的数据。

（3）使电能计费中心可远程地对用户电能表进行断电和送电控制。

（4）运行数据库可生成用电量日报、月报，进行电费结算和存档。

（5）电量冻结功能，可以方便地定义总表，安装和删除总表，给总表分配分表。通过安装适当的总表，结合抄冻结数据功能，就可得某一特定的时刻的总表读数，各分表的读数（由此得到读数和），计算出某部分电路的电能损耗。

（6）进行查询管理，对异常用户给予提示或告警，如开箱告警、停电告警、逆相告警、超温告警、过载告警等。

4. 远程自动抄表系统的传输通道

在远程自动抄表系统中，通常采用RS-485、低压配电线载波等方式，实现电能表到抄表终端，以及抄表终端到抄表集中器的通信。而抄表集中器到电能计费中心的计算机系统之间的通信可以有多重选择，一般采用电话线或无线电台方式传送，也有通过闭路电视网和Internet传送数据；还可以就利用配电自动化的通信通道（如光纤、有线等）传送用户电能信息。GPRS技术是当前自动抄表系统中的热点，它的优势是借用移动通信现成的通信平台，不需要用户自己维护和管理。

电力线载波通信，是将信息调制为高频信号（一般为50～500kHz）并叠加在电力线路上进行通信的技术。其优势是利用电力线作为通信信道，不必另外铺设通信信道，大大节省投资和维护工作量，可灵活实现"即插即用"。目前，国内10kV以上电压等级的高压电力线载波技术已经较成熟，但低压电力网络上的载波通信还未能达到令人满意的水平，这在一定程度上制约了电能计量自动抄表技术在我国的实际应用。其原因在于低压电器电磁兼容性的控制尚不十分严格，且对低压电力线上存在的电磁污染的治理也有待提高，造成低压电力线上干扰大，影响了载波通信的质量；另外，用户负载千变万化造成网络传输特性复杂多变，难以用准确的数学模型加以表征。因此，抗干扰是低压电力线载波技术必须克服的问题。随着对扩频技术研究的深入，低压电力线载波中干扰大的问题逐步得到解决，因此，低压电力线载波通信方式在电能计量自动抄表技术中的应用有逐步推广的趋势。

随着新一代移动通信业务的发展，无线移动数据通信的应用也越来越广泛，通用无线分组业务GPRS（General Packet Radio Service）无线网络为电力系统提供了简单高效的通信传输手段。GPRS系统可提供广域的无线IP连接。在移动通信公司的GPRS业务平台上构建电力远程抄表系统，实现电能表数据的无线数据传输具有可充分利用现有网络，缩短建设周期，降低建设成本的优点，而且设备安装方便、维护简单。

典型远程自动抄表是系统由电能表和抄表集中器、GPRS终端、监控中心三大部分组成。各用户电能表数据通过RS-485传到抄表集中器，抄表集中器通过RS-232/RS-485串口与GPRS数据终端连接，电能表数据经过协议封装后发送到移动通信的GPRS数据网络，通过GPRS数据网络将数据传送至电能计费管理中心，实现电表数据和数据中心系统的实时在线连接。

5. 自动抄表的安全性

自动抄表的安全性主要包括自动抄表过程的安全性和电能计费中心的计算机网络安全性。电能计量自动抄表系统的抄表过程是分散的采集器、集中器与中心处理站间交换数据的过程。通信中既要保证所抄数据的安全、可靠传输，又必须确保中心处理子系统不会受到来自传输网络的意外攻击。

电能计费中心的安全性主要是指其包含的计算机网络安全性，主要的安全隐患来自以下四个方面：黑客、病毒、合法人员的失误和网络系统自身的脆弱性。保护及防范的措施是综合运用密码技术、身份验证技术、访问控制技术、防火墙技术、安全内核技术、网络反病毒技术、信息泄漏防治技术、网络安全漏洞扫描技术和入侵检测技术等。密码技术是最基本的安全技术，其原理是利用加密算法对数据进行加密。所谓密码实际上是含有一个参数k的变换，即$C=EK(m)$。其中m是明文；C是密文；EK是含有参数k的变换，参数k称作密钥。目前加密技术主要有两大类：一类是基于对称密钥加密的算法，也称私钥算法；另一类是基于非对称密钥的加密算法，也称公钥算法，例如椭圆曲线法、DH 算法和 RSA 算法。

远程自动抄表系统的网络化结构，易于实现电能的分层、分区、同时的采集和计量分析，从而实现查漏电、反窃电功能，也方便于用户电能分时计价制或动态实时计价制的实施。

从技术和现代城市用户管理需求看，远程自动抄表系统不仅可用于电能表的抄表，也可以同时实现水、电、燃气和供热量四表集抄和远程传输，从而提高系统综合应用价值，适应智能小区、智能建筑等对用水、用电、用燃气、冬季供热计费和管理的需求。

思考题

1. 配电管理系统（DMS）有哪几部分组成？它和能量管理系统（EMS）系统相比较，有哪些类似之处？有哪些特点？

2. 什么是馈线自动化（FA）？它包括哪些内容？

3. 重合器和分段器是如何配合以实现故障隔离的？试分析其优缺点。

4. 配电网络重构建模中，目标函数有哪几种？约束条件是什么？

5. 变电站综合自动化系统特征主要表现在哪几个方面？

6. 智能变电站有哪些特点？智能一次设备与传统的一次设备有什么不同？

7. 什么是分布式发电？什么是微电网？

8. 微电网应用有哪些方面的好处？

9. 什么是微电网的主从控制策略，什么是微电网的对等控制策略？它们各有哪些优势？

10. 试分析配电 GIS 系统的主要功能及其在配网自动化和配电管理中的应用。

11. 简述电子式电能表的各种基本功能和辅助功能。

12. 试从远程自动抄表系统的结构分析制约其大范围推广应用的瓶颈。

13. 在低压配电网络上进行载波通信与高压输电网络载波通信相比较有哪些特殊问题？

14. 本章有不少概念和内容与第五章的表述有些类似，请分别将它们列出，并对比分析它们的异同点。

第七章 电力系统安全自动装置

第一节 概 述

电力系统安全自动装置是电力系统安全、稳定运行的可靠保证。现代电力系统的特点是大机组、高电压、大电网、交直流远距离输电、电网互联，因而其结构复杂，覆盖不同环境的辽阔地域。这样，在实际运行中，自然灾害的作用、设备缺陷和人为因素都会造成设备故障和运行条件发生变化，因而电力系统还会出现各种非正常运行的状态。运行中出现非正常运行状态，若处理不及时或处理不正确就会影响电力系统的安全、稳定运行，甚至造成大面积停电；局部发生的故障，如处理不当，会影响整个电力系统。随着发电机单机容量及电力系统容量的不断扩大，对运行水平的要求越来越高。只有借助安全自动装置的帮助，才能达到现代电力系统要求的运行水平。

一、安全自动装置的作用

电力系统安全自动装置是实现电力系统紧急控制的执行工具，我国自 20 世纪 50 年代起，为正确、迅速处理事故，设计出一种装置，延伸、补充继电保护的功能，能在消除事故的第一阶段——继电保护操作断路器切除电网故障区段之后，自动担负起消除事故的第二阶段任务，即消除电网设备切除引起的不良后果，诸如线路或设备过负荷、系统解列、频率下降、电压衰落等现象。电力系统安全自动装置随即在我国各电力系统得到推广和应用。这类装置统一被称为安全自动装置，或称为电力系统采取的安全稳定控制。国际大电网会议（CIGRE）和美国电气与电子工程师学会（IEEE）又称之为特种保护方式。

尽管电力系统一直注重提高运行人员和工作人员的思想素质和业务素质，以避免人为失误造成的设备故障和系统扰动。但发电厂和变电站的误操作和误入带电间隔的事故还是时有发生。实践证明，要完全避免人为造成的故障和扰动是不可能的。要保证电力系统的安全，除了装设保证电力系统稳定运行的安全自动装置外，还应该装设防止人为造成的故障和扰动的安全自动装置。

保证电力系统稳定运行的安全自动装置又分为用于紧急状态的稳定控制安全自动装置和用于恢复状态的安全稳定控制的自动装置。

1. 用于紧急状态的稳定控制

当电力系统故障设备已被切除，但电力系统的扰动仍不收敛的紧急情况下，通过检测系统状态变化，系统将出现按预先的计算或运行经验得出的事故扩大。为避免出现这种扩大，在事故尚未发展到不能挽救之前所采取的措施，如自动重合闸、投入电气制动、远方切除发电机、快关汽轮机汽门、自动调节励磁、远方切除负荷、环网解环、自动解列、自动投入备用电源，投入电容器或低压电抗器、串联电容补偿等。这些措施有的是对设备和系统都有利的控制，有的是牺牲局部以保全系统整体的措施。

2. 用于恢复状态的安全稳定控制

电力系统已脱离紧急状态，但系统仍不正常，靠系统本身能力无法恢复正常状态，必须依靠加装的安全自动装置，将系统迅速恢复至正常状态，否则系统的不正常状态不会维持多久，系统的状态将恶化到不可收拾。安全自动装置检测系统异常的参数，发出动作指令，采取相应措施，如发电机组的并列或功率调整，水轮发电机低频自启动，抽水蓄能机组变发电，调相运行机组变发电，低频减负荷，低压减负荷，解列厂用电等，通过采取这些措施使电力系统恢复频率，恢复电压，消除过负荷，恢复稳定性。

防止人为造成的故障和扰动的安全自动装置包括微机防误操作装置、人体触电的剩余电流保护装置、火灾报警自动灭火系统、发电厂及变电站的遥视等。

安全自动装置的内容很多，本章将重点介绍又称低频减载装置（低周减负荷装置）、自动解列装置、自动重合闸装置、故障录波器装置等。

二、对电力安全自动装置的基本要求及配置原则

1. 基本要求

（1）可靠性。电力安全自动装置较继电保护装置更强调可靠性，所选用的电力安全自动装置的技术指标及抗干扰的能力应满足有关技术标准。

（2）适应性。为满足不同时期电网发展要求及不同的控制要求，所选用的装置应有一定的适应性，装置的硬件、软件按功能应系列化、模块化，便于功能扩充或功能修改。

2. 电力安全自动装置的配置原则

（1）电力安全自动装置应尽量采用分散式就地控制装置，以减少对通道的依赖。必要时也可用区域型分散决策方式。

（2）装置在满足其主要功能的前提下，应尽量简化。一些后备功能（如振荡解列等）不要与安全稳定控制装置主功能合在一起，以免使安全稳定控制装置本身过分复杂又达不到冗余后备控制的目的。

3. 采用区域性电力安全自动装置应注意的问题

（1）区域性电力安全自动装置的方案制定。要做好一个区域系统安全自动装置的专题设计，首先应根据系统设计和规划等基础资料，对所研究的系统进行分析归类，对负荷情况及通信通道组成情况应充分了解，根据本系统的特点，有侧重、有目标地进行系统安全自动装置的稳定计算、制定策略表和方案论证。

（2）通信通道。安全自动装置作为电力系统的“特殊保护”，通信通道和通道接口装置是极其重要的环节。因此，安全自动装置的通道和通道接口装置的安全性和可靠性标准应不低于远方保护通道和接口装置。安全自动装置通道分为命令通道和数据通道，所有命令通道均为双向工作，用于主站向子站下达命令和子站向主站传送主要开关量信息，根据电网的实际情况和技术、经济等因素，考虑到稳定控制系统并不是采集所有子站的全部信息，仅在几个关键子站与主站之间设置数据通道。通道接口装置最好采用安全性高的数字式接口装置，受条件限制必须用载波通道时，也可采用音频接口装置或收发信机。安全性较好的微波和光纤通道可采用“二取一”方式，若需要也可采用“二取二”方式，载波通道最好采用“二取二”方式，特殊情况可转为“二取一”或“一取一”方式。

第二节　自动低频减负荷装置

一、频率降低对电力系统的影响

电力系统的频率是有功功率平衡状况的标志，维持功率平衡问题可归结为维持额定频率问题。电能有两个主要的质量指标——电压和频率，电力系统正常运行时，要求电压和频率符合标准。当电力系统中具有有功旋转储备容量时，频率和功率的调节，能使系统维持预定的频率水平。如旋转储备容量用尽，由于断开部分发电机组或接通新用户引起的有功功率缺额，将导致电力系统频率的降低。电压和频率若偏离额定值过大，不仅对电气设备本身有不利影响，对各类用户用电也有很大影响，如效率降低、残次品率上升等，同时也给发电厂和电力系统造成很大的威胁。频率下降过多对系统（特别是火电厂）有以下三方面的威胁：

（1）轻微的频率下降（≤0.1Hz），虽然能使经济指标变差，但对电力系统的正常工作，没有危害性。频率下降大于1～2Hz，将会产生严重的危害，并可能导致电力系统工作的全面混乱。首先是频率降低时电动机转速下降，紧接着是电动机拖动的火力发电厂厂用机械功率的下降。例如，当频率下降3～4Hz时，循环水泵向冷凝器的供水就会减少20%～40%。在这种情况下，给水泵几乎完全停止给锅炉供水。由于厂用机械的功率降低，火力发电厂发出的功率急剧下降（尤其是高汽压电厂），从而使电力系统的频率继续降低。于是将产生一个崩溃过程——“频率崩溃”，可能引起电力系统的全面瓦解。

（2）系统频率降低引起发电机转速下降，电动势降低，发电机发出的无功功率减少，系统电压随之降低；电压下降是因为与主发电机装在同一轴上的励磁机的转速减小的缘故。如果发电机和同步调相机的励磁调节器不能维持电压，则同样能发生一个崩溃过程——“电压崩溃”，因为电压降低使无功功率的消耗增加了，从而使电力系统的情况进一步恶化。

（3）持续性的低频率，使得系统中发电机组、变压器以及大量火电厂用电机设备效率降低损耗增大，增加了设备维护工作量甚至影响其使用寿命。特别是，当系统频率长期低于49.5Hz运行时，火电厂某些汽轮机的叶片会发生共振；大型汽轮机不能长时间处于低频状态下工作，因为此时有可能使它的工作叶片发生机械损伤，甚至断裂损坏，造成重大事故。

负荷波动导致频率变化，可以通过一次调频和二次调频，调整发电机输出的有功功率，维持系统的有功功率平衡，使系统频率的变化在允许范围内。在电力系统发生事故时，会出现发电功率远远小于负荷功率（出现有功功率缺额）的情况，当缺额量超出了正常热备用的调节能力时，出现低频运行，影响电能质量，甚至破坏系统稳定性。

由于有功功率突然发生大量缺额所引起的电力系统事故性的频率下降非常迅速，往往在几秒钟之内发生。因此，值班人员来不及采取任何措施。为了消除事故状态，应配备有自动装置。为了防止事故扩大，应尽快地使用各电站拥有的有功功率储备容量，并允许将所有旋转机组所带的负荷增加到短时过载极限值。当缺乏旋转储备容量时，恢复电网频率的唯一可行办法是断开部分次要的用户，这就得借助于在电网频率下降到危险程度时动作的专门装置——自动低频减载装置来实现。

应该指出，自动低频减载装置的动作总要造成电力用户的停电损失。虽然如此，自动低频减载装置在电力系统中作为预防措施已被广泛地采用，在频率下降严重且无可调容量时“丢卒保车”，因为若不采取这种消除有功功率缺额的紧急措施，一旦电力系统全面崩溃，就会造成更巨大的损失。

为了保证电力系统的安全运行和电能质量水平，在电力系统中广泛使用按频率自动减负荷装置，当电力系统频率降低时，根据系统频率下降的不同程度自动断开相应的负荷，阻止频率降低并使系统频率迅速恢复到给定数值，从而可保证电力系统的安全运行和重要用户的不间断供电。按频率自动减负荷装置是一种事故情况下保证系统安全运行的重要的安全自动装置。

二、自动低频减载的工作原理

电力系统由于有功功率平衡被破坏而引起频率发生变化，从正常频率状态变化到另一个频率状态的时间历程称为电力系统动态频率特性。系统频率是按照时间的指数规律变化的，其表达式为

$$f(t)=f_{\infty}+(f_{\mathrm{N}}-f_{\infty})\mathrm{e}^{-\frac{t}{T_f}} \tag{7-1}$$

式中：f_{N} 为系统正常额定频率；f_{∞} 为功率缺额后的另一稳态频率；T_f 为系统频率变化时间常数，与系统等值机组惯性常数以及负荷调节效应系数 $K_{\mathrm{L*}}$ 有关，一般 $T_f=4\sim12\mathrm{s}$。

如图 7-1 所示，在电力系统频率的下降过程中，按照频率大小的顺序安排了几个计算点 f_1，f_2，…，f_n。这些计算点就是按频率自动减负荷装置的“级”。图 7-1 说明，故障发生前，系统频率稳定在额定值 f_{N}；假定在点 1 系统发生了大量的有功功率缺额，系统频率随之急剧下降。当频率下降到 f_1（图 7-1 中点 2）时，第一级频率继电器启动，经一定时间 Δt_1（包括装置的动作时间和断路器的跳闸时间）后，断开一部分用户（图 7-1 中点 3），这就是第一次对功率缺额进行的计算。如果功率缺额比较大，第一次计算并不能求到系统有功功率缺额的数值，那么频率还会继续下降。很显然，由于切除了一部分负荷，功率缺额的数值已经减小，所以频率将按 3-4 的曲线而不是按 3-3′曲线继续下降。当频率下降到 f_2（图 7-1 中点 4）时，自动低频减载装置的第二级频率继电器启动，经一定时间 Δt_2 后，又断开了接于第二级频率继电器控制的用户（图 7-1 中点 5），进行了第二次计算，再看看系统有功功率缺额能不能得到补偿。在图 7-1 的情况下，当第二级断开其所接的用户以后，频率开始沿 5-6 曲线回升，最后稳定在 f_{∞}（2），也就是说，前两次计算出了功率缺额的大致范围。如果第二级动作后，断开的用户功率依然不是系统缺额功率的数值，那么频率还会继续下降，并通过 f_3、f_4，…，的实际断开，进行一次又一次的计算，一直到找到系统功率缺额的数值，同时也断开了相应的用户，即系统频率重新稳定下来或出现回升时，这个过程才

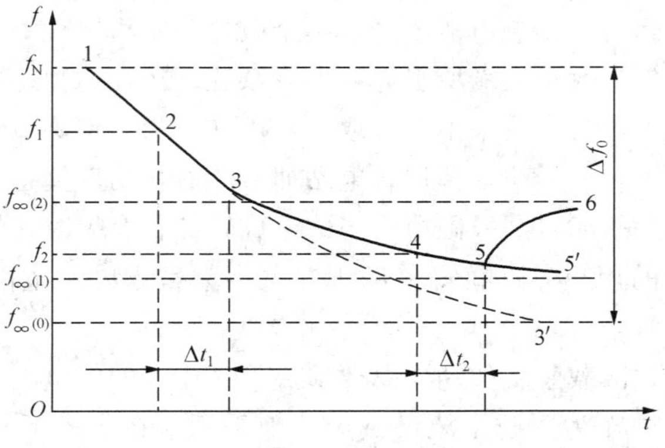

图 7-1 电力系统频率的变化过程

会结束。由此看来，按频率自动减负荷装置实质上是应用了“逐次逼近”的计算方法，迅速及时地计算出系统的功率缺额，并逐级断开相应的用户，以达到系统频率的稳定，达到值班人员可以从容处理的目的。

三、最大功率缺额的确定

按上述原理工作的自动减负荷装置，必须保证在系统发生最大可能的功率缺额时，也能断开相应的用户，避免系统的瓦解，使频率趋于稳定。因此，确定最大功率缺额是按频率自动减负荷装置正确动作的必要条件。

对系统中可能发生的最大功率缺额应作具体分析：有的按系统中断开最大容量的机组来考虑，有的要按断开发电厂高压母线来考虑等。如果系统有可能解列成几部分运行时，还必须考虑解列后各部分可能发生的最大功率缺额，这时系统的最大功率缺额应按各部分最大功率缺额之和来考虑。

系统功率最大缺额确定以后，就可以考虑接于按频率自动减负荷装置上的负荷的总数。因为在自动减负荷动作后，并不希望系统频率完全恢复到额定频率 f_N，而是恢复到低于额定频率的某一频率数值 f_{hf}约为 49.5～50Hz 之间。考虑负荷调节效应后，接于自动低频减负荷装置最大可能断开概率 $\Delta P_{L.max}$可小于最大缺额功率 $\Delta P_{h.max}$。设正常运行时系统负荷为 P_{LN}，额定频率与恢复频率 f_{hf}之差为 Δf。根据负荷调节效应系数公式为

$$K_{L*}\Delta f_{hf*}=\frac{\Delta P_{h.max}-\Delta P_{L.max}}{P_{LN}-\Delta P_{L.max}} \tag{7-2}$$

可以得到

$$\Delta P_{L.max}=\frac{\Delta P_{h.max}-K_{L*}P_{LN}\Delta f_{hf*}}{1-K_{L*}\Delta f_{hf*}} \tag{7-3}$$

式中：Δf_{hf*} 为恢复频率偏差的相对值，$\Delta f_{hf*}=\dfrac{f_N-f_{hf}}{f_N}$。

式（7-3）中所有功率都是额定频率下的数值。

【例 7-1】 如图 7-2 所示，某电力系统的用户总功率为 $P_{LN}=2800$MW，系统最大的功率缺额为 $\Delta P_{h.max}=900$MW，负荷调节效应系数为 $K_{L*}=2$，自动低频减负荷动作后，希望恢复系统频率值为 $f_{hf}=48$Hz，计算接入减负荷装置的负荷总功率 $\Delta P_{L.max}$。

解　减负荷装置动作后，残留的系统频率偏差相对值为

$$\Delta f_{hf*}=\frac{50-48}{50}=0.04(\text{Hz})$$

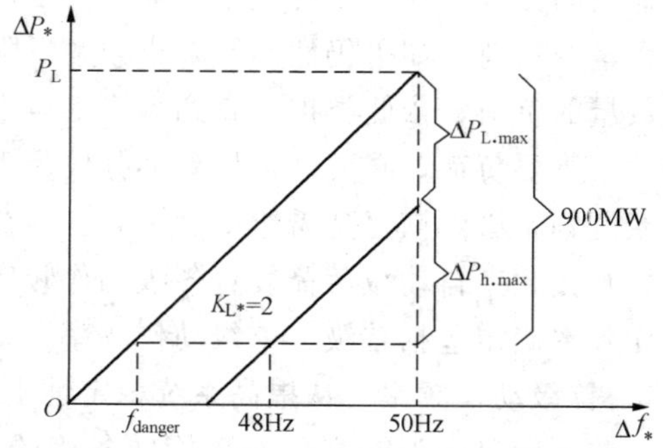

图 7-2　算例的说明图

由式（7-3）得

$$\Delta P_{L.max}=\frac{900-2\times0.04\times2800}{1-2\times0.04}=734(\text{MW})$$

四、自动低频减载的动作时限

为了防止在电力系统发生振荡或电力系统电压短时间下降时 ZPJH 装置误动作，要求 ZPJH 装置能带有一些时限，但时限太长，将使系统发生严重事故时，频率会危险地降低到

临界值以下。因此一般时限可以取为0.2～0.3s。参加自动减载的一部分负荷允许带稍长一些的时限，例如带5s时限，但是这部分负荷功率的数量必须控制在这样的范围内，即其余部分动作以后，保证系统频率不低于临界频率45Hz。

以上所述的一些计算方法不是绝对的，各电力系统结合具体情况可以有不同的处理方法。例如有的系统减少自动减负荷的轮数，每轮带大量的用户功率，同一轮中不同用户用时限加以区别。有的大容量系统不考虑很严格的自动减负荷的频率选择性，各轮的动作频率相差很小，把自动减载的轮数分得很多，各轮的断开功率也选得较小等。这样实现起来比较简单，对大容量系统并不会带来其他矛盾。

五、对自动低频减载的要求

1. 对自动低频减负荷装置的基本要求

当电力系统出现有功功率缺额时，由负荷调节效应与按频率自动减负荷装置共同起作用，可以保证系统的稳定运行，具体实施中对按频率自动减负荷装置提出了一些基本要求。

(1) 按频率自动减负荷装置动作后，系统频率应回升到恢复频率范围内。事故情况下，按频率自动减负荷装置动作后使系统频率恢复到一定值是为了防止事故扩大。一般要求系统频率恢复值低于系统额定频率，剩下的恢复由运行人员完成。由于系统事故时功率缺额差异较大，考虑装置本身误差，只要求系统频率恢复值到规定范围即可，我国电力系统规定恢复频率不低于49.5Hz。

(2) 要使按频率自动减负荷装置充分发挥作用，应有足够负荷量接在频率自动减负荷装置上。当系统出现最严重有功功率缺额时，按频率自动减负荷装置配合负荷调节效应，应能使系统频率恢复到恢复频率。

(3) 按频率自动减负荷装置应根据系统频率的下降程度切除负荷。实际电力系统中每次出现的有功功率缺额不同，频率下降的程度也不同。为了提高供电可靠性，同时使按频率自动减负荷装置动作后系统频率不超过希望值，按频率自动减负荷装置切负荷采用分级切除、逐步逼近的方式。即当系统频率下降到一定值时，按频率自动减负荷装置的相应级动作切除一定数量的负荷，如果仍然不能阻止频率下降，则按频率自动减负荷装置下一级动作再切除一定数量的负荷，依此类推，直到频率不再下降为止。应当注意，在分级实现切负荷时，首先切除不重要负荷，必要时再切除部分较为重要的负荷，当按频率自动减负荷装置动作完毕后，系统频率必然恢复到希望值。

(4) 按频率自动减负荷装置各级动作频率确定应符合系统要求。按频率自动减负荷装置的动作频率确定包括首级、末级动作频率，动作频率级差及动作级数的确定。

1) 首级动作频率。从提高系统稳定性出发，按频率自动减负荷装置首级动作频率应确定高一些，但过高不能充分发挥旋转备用的作用，对用户供电可靠性不利。兼顾两方面因素，按频率自动减负荷装置的首级动作频率一般不超过49.2Hz。

2) 末级动作频率。按频率自动减负荷装置的末级动作频率由系统允许的最低频率下限来确定，大于核电厂冷却介质泵低频保护的整定值，并留有不小于0.3～0.5Hz的裕度，保证这些机组继续联网运行；同时为保证火电厂的继续安全运行，应限制频率低于47.0Hz的时间不超过0.5s，以避免事故进一步恶化。

3) 动作频率级差。设 f_i 和 f_{i+1} 分别是 i 级和 $i+1$ 级动作频率，则动作频率级差 $\Delta f=f_i-f_{i+1}$。

4）动作级数。由首级动作频率 f_1 和末级动作频率 f_n 以及动作频率级差 Δf 可以计算出按频率自动减负荷装置的动作级数 N，$N=(f_1-f_n)/(\Delta f+1)$，N 取整数。

5）按频率自动减负荷装置各级的动作时间应符合要求。从按频率自动减负荷装置的动作效果看，装置应尽量不带延时。但不带延时使按频率自动减负荷装置在系统频率短时波动时可能误动作，一般要求按频率自动减负荷装置动作可带 0.15～0.5s 延时。对于某些负荷，按频率自动减负荷装置的动作时间可稍长，前提是保证电力系统安全运行。

6）按频率自动减负荷装置应设置附加级。规程规定，按频率自动减负荷装置动作后应使系统稳定运行频率恢复到不低于恢复频率（49.5Hz）水平。但在按频率自动减负荷装置分级动作过程中可能会出现以下情况：第 i 级动作切除负荷后，系统频率稳定在恢复频率（49.5Hz）以下，但又不足以使得第 $i+1$ 级动作，这样会使系统频率长时间低于恢复频率以下运行，这是不允许的。为了消除这一现象，按频率自动减负荷装置应设置较长延时的附加级，动作频率取恢复频率下限，当附加级动作后，应足以使系统频率回升到恢复频率范围内。由于附加级动作时，系统频率已比较稳定，其动作时限一般为 10～30s（约为系统频率变化时间常数的 3～5 倍），必要时，附加级也可以分成若干级，各级的动作频率相同，用延时区分各级的动作顺序。

2. 自动低频减负荷装置的整定原则

（1）自动低频减负荷装置动作应确保全网及解列后的局部网频率恢复到 49.50Hz 以上，并不应高于 50Hz。

（2）在各种运行方式下自动低频减负荷装置动作，不应导致系统其他设备过载和联络线超过稳定极限。

（3）自动低频减负荷装置动作，不应因系统功率缺额造成频率下降而使大机组低频保护动作。

（4）自动低频减负荷顺序应为先切除次要负荷，后切除较重要的用户。

（5）自动低频减负荷装置所切除的负荷不应被自动重合闸再次投入，并应与其他安全自动装置合理配合使用。

（6）全网自动低频减负荷装置整定的切除负荷数量应按年预测最大平均负荷计算，并对可能发生的电源事故进行校对。

电力系统中装设按频率自动减负荷装置时，应根据电力系统的结构和负荷的分布情况，分散装设在电力系统中相关的发电厂和变电站。

3. 按频率自动减负荷装置误动作原因及防误动措施

按频率自动减负荷装置运行中，可能会有以下几种情况产生误动作：

（1）电力系统中，可能产生一些对电力系统工作并不会构成危害的暂时性频率降低情况，这时，频率自动减负荷装置有可能误动。如由于水轮发电机调速机构动作较慢，若系统中旋转备用以水轮发电机为主，在旋转备用起作用前，按频率自动减负荷装置可能会误动。

（2）供电电源中断，负荷反馈可能使按频率自动减负荷装置误动作。如在装有大型的同步或异步电动机的变电站母线上电源电压暂时消失时，由于负荷反馈的作用，变电站母线电压不是立即消失，而会维持几秒钟时间，并且频率和电压逐步降低，这时，按频率自动减负荷装置可能会误动。

针对上述原因，防止按频率自动减负荷装置误动作的措施如下：

（1）给按频率自动减负荷装置设置适当延时，防止频率短时波动和系统旋转备用起作用前装置误动。

（2）加快继电保护、备用电源自动投入装置、自动重合闸装置等的动作时间，缩短供电中断时间，防止负荷反馈使按频率自动减负荷装置误动作。

（3）增加低电压或低电流闭锁，在供电电源中短时闭锁按频率自动减负荷装置，防止其误动。

（4）采用频率变化率闭锁，即利用系统频率下降的速度区分是有功缺额造成的频率下降，还是负荷反馈时的频率下降。运行经验表明，当频率下降速度 $df/dt<3Hz/s$ 时，可以认为是系统功率缺额引起的频率下降；当 $df/dt\geqslant 3Hz/s$ 时，可以认为是负荷反馈时的频率下降。所以用 $df/dt\geqslant 3Hz/s$ 作为频率变化率判据，当 $df/dt\geqslant 3Hz/s$ 时，闭锁按频率自动减负荷装置，不允许切负荷，当 $df/dt<3Hz/s$ 时，解除闭锁。

（5）采用按频率自动重合闸纠正按频率自动减负荷装置的误动作。由于非功率缺额引起的频率下降，在按频率自动减负荷装置动作后频率上升快，即频率变化率 df/dt 大，而真正功率缺额造成的频率下降，在按频率自动减负荷装置动作后频率回升较慢，所以根据频率变化率 df/dt 进行重合闸，将被误切的负荷重新投入。

六、按频率自动减负荷装置介绍

目前，我国应用广泛的有数字式按频率自动减负荷装置和微机型按频率自动减负荷装置，这两类装置测频原理类似，只是实现方式不同。

下面以微机型按频率自动减负荷装置为例介绍装置的功能及基本工作原理。

1. 功能

（1）正常频率监视。监视频率是否在正常范围。

（2）频率闭锁功能。当系统频率 $f\geqslant 49.6Hz$ 时，闭锁跳闸出口中间继电器。

（3）频率变化闭锁。当 $df/dt\geqslant 3Hz/s$ 时，闭锁跳闸出口中间继电器。

（4）低频率动作。设有四级动作出口，各级动作频率和动作时间分别整定，动作后切除相应负荷。

（5）频率变化量动作。当 df/dt 大于整定值，动作切除相应负荷。频率变化量整定值和动作时间可整定。

（6）低电压和低电流闭锁。在电压和电流小于整定值时，闭锁出口跳闸继电器，并发信号。

（7）装置具有自检、自恢复功能。

2. 硬件结构及原理

图 7-3 为微机型频率装置的原理框图，由 MCS51 系列单片机及外围电路、检测电路、出口电路、整定值输入电路等组成。

输入交流电压 u_i 经变压器隔离降压后，其中一路经低通滤波、测量输入电路（包括方波形成和二分频电路）后到单片机中，该交流信号经方波整形变成频率相同的方波信号，如图 7-4（a）、（b）所示。为防止过零干扰，采用了一定的门槛电压。整形后的方波信号经二分频电路形成单片机的外部中断信号，如图 7-4（c）所示。在图 7-4 中，方波上升沿 t_0 时刻单片机内部计数器开始计数，方波下降沿 t_1 时刻结束计数并申请中断，从 t_0 到 t_1 时刻计数器所需时间即为输入交流电压信号的周期值 T，根据 $f=1/T$，单片机计算出频率 f 值，

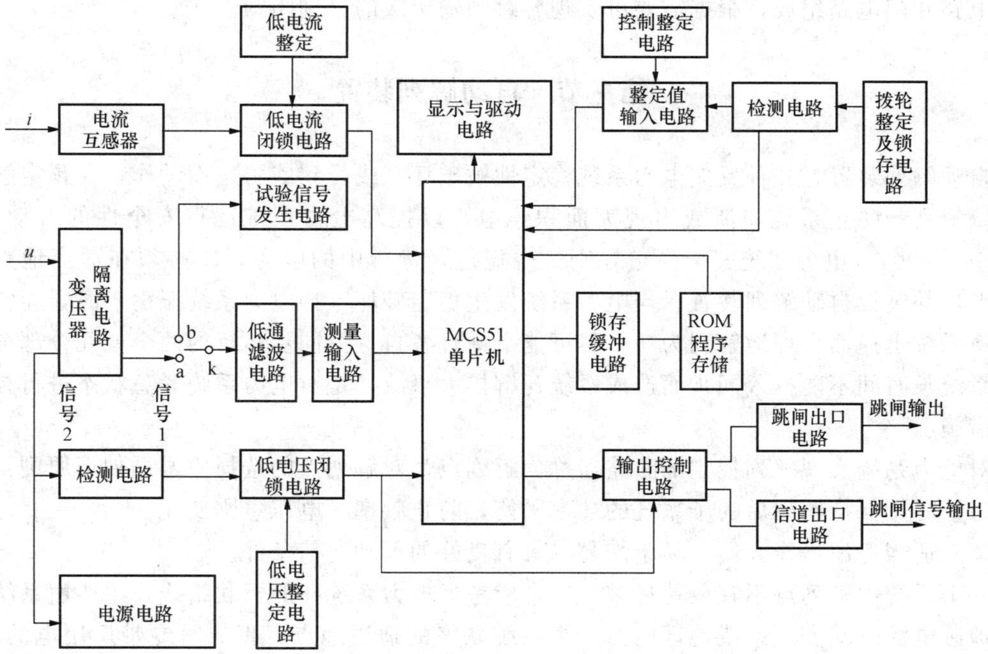

图 7-3　微机按频率减载装置原理框图

然后对 f 值进行中值滤波后与正常监视频率、闭锁频率和整定跳闸输出频率进行比较。与此同时，由单片机计算出 df/dt 值与 df/dt 闭锁整定值和 df/dt 跳闸输出整定值进行比较，以上比较结果由单片机的输出发出输出控制信号的显示信号。同时机内时钟开始计数，随时可根据面板开关设置显示时钟时、分时间。

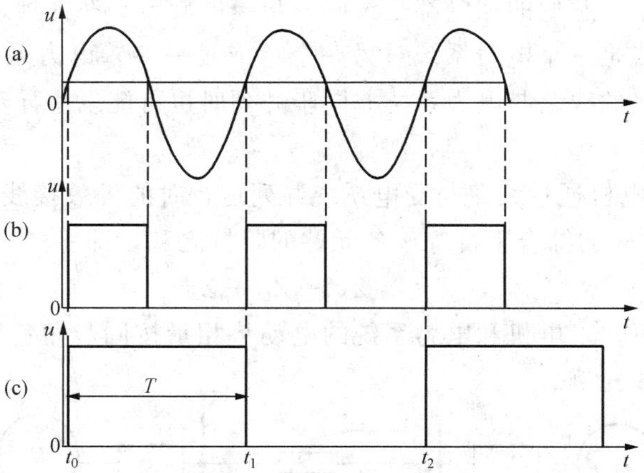

图 7-4　测量输入电路波形图

输入交流电压的另一路至低电压闭锁电路。当输入电压小于低电压整定值时，低电压闭锁电路输出“0”电平，使单片机相应的输出管脚置“0”，同时使输出控制电路输出端呈“高阻状态”，自动闭锁出口跳闸继电器，并发出低电压闭锁信号。

输入交流电流 i_i 经电流互感器隔离，其二次侧接入低电流闭锁电路，该电路由运算放大器电路和门电路组成，根据需要可实现各跳闸输出级的分别闭锁。

第三节　自动解列装置

自动解列装置是一种反应电力系统稳定性被破坏（或受到威胁）而动作，在预定解列点将系统解列，防止系统崩溃或出现大面积停电，以提高电力系统运行安全性的自动装置。DL 755—2001《电力系统安全稳定导则》中规定，运行中的电力系统必须在适当地点设置解列点，并装设自动解列装置。当电力系统发生稳定破坏（如电力系统振荡）时，能够有计划地将系统迅速而合理地解列为功率尽可能平衡且各自保持同步运行的两个或几个部分，可防止系统长时间不能拉入同步而造成系统瓦解扩大事故，是对电力系统紧急状态进行控制的有效措施。

对电力系统实现解列控制的断路器称为解列点，对解列点的选择应遵循如下原则：

(1) 尽量保持解列后的子系统的功率平衡，防止频率、电压急剧变化。

(2) 适当考虑操作方便，易于恢复，具有良好的远动通信条件。

一个系统内解列点不宜设置过多，通常应考虑电力系统间的弱联络线，主要由系统供电的带地区电源终端变电站或地区电源与主系统联络的适当地点，事故时专带厂用电的机组、暂时未解环的高低压电磁网络，在这些场合，设置解列点。

另外，在大型火电厂、核电厂，厂用电系统都应具备独立供电条件，并配置厂用电解列装置。当系统出现严重功率缺额引起频率大幅度降低或大波动时，将厂用电与系统解列，以保证厂用电的电压频率质量，防止厂用电输出功率下降引起的系统频率崩溃。

一、电力系统异步振荡的特征

在正常运行方式下，并列运行的发电机是同步工作的。同步运行的特点是所有发电机的电动势都有相同的频率，它们的相量都是按同一角速度旋转。在并列运行稳定性破坏时，一台发电机对电力系统或是一个电力系统对另一个（或是一些）电力系统产生异步振荡运行。此外，与发电厂相连接的线路与电力系统非同步并列时也可能发生异步运行。异步振荡运行有下列现象和特征。

图 7 - 5 所示为发电机通过线路与受电系统并列运行时的等效接线图。发电机电动势 E_A 和电力系统电压 U_B 之间的综合阻抗等于各元件的阻抗之和，即

$$Z_{\Sigma} = Z_M + Z_L + Z_N \tag{7-4}$$

在正常运行方式下，发电机和电力系统的电动势相量按同步角速度旋转，之间的夹角 δ 与输电线路有功功率成比例。

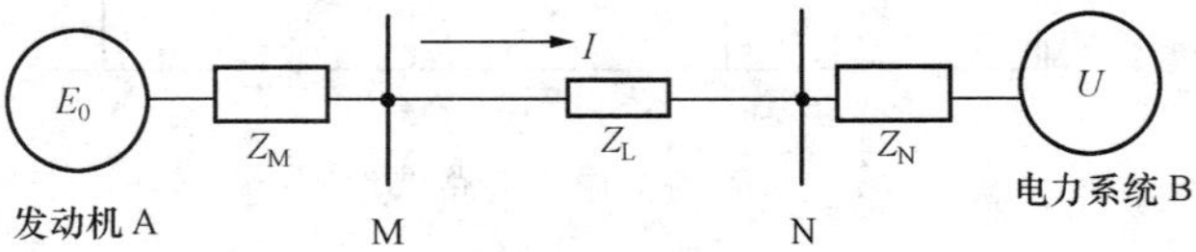

图 7 - 5　系统等效接线图

当并列运行的稳定性遭到破坏时，系统和发电机电动势相量开始以不同频率旋转。旋转频率差或电频率差叫做转差。

$$\omega_s = \omega_A - \omega_B \tag{7-5}$$

$$f_s = f_A - f_B \tag{7-6}$$

式中：ω_s 和 f_s为角速度差和差频；ω_A 和 f_A为发电机电动势角速度和频率；ω_B 和 f_B为系统电动势角速度和频率。

转差一般用 Hz 表示或用额定频率百分比表示

$$f_s\% = \frac{f_s}{f_N} \times 100\% = 2f_s \tag{7-7}$$

式中：f_N 为额定频率（50Hz）。

因此异步运行时异步电动势间的夹角按差频由 0°～180°周期性地变化。

异步运行时转差频率不是常数，而是有变化的。设当 $f_A > f_B$，由于调速器调节作用竭力想恢复原动机的正常旋转频率，也就是发电机电动势的正常频率；结果使发电厂的电动势频率下降。电力系统的电动势，由于系统内有功储备的起用，以及必要时限制用户功率，其频率也在回升。

在不计系统负荷的情况下，在图 7-6 中规定的电流正方向下，有

$$\dot{I} = \frac{\dot{E}_M - \dot{E}_N}{Z_\Sigma} \tag{7-8}$$

$$\dot{U}_M = \dot{E}_N + \dot{I}(Z_N + Z) \tag{7-9}$$

$$\dot{U}_N = \dot{E}_N + \dot{I}Z_N \tag{7-10}$$

式中：$\dot{E}_M$、$\dot{E}_N$ 为 M、N 侧的等值电动势；$\dot{U}_M$、$\dot{U}_N$ 为母线 M、N 上的电压；$\dot{I}$ 为系统振荡电流。

由以上可知，$\dot{I}$ 滞后 $\dot{E}_M - \dot{E}_N$ 的角度为 φ_Σ，φ_Σ 为 Z_Σ 的阻抗角。图 7-6（a）示出了振荡时电流、电压的相量关系，图 7-6（a）中的 OM、ON 为母线 M、N 上的电压 $\dot{U}_M$、$\dot{U}_N$。

在电流、电压相量图中，若将各量均除以 $\dot{I}$，则相量关系相对不变，从而构成图 7-6（b）所示的阻抗相量图。显然，P、N、M、Q 为四定点，由 Z_M、Z_L、Z_N 继电器的测量阻

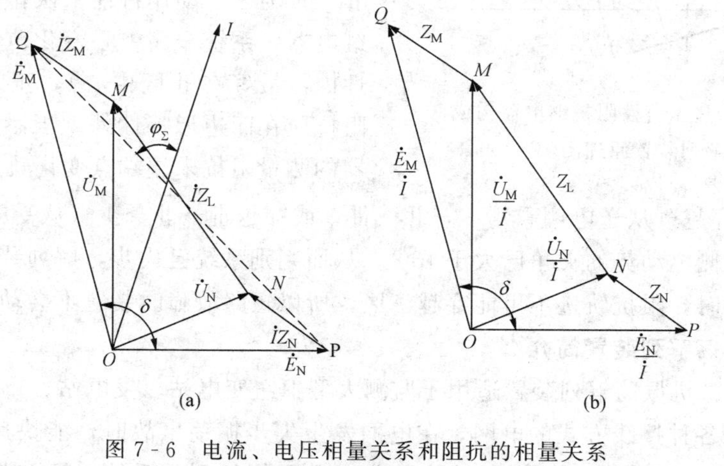

图 7-6　电流、电压相量关系和阻抗的相量关系

（a）振荡时电流、电压相量关系；（b）阻抗相量图

抗$\left(\frac{U_M}{I}、\frac{U_N}{I}\right)$。显然，$O$ 点随 δ 角变化的轨迹即为阻抗继电器测量阻抗末端端点随 δ 角的变

化轨迹，因为

$$\left|\frac{OQ}{OP}\right| = \left|\frac{E_{M}/I}{E_{N}/I}\right| = \left|\frac{E_{M}}{E_{N}}\right| = K \tag{7-11}$$

所以，当 δ 在 0°～360°变化时，若 E_{M}、E_{N} 的比值及保持不变，则问题归结为求一动点（O 点）到两定点（P、Q）距离之比为常数的轨迹。

可以证明，动点 O 的轨迹为直线或圆。当 $K=1$ 时，O 点的轨迹为 PQ 的中垂线；当 $K>1$时，O 点的轨迹为包含 P 点的一个圆；$K<1$ 时，O 点的轨迹为包含 Q 点的一个圆。

在分析 M 侧阻抗继电器的测量阻抗时，阻抗复平面的原点应为 M 点，且 MN 线应处在 Z_{L} 方向上（MN 线与 R 轴夹角等于线路阻抗角 φ_{XL}），当 O 点轨迹落入 M 侧阻抗继电器的动作特性内时，则继电器动作；同样，在分析 N 侧阻抗继电器的感受阻抗时，阻抗复平面的原点应为 N 点，且 MN 线应处在 ZI 方向上，当 O 点轨迹落入 N 侧阻抗继电器的动作特性时，则继电器同样动作。

二、自动解列装置的构成原理

构成自动解列装置时应满足以下要求：

（1）应准确区别短路故障和振荡，对于转换性故障也应正确判别。

（2）应在系统开始振荡，即两侧电动势夹角刚刚摆开时发生执行命令，或在稳定确已破坏的第一个振荡周期内发生执行命令。

（3）能判别装置安装侧的机组是处于升速（功率过剩）还是处于减速（功率缺额），以便根据需要发生不同的执行命令。

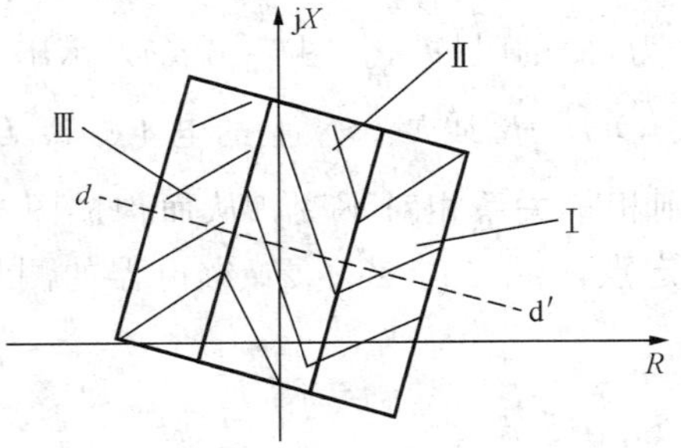

图 7-7　四边型特性阻抗继电器构成解列装置原理图

利用装置安装处测量阻抗变化规律构成的自动解列装置正是利用振荡时 δ 角变化这一特征，即振荡时阻抗继电器测量阻抗作周期性变化这一特征而构成。图 7-7 是利用四边形阻抗继电器构成的自动解列装置原理图，其中Ⅰ、Ⅱ、Ⅲ为三个动作特性依次排列的四边形阻抗继电器，系统振荡中心变化范围处于四边形特性内（最好在Ⅱ区中心），正常最大负荷测量阻抗应在四边形特性外。当系统振荡时，继电器的测量阻抗末端端点变化轨迹（见图 7-7 中 $d-d'$）将依次穿越（从送电侧看）Ⅰ→Ⅱ→Ⅲ，或穿越Ⅲ→Ⅱ→Ⅰ（从受电侧看），在这种情况下，表明两侧电动势的夹角已大于 180°，从而判别系统已失步，解列装置应动作。当系统发生其他故障时，阻抗轨迹不可能穿越三区，所以短路故障时装置不会动作。

三、微机振荡解列装置简介

UFV-2F 型微机振荡解列装置适用于监测大型枢纽变电站、发电站、重要联络线以及小水电、小火电等各种接线方式的电网，在电网发生失步振荡事故时，能快速发出动作命令，有选择地在指定地点解列系统或切除发电机组，并根据解列后系统电压和频率的异常情况，切除多余负荷或发电机组。该装置有以下几个主要特点：

（1）采集安装处 1～3 条被监测线路或旁带线路的三相电压、三相电流，判断系统失步振荡，发出规定的解列命令，以快速平息振荡，保持剩余系统稳定运行。

（2）采用功角原理作为失步振荡判断的新判据。

（3）采用振荡包络电压的最低值作为解列动作区范围的判据，该判据的整定计算简单，选择性好。

（4）采用振荡周期计数和整定振荡包络电压的方法，同一电网相邻装置整定不同的定值，以实现解列点的协调配合，保证电网只在一个失步断面上进行解列。

（5）首次将失步解列、低频低压解列、过频解列以及低频低压减载、过频过压切机几种功能集成一体，综合进行有效的紧急控制。

（6）使用 $\tan\varphi=\dfrac{Q}{P}$ 的相位角计算方法，准确进行失步断面的判断，且不受波形畸变干扰的影响。

第四节　输电线路自动重合闸装置

一、自动重合闸的作用

在电力系统中，输电线路是发生故障最多的元件，故障按其持续的时间长短划分为瞬时性故障和永久性故障两种。运行经验表明，架空输电线路故障大多数是瞬时性的，永久性故障一般只有10%～15%。瞬时故障有雷击过电压引起的绝缘子表面闪络、大风引起短时碰线、线路对树枝放电、鸟害或风筝线索等落在导线上引起短路等。对瞬时性故障，当故障线路由继电保护动作与电源断开后，故障点经过去游离，电弧可以熄灭，绝大多数情况下绝缘可以自动恢复，故障随即自动消除；这时，如果重新使断路器合闸，往往能够恢复供电，从而提高供电的可靠性。永久性故障有绝缘子击穿或损坏、线路倒杆或断线等引起的故障。对永久性故障，即使故障线路与电源断开，故障仍然存在。如果重新使断路器合闸，继电保护会再次动作将已合闸断路器再次跳开，供电不能得到恢复。瞬时故障时，重合断路器的工作如果由运行人员手动操作进行，则停电时间太长，降低了供电的可靠性和重合闸的成功率，因此，在电力系统中广泛采用自动重合闸装置（Apparatus Auto Reclose，AAR）。

自动重合闸装置是将非正常操作跳开的断路器按需要自动投入的一种自动装置。重合闸成功次数除以重合闸动作总次数的百分数为重合闸成功率。运行统计资料表明，输电线路的重合闸成功率很高，约在60%～90%。

在输电线路上，采用自动重合闸的作用可归纳如下：

（1）提高输电线路供电的可靠性，减少因瞬时性故障造成的停电。

（2）对双端供电的输电线路，提高并列运行的稳定性，从而提高线路的输送容量。

（3）可以补救由于人为误碰、断路器机构不良或继电保护误动作引起的断路器误跳闸。

（4）与继电保护配合，在很多情况下能够加速切除故障。

但是，当重合闸动作重合于永久性故障时，也会带来一些不良影响，主要有：

（1）使电力系统以及一些电气设备再次受到故障冲击。

（2）使断路器的负担加重，因为在很短的时间里，断路器要两次切断短路电流。

所以，在个别情况下不能使用自动重合闸。例如：断路器遮断容量不足；有的特大型机组机械应力衰减时间较长，在一次切除线路多相故障后，若重合于永久性故障，则可能机械应力叠加损坏机组。按照GB/T 14285—2006《继电保护和安全自动装置技术规程》，自动重合闸装置应按下列规定装设：

（1）3kV及以上的架空线路和电缆与架空混合线路，在具有断路器的条件下，如用电设备允许且无备用电源自动投入时，应装设自动重合闸装置。

（2）旁路断路器和兼作旁路的母线联络断路器或分段断路器，应装设自动重合闸装置。

（3）低压侧不带电源的降压变压器，可装设自动重合闸装置。

（4）必要时，母线故障可采用母线自动重合闸装置。

自动重合闸主要用于架空线路，对于电缆线路，由于其故障几率较小，即使发生故障，往往是绝缘遭受永久性破坏，所以不采用自动重合闸。

为了使自动重合闸有效地发挥作用，必须满足一定的基本要求。参照有关规程，可归纳对自动重合闸的基本要求如下：

（1）自动重合闸可按控制开关位置与断路器位置不对应的原理起动，即控制开关在合闸后位置而断路器实际在断开位置时起动自动重合闸。

（2）用控制开关或通过遥控装置将断路器断开，或将断路器投于故障线路上，随即继电保护将其跳开时，自动重合闸装置均不应动作。前者属于有目的的操作；后者的故障在合闸前就存在，一般是永久性故障，故都不应该重合闸。

（3）在任何情况下，自动重合闸装置的动作次数应符合预先的规定。电力系统以及有关的电气设备选择都是按照预先规定的重合闸次数设计的，所以重合闸次数不应由于装置本身元件损坏、继电器拒动或触点粘住等发生变化。

（4）自动重合闸装置动作后应能自动复归，准备好再次动作。

（5）自动重合闸装置应能在重合闸后加速继电保护动作，必要时可在重合闸前加速继电保护动作。

（6）自动重合闸装置应具有接收外来闭锁信号的功能。即不允许实现重合闸时，应自动将自动重合闸闭锁。例如，断路器处于不正常状态（如气压或液压过低），某些继电保护（如母线保护）和自动装置（如自动低频减负荷装置）动作，不需要自动重合闸。

（7）在双侧电源线路上实现自动重合闸，应考虑合闸时两侧电源间的同步问题。

输电线路自动重合闸装置按照不同的特征有几种分类方式。例如，按重合闸作用于断路器的方式，可以分为三相重合闸、单相重合闸和综合重合闸；按动作次数，可以分为一次重合闸和二次（多次）重合闸；按使用条件，可以分为单侧电源重合闸和双侧电源重合闸等。

二、单侧电源线路三相一次自动重合闸

当线路上发生任何故障（单相、两相或三相故障）时，继电保护动作均使三相断路器同时跳闸，随即自动重合闸装置起动，经预定延时再将三相断路器一起合上，如果是永久性故障，三相断路器第二次跳闸后不再重合，称为三相一次自动重合闸。

单侧电源线路是指单侧电源辐射形单回线路、平行线路和环形线路，其特点是对于任一条线路只有一侧电源供电，不存在非同步重合闸问题。重合闸装置接于输电线路的送电侧。

图7-8所示为三相一次重合闸的原理图（仅适用于单电源供电线路），它由DH型重合闸继电器构成，其内部接线如图7-8中的虚线框内所示，它是由时间继电器KT、充电电阻R_4、放电电阻R_6、电容器C、中间继电器KM、信号灯HL和限流电阻R_{17}、附加电阻R_5组成，这样组装在一起，使得装置体积缩小同时也便于安装调试。

时间继电器KT是用来整定重合闸装置的动作时间，中间继电器KM是一种电码继电

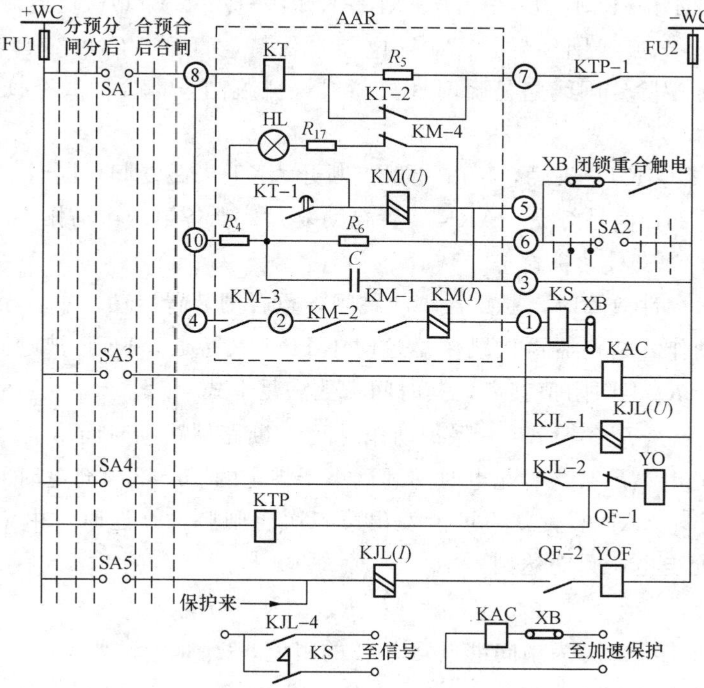

图 7-8　三相一次重合闸装置原理接线图

器，它是 AAR 装置的执行元件，用于发出接通断路器合闸回路的脉冲。KM 的电压线圈 KM（U）在电容器 C 放电时启动，KM 的电流线圈 KM（I）串联在断路器的合闸回路里，在合闸时起自保持作用，直到合闸结束该继电器才失磁复归。电容器 C 和充电电阻 R_4，用于保证重合闸只动作一次。放电电阻 R_6，在不需要重合闸时，通过 R_6 放电。信号灯 HL 的熄灭表示直流电源消失或重合闸动作。下面结合图 7-8 来说明自动重合闸装置的动作情况。

1. 线路正常运行时

断路器处于合闸状态，其动断触点 QF-1 断开，跳闸位置中间继电器 KTP 失磁，KTP-1 动合触点断开，这时 SA 控制开关和断路器 QF 处于对应合闸状态：SA1 接通，正电源通过 SA1、R_4 对电容 C 充电，充电时间 15～25s，充电后重合闸处于准备动作状态，信号灯 HL 亮，指示直流母线 WC 的电压正常，且说明 AAR 已充满电，具备动作条件。

2. 当线路发生瞬时性故障或由于其他原因使断路器误跳闸时

输电线路断路器由继电保护动作跳闸，而控制开关 SA 仍然处于合闸状态，这是因控制开关 SA 和其控制的断路器位置不对应而启动重合闸装置，在图 7-9 中体现为触点 QF-1 接通，KTP 通过 QF-1 和 YO 合闸线圈励磁（但这时 YO 因电流小而不会动作）。KTP-1 通过 AAR 装置的启动回路，使 KT 励磁，一方面通过 KT-2 触点断开，将 R_5 接入 KT 回路，使其仍然保持动作状态并增加了 KT 的热稳定性；另一方面触点 KT-1 经延时 0.5～1.5s 后接通，电容 C 立即对中间继电器的电压线圈 KM（U）放电，使 KM（U）励磁，从而启动了 AAR 装置。

KM（U）励磁后，KM 的触点 KM-4 断开了 HL 信号灯回路，HL 信号灯灭表示重合闸启动。KM-1、KM-2、KM-3 等触点也同时闭合，接通了如下回路：正电源→SA1→

KM-3→KM-2→KM-1→KM（I）→KS→XB→KJL2→QF-1→YO→负电源，断路器 QF 合闸，其中 KM（I）电流线圈励磁，KM 继电器自保持，直到 YO 可靠合闸后 QF-1 断开，KM（I）自保持才解除。因线路是瞬时性故障或误碰跳闸，重合后线路恢复正常运行，重合闸成功。

在 QF-1 断开后，KTP 失励，KTP-1 触点断开，KT 失磁复归。同时 C 再次充电，当电容器 C 充满电后，HL 信号灯亮，ARR 装置自动复归，准备第二次动作。

3. 线路上发生永久性故障时

线路上发生永久性故障时，断路器事故跳闸，重合闸装置启动，重合至永久性故障的线路时，保护再次动作，断路器再次跳闸。这时 KTP-1 又接通，KTP 被励磁，经延时 KT-1 接通。此时，由于 R_4 电阻阻值甚大，其时间常数满足下式

$$R_4C \gg t_{KT} + \text{保护动作时间} + \text{断路器跳闸时间} \tag{7-12}$$

所以电容 C 充电不足（这时充电时间远远小于规定的 15～25s 充电时间），因此 KM 不会被再次励磁动作，AAR 装置就不可能发出第二次合闸脉冲。这时，由于 KT-1 在闭合状态，所以电容 C 充电电压只能达到

$$U_C = U_{KM} = U_n R_{KM}/(R_4 + R_{KM}) \tag{7-13}$$

式中：U_n 为电源电压；R_{KM}为中间继电器 KM 的阻值，Ω。

由于 $R_4 \gg R_{KM}$，所以 U_C 很低，KM 不会再次启动。从而保证了重合闸装置的再次动作。

4. 用控制开关 SA 手动操作跳闸时

按 ARR 装置的要求，对于输电线路自动重合闸装置，手动跳闸及遥控跳闸时不允许自动重合。该要求的实现，是通过操作控制开关 SA，在手动跳闸的预分位置接通 SA2，于是电容 C 就通过 R_6 构成放电回路，这时电容 C 上电压下降到不足以使 KM 励磁的程度，从 ARR 装置因电容电压不足而不能启动重合闸装置。

5. 防止多次重合于永久性故障的措施

如果重合到永久性故障线路时，恰好发生 KM 触点卡住或粘住不能返回时，如不采取措施，断路器将发生多次跳、合的跳跃现象。为此在图 7-8 的装置里采取了两个防跳措施。一个是中间继电器 KM 的触点采用 KM-2 和 KM-1 串联的接法，万一其中一对动合触点被卡住时，另一对动合触点仍然正常断开，合闸回路被可靠切断，从而防止了断路器跳跃现象；另一措施是采用防跳继电器 KJL 组成防跳回路。重合闸动作后，如果保护第二次动作，跳闸线圈 YOF 和 KJL（I）再次励磁，如果 KM 触点因某种原因均未返回，KJL（U）通过已接通的 KJL-1 触点，未返回的 KM-1～KM-3 触点、KM（I）线圈、SA1 触点接至电源而自保持。使触点 KJL-2 保持断开状态，直到 KM 触点断开，自保持才解除。于是，合闸回路被切断，防止了因 KM 触点未返回而使断路器多次跳、合的现象。

6. 闭锁重合闸装置

一般在低周减载装置、母差保护、变压器保护装置动作时，不应进行重合闸。这些保护均提供一对动合触点，与 SA1 触点并联，作闭锁重合闸用。当某个需闭锁重合闸的保护动作时，其提供的一对触点闭合，电容 C 就通过这闭合了的触点对 R_6 迅速放电，从而闭锁了重合闸。

7. 手动合闸到故障线路时

手动合闸到故障线路时，线路保护动作，相应断路器跳闸，此时由于电容 C 充电时间很短，电容 C 充电不到足够的电压，不足以启动 KM，从而保证了手动合闸到故障线路时，ARR 装置不动作。

三、双电源线路的三相自动重合闸

双电源线路是指两个及两个以上电源间的联络线。在双电源线路上实现重合闸的特点是要考虑断路器跳闸后，电力系统可能分列为两个独立部分，有可能进入非同步运行状态，因此除需满足前述基本要求外，还应考虑故障点的断电时间和同期两个问题。

所谓故障点的断电时间问题，是指线路两侧保护装置可能以不同时限断开两侧断路器，为保证故障电弧的熄灭和故障点足够的去游离时间，以使 ARR 装置动作有可能成功，线路两侧 AAR 装置应保证在两侧断路器都跳闸以后约 0.1～0.5s 再进行重合。

所谓同期问题，是指当线路两侧断路器断开后，线路两侧电源间电动势相位差将增大，有可能失去同步，这时候合闸一侧的断路器重合时，应考虑线路两侧电源是否同期以及是否允许非同期合闸问题。在采用三相自动重合闸时一般都采用检查线路无电压和检查同期的 AAR 装置。

1. 检查线路无电压和检查同期的三相自动重合闸的工作原理

为检查线路有无电压及检查同期，线路两侧均需设置电压互感器或电压抽取装置。图 7-9为双电源线路检查无电压（检无压）和检查同期（检同期）的三相自动重合闸示意图。

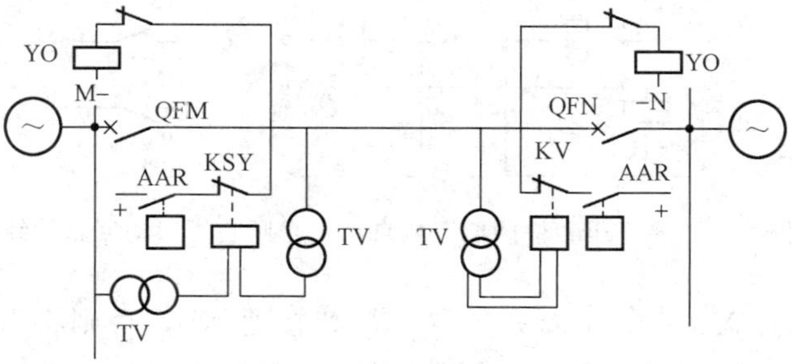

图 7-9　检无压和检同期重合闸示意图

在线路 M 侧装有一套同期检查继电器 KSY 的 AAR 装置，在线路 N 侧装有一套带检查线路无电压的 AAR 装置，其原理说明如下：

线路上发生瞬时故障时，两侧继电器保护动作，使 QFM 和 QFN 跳闸，线路上无电压。

在 N 侧（称无压侧）低电压继电器 KV 触点闭合，AAR 装置鉴定无电压启动后，经整定的时间延时，QFN 合闸。在 N 侧尚未重合时，M 侧（称为同期侧）因同期检查继电器 KSY 感受两侧不同步，动断触点打开，闭锁重合闸；在 N 侧重合闸后，KSY 继电器开始测量两侧电压是否同步，待符合同步要求时，KSY 触点闭合，且其动断触点闭合的时间足够长，使 AAR 动作，将 QFM 合闸，线路恢复同步运行。由于同期继电器 KSY 和 AAR 装置配合工作，从而使重合时产生的冲击电流值在预定值之内，保证了系统稳定的要求。

当线路发生永久故障时，无电压侧重合至故障线路时，保护加速跳闸，这个过程中同期侧始终不可能合闸。从而保证了 M 侧的断路器 QM 免受故障电流的再一次冲击。

当继电器保护误动作或误碰时，在N侧，因线路有电压，KV继电器触点打开，断路器无法合闸。因此，要求在N侧也装设同期检查继电器，这样就能保证利用重合闸恢复由于继电保护误动或误碰引起的断路器误跳闸，来恢复同步运行。如果继电保护误动作或断路器误碰跳闸发生在M侧时，同期检查继电器检查两侧同步后，AAR装置就立即发出自动合闸命令。

由以上分析可见，两侧断路器工作状态，以无压侧切除故障次数多。为使两侧断路器工作状态接近相同，在两侧均装设低电压继电器和同期检查继电器，利用连接片定期更换两侧重合闸启动方式，即在一段时间内M侧改为无电压侧，N侧为同步侧。值得注意的是，在作为同步侧时，该侧的无电压检查是不能投入工作的，只有切换为无电压侧时，无电压检查才能投入工作，否则两侧无电压检查继电器均动作，启动重合闸，将造成非同步合闸的严重后果。

2. 检查线路无电压和检查同期的三相自动重合闸装置的接线

图7-10为检查线路无电压和检查同期的三相自动重合闸装置启动回路接线图。与图7-9相比较，该重合闸启动回路增加了检查线路无电压的低电压继电器KV、检查同步的同期检查继电器KSY及连接片XB。

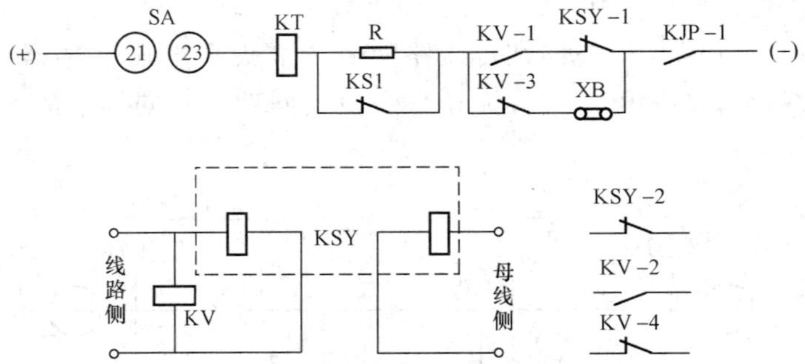

图7-10 检无压和检同期三相自动重合闸装置启动回路接线图

在同步侧，连接片XB应处于断开位置（严禁接通XB，否则将造成非同步合闸），这样，当断路器跳闸后，无压侧先重合，在线路有电压情况下KJP-1和KV-1触点闭合，待满足同步要求，即KSY-1触点闭合时间足够长，使时间继电器KT-1触点闭合，如图7-10所示，重合闸继电器动作，同步侧断路器重合闸。

在无电压侧，将XB连接片连接。线路故障跳闸后，线路无电压，KV-1触点断开，KV-3断开，KV-1接通，通过KSY-1触点的控制，在满足同步要求时，启动AAR装置，将断路器合上。

四、自动重合闸与继电保护的配合

在输电线路使用自动重合闸装置后，不但提高了供电的可靠性，而且提供了与继电保护配合的可能，以加速故障的切除。通常重合闸与继电保护有两种配合方式，即重合闸前加速保护和重合闸后加速保护。

1. 重合闸前加速保护

重合闸前加速保护是当线路上（包括邻线及以外的线路）发生故障时，靠近电源侧的保护首先无选择性瞬时动作于跳闸，而后借助自动重合闸来纠正这种非选择性动作。

图 7-11（a）示出了单电源供电的辐射式线路网络，AAR 装置仅装在靠近电源的线路的断路器 QFA 上，同时在 QFA 上加装无选择性的电流速断保护，其整定值躲过母线 B 和 C 上的变压器 T1 或 T2 低压侧母线故障时流过保护的最大短路电流，保护区很长。当线路 AB 和 BC 及变电站 C 出线上发生故障时，QFA 上的电流速断保护都将瞬时动作使 QFA 跳闸，然后自动重合闸装置动作，合上断路器 QFA。若故障已消除，则恢复供电；若故障为永久性，则该电流速断保护退出工作，各有关保护（包括变电站 B 和 C 的线路有关保护）再次启动，有选择性地切除故障。

图 7-11（b）为 AAR 装置前加速保护的原理图。当线路上故障时，因加速继电器 KAC 未动作，KA 动作后通过 KAC 动断触点使继电器 KPO 动作，从而将断路器 QFA 瞬时跳闸（AAR 装置动作前加速了保护）。跳闸后从 AAR 装置动作，重合闸同时启动 KAC，动断触点断开，切断了保护前加速回路。若重合于永久故障，保护再次启动，经时间继电器 KT 的延时触点才能启动 KPO，保护具有选择性。因 KAC 具有延时返回的特点，从 AAR 装置动作后，KAC 继电器通过其延时返回的动合触点自保持，保证了有选择性地切除故障。

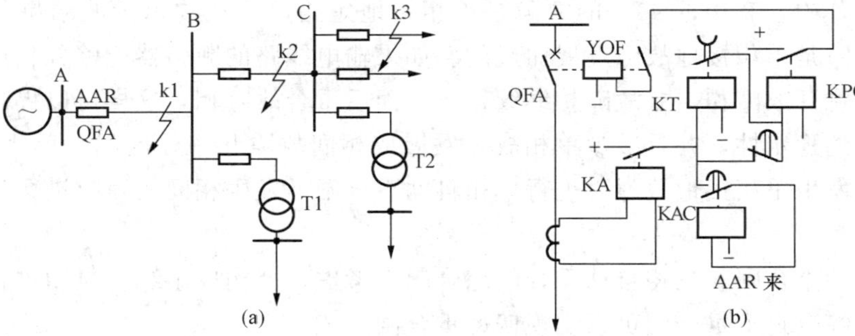

图 7-11　自动重合闸前加速保护

（a）单电源供电的辐射式线路网络；（b）AAR 装置前加速保护原理图

2. 重合闸后加速保护

重合闸后加速保护是当线路上发生故障时，首先按正常的继电保护动作时限有选择性地动作跳闸，切除故障，而后 AAR 装置动作使断路器重合，同时将被加速的保护的时限解除或缩短。这样，当重合于永久性故障线路时，就能加速保护第二次动作的时限。

图 7-12（a）为 AAR 装置动作后加速保护的原理说明图。显然采用后加速方式，必须在每条线路上都装设有选择性的保护装置和 AAR 装置，重合闸后加速原理接线图如图 7-12（b）所示。加速继电器 KAC 的动合触点与过电压保护的电压继电器 KV 的动合触点串联。当线路发生故障时，首先保护选择性地动作跳闸。跳闸后，AAR 装置动作，启动加速继电器 KAC（具有延时返回性质），触点闭合，接通了加速保护的出口回路。若重合于永久性故障，由于 KAC 触点尚未返回，KA 将经 KAC 触点瞬时启动中间继电器 KPO，发出跳闸脉冲，实现了 AAR 动作后加速保护的动作目的。

由以上分析可见，虽然重合闸后加速切除故障的时间没有前加速保护快，造成重合闸成功率稍低，但保护动作有选择性，不会将故障影响扩大，且应用场合不受限制。因此，重合闸后加速保护广泛应用于线路保护中，被加速的保护可以是电流保护、接地保护或距离保护。

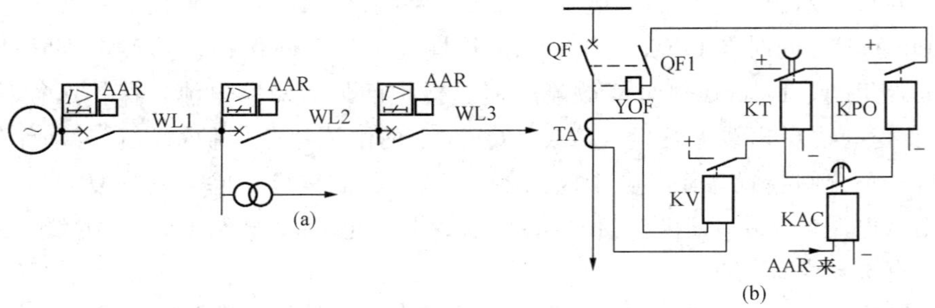

图 7-12 重合闸后加速保护

（a）AAR 装置动作后加速保护原理说明图；（b）重合闸后加速原理接线图

五、综合重合闸简介

在 110kV 及以上的中性点直接接地系统中，由于架空线路的线间距离较大，相间故障的几率减少，单相接地故障在各种故障中所占比例增加。例如，我国某系统对 220kV 线路的故障类型统计中，有接近 90％的故障是单相接地短路，且从故障录波结果分析发现，有一部分相间故障是单相接地故障发展而成的。如果输电线路的断路器能够分相操作，当发生单相故障时只跳开故障相，非故障相继续运行，而后重合故障相，这样可以提高供电的可靠性和系统运行的稳定性，并且减少单相故障发展成相间故障几率。这就是单相自动重合闸。在输电线路上发生单相接地故障时进行单相自动重合闸，发生相间故障时进行三相自动重合闸是合理的。

将单相自动重合闸和三相自动重合闸综合起来考虑，就构成了综合自动重合闸。通过切换开关，一般综合自动重合闸可以实现四种重合闸方式。

（1）单相自动重合闸。线路上发生单相故障时，故障相断路器单相跳闸，进行单相重合闸。当重合于永久性故障时，若系统不允许长期非全相运行，则三相断路器跳闸，不再进行重合；线路上发生相间故障时，三相断路器跳闸，不进行重合闸。

（2）三相自动重合闸。线路上发生任何类型故障，三相断路器均跳闸，进行三相重合闸，当重合于永久性故障时，三相断路器再次跳闸，不再进行重合。

（3）综合自动重合闸。线路上发生单相故障时，实行单相自动重合闸；线路上发生相间故障时，实行三相自动重合闸。

（4）停用重合闸。线路上发生任何类型故障，三相断路器均跳闸，不进行重合闸。

输电线路装有综合自动重合闸时，不但要求具有相间故障时三相跳闸和三相重合的功能，而且具有单相故障时单相跳闸和单相重合的功能。所以，当线路上发生故障时，需要判断是相间故障还是单相故障，以确定是三相跳闸还是单相跳闸，即判别故障类型。如果确定单相跳闸，还要进一步确定应该哪一相跳闸，即选择故障相。通常继电保护只判断是区内故障还是区外故障，决定是否动作跳闸，而决定三相跳闸还是单相跳闸，以及单相跳闸是哪一相跳闸，由重合闸装置中的接地故障判别元件（简称判别元件）和故障选相元件（简称选相元件）完成。所以，实际综合自动重合闸与继电保护配合工作，继电保护需通过综合自动重合闸装置发出跳闸脉冲。

目前我国 220kV 系统中广泛采用零序电流继电器和零序电压继电器作为接地故障判别元件。相间短路时没有零序分量，接地故障判别元件不动作，继电保护动作信号经相间故障三相跳闸回路跳开三相断路器；单相接地短路时有零序分量，接地故障判别元件动作，解除相间故障三相跳闸回路，继电保护动作信号通过选相元件选出故障相实现单相跳闸；两相接地短路时也有零序分量，接地故障判别元件同样动作，此时选相元件选出两个故障相，继电保护动作信号通过选相元件构成的三取二回路跳开三相断路器。

第五节　备用电源自动投入装置

随着国民经济的迅猛发展、科学技术的不断提高及家用电器迅速走向千家万户，用户对供电质量和供电可靠性的要求日益提高，备用电源自动投入是保证配电系统连续可靠供电的重要措施。备用电源自投装置是因电力系统故障或其他原因使工作电源被断开后，能迅速将备用电源或备用设备或其他正常工作的电源自动投入工作，使原来工作电源被断开的用户能迅速恢复供电的一种自动控制装置。

一、备用电源的配置

备用电源的配置一般有明备用和暗备用两种基本方式。系统正常时，备用电源不工作者，称为明备用；系统正常运行时，备用电源也投入运行的，称为暗备用。暗备用实际上是两个工作电源互为备用。图 7 - 13 是两种备用方式的原理接线图。图中，TV 为电压互感器，BZT 为备用电源自动投入（自投）装置。

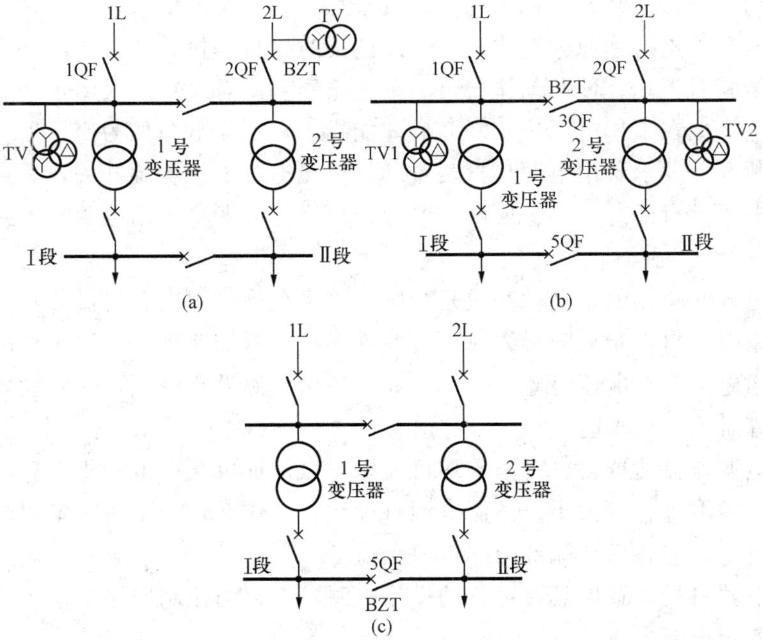

图 7 - 13　备用电源的配置形式

（a）明备用；（b）、（c）暗备用

（1）明备用的控制。有一个工作电源和一个备用电源的变电站，即为明备用的配置，如图 7 - 13（a）所示。图中，线路 1L 为工作电源，进线断路器 1QF 合上，2L 为备用电源，断路器 2QF 断开。备用电源自动投入装置控制的是备用电源进线的断路器 2QF，即当变电站正常运行时，由1L进线供电，当1L因故障被切除即1QF跳开时，备用进线断路器2QF自动合闸，保证变电站的继续供电。这种方式又称进线备用方式。

（2）暗备用的控制。有两个工作电源的变电站，两回进线同时对变电站供电，有两种正常运行方式。

1）高压分段断路器3QF断开。备用电源自投装置控制的是高压母线分段断路器，称为暗备用，如图7-13（b）所示。当一个工作电源发生故障被切除后，例如，进线1L故障，1QF跳开后，高压母线分段断路器3QF自动合闸，由一个工作电源2L供给变电站的负荷。

2）正常运行时，低压母联断开。不少变电站正常运行时，其低压母联是分开的，如图7-13（c）所示，即低压侧Ⅰ段和Ⅱ段母线上的负荷分别由1号变压器和2号变压器供电，当两台主变压器中有一台发生故障而跳开时，备用电源自投装置则发出控制指令，使低压母联断路器5QF合上，保证Ⅰ、Ⅱ段母线的负荷的供电。这种备用电源的配置也属暗备用配置。

这种方式又称母线备用方式。

另外还有一种备用的方式为变压器备用方式，即两台变压器一台工作、一台备用，当工作变压器故障，母线失去电压时，备用电源自投装置动作将备用变压器自动投入。

二、备用电源自投装置的基本要求

为了使备用电源自投装置发挥作用，对其有如下几个基本要求：

（1）备用电源不论何种原因造成工作电压消失时，自动投入装置均应启动，但应防止电压互感器熔丝熔断时误动；即其动作要可靠，逻辑回路应有TV断线闭锁。

（2）备用电源应在工作电源确实断开后才能投入，工作电源如为变压器，则其高、低压侧断路器均应断开；要求备用电源自投装置动作后先追跳工作电源开关，后自投备用电源开关。如果工作电源没有断开，会造成两路电源合环运行或者将备用电源投入到故障线路，后果非常严重。

（3）备用电源断路器的合闸脉冲应是短脉冲，只允许备用电源自投装置动作一次。

（4）当备用电源自投于故障母线时，应使其保护装置加速动作，以免事故扩大。

（5）当备用电源确有电压时才能投入；如果备用电源没有电压，这时投入备用电源反而会增加事故处理难度和处理时间。

（6）备用电源自投装置自投时限应尽可能短，以保证负载中电动机自启动的时间要求。

（7）根据备用电源容量大小，备用电源自投装置动作后，为了防止备用电源过负荷，保证重要负荷的供电，应考虑切除部分非重要负荷。

（8）备用电源自投装置应具有可靠的操作电源，完善的控制回路和信号监视系统。

三、微机备用电源自投装置

传统的备用电源自投装置是晶体管型或电磁型的自控装置。这些老式的装置不仅体积大、功能单一，且可靠性不高。随着微处理机技术、网络技术和通信技术的迅猛发展，微机型的备用电源自投装置必将取代常规的自动装置。

1. 微机型的备用电源自投装置的特点

（1）综合功能比较齐全，适应面广。上述三种备用电源自投控制方式（进线自投、高压母联自投和低压母联自投），如果采用常规的备用电源自投装置，则需要安装三套备用电源自投装置，不仅体积大，成本也高。但若采用微机型备用电源自投装置，则一套装置就既能实现高压母联自投，解决高压进线故障造成的失电问题，又能实现低压母联自投，解决主变压器故障造成的失电问题；对于一回进线为明备用的情况，还可实现进线断路器自投控制。

（2）具有串行通信功能，可适用于无人值班变电站。通信技术的迅猛发展给新设计的备用电源自投装置具有串行通信功能提供了极为方便的条件。因此，备用电源自投装置可以像其他微机保护装置那样，方便地与保护管理机或综合自动化系统接口，也可以适用于无人值班变电站。

（3）体积小，性价比高。随着大规模集成电路技术的不断发展，微处理机和单片机的价格不断下降，这个特点会越来越明显。

（4）故障自诊断能力强，可靠性高。微机型的备用电源自投装置，像其他微机保护装置那样，具有许多明显的优点，其动作判据主要决定于软件，工作性能稳定；装置本身具有强的故障自诊断功能，便于维护和检修。

2. 备用电源自投装置的硬件结构

备用电源自投装置的硬件结构如图 7-14 所示。外部电流和电压输入经变换器隔离变换后，由低通滤波器输入至 A/D 模数转换器，经过 CPU 采样和数据处理后，由逻辑程序完成各种预定的功能。这是一个较简单的单 CPU 系统。由于备用电源自动投入的功能并不是很复杂，为简单起见，采样、逻辑功能及人机接口均由同一个 CPU 完成。由于备用电源自动投入对采样速度要求不高，因此硬件中模/数转换器可以不采用 VFC 类型，宜采用普通的 A/D 转换器。开关量输入/输出要求经光隔离处理，以提高抗干扰能力。

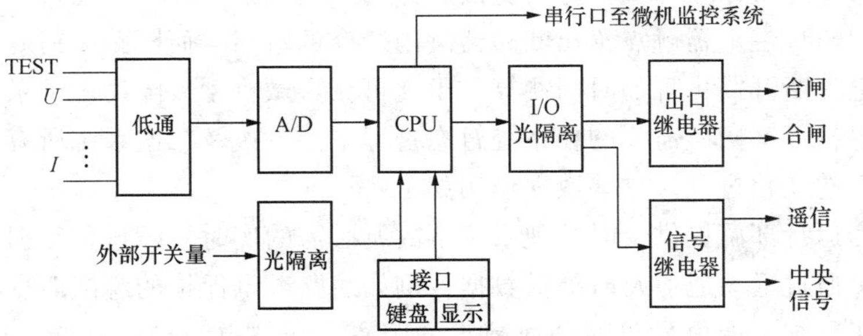

图 7-14 备用电源自投装置的硬件结构

第六节 故障录波装置

为了准确和快速地分析判断电力系统异常运行和各种故障原因，针对电力系统运行中出现的问题，制定有效的措施，确保电力系统的安全稳定运行，需要一种自动监测记录设备，真实完整地测录异常运行的整个过程和发生故障的暂态过程中模拟信号波形和继电保护装置、开关动作时序，并能对故障特征量进行分析。这种自动监测记录设备就是故障录波器。

在电力系统应用微机型故障录波装置之前，我国电力系统应用最广泛的是光线式故障录波装置。它是用感光胶卷、振子来记录电压、电流等电气量的波形，在性能方面存在许多缺点。如维护困难、记录长度有限，感光胶卷的置换、冲洗都由发电厂、变电站运行值班人员进行，技术难度大、安全性差等。光线式故障录波器启动带延时，无记忆功能，不能记录故障前的波形，只能记录启动后一段时间的波形，因此不能记录从正常到故障后的完整暂态过程。光线式故障录波装置已在我国电力系统中淘汰。

随着计算机、通信和数字处理技术的迅猛发展，微机型故障录波装置不仅很好地克服了光线式故障录波装置的上述缺点，还能提供打印、显示等各种输出方式，并具有数据远传，在线监测谐波、频率、电压等功能。微机型故障录波装置能利用GPS实现精确对时，保证不同地点故障录波装置有准确的时序、记录。总之，微机型故障录波装置从结构和性能上与传统的故障录波装置完全不同，能实现故障记录和故障分析的双重功能，并且已经以其完善的功能和良好的性能取代了光线式故障录波装置，在电力系统中得到迅速和广泛的应用。微机型故障录波装置不仅成为变电站和发电厂运行的必备监测记录设备，而且也是整个电力系统中信息系统的重要组成部分。

电力系统故障动态记录的基本任务是记录系统大扰动，例如短路故障、系统振荡、频率崩溃、电压崩溃等发生后的有关电气量（线路电流、母线电压、线路功率、母线频率等）的变化过程及继电保护与安全自动装置的动作行为。

一、故障录波装置的基本作用

现代的故障动态记录由微机实现，虽然直接收集的是来自线路的电流量和母线（或线路）的电压量瞬时值，但经过数据处理，可以直接输出电流、电压波形，电流、电压的相量值和导出功率值以及频率值等随时间的变化。如果装设故障录波装置的变电站直接配出的线路发生短路故障，还可以立即提供母线到故障点的距离。继电保护的动作时间为从故障开始到继电保护装置出口继电器触点给出断路器跳闸命令的时间，而断路器何时开断或重合，则可直接由线路电流断开或再现的时间测算。由此可见，微机型故障动态记录的是包括调度运行部门、继电保护等部门所需要的在系统暂态过程中的一次及二次系统所有电气参数的实时数据以及随时间的变化过程。这些数据作用如下：

（1）为调度运行部门提供及时处理系统事故所必需的实时故障过程数据。在系统发生故障等大扰动后，通过远动通道及时提供数据，例如线路继电保护的跳闸命令信号、线路故障电流与母线电压数据、变电站母线到故障点的距离、线路电流何时开断，以及在同一时标下，不同变电站的继电保护与断路器动作顺序等；通过按时间顺序结合故障区域电网接线，可以在复杂的系统事故情况下，即时了解事件的发展过程，很容易直接判定继电保护的正确动作、拒绝动作与误动作，可以极大地缩短系统事故的处理时间，并可避免在事故处理过程中因忙乱而造成新的事故扩大和重要设备损坏，从而形成高效能的现代化调度电力系统事故处理系统，为缩短电力系统大面积停电时间提供现实的可能性。

（2）为系统运行分析提供系统电气量随时间变化的数据，掌握系统实际暂态过程情况，累积运行经验，研究运行系统中存在和可能存在的问题，校核和改进离线分析计算，以期在保证系统安全运行的前提下，充分发挥电网的潜力。系统运行分析最为关心的数据是母线电压和频率、线路传输功率等从事件开始前到事件发生后感兴趣的一段时间内随时间的变化过程。微机型故障录波装置则毫无疑问可以方便地提供这些信息。实时的系统动态数据对提高运行分析水平会带来重要影响，这也是近年来动态监测系统受到相当重视的一个理由。

（3）为继电保护的动作行为分析提供电流、电压波形与相关参量随时间变化曲线。利用电压、电流波形分析电流互感器及电压互感器等二次回路的情况，分析继电保护的动作行为。

二、对故障录波装置的基本要求

故障录波装置工作特点是扰动时启动，记录变化过程。这和电力系统中装设的另一类稳态监测装置是完全不同的，尽管目前这类装置也扩展了一定信息追忆功能。这两者的本质区别是前者能描述暂态过程，而后者只反映稳态过程。按照正确响应暂态过程的任务特点，对电力系统故障录波装置的基本要求主要有以下几方面：

（1）录波的真实性。录波波形（或数据）应不失真地反映一次系统的各种变化。当系统发生扰动时，各种状态量的变化范围可能很大。例如，发生短路时电压突然降低到接近0V，电流突然上升至额定电流的几倍到几十倍；发生振荡时，不仅电流、电压会周期性剧烈变化，频率也会偏离正常值。记录波形应保证在输入量大范围变化时的线性度。一般情况下要求：电流线性测量范围为工频有效值（0.1～20）I_N（I_N 为额定电流）；电压测量范围为工频有效值（0.01～1.5）U_N（U_N 为额定电压）。故障暂态波形中含有丰富的谐波成分和衰减直流分量，应考虑足够宽的频带来保证正确记录所关注的各种频率分量。一旦发生系统故障，各种自动装置会相继动作，如继电保护装置、安全自动装置，强行励磁装置、断路器辅助触点等均会发生触点变位（闭合或分断）。不仅要求正确记录各种开关变位，而且要求正确记录各个开关变位的时间顺序。为此一般要求开关量输入的时序分辨率不大于10ms。

（2）过程的完整性。录波波形（或数据）应能包含扰动发生前后全过程的信息。尤其当系统连续发生扰动时，应能无遗漏地记录每次扰动前后全过程的信息，同时对所有输入量进行全面记录。这就要求故障录波装置有足够大的信息容量。

（3）动作的可靠性。不仅要求记录的扰动应完整，而且不该记录的时候，不应随意启动记录，即要求故障录波装置既不拒动又不误动。

（4）信息的规范性。要求微机型故障录波装置数据记录格式符合国际上的和我国的有关统一规范，以保证便于故障分析和信息交换。

（5）时序的统一性。各个输入通道的波形记录以及不同录波装置的波形记录应在时间上同步，并有明确的时标。这样的波形才有综合分析的价值。这就要求应当有统一的时间原点。全系统的时间同步可以采用卫星全球定位系统（GPS）。

在我国行业标准DL/T 553—2013《电力系统动态记录装置通用技术条件》中，对装设在220～500kV变电站的电力故障动态过程记录设备规定了如下基本要求：

（1）具有按反应系统发生大扰动的系统电参量幅度及变化率判据而自启动和反应系统动态过程基本结束而自动停止的功能；也能由外部命令而启动和停止。

（2）每次记录的数据必须随即迅速地转出到中间载体，以迎接可能随之而来的下一次故障数据记录。其内存容量应满足连续在规定时间内发生规定次数的故障时能不中断地存入全部故障数据的要求。

（3）有足够的抗干扰能力；满足规定的电气量线性测量范围；记录的数据可靠不失真；记录的数据有足够的安全性，不因供电电源或人为偶然因素丢失和抹去。

（4）记录时间带有时标，并适应记录时间同步化要求。

（5）按要求输出原始采样数据和经过处理取得的规定电参量值。

（6）记录装置本身可靠，便于维护，备品备件容易解决，具有自动测试功能。

综上所述，微机故障录波装置应满足故障信息记录基本要求的同时，还应做到信息安全，输出多样、结构合理、功能完备、调试简单、界面友好、启动灵活、自检有效。

三、微机型故障录波装置

微机型故障录波装置与传统的录波装置的本质区别是：用计算机技术为核心的数字化数据采集、处理、管理及交换系统取代了对模拟量进行直接记录的光学机械系统。在微机故障录波装置内部，主要功能是靠软件完成的，支持软件运行并响应软件指令的就是硬件系统。硬件系统的配置框图如图 7－15 所示，除了微机控制单元外，还配置输入/输出设备、数据暂存和保存设备、人机对话设备和通信设备。

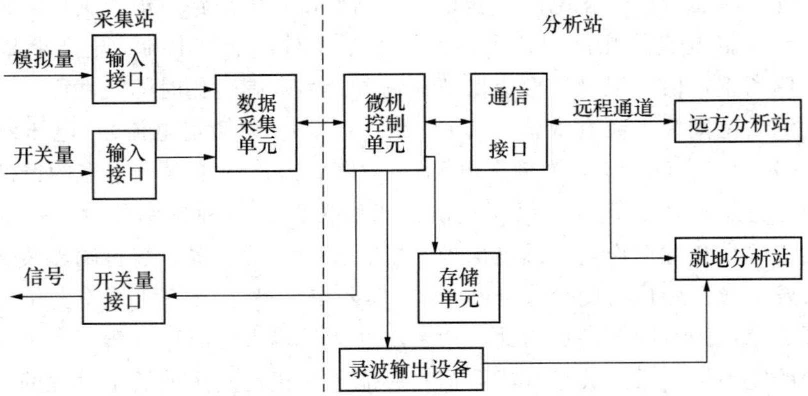

图 7－15 微机故障录波装置硬件系统配置框图

微机型故障录波装置硬件系统通常由采集站和分析站两大部分组成。采集站在微型计算机的控制下对输入量进行数据采集，也可提供必要的预告信号（如召唤信号、自检信号等）。采集的数据既可存入数据存储单元（如硬磁盘、电子盘等），供随时调用，又可直接在输出设备上输出（如打印机、软磁盘等），也可经通信接口送至分析站。分析站对数据进行各种分析计算，提供事故分析结果。安装在本地的分析站称为就地分析站。它可以通过串行通信通道或计算机局域网与采集站进行数据交换，也可以接收软磁盘携带的数据文件。安装在异地（如调度中心）的分析站作远方分析站，需要通过远程通道（如电信线、载波通道、光纤通道、微波通道等）与采集站交换数据，因此还必须配备远程通信接口设备（如调制解调器等）。

1. 数据采集系统

数据采集系统又称为模拟量输入系统，包括电压形成、采样保持、多路转换及模/数转换等功能，完成将模拟输入量准确地转换为所需的数字量。微机系统的模拟量采集与 A/D 转换回路的器件一般都是电压输入型的，其输入电压的最大量程通常为±5V 或±10V。因此一方面需要将输入电流转换为电压，另一方面需要将输入电压变换到计算机模拟量采集回路可接收的电平并保证足够的分辨率。为保证计算机系统工作的安全性和有效地抑制干扰，要求传感器回路与计算机系统之间没有电路上的直接联系，这就要采取隔离、共模抑制、滤波等措施。

2. 开关量的输入及输出

（1）开关量输入。对微机型故障录波装置的开关量输入，即触点的接通或断开状态的输入可分为两类。一类是安装在装置面板上的触点。这类触点包括在装置调试时用的或运行中定期检查装置用的键盘触点以及切换装置工作方式用的转换开关等。另一类是从装置外部经过端子排引入装置的触点。例如需要由运行人员不打开装置外盖而在运行中切换的各种连接片、转换开关以及其他保护装置和操作继电器的触点等。对于装在装置面板上的触点，可直接接至微机的并行接口。只要在初始化时规定图中可编程的并行口的某位为输入口，则CPU就可以通过软件查询，随时了解外部触点的状态。

（2）开关量输出。开关量输出主要包括微机型故障录波装置的本地信号和中央信号等。一般都采用并行接口的输出口来控制有触点继电器（干簧或密封小中间继电器），但为提高抗干扰能力，需要经过一级光隔离，增加了抗干扰能力。

3. 数据暂存与转储

多通道输入的模拟量和开关量信号，经高速数据采集系统得到连续不断的瞬时数据。这些数据首先存入微机型故障录波装置的内存储器，这个过程叫做数据暂存。内存储器由可高速访问的大容量存储器件构成，以匹配在整个暂态过程中不遗漏数据的技术要求。当对一次扰动全过程的波形记录（对应于故障录波装置）完成之后，将新得到的这一批数据再及时地按规定的格式转存到外存储器中，这个过程叫做数据转储。外存储器通常是指硬磁盘及电子盘。它们的访问速度一般远低于内存储器，故不能直接用于采样数据快速暂存，但用它们来保存数据具有断电不丢失的特点，可保证录波数据的安全可靠和重复使用；同时外存储器具有更大的存储容量，可保存很多次录波信息，形成录波的历史记录。数据转储的另一个作用是迅速地腾出内存空间，以便为微机型故障录波装置下一次启动录波做好准备。

（1）数据暂存。数据暂存使用随机存储器（RAM），占用CPU的内存空间。若微机型故障录波装置采用工业控制PC机（或与之兼容的SID总线微机等）作为其硬件平台，一般均能保证足够的内存空间。在PC机中，可供录波数据暂存的地址空间包括两部分，一部分为基本内存区，最大空间640KB，其中有数百KB可用来保存数据；另一部分为扩展内存区，最大空间达致10MB，均可用来保存数据。若微机型故障录波装置以单片微机为核心构成其硬件平台，CPU直接寻址内存空间仅有64KB，其中大约32～56KB空间可直接用于录波数据转存。如果需要更大的存储容量，可采用“换体”或“页面扩展”技术将内存进一步扩大至数100KB。

（2）数据转储。数据转储的目标物理载体为硬磁盘和电子盘，一般需要专用的接口及驱动器。磁盘的数据存储空间比较大，一块硬盘的存储空间可达几十吉甚至100G以上字节。尽管如此，磁盘并不占用CPU的直接寻址空间，而是通过I/O口的操作实现数据交换，同时磁盘驱动器是通过机械转动部分来操作的，因此它们的读写速度低于内存访问速度。当前大量数据文件保存的主要设备是硬盘。硬盘的密封性能较好，而且数据读取速度快，有的微机故障录波装置使用双硬盘结构。

另外还有电子盘或半导体盘（RAM或ROM盘），前者用于存取数据文件，后者用来存放程序。由于没有机械转动部分，因而数据存取的速度快，可靠性高，目前，在微机型故障录波装置中得到广泛使用。不过电子盘的容量现在还远逊于硬磁盘，一般也无法带电插拔，一时还不能完全代替硬磁盘。需要强调指出，为保证装置长期运行的安全性，用ROM盘来保证操作系统和用户程序（而不用硬磁盘）已成为了一种基本要求。而RAM盘则被用来为记录数据文件再保留一个安全备份。

四、故障录波装置检测及启动

电力系统发生故障或出现异常运行状态时，通常伴随有电流增大、电压降低、电压与电流之间的相位发生变化以及在不对称故障情况下出现负序、零序电流、电压分量等。这些故障特征信息都可用于系统故障和异常运行状态的检测，但由于微机型故障录波装置一般接有很多路的电气量信号，要对每一路信号实时地进行全面故障检测判断，计算量过大。另外，采用的故障检测方式越多，装置的整定就越繁杂，给现场运行人员的调试和维护将带来诸多不便。因此，有必要根据系统故障的特点和故障记录装置的具体应用情况，设置合理、适宜的故障检测方法。目前，从微机型故障录波装置的应用对象来讲，主要包括用于反应电网故障的变电站故障录波装置和用于发电机—变压器组内部故障的发电机—变压器组故障录波装置两种基本类型。鉴于电网故障和发电机—变压器组内部故障时电气量的变化特点不尽相同，并且两种故障录波器所记录的电气量信号的性质也存在较大差异，如发电机—变压器组故障录波装置需记录发电机励磁系统中的各种直流和非工频电气量信号等，因此，不同类型的故障录波器需采用不同的故障检测方法。

1. 变电站故障录波装置的故障检测方式

变电站故障录波装置接入的模拟量信号主要包括变电站各级母线电压信号以及各回进出线的电流信号，可以根据母线电压和线路电流信号的变化情况来进行系统故障检测。但由于变电站一般进出线较多，且当线路进行检修时，检修线路的电流信号消失，因此，为减少故障检测判断的计算量，适应系统运行方式的变化，变电站故障录波装置所采用的故障检测方式一般以电压信号检测方式为主。对于重要线路，如与变电站主电源相连的线路，才用电流信号作为故障检测依据。目前，变电站故障录波装置常用的基本故障检测方式主要包括如下几种：

（1）相电压和零序电压突变量检测。反映电网故障与重大操作，对超高压电网中任一节点来说，反映电网重大暂态变化的根本标志是母线电压的突然变化，以相电压突变量为启动判据，可以监测接入变电站高压母线上的任一元件发生故障或有重大操作而引起的电网暂态情况。适合的电压突变量应选择为三个相电压与一个零序电压突变量正与负的变化。为了反映电网暂态的发生及转换，例如线路发生故障（电压突然降低）、故障线路跳闸（电压突然增高），必须同时选取突增量与突减量启动，保证在每一次新的电网暂态开始，这个启动判据都能可靠地启动一次。以零序电压突变量为启动判据，可以在电网发生故障以及进行重合闸时进一步支持故障动态记录设备的可靠启动。选择电压突变量作启动判据，简单、可靠，容易满足灵敏度要求。

（2）电压越限检测。正常运行电压高低，直接影响电气设备安全与电网稳定运行。电压越限检测包括正序电压越限检测以及负序和零序电压的越限检测。正序电压检测主要用于监视、判断电力系统运行的实际电压是否越限。负序电压和零序电压检测主要用于检测电力系统三相不平衡而引起的不正常运行状态。

（3）零序电流检测。由于变电站进出线较多，一般用变压器中性点电流作为零序电流的启动判据，可以提高电网故障时启动记录的可靠性，也可以反映变压器的合闸涌流过程。

（4）频率检测。在额定频率状态下运行，是电力系统正常运行的最重要的标志之一。频率检测包括频率越限检测和频率变化率检测，用于反映系统可能出现的振荡故障，测量频率与额定频率的偏差超过0.5Hz或频率变化率大于0.1Hz/s时，启动记录。

(5) 开关量状态检测。开关量状态检测主要是记录继电保护和安全自动装置的跳闸命令，配合短路过程情况用来检查、判断继电保护和安全自动装置和断路器的动作行为。由继电保护和安全自动装置跳闸命令启动故障录波器进行记录，应当选用与给出断路器跳闸命令的触点信号，最好是跳闸出口继电器的另一副触点，以准确地记录启动时刻。为了避免干扰，一般以空触点方式输入，由故障录波装置提供电源。

2. 发电机—变压器组故障记录装置的故障检测方式

对于发电机—变压器组来说，除各类相间和单相接地故障外，还包括匝间和层间短路、定子绕组的分支开焊、转子回路的接地故障、低励或失磁故障以及变压器的过励磁、定子转子绕组的过负荷和过电压。

发电机逆功率运行等异常运行工况。针对发电机—变压器组微机型故障录波装置，除了上述变电站录波装置具有的故障检测及启动方式外，一般还应有以下基本故障检测启动方式。

(1) 发电机转子电压检测。发电机转子电压检测由发电机转子正对地电压、负对地电压和正负极间电压检测三种方式组成，主要用于反应转子一点接地和两点接地故障以及励磁系统的过励磁、低励磁和失磁等异常运行工况。鉴于在正常运行情况下，转子电压中含有相当成分的谐波分量，并且由于转子回路时间常数较大，转子及励磁系统故障时，转子电压的变化相对较为平缓。因此，在采用转子电压作为故障检测量时，可只设置稳态量启动方式，即以直流分量幅值的大小作为启动判断，包括过电压启动和低电压启动。

(2) 定子和转子绕组负荷检测。定子绕组过负荷可根据发电机机端三相电流的幅值大小或由三相电流合成得到的正序电流幅值大小进行判断。为反应发电机定子绕组内部发热的累积效应，对定子绕组过负荷可不作启动时限方面的要求。转子绕组过负荷的检测方式与转子绕组电流量的测量方式有关。在现场运行条件允许的情况下，应根据转子直流电流的大小进行过负荷检测。

(3) 逆功率检测。发电机逆功率运行可根据发电机机端有功功率的方向进行判断，由于发电机在逆功率运行情况下，可能伴随有较大的无功功率输出，应采取有效措施提高逆功率检测判断的灵敏度，同时应注意防止微机型故障录波装置在发电机启动过程中的误启动。

(4) 过电压检测。过电压检测包括发电机机端过电压检测和变压器高压侧过电压检测，一般根据正序电压幅值大小进行判断。对发电机—变压器组过电压检测可不作启动时限方面的要求。

五、典型智能式故障录波装置简介

某型录波装置选用 32 位微型工控板，内插电源板、各种智能数据采集板构成完全的模块化设计。它每块采集模块有 8 路模拟量通道和 16 路开关量通道或 32 路开关量通道，开关量输入以 2kHz 的频率采样，分辨率为 1ms，模拟量采样频率为 12.8kHz，分辨率为 16 位。每一路输入都装有放大器、抗混叠滤波器和一个 A/D 转换器，数字信号处理器以 40MHz 的时钟频率进行测量。数据采集模块通过高速的 16Mbit/s 的总线跟中央处理器连接，其 CPU 是至少带 8MB 内存的 32 位处理器，它协调所有的数据采集板完成如下功能：

(1) 故障启动判断。

(2) 故障前、故障中和故障后的过程记录。

(3) 计算并记录电气测量值（电压、电流、有功、无功、功率因数）。

(4) 计算并记录正负序分量、谐波量、直流分量和相位。

(5) 记录频率变化过程，频率通道的精度为±1mHz。

(6) 对记录进行管理以方便分析程序对故障记录的使用。

在硬件配置和软件设计方面的特点主要有以下几个方面：

(1) 一个新的变送器原理允许电流的测量范围为有效值0～400A，这种互感器使得记录200A的同时可有100%的直流偏移分量。

(2) 测量误差小于0.2%，12.8kHz的采样频率，具有50次谐波的分析能力。

(3) 使用PCCARD技术使该录波器具有300MB以上的硬盘容量。采用数据压缩技术，使大量数据减少为原来的2%～5%，300MB的硬盘具有大约5GB的压缩存储能力，这就意味着远方数据的传输可以利用300bit/s的已存在网络，等同于使用10Mbit/s现代化LAN网，不仅提高了存储能力，还利于存储器进行分布数据归档和快速向电力控制中心传输数据。

(4) 使用GPS实现同步，为实现各点录波数据的综合分析提供了方便。直接以GPS对时信号控制采样脉冲，将相误差降低为1μs，对于电力频率为50Hz，相应的相角误差仅为0.018°。

录波器设备装设有一个以太网PCCARD转换器板，通过它可以和DAKON、LAN及模拟或数字ISDN电话网连接。

(5) 采用智能化的顺序控制和抑制时间设定，可以根据不同的故障灵活地调整数据记录的时间；另外它还可以对不同的触发通道设置不同的记录方式，例如对某些会出现短时状态变化的开关量设定特殊的记录过程。这种设计有利于故障分析和存储单元的充分利用。

另外该故障录波装置装有自动计算程序，当数据被记录后，程序自动启动并产生一个目录文件，包括所有需要的信息，并对每一条馈线都进行诊断。故障数据管理装置就实现这一功能，它装有配套故障分析软件包，能实现高精度测距、谐波分析、电能质量分析等功能。如果在调度端装有配套程序包，就可实现远方控制和管理。

思考题

1. 安全自动装置在电力系统中起什么作用？从功能上分有哪几大类？
2. 什么叫自动低频减负荷装置？其作用是什么？
3. 简述自动低频减负荷装置的整定原则。
4. 自动低频减负荷装置为什么要分为基本级和附加级分别按不同的整定原则启动？
5. 自动低频减负荷装置误动的原因有哪些？一般可采取哪些措施防止误动？
6. 对自动重合闸装置有哪些基本要求？
7. 什么是“重合闸前加速保护”，什么是“重合闸后加速保护”？
8. 简述“检无压”和“检同期”的三相自动重合闸的工作原理。
9. 试说明自动解列装置的构成原理？并同距离保护装置的构成原理相比较。
10. 自动解列装置时应满足哪些技术要求？
11. 对故障录波装置有哪些基本要求？

12. 微机型故障录波装置如何以有限的数据存储空间来保证能够捕捉到故障并记录下故障前、后一定时段的数据的？

13. 某电力系统运行发电机组总额定功率 1300MW，当时系统中负荷功率为 $P_{LN}=1100MW$。设一台容量 300MW 的机组由于故障而突然切除后，系统频率从 50Hz 下降到 47.5Hz。求系统的负荷调节效应系数 K_{L*}；若自动低频减载动作后，希望系统频率恢复到 $f_{hf}=49Hz$，则应切除负荷功率 $P_{L.max}$ 为多少？

参考文献

[1] 王葵，孙莹. 电力系统自动化. 3版. 北京：中国电力出版社，2012.
[2] 杨冠城. 电力系统自动装置原理. 5版. 北京：中国电力出版社，2013.
[3] 丁坚勇，程建翼. 电力系统自动化. 北京：中国电力出版社，2006，
[4] 王士政. 电力系统控制与调度自动化. 北京：中国电力出版社，2012.
[5] 郭培源. 电力系统自动控制新技术. 北京：科学出版社，2001.
[6] 张永健. 电网监控与调度自动化. 4版. 北京：中国电力出版社，2012.
[7] 徐青山. 分布式发电与微电网技术. 北京：人民邮电出版社，2011.
[8] 高翔. 智能变电站技术. 北京：中国电力出版社，2012.
[9] 蒋建民，冯志勇. 电力网电压无功功率自动控制系统. 沈阳：辽宁科学技术出版社，2010.
[10] 董张卓，王清亮. 配电网和配电自动化系统. 北京：机械工业出版社，2014.
[11] 姚建国，杨胜春. 电网调度自动化系统发展趋势展望. 电力系统自动化，2007，31 (13).
[12] 王明俊. 我国电网调度自动化的发展——从SCADA到EMS. 电网技术，2004，28 (4).
[13] 石俊杰，孟碧波，顾锦汶. 电网调度自动化专业综述. 电力系统自动化，2004，28 (8).
[14] 李孟超，王允平. 智能变电站及技术特点分析. 电力系统保护与控制，2010，26 (18).
[15] 解大，顾羽洁，刘东，等. 电力系统自动化精品课程建设. 实验室研究与探索，2012，31 (4).
[16] 雷霞. 关于提高电力系统自动化课程教学效果的思考. 高等教育研究，2011，28 (2).